“十二五”普通高等教育本科国家级规划教材

工程流体力学（水力学）

（第4版）

上册

闻德荪 主编

王玉敏 高海鹰 黄正华 马金霞 编

高等教育出版社·北京

内容简介

本书是“十二五”普通高等教育本科国家级规划教材。本书第1版于1990年出版，获1995年国家教委优秀教材二等奖和1997年江苏省科技进步二等奖。

本次修订基本上保持了第3版教材的内容和体系，但有所增减和更改。如删减了一些对专业不很需要的内容，增加改进了一些章节的内容，个别章节增加了一些例题和习题。本书内容丰富、充实、有启发性，便于教和学。

全书仍分为上、下两册，共十四章。上册共八章：绪论，流体静力学，流体运动学，理想流体动力学和平面势流，实际流体动力学基础，量纲分析和相似原理，流动阻力和能量损失，边界层理论基础和绕流运动。下册共六章：有压管流和孔口、管嘴出流，明渠流和闸孔出流及堰流，渗流，射流和流体扩散理论基础，可压缩气体的流动，数值计算方法简介。书后附有中英文术语对照和参考文献。

本书可作为普通高等学校环境类和给水排水工程等专业的工程流体力学、流体力学或水力学课程的教材，也可作为其他专业和有关科技人员的参考书。

图书在版编目(CIP)数据

工程流体力学：水力学. 上册/闻德荪主编；王玉敏等编. --4版. --北京：高等教育出版社，2020.9

ISBN 978-7-04-054507-4

Ⅰ. ①工… Ⅱ. ①闻… ②王… Ⅲ. ①工程力学-流体力学-高等学校-教材②水力学-高等学校-教材 Ⅳ. ①TB126②TV13

中国版本图书馆CIP数据核字(2020)第115383号

工程流体力学(水力学)
GONGCHENG LIUTI LIXUE(SHUILIXUE)

策划编辑 赵向东　责任编辑 赵向东　封面设计 王凌波　版式设计 杨 树
插图绘制 邓 超　责任校对 吕红颖　责任印制 赵 振

出版发行 高等教育出版社
社　　址 北京市西城区德外大街4号
邮政编码 100120
印　　刷 天津嘉恒印务有限公司
开　　本 787mm×960mm 1/16
印　　张 24
字　　数 420千字
购书热线 010-58581118
咨询电话 400-810-0598
网　　址 http://www.hep.edu.cn
　　　　 http://www.hep.com.cn
网上订购 http://www.hepmall.com.cn
　　　　 http://www.hepmall.com
　　　　 http://www.hepmall.cn
版　　次 1990年3月第1版
　　　　 2020年9月第4版
印　　次 2020年9月第1次印刷
定　　价 45.70元

物 料 号 54507-00

数字课程

工程流体力学（水力学）

（第4版）

上册

闻德荪　主编

1　计算机访问http://abook.hep.com.cn/12194112，或手机扫描二维码、下载并安装Abook应用。

2　注册并登录，进入“我的课程”。

3　输入封底数字课程账号（20位密码，刮开涂层可见），或通过Abook应用扫描封底数字课程账号二维码，完成课程绑定。

4　单击“进入课程”按钮，开始本数字课程的学习。

课程绑定后一年为数字课程使用有效期。受硬件限制，部分内容无法在手机端显示，请按提示通过计算机访问学习。

如有使用问题，请发邮件至abook@hep.com.cn。

第4版前言

本书第1版于1990年出版,获1995年国家教委优秀教材二等奖和1997年江苏省科技进步二等奖;第2版于2004年出版;第3版于2010年出版,获"十二五"普通高等教育本科国家级规划教材,得到广大师生的广泛好评。

本书第4版依据教育部高等学校力学基础课程教学指导分委员会制定的《流体力学(水力学)课程教学基本要求(A类)》和当前教学改革的精神,在第3版的基础上修订而成;指导思想仍是既要继承,又要改革。本次修订保持了第3版的优点和特色,例如注重培养学生发现、提出、分析、解决问题的能力,注重培养学生形成科学思维,提高学生的自学能力及科学素养,注重学科的内在联系和认识规律;内容适应学科发展和专业培养目标的需要,加强必要的理论基础,适当结合专业课程内容;在上述基础上,力求有所创新和提高。本书基本保持了第3版教材的内容和体系,但有所增减和修改,删去了一些对专业不很需要的内容,增加改进了一些章节的内容,个别章节增加了一些例题和习题。

为了适应环境类、给水排水工程等专业对《工程流体力学(水力学)》的要求,本书内容比较丰富、充实,具有相对的独立性和完整性,便于不同学校根据层次、专业方向和学生情况进行有针对性的取舍,便于启发学生自学,体现了教材的模块式特点。本书目录上标有"*"的正文,可以作为选学的内容。

全书仍分为上、下两册,共十四章。上册共八章:绪论,流体静力学,流体运动学,理想流体动力学和平面势流,实际流体动力学基础,量纲分析和相似原理,流动阻力和能量损失,边界层理论基础和绕流运动。下册共六章:有压管流和孔口、管嘴出流,明渠流和闸孔出流及堰流,渗流,射流和流体扩散理论基础,可压缩气体的流动,数值计算方法简介。书后附有中英文术语对照和参考文献。

本书可作为普通高等学校环境类和给水排水工程等专业的工程流体力学、流体力学或水力学课程的教材,也可作为其他专业和有关科技人员的参考书。

参加本次修订的有:东南大学王玉敏(第一、六、八、九、十二、十三章)、高海鹰(第十一、十四章)、黄正华(第二、三、五、十章)、马金霞(第四、七章)。修订稿由东南大学归柯庭教授审阅，提出了宝贵的意见和建议，在此表示衷心的谢意。在修订过程中，还得到校内外有关师生和同志们的关心、支持和帮助，在此表示由衷的感谢。

由于我们的水平有限，时间较紧，书中不妥之处恳请读者提出批评和指正。

编　者

2020年3月

第3版前言

本书是普通高等教育"十一五"国家级规划教材。本书第1版于1990年出版，获1995年国家教委优秀教材二等奖和1997年度江苏省科技进步二等奖；本书第2版于2004年出版后，仍得到有关师生的好评。

本书是依据教育部高等学校力学基础课程教学指导分委员会制订的《流体力学（水力学）课程教学基本要求（A类）》和当前教学改革的精神，在本书第2版的基础上修订的；指导思想仍是既要继承，又要改革。本书保持了第2版教材的优点、特点和特色，例如内容要适应学科发展和专业培养目标的需要，加强必要的理论基础和适当结合专业；体系要符合学科的内在联系和人们的认识规律；注重和探索培养学生发现、提出、分析、解决问题的能力和科学思维、科学方法以及自学能力、素质等，具体的请参阅前两版前言；在上述基础上，力求有所新意、进展和提高。本书基本上保持了第2版教材的内容和体系，但有所增减和更改。删去了一些对专业不很需要的内容，调整了一些章节的体系。考虑到数值计算方法在工程流体力学（水力学）中的日趋重要和计算机技术的广泛应用，为了培养学生这方面的能力，本书增加了"数值计算方法简介"作为最后一章，可以结合有关内容使用。为了指导和帮助学生自学和复习，根据课程教学内容的重点、难点、注意点、知识点，每章均单独增列了思考题；个别章节增加了结合专业的例题。在体系方面，将有压管流和孔口、管嘴出流合并为一章，明渠流和闸孔出流及堰流合并为一章；个别章节的体系亦有所更改。

环境类专业、给水排水工程等专业涉及工程流体力学（水力学）的内容比较广，要求亦有所不同。为了适应上述情况，本书的内容比较丰富、充实，具有相对的独立性和启发性，便于教和学；可以根据不同学校类型、层次、专业方向和学生情况，取舍或增加内容和组织体系，体现了模块式设课和教材的特点。本书节、目等标题上注有*号的正文，可以作为选用的内容。

全书仍分上、下两册，共十四章。上册共八章：绪论，流体静力学，流体运动学，理想流体动力学和平面势流，实际流体动力学基础，量纲分析和相似原理，流动阻力和能量损失,边界层理论基础和绕流运动。下册共六章:有压管流和孔口、管嘴出流,明渠流和闸孔出流及堰流,渗流,射流和流体扩散理论基础,可压缩气体的流动,数值计算方法简介。书后附有习题答案、参考文献和中英文术语对照。

本书可作为高等学校环境类专业和给水排水工程等专业的工程流体力学、流体力学或水力学课程的教材,也可作为其他专业和有关科技人员的参考书。

参加本书修订的有:东南大学闻德荪(第一、二、七、八、十二章)、黄正华(第三、五、十章)、高海鹰(第四、十一、十四章)、王玉敏(第六、九、十三章),主编仍是闻德荪。本书书稿仍由清华大学李玉柱教授审阅,提出了宝贵的意见和建议,在此表示衷心的感谢。在修订过程中,得到校内外有关师生和同志们的关心和支持,在此表示衷心的谢意。我们珍惜由此建立起来的情谊。

由于我们的水平有限和时间较紧,书中不妥之处恳切希望读者提出批评、指正。

编　者

2010年3月

第2版前言

原书(即第1版),主要是为高等学校环境类专业及给水排水工程专业"工程流体力学(水力学)"课程编写的教材,1990年由高等教育出版社出版。在编写和出版过程中,得到校内外有关专家、师生、同志们的关心和支持,一些同志为教材出版作出了默默无闻的奉献。我们珍惜这些,并在此致以衷心地感谢。教材出版后,得到校内外有关师生的欢迎和好评,获1995年国家教委第三届普通高等学校优秀教材二等奖和1997年度江苏省科技进步二等奖。

本书(指第2版),是原书的修订版,主要仍是作为上述专业上述课程(有的称流体力学课程)的教材,亦可作为其他相近专业和土建类、交通类、动力类、机械类等其他专业的参考书,并可供有关科技人员参阅。

我们在使用原书和调查研究的基础上,明确这次修订的指导思想仍是继承和改革,保持原书的优点、特点和特色,力求有所新意、进展和提高;内容要精,适应学科发展和专业培养目标的需要,加强必要的理论基础和适当结合专业;基本概念和理论的阐述要准确,问题的讲解要明确具体;体系要比较完整,符合学科的内在联系和人们的认识规律;例题和习题是教材的有机组成部分,要精心选编和设计;努力为教和学考虑,便于内容的增减和体系的调整,利于自学和掌握知识体系和方法;思想性和哲理性寓于教材及其叙述中;要十分注重和探索对学生能力的培养,包括发现、提出、分析、解决问题的能力和科学思维、科学方法及自学的能力等。

本书是依据原国家教委高等工业学校力学课程教学指导委员会审订的环境类专业及给水排水工程专业"工程流体力学(水力学)课程教学基本要求",并结合当前教学改革的精神修订的。在原"基本要求"中,上述课程的参考学时为90~100学时。现各院校的学时数都有不同程度的减少,要求亦有所侧重,我们按80学时左右做了相应的考虑。本书内容比较丰富、充实、有启发性,任课教师可根据具体情况选取内容和组织体系。本书中有*号的内容,建议作为选读的材料。

本书基本上保持了原书的内容和体系,但又有所更改。例如,根据学科发展的趋势，无论是学习、研究流体运动的规律或与流体运动有关的其他交叉学科，三维流动的基本理论（基本概念、基本原理、基本方法）是最基本、最重要的，且将长期起作用；而一维流动的基本理论，在工程实际中是常用的。本书比较完整地介绍了三维流动的基本理论，并由此延伸得出一维流动的基本理论；同时，又从一维流完整地介绍一维流动的基本理论；这样既可保证三维流动基本理论和一维流动基本理论的完整性，又可通过对比加深理解和掌握。又如，边界层理论在流体力学发展史中具有重要的意义和作用，为了比较完整地介绍，原书单独列了一章"边界层理论基础和绕流运动"，本书基本上保留了原书的内容，并简单补充介绍了粗糙平板和光滑平板的判别以及卡门涡街。再如，根据环境工程等专业培养目标和后续课程的要求，原书增加了一章"紊流射流和扩散基本理论"，介绍了它们的基本理论和有关专业课程中的几个公式得出的推导过程，本书保持了原书的内容，并根据环境保护、防治地下水污染的需要，新增加了一节"地下水流的离散"，且将包括这一节的整章调整到渗流一章的后面。数值计算方法很重要，因为一般的数值计算方法（如迭代法等）在前导课程（如数学、计算机应用基础）中已学习和掌握，专门的数值计算方法（如有限差分法等）则为研究生课程（如计算流体力学）的内容，所以本书不增加这方面的内容，并删去了原书求解环状管网用 FORTRAN 语言编制的程序。其他方面，如改写了绪论，结合本书内容较详细介绍了流体力学的发展史，补充阐述了流体的物性以及流体力学的研究方法。本书简单介绍了总流动量矩方程的内容；补充阐述了湍流的动量输运理论；删去了水击的基本微分方程，补充介绍了非恒定有压管流的能量方程和非恒定明渠流的无摩阻正、负涌波；删去了消力池的水力计算，增加了小桥、涵洞孔径的水力计算等。另外，为了开阔眼界，拓宽思路，结合原书内容，简单提及学科发展的一些情况；为了减少授课时数，便于自学，对原书有的基本理论作了一些补充阐述。本书的例题和习题也稍有增加，主要是在理论基础部分，新增加了在教学过程中提出的一些启发性的讨论题，包括流体力学中的佯谬和疑题及其讨论的内容，后者对培养学生发现、提出问题和科学思维的能力是有益的。

本书物理量的名称和符号，尽量采用国家标准《量和单位》规定的名称和符号，或按有关行业规范或惯称。科学技术名词，尽量采用全国自然科学名词审定委员会审定公布的有关学科的规范名词，或按有关行业规范或惯称。

本书仍与原书一样，共十四章。上册共八章，书后有上册各章的习题答案。下册共六章，书后有下册各章的习题答案和全书的参考文献以及中英文术语对照。

参加本书编写的有:东南大学闻德荪(第一、二、三、四、五、七、八、十三章)、北京建筑工程学院李兆年(第六、九、十二章)、东南大学黄正华(第十、十一、十四章),主编仍是闻德荪。本书由清华大学李玉柱教授审阅,提出了宝贵的意见和建议。我们珍惜这些,并衷心感谢李玉柱教授和其他关心、支持我们修订工作的同志们。

由于我们的水平有限和时间较紧,书中不妥之处恳切希望提出批评、指正。

编　者

2003年7月

第1版前言

本书是为高等学校环境类专业、给水排水工程专业编写的工程流体力学(水力学)教材。它是在三校编写的讲义基础上,经过教学实践和吸收国内外有关教材的优点修改而成的。本书试图根据内容,建立一个既符合学科系统性又符合教学和认识规律的体系,来阐述工程流体力学的基本概念、基本原理和基本方法。本书内容,注意适应科学技术发展的需要,注重加强理论基础和能力的培养,力求贯彻理论联系实际、知识与能力辩证统一的原则。

根据工程流体力学的发展趋势,三维流动的基本原理及其分析方法,是基本的、重要的,且将长期起作用的。因此本书在介绍流体运动基本方程时,以三维流动的基本原理及其在特殊情况下的应用为线索,结合介绍一维流动的基本原理及其分析方法。

全书尽可能贯穿介绍工程流体力学处理问题的基本方法和常用方法,如理论分析方法中的无限微量法、有限控制体法和实验方法中的量纲分析与相似原理以及雷诺时均运算法则、量级对比、相似变换法等及它们的应用。

本书在介绍基本概念时,力求严格、确切、形象、清晰;在介绍基本原理时,既着重物理观点的阐述,又对必要的数学处理给予扼要的推导过程,并指出适用的范围和条件;在介绍基本理论的应用时,提出关键、要点和带规律性的应用方法、步骤,例如总流伯努利方程的应用,关键在于对流动现象的分析、取好过流断面和计算点、基准面以及能量损失的计算等。

为了巩固和加深对基本理论的理解、提高计算技能以及培养分析问题、解决问题的能力,各章均有一定数量的例题和习题,管网计算附有 FORTRAN 语言程序和计算结果。

本书内容可分为基本理论、应用与专题两部分,共十四章。上册共八章:绪论,流体静力学,流体运动学,理想流体动力学和平面势流,实际流体动力学基础,量纲分析和相似原理,流动阻力和能量损失,边界层基本理论和绕流运动;下册共六章:有压管流,明渠流,孔口、管嘴、闸孔出流及堰流,紊流射流和紊流扩散,渗流,可压缩流体的流动。

本书采取集体讨论,分工执笔,主编统稿审订的编写方式。参加编写的有:东南大学闻德荪(第一、三、四、五、十二章)、重庆建筑工程学院魏亚东(第二、七、八章)、北京建筑工程学院李兆年(第六、九、十三章)、东南大学王世和(第十、十一、十四章),主编是闻德荪。本书由哈尔滨建筑工程学院屠大燕教授和清华大学余常昭教授审阅。在编写过程中,得到校内外有关同志和专家的热情鼓励和支持,吸收了他们许多宝贵的经验、意见和建议。在此一并致以衷心的感谢!

由于时间较紧,水平有限,书中不妥之处恳切希望各位批评、指正。

编　者

1990年3月

目录

第一章 绪论

§1-1 工程流体力学的任务及其发展简史

1-1-1 工程流体力学的任务

流体力学是研究流体运动规律及其应用的一门学科，是力学的一个分支。一般将内容侧重于理论的，主要采用严密的数学推理方法，力求准确性和严密性的流体力学，称为理论流体力学；侧重于应用的，主要为解决工程实际问题的，称为工程流体力学；若研究对象主要是水流，且又侧重于应用的，称为水力学。它们的基本概念、基本原理和基本方法，在很多方面是相同的。因为生活和生产的许多部门和领域，都与流体有着联系，所以，工程流体力学在环境保护、市政建设、给水排水、土木建筑、交通运输、供热通风、空调、化工、机械、动力、能源、资源、农业、水利、气象、航空、国防、医学、生物等工程中都得到广泛的应用。例如，环境、市政、给水排水工程中工业、生活污水的治理，给水管网和排水系统的设计，地下水资源的合理开发和利用，工业废气、汽车尾气的防治等，都需要应用工程流体力学的知识。由于环境类专业和给水排水工程等专业对工程流体力学的应用范围比较广，要求比较高，所以工程流体力学课程是这些专业的主要专业基础课，它的主要任务是使学生掌握工程流体力学的基本概念、基本原理、基本方法，培养分析、解决问题等能力和实验技能，为学习有关后续课程、从事工程技术工作、开拓新技术领域和进行科学研究打好基础。

*1-1-2 工程流体力学的发展简史

工程流体力学的发展史是极其丰富的，在这里结合本教材的内容，作一简单介绍，这对我们学习、工作会有所启迪。

工程流体力学和其他自然科学学科一样,亦是由于人类生活和生产发展的需要,在实践的基础上建立和不断地发展起来的。另外,亦与社会存在(制度)、宇宙观(世界观)、方法论及其他科技的发展有关。

早在几千年前,由于农业、水利、航运等事业的发展需要,修建了一些工程;在生产实践的基础上,开始了解和认识了一些流体运动的规律。在我国,相传约公元前2300年的大禹治水,说明了当时已用疏导方法使黄河疏流入海,战胜了洪水灾害。约公元前485年,开始修筑南北运河,到隋朝最后完成了从杭州到北京长达1 794 km的京杭大运河,沟通了长江、淮河、黄河、海河、钱塘江五大水系,改善了我国南北运输的条件,并在运河上大量使用了船闸;京杭大运河在两千多年的历史过程中,为我国的经济发展等方面作出了重要贡献;经维护管养,至今在交通运输等方面仍发挥着巨大作用,在人类航运工程史上,具有重大的意义。春秋战国和秦朝时代,为了灌溉等需要,修建了都江堰、郑国渠和灵渠三大渠道;特别是公元前250年左右,在四川成都开始修建的驰名中外的都江堰工程中,设置了平水池和飞砂堰,并总结了"深淘滩,低作堰";从当前的科学技术水平来观察,都江堰的规划、设计、施工、管理都是很科学的;都江堰经历了两千多年,不仅没有湮废,而且逐渐地在发展,经维护整治至今仍在生产建设等方面发挥着作用,成为世界上以历史悠久、规模巨大著称的灌溉系统。所有上述这些工程都反映了当时人们对明渠水流、堰流等已有一定的认识,并居于世界领先水平。由于当时我国处于封建制度和思想的统治下,阻碍了生产和科技的发展,工程流体力学在我国处于停滞落后的状态。

与我国情况相似,早在几千年前,埃及、希腊、巴比伦和印度等地区,为了发展农业也修建了灌溉渠道,并发展了航运;古罗马人则修建了大规模的供水管道系统等。约在公元前250年,希腊哲学家、物理学家阿基米德(Archimedes,公元前287—前212)总结了观察、实践的经验,发表了《论浮体》,提出了浮体原理。一般认为,它是第一篇阐述流体静力学规律的文献。由于当时欧洲受到封建统治和神学宇宙观的束缚,生产发展滞缓,在很长的时间内,工程流体力学没有新的成就。

15世纪,由意大利开始的文艺复兴时期,工程流体力学停滞的局面有所改变。16世纪初,意大利艺术家、物理学家兼工程师达·芬奇(Leonarde da Vinci,1452—1519)在观察和实验的基础上,描绘和叙述了许多重要的流动现象,写了《论水的流动和水的测量》一文,探讨了孔口泄流和不可压缩流体恒定流的质量守恒连续性原理等,但未被重视,对工程流体力学的发展未能起到应有的作用。1638年,意大利物理学家、天文学家伽利略(Galileo Galilel,1564—1642),在比萨斜塔上当众进行了有名的落体实验,首先将实验方法引入力学,并用以研究运动物体的阻力,且更进一步建立了物体浮沉的基本定理。1650年,法国数学家、物理学家、哲学家帕斯卡(Blaise Pascal,1623—1662)通过现场测量,提出了流体静力学的基本关系式,建立了流体中压强传递的帕斯卡定律。由于当时还没有发现力与运动之间的关系和恰当的数学方法,所以一些成就都偏重于流体静力学方面。

17世纪,资本主义制度兴起,由英国开始的工业革命,使生产迅速发展,自然科学(如数学、力学)亦得到质的飞跃,这些都为工程流体力学的发展提出了要求和创造了条件。英国数学家、物理学家牛顿(Isaac Newton,1642—1727)在伽利略等人和他自己的大量观察、实验的基础上,提出了著名的牛顿三大运动定律和万有引力定律;为了完成他的运动定律,达到理论上的飞跃,在数学上发明了可以表达物理量瞬时变化的运算规律——微积分。牛顿在力学和数学方面的成就,奠定了物质机械运动的理论基础,形成了牛顿力学(或称古典力学),它亦为工程流体力学的发展提供了理论依据。由于人们掌握了观察、实验、理论的科学方法,自然科学在各方面都呈现出一派迅速发展的大好形势。1686 年,牛顿通过分析和实验,首先提出后又被多人验证的黏性流体(牛顿)内摩擦定律,为建立黏性流体的运动方程组创造了条件。1730 年,法国工程师、发明家皮托(Henri Pitot,1695—1771)发明了测量流体流速的皮托管。1738 年,瑞士物理学家、数学家伯努利(Daniel Bernoulli,1700—1782)对孔口出流和变截面管流进行了细致的观察和广泛的测量,首创将牛顿力学和流体物性、压强概念相结合,提出了有名的恒定不可压缩理想流体运动的能量方程——伯努利方程。1748 年,俄国科学家罗蒙诺索夫(Lomonosov M V,1711—1765)提出质量守恒定律。1752 年,法国数学家、物理学家达朗贝尔(Jean le Rond d'Alembert,1717—1783)在研究物体阻力时,获得达朗贝尔佯谬(疑题),即圆柱在静止流体中作等速前进运动时没有阻力,发现并说明了无黏性理想流体假定的局限性,促进了对有黏性实际流体的研究。同年,他根据质量守恒定律,首先提出流体的连续性方程。1753 年,瑞士数学家、物理学家、俄国科学院院士欧拉(Leonhard Euler,1707—1783)提出了流体力学中一个带根本性的假设,即将流体视为连续介质;1755 年,提出流体运动的描述方法——欧拉法和理想流体运动方程——欧拉运动方程,首先应用微积分的数学分析方法来研究流体力学的问题,为理论流体力学的发展开辟了新的途径,奠定了古典流体力学的基础;并开始研究理想流体无旋流动,提出了速度势概念。1783 年,法国数学家、天文学家拉格朗日(Joseph Louis Lagrange,1736—1813)在总结前人工作的基础上,完整地表述和应用了另一描述流体运动的方法——拉格朗日法;引进流函数的概念,并首先获得理想流体无旋流动所应满足的动力学条件,提出求解这类流体运动的方法,进一步完善了理想流体无旋流动的基本理论。以上的研究,主要是对无黏性理想流体,而客观实际的流体是有黏性的实际流体。1823 年法国工程师纳维(Louis Marie Henri Navier,1785—1836)和 1845 年英国数学家、物理学家斯托克斯(George Gabriel Stokes,1819—1903)分别用不同的假设和方法,建立了不可压缩实际流体的运动方程——纳维-斯托克斯方程,提供了研究实际流体运动的基础,由此开展了对实际流体的研究。1847 年,英国物理学家、生理学家亥姆霍兹(Helmholtz H L F von)用数学形式表达出一般的能量守恒原理;1858 年,他将流体质点的运动分解为平移、变形及转动,提出了以他名字命名的亥姆霍兹速度分解定理,推广了理想流体的研究范围,对工程流体力学的发展有很大影响。1822 年傅里叶(Fourier J B)和 1855 年斐克(Fick A E)与黏性流体(牛顿)内摩擦定律相对应,分别提出了傅里叶热传导公式和斐克(第一)扩散定律,它们为研究流体的传热、传质问题提供了基础。

18、19 世纪,在牛顿古典力学基础上,结合流体物性,形成的古典流体力学得到了发展,它主要是用严格的数学分析方法建立了流体的基本运动方程,为工程流体力学提供了理论基础。由于古典流体力学在理论中的假设,如理想流体等与实际不尽相符,或由于数学上求解如纳维-斯托克斯方程等的困难,所以当时尚难以应用来解决实际问题。

与此同时,生产的发展,要求迅速解决实际问题。因此,主要用实验方法,依靠实验和实测资料形成的实验水力学(实验流体力学)有了发展。它在伯努利成就的基础上,为人们提供了许多计算明渠水流、有压管流、堰流等的经验公式和图表。这一时期,在实验水力学方面卓有成就的大多是工程师,如皮托,法国工程师谢才(Antonie de Chézy,1718—1798),意大利工程师、物理学家文丘里(Abbe Giovansi Battista Venturi,1746—1822),德国水利工程师哈根(Gotthilf Heinrich Ludwig Hagen,1797—1884),法国物理学家、生理学家、医生泊肃叶(Jean Louis Poiseuille,1799—1869),法国工程师达西(Henry Philibert Gaspard Darcy,1803—1858),德国水力学家魏斯巴赫(Julius Weisbach,1806—1871),英国工程师弗劳德(William Froude,1810—1879),爱尔兰工程师曼宁(Robert Manning,1816—1897),法国工程师巴赞(Henri Emile Bazin,1829—1917)等。他们的成果,有的在目前仍被广泛应用。例如:1755 年,谢才从工程实践中归纳出的明渠恒定均匀流的计算公式;1855 年,达西在大量实验的基础上,总结得出的渗流能量损失与渗流流速之间的关系式,后人称为达西定律,等等。实验水力学由于理论指导不足和受限于观测仪器,一些成果在物理本质和公式之间没有明显的内在联系,且大多是有关水的问题,所以在应用上有一定的局限性,难以解决复杂的工程问题。古典流体力学和实验水力学长期分离,这和当时欧洲自然科学界中存在机械唯物宇宙观和经验主义的影响有关。

19 世纪末到 20 世纪中叶,随着生产和科技的迅速发展,所遇到的工程流体力学问题亦越趋复杂,不能单纯依靠理论或实验来解决问题,要求理论和实验相结合,这就导致了古典流体力学和实验水力学相结合,形成了现代流体力学(流体力学)。工程流体力学是根据古典流体力学的基本理论,结合实验的数据及经验公式,以获得在实际工程中所要求的精度范围内的近似结果。这和当时在自然、社会科学界中,辩证唯物宇宙观的确立和发展有关。1882 年,英国工程师、物理学家雷诺(Osborne Reynolds,1842—1912)首先阐明了相似原理,促进了理论和实验的结合。1883 年,他在圆管中进行了一系列的流体流动实验,发现流体流动有两种形态,即层流和湍流(紊流),及其判别准则——特征数。1908 年,索末菲(Sommerfeld)为了纪念他,将上述特征数(量纲一的量)取名为雷诺数。1895 年雷诺又引进了湍流应力(又称雷诺应力)的概念,并用时均方法建立了不可压缩实际流体的湍流运动方程,又称雷诺方程,为湍流的理论研究提供了基础。1892 年和 1904 年,英国物理学家、数学家瑞利(Lord John William Rayleigh,1842—1919)(1904 年获诺贝尔物理学奖)首先提出了用量纲分析法求流动相似准则,这是用理论分析和实验研究相结合来解决工程流体力学问题的重要方法,在实验研究中有着重要的意义和作用。1887 年奥地利科学家马赫(Mach E,1838—1916)与塞尔彻(Salcher P)共同发表了超声速运动弹头的第一张照片,明显地发现了一些现象和规律。这一贡献是对了解超声速流动的一大突破,大大推动了这一方面的研究工作。1929 年,阿克莱特

(Ackeret J)认为在高速流动中,流体速度与声速之比是一个重要的特征数,它标志着流动可压缩效应。为了纪念马赫的贡献,将上述特征数命名为马赫数。马赫数是判别可压缩气体流动形态的重要参数,对研究可压缩气体流动有着重要的意义。由于生产和航空事业的发展,1904年,德国工程师、力学家普朗特(Ludwig Prandtl,1875—1953)开始创立,并经后人不断发展的边界层理论,为解决边界复杂的实际流体运动问题开辟了途径,并解释了达朗贝尔佯谬等一些似是而非的现象和疑题,对流体力学的发展有着很重要的意义。1921年匈牙利工程师、德国教授、空气动力学家、美国工程师、水力学及湍流力学专家冯·卡门(Theodore Von Kármán,1881—1963)用动量方程导出边界层的动量积分方程,是一种较好的近似方法,可解决一些壁面边界层的计算问题。始于1902年,由希开沛(Shakepear)在美国伯明翰完成热线流速仪的原理性实验后,1932年德莱顿(Dryden H L)用他自己设计制造的热线流速计,第一次成功地测量到湍流的脉动流速,加深了人们对湍流的认识。另外,其他的电测非电量的测量湍流脉动压强的仪器等亦相继出现和应用。这些先进的量测设备和技术的应用,对学科的发展都起到了重要作用。1933年,德国工程师尼古拉兹(Johann Nikuradse)对采用人工粗糙的管道进行了系统的测定工作,为补充边界层理论、推导湍流的半经验公式提供了可靠的依据。

1946年,美国研制出第一台电子计算机,以计算机为工具的数值计算方法得到迅速发展,它继理论分析和实验方法之后,成为工程流体力学的第三种研究方法。目前,数值计算方法和数值模拟(实验)在工程流体力学中得到广泛的应用,对工程流体力学的发展起着日益重要的作用。另外,现代测量技术如激光测速仪等的应用和计算机在实验数据的监测、采集等中的应用,都促进了工程流体力学的发展。

当前,科学技术的发展趋势是既高度分化,又高度综合。各学科之间相互渗透、结合,形成许多新的分支和交叉(边缘、综合等)学科,如空气动力学、计算流体力学、环境流体力学、生物流体力学、非牛顿流体力学、多相流体力学等。这些新的交叉学科研究的现象和问题都较复杂,例如在环境工程中遇到的流体流动,不仅有动量输运(或称迁移、传输、传递),很多时候还有热量和质量的输运,甚至伴有化学或生物反应。因此,工程流体力学随着生产和科技的发展,研究的领域范围和物质对象亦日益深化和扩大。目前,工程流体力学除了主要研究流体的宏观机械运动和它与周围物体(固体、液体、气体)间力的作用外,还涉及其传热、传质的规律;研究的物质对象亦由主要是符合牛顿内摩擦定律的牛顿流体扩展到非牛顿流体和多相流体。工程流体力学既是一门古老的,又是一门富有生机的学科,并将得到蓬勃发展。

1949年,中华人民共和国成立,生产、建设和科学、技术得到迅速发展。1950年开始的根治淮河工程,先后建成了一系列的山谷水库和洼地蓄洪工程。1955年决定根治黄河的综合工程,通过野外观测和室内试验,对挟砂水流的基本运行规律和河床变迁的研究都取得了可喜的成果。长江综合利用、整治工程和几座大桥相继建成;1992年决定兴建的举世瞩目的长江三峡工程进展顺利,并于2003年如期实现水库初期蓄水、永久船闸通航和首批机组并网发电三大目标。古老的京杭大运河得到了保护和建设,促进了沿线城市的兴起和发展;南水北调世纪工程，分西、东、中三条调水方案，已开始分步实施。大庆、胜利油田的开发和建设等，都取得了巨大的成就。原子弹、氢弹、导弹的试验成功，人造地球卫星的发射和准确回收，神舟飞船实现六次载人航天飞行，在轨飞行时间长达 33 天，天宫一号与神舟八号实现无人自动空间交会对接技术，天宫二号与天舟一号货运飞船成功实现燃料在轨加注，都显示了中国人民攀登世界科技高峰的伟大壮举。随着现代化、城市化建设的发展，对环境保护和市政建设的重要性认识日益得到人们的共识和关注。经过几十年的努力，在防治水污染、保护和合理利用水资源、保护和改善大气环境质量、市政建设、给水排水工程等方面都取得了可喜的成绩。其他与流体有关的工农业生产工程及国防建设工程等亦都取得了很大的进展和成就。工程流体力学既得到了应用，自身亦得到了发展。我国著名科学家钱学森、周培源、郭永怀等分别在流体边界层理论、湍流统计理论和航空、国防事业等方面有卓越的成就和巨大的贡献，受到人们的尊敬。工程流体力学的发展，是和许多科学家、学者、工程师等的努力、创新是分不开的；另一方面亦和其他共事人的参加、协作和继承前人的成果及广大人民群众的参与是分不开的。

工程流体力学在其历史的发展过程中，取得了很大的进展，但仍有一些重要问题，例如湍流等问题，至今还没有获得圆满解决。众多与工程流体力学有关的分支或交叉学科，尚处于发展的初期，很多问题有待解决、开拓、创新、发展。与工程流体力学有关的交叉学科，它们的基本理论，部分仍是和工程流体力学一致的或相通的，学习好、掌握好工程流体力学的基本概念、基本原理和基本方法，不仅是应用和研究工程流体力学的需要，亦是学习、掌握与其有关的交叉学科的需要。当前，我国建设蓬勃发展，各方面的情况都很好，为我们创造了学习、工作、奉献、创新的良好条件，愿我们共同努力，为振兴中华、服务人类作出更大的贡献，以此共勉。

§1-2 连续介质假设·流体的主要物理性质

1-2-1 连续介质假设

根据物质结构理论，自然界所有物体（包括流体）都是由许多不连续的、相隔一定距离的分子所组成，而分子则由更小的原子所组成；所有物体的分子和原子都处在永不停息的不规则运动之中，相互间经常碰撞、掺和，进行动量、热量（能量）、质量的交换。所以，流体的微观结构和运动，在空间和时间上都是不连续的，呈现着离散性、不均匀性和随机性。但是，人们用肉眼观察到的或用仪器测量到的流体宏观结构和运动，却又明显地呈现出连续性、均匀性和确定性。两者不同，却又统一在流体这一物质之中，给研究提出了问题和启示。

工程流体力学主要是研究流体的宏观运动,根据上述情况,有两种不同的研究途径和方法。一种是从分子和原子微观运动出发,采用统计平均方法确定流体的物性,并建立流体宏观物理量满足的方程。因为在气体和液体两种聚集态中,气体的性质较简单,气体动理学理论(气体分子运动论)比较成熟,所以在气体方面,对分子碰撞等作某些简化、假设后,可导出宏观方程,但某些分子输运系数值还不能准确地得出。由于液体微观结构,在分子间距离和相互作用方面,不同于气体,较复杂,液体输运过程的理论迄今还不完善,常借用气体分子运动的模型,以比拟的方法来推求。目前,用上述途径和方法研究流体宏观运动,虽取得一些进展和部分成果,但因数学形式复杂,要直接求解非常困难,主要是用下面的一种研究途径和方法。它是以连续介质假设为基础,即认为流体是由比分子大很多的,微观上充分大,而宏观上充分小的分子团,可以近似地看成几何上没有大小和形状的一个点的质点所组成,质点之间没有空隙,连续地充满流体所占有的空间的连续介质;流体质点所具有的宏观物理量(如质量、速度、压强、温度等)应该遵循物理学基本定律,如牛顿力学定律、质量和能量守恒定律、热力学定律等,但流体的某些物理常数和关系还需用实验方法来确定。这种从连续介质出发,建立流体宏观物理量之间关系式的研究途径和方法,已广泛地被流体力学所采用,并获得了很大的成功,本书只介绍这一种研究途径和方法。上述两种研究途径和方法虽然不同,但是前者对于理解流体力学中很多基本性质和概念十分有用,它力图从微观结构、分子热运动和分子间的作用力等方面来说明宏观现象,从而从深层次揭示微观和宏观之间的内在联系,这对认识一些物理性质和现象是很有帮助的。

流体的连续介质假设,在一般情况下是被允许的。因为流体质点是指微观上充分大、宏观上充分小的分子团,即是指分子团的尺度和分子运动的尺度相比应足够地大,使得其中包含大量的分子,对分子团进行统计平均后能得到稳定的数值,少数分子出入分子团不影响稳定的平均值。另一方面,又要求分子团的尺度和所研究问题的特征尺度相比又要充分小,使得分子团内平均物理量可看成是均匀不变的,因而可以把它近似地看成是几何上没有维度的一个点。在进行统计平均时,除了分子团的尺度必须满足上述要求外,还应对进行统计平均的时间作出规定,即要求它必须是微观充分长,宏观充分短的。也就是讲,进行统计平均的时间,从微观上来讲应选得足够长,使得在这段时间内,微观的性质,例如分子间的碰撞已进行了许多次,在这段时间内进行统计平均能得到稳定的数值;另一方面,进行统计平均的时间,从宏观上来讲,应选得比特征时间短得多,可以把进行统计平均的时间看成是一个瞬间。这样,就可以把一个本来是大量离散的分子或原子运动问题,近似为充满整个空间流体质点的运动问题,而且每个空间点和每个时刻都有确定的物理量,它们都是空间坐标和时间的连续函数,从而可以摆脱研究分子运动的复杂性,运用数学分析这一有力工具来建立和求解宏观物理量之间的方程。在很多情况下,通常遇到的问题中,从体积来讲,微观大、宏观小;从时间来讲,微观长、宏观短,是存在的。例如,在一般的温度和压强情况下,在 10^{-9} cm^3 的体积内,气体有近 3×10^{10} 个分子;水的分子更多,约 3×10^{13} 个分子。这样的体积,从微观看是非常大的,而从宏观看则是很小的。另一方面,上述情况,在 10^{-6} s 时间内,气体分子要碰撞 10^{14} 次,这样的时间,从微观看是足够长的,而从宏观看则很短。在很多情况下,根据连续介质假设所得的理论结果,与相当多的实验结果很符合,因此这个假设是被允许的。在某些情况,例如高空的稀薄气体不能作为连续介质来处理;根据研究计算,一般认为在海拔高度为 50 km 以上的高空大气不作为连续介质。

连续介质假设是流体力学中一个带根本性的假设,它是欧拉在 1753 年提出的。本书只讨论作为连续介质的流体;在连续介质假设的基础上,若没有特别说明,一般还认为流体具有均匀等向性,即流体是均质的,各部分和各方向的物理性质是一样的;若不一样,则流体是非均质的。

1-2-2 流体的主要物理性质

流体运动的规律与作用于流体的外部因素和条件,以及流体的内在物理性质有关。在此结合本书内容,对流体的物理性质,先做一些必要的阐述和讨论。

1. 易流动性

固体在静止时,可以承受切应力(剪应力)。流体在静止时,不能承受切应力,只要在微小的切应力作用下,就发生流动而变形。流体在静止时不能承受剪力、抵抗剪切变形的性质称为易流动性。流体也被认为不能抵抗拉力,而只能抵抗对它的压力。

2. 惯性(质量·密度·重量)

根据牛顿第一运动定律,任何物体都具有惯性,就是物体所具有的保持其原有运动状态不变的特性。表示物体惯性大小的物理量度是质量。流体和其他物体一样亦具有质量。流体单位体积内所具有的质量称为密度。对于均质流体,设体积为 V 的流体具有的质量为 m,则密度 ρ 为

$$\rho=\frac{m}{V} \tag{1-1}$$

对于非均质流体,由连续介质假设可得

$$\rho=\lim_{\Delta V\to 0}\frac{\Delta m}{\Delta V} \tag{1-2}$$

密度的单位为 kg/m³。

流体的密度随温度和压强的变化而变化。实验证明,液体的这些变化甚微,因此在解决工程流体力学中的绝大多数问题时,可认为液体的密度为一常数。气体的密度变化较液体的稍大,这可以从流体微观分子结构等方面的异同得到解释。在一个标准大气压下,不同温度的水和空气的密度值分别见表1-1和表1-2(供参考),工作时,按各部门制定的规范选用。计算时,一般采用水的密度值为1 000 kg/m³,干空气的密度值为1.2 kg/m³,水银的密度值为13.6×10³ kg/m³。

表1-1 水的物理特性(在一个标准大气压下)

温度/℃	密度ρ/(kg/m³)	黏度μ/(10^{-3} Pa·s)	运动黏度ν/(10^{-6} m²/s)	表面张力σ/(N/m)	汽化压强p_v/kPa 绝对压强	弹性模量E/(10^6 kPa)	体[膨]胀系数α_V/(10^{-4} K^{-1})	导热系数κ/[W/(m·K)]
0	999.8	1.781	1.785	0.075 6	0.61	2.02	-0.6	0.56
5	1 000.0	1.518	1.519	0.074 9	0.87	2.06	0.1	
10	999.7	1.307	1.306	0.074 2	1.23	2.10	0.9	0.58
15	999.1	1.139	1.139	0.073 5	1.70	2.15	1.5	0.59
20	998.2	1.002	1.003	0.072 8	2.34	2.18	2.1	0.59
25	997.0	0.890	0.893	0.072 0	3.17	2.22	2.6	
30	995.7	0.798	0.800	0.071 2	4.24	2.25	3.0	0.61
40	992.2	0.653	0.658	0.069 6	7.38	2.28	3.8	0.63
50	988.0	0.547	0.553	0.067 9	12.33	2.29	4.5	
60	983.2	0.466	0.474	0.066 2	19.92	2.28	5.1	0.65
70	977.8	0.404	0.413	0.064 4	31.16	2.25	5.7	

续表

温度/℃	密度 ρ/(kg/m^3)	黏度 μ/(10^{-3} Pa·s)	运动黏度 ν/(10^{-6} m^2/s)	表面张力 σ/(N/m)	汽化压强 p_v/kPa 绝对压强	弹性模量 E/(10^6 kPa)	体[膨]胀系数 α_V/(10^{-4} K^{-1})	导热系数 κ/[W/(m·K)]
80	971.8	0.354	0.364	0.062 6	47.34	2.20	6.2	0.67
90	965.3	0.315	0.326	0.060 8	70.10	2.14	6.7	
100	958.4	0.282	0.294	0.058 9	101.33	2.07	7.1	0.67

表 1-2　空气的物理特性(在一个标准大气压①下)

温度/℃	密度 ρ/(kg/m^3)	黏度 μ/(10^{-5} Pa·s)	运动黏度 ν/(10^{-5} m^2/s)	导热系数 κ/[10^{-2} W/(m·K)]
-40	1.515	1.49	0.98	
-20	1.395	1.61	1.15	
0	1.293	1.71	1.32	2.41
10	1.248	1.76	1.41	2.48
20	1.205	1.81	1.50	2.54
30	1.165	1.86	1.60	
40	1.128	1.90	1.68	
60	1.060	2.00	1.87	
80	1.000	2.09	2.09	
100	0.946	2.18	2.31	3.17
200	0.747	2.58	3.45	

物体之间具有相互吸引的性质,这种吸引力称为万有引力。在流体运动中一般只考虑地球对流体的引力,这个引力就是重力,用重量来表示。由万有引力定律知,质量为 m 的物体重量 G 为

$$G=mg \tag{1-3}$$

① 1 atm = 101 325 Pa。

式中 g 为重力加速度,海平面处标准参考值为 9.806 65 m/s^2,北京地区为 9.801 1 m/s^2,计算时常取 9.8 m/s^2,亦有取 9.81 m/s^2。

3. 输运性质(黏性·热传导·扩散)

一个任意的流体系统,无论初始的宏观性质如何,只要外界对它没有作用和影响,经过一定时间后,系统必将达到一个稳定的、宏观性质不随时间变化的状态,这种状态称为平衡态。如果由于某种原因,某种物性在流体各处分布不均匀,则处于非平衡态。这时流体会通过某种机理,产生一种自发的过程,使之趋向一个新的平衡态。例如,当流体各层间速度不同时,通过动量传递,使速度趋于均匀;当流体各处温度不同时,通过热量(能量)传递,使温度趋于均匀;当流体各部分密度不同时,通过质量传递,使密度趋于均匀。流体这种由非平衡态转向平衡态时物理量的传递性质,称为流体的输运性质。流体的这种性质,从微观上看,是通过分子的热运动和分子的相互碰撞、掺和,在不规则运动中将原先所在处的流体宏观性质输运到另一处;再通过分子的相互碰撞、交换,传递各自的物理量,从而形成新的平衡态。在这里主要介绍动量输运、热量(能量)输运、质量输运。从宏观上看,它们分别表现为黏滞现象(黏性)、传热现象(热传导)和扩散现象(扩散),并具有各自的宏观规律。

为了描述流体系统的非平衡态,一般都采用局域平衡假设,即虽然系统整体是处于非平衡态,不能用统一的确定的参量来描述,但可以将系统划分成很多很小的区域,每一个这样的小区域却处于平衡态,可以用确定的参量来描述。于是,对于整个系统而言,描述系统状态的宏观物理量,称为态参量,都是空间和时间的函数。在这里,主要从实验的结果来介绍上述的宏观规律。

(1) 黏性

流体静止时,不能承受切应力以抵抗剪切变形。流体运动时,具有抵抗剪切变形能力的性质,称为黏性。当某流层对其相邻流层发生相对位移而引起剪切变形时,流体流层间也有摩擦力,称为流体的内摩擦力(黏滞力),就是这一性质的表现。如果把流体看成一个整体,内摩擦力就好像固体力学中的剪(切)力,所以亦称剪力或切力。由于内摩擦力,流体部分机械能转化为热能而消失,黏性是流体的一个非常重要的性质。下面介绍牛顿平板实验所得的流体黏性及其规律——流体(牛顿)内摩擦定律。

设有两块水平放置的平行平板,其间充满流体,如图 1-1a 所示。两平板间距 h 甚小,平板面积 A 足够大,可以忽略边界条件对流体的影响。下平板固定不动,上平板受水平力 F 的作用,在自身平面内以等速 u 向右移动。因流体质点黏附在平板表面,所以下平板内侧表面流体质点的速度为零,上平板内侧表面流体质点的速度为 u。当间距 h 和等速 u 不是太大时,两板间的沿法线方向 y 轴的流体速度分布按直线变化,由零增至 u,如图 1-1a 所示。这情况像流体是由一系列薄片层所组成,它们的每一层相对于邻层有一很小的滑动。现距下平板 y 处作一同上平板平行的平面,将流体分成上、下两部分,如图 1-1b 所示。现分析上部流体沿水平方向的受力情况。由于流体沿水平方向是等速运动,流体中的压强不变,重力又垂直于水平方向,所以作用于上部流体水平方向上的力只有上平板对流体的力 F 和下部流体对上部流体的切力 F_S,如图 1-1b 所示。根据牛顿第二定律,F 与 F_S 大小相等,方向相反。根据牛顿第三定律,下部流体亦受上部流体所施加的同样大小而方向与 F_S 相反的力。上、下部流体相互作用在 y 处平面上的这一对切力,即为内摩擦力,这个力一直传递到下平板。由实验得知

$$F=F_S\propto\frac{Au}{h}$$

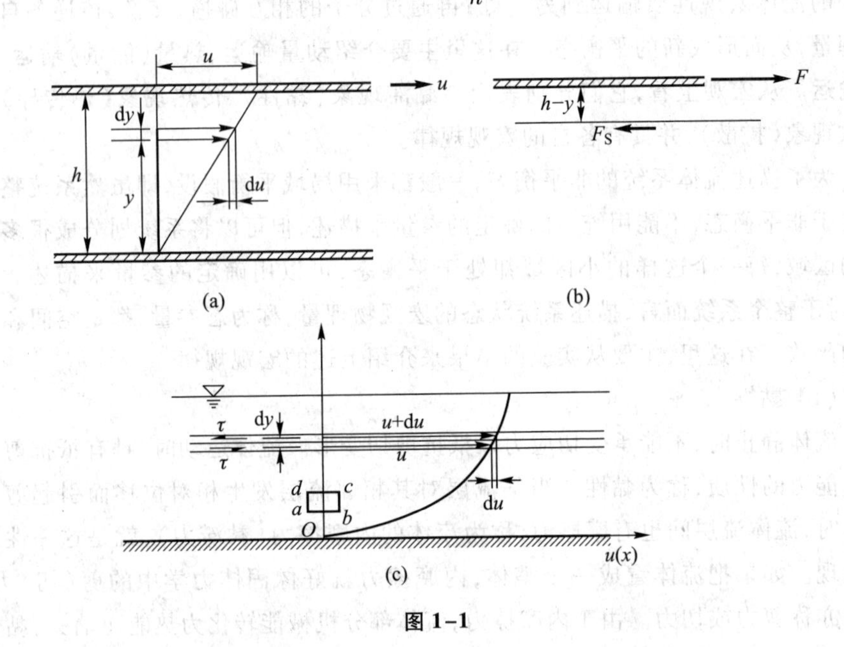

图 1-1

若引入一比例系数 μ,它与流体性质有关,则

$$F_S=\mu A\,\frac{u}{h}$$

在图 1-1a 中,由相似三角形可以看出 u/h 能以速度梯度 $\mathrm{d}u/\mathrm{d}y$ 来替换,则

$$F_S=\mu A\frac{\mathrm{d}u}{\mathrm{d}y} \tag{1-4}$$

由上式可以看出切力 F_S 的大小与流体性质有关,并与速度梯度 $\mathrm{d}u/\mathrm{d}y$ 和接触面积 A 成正比,而与接触面上的压力无关。

若以 τ 表示单位面积上的切力,即切应力,则为

$$\tau=\mu\frac{\mathrm{d}u}{\mathrm{d}y} \tag{1-5}$$

上式由牛顿根据分析、实验提出,后经多人验证,称为流体(牛顿)内摩擦定律。在一般情况下,流体中的速度分布不一定是直线,而是曲线,如图 1-1c 所示,牛顿内摩擦定律亦适用于上述情况。上式中切应力 τ 的单位为 Pa;μ 是与流体黏性有关的一个系数,称为黏度(或动力黏度),单位为 Pa·s。流体的黏度是黏性的度量,它的值愈大,黏性的作用愈大。μ 的数值随流体的种类而不同,且随流体的压强和温度而发生变化。它随压强的变化不大,一般可忽略;但随温度的改变而变化则较大。对于液体来讲,随着温度的升高,黏度值减小;对于气体来讲,则增大。水和空气的黏度值分别列于表 1-1 和表 1-2,亦有经验公式可以计算。式中 $\mathrm{d}u/\mathrm{d}y$ 为速度梯度,它表示速度沿垂直于速度方向 y 轴的变化率。实际上是流体微元的剪切变形(角)速度,这可阐明如下。

设在运动流体中取一小方块流体(微元)$abcd$,参阅图 1-1c,放大后如图 1-2 所示。由于小方块流体下表面的速度 u 小于上表面的速度 $u+\mathrm{d}u$,经过 $\mathrm{d}t$ 时间后,该块流体成为如图 1-2 中所示的 $a'b'c'd'$ 的形状和位置。这时小方块的剪切变形为 $\mathrm{d}\theta$,由于 $\mathrm{d}t$ 很小,$\mathrm{d}\theta$ 亦很小,所以

$$\mathrm{d}\theta\approx\tan\,\mathrm{d}\theta=\frac{\mathrm{d}u\mathrm{d}t}{\mathrm{d}y}$$

即

$$\frac{\mathrm{d}u}{\mathrm{d}y}=\frac{\mathrm{d}\theta}{\mathrm{d}t} \tag{1-6}$$

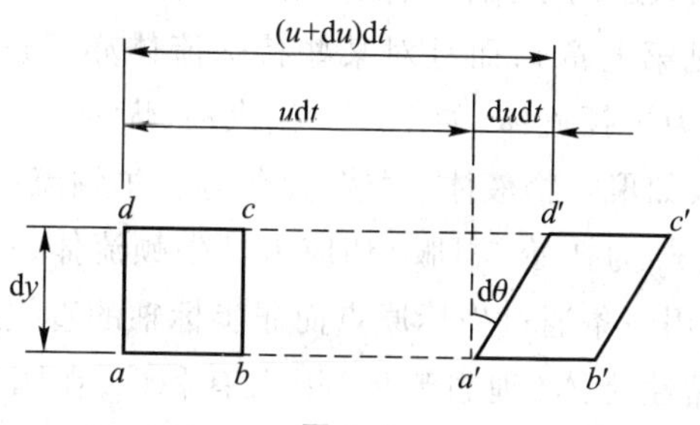

图 1-2

由上可知,速度梯度 du/dy 就是直角变形速度。因为它是在切应力的作用下发生的,所以亦称剪切变形角速度。

关于 F_S 与 τ 的方向,因为它们都是成对出现的,数值相等,方向相反。所以,运动较慢的流层作用于运动较快流层上的切力,其方向与运动方向相反,并使运动减慢;运动较快的流层作用于运动较慢流层上的切力,其方向则与运动方向相同,并使运动加快,如图 1-1c 所示。

在以后还会遇到黏度 μ 与流体密度 ρ 的比值,以 ν 表示,即

$$\nu=\frac{\mu}{\rho} \tag{1-7}$$

式中:ν 的单位为 m^2/s。因为它没有力的量纲,是一个运动学要素,为了区别起见,ν 称为运动黏度,μ 则称动力黏度。

流体黏性和液体黏度值不同于气体黏度值随温度的变化,亦可从流体的微观结构和运动来说明。流体运动时,流体分子的速度,由流体质点的宏观运动速度和流体分子的微观热运动速度两部分叠加组成。相邻上、下两流层以各自的宏观速度作水平定向运动时,由于分子的热运动穿过两流层间的接触面,相互碰撞、交换。上层流体宏观运动速度大,交换中使之定向动量减少;下层流体宏观运动速度小,交换中使之定向动量增加。根据动量定律,两流层间产生一对平行于运动速度方向的力,即内摩擦力,这亦就是出现黏滞现象(黏性)的原因。流体的黏度 μ,对于气体来讲,它的黏性产生主要是由于分子间动量的交换;而液体的黏性除了由于分子间动量交换外,还由于分子间的作用力而引起。因为气体的分子间距较大,分子间的作用力(吸引力)影响很小,分子的动量交换率因温度升高而加剧,因而使切应力亦随之而增大;液体的分子间距较小,吸引力影响较大,随着温度的升高,吸引力减小,使切应力亦随之而减小。这说明了为什么气体的黏度值,随着温度的升高而增大,液体的则减小。

牛顿内摩擦定律只适用于流体质点作有条不紊的线状运动,彼此互不混掺的流动(层流运动,见第七章),而且对某些特殊流体亦不适用。凡符合牛顿内摩擦定律的流体,称为牛顿流体,如水、空气、汽油、煤油、乙醇等;凡不符合的流体,称为非牛顿流体,如聚合物液体、泥浆、血浆等。牛顿流体和非牛顿流体的区别可用图 1-3 表示,τ_0 为初始(屈服)切应力。牛顿流体,τ 与 du/dy 之间呈直线关系,在图 1-3 中用一条通过坐标原点而非坐标轴的直线来表示,直线的斜率由黏度来确定。无黏性流体(理想流体)因没有黏性,在图 1-3 中用水平轴表示;真正的弹性固体,用铅垂轴表示;在允许塑性流动以前承受住某一初始切应

力的塑性流体（宾厄姆流体），如牙膏、番茄酱等，用与铅垂轴上初始切应力点相交的一直线来表示；拟塑性流体用一条通过坐标原点而非坐标轴的曲线来表示，μ 随 $\mathrm{d}u/\mathrm{d}y$ 的增加而减小，如油漆、颜料、血液等；膨胀性流体也是用一条通过坐标原点的曲线来表示，而 μ 随 $\mathrm{d}u/\mathrm{d}y$ 的增加而增大，如玉米淀粉类与水的混合物；等等。研究非牛顿流体运动的规律，已形成一门新的学科——非牛顿流体力学。本书只讨论牛顿流体。

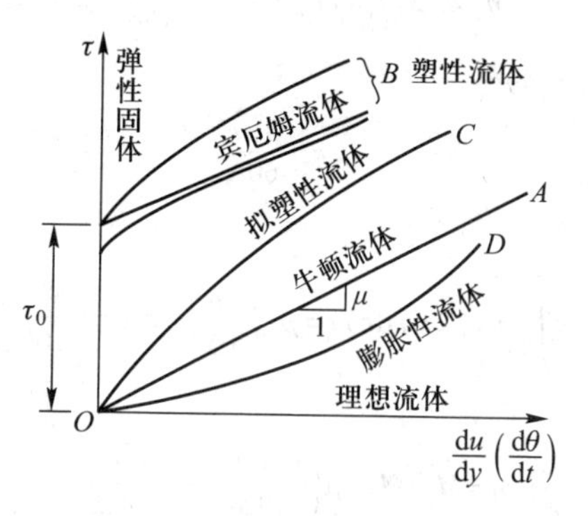

图 1-3

在研究流体运动时，常引进无黏性流体或理想流体的概念。理想流体和实际流体的根本区别是没有黏性。进行理想流体研究的目的，一方面是为了简化分析研究工作，使较易得出一些主要结论，然后再对黏性的作用进行专门研究后加以修正、补充，这种修正、补充多半是以实验资料为依据的；另一方面，亦有一些问题，如黏性的影响不是很大，通过对理想流体的研究，可以得出实际可用的结果。理想流体只是实际流体在某种条件下的一种近似（简化）模型。

例 1-1 设有一液体黏度测定仪，如图 1-4 所示。测定仪的内、外两圆筒具有同一轴线，两筒间的间隙甚小，其间充满待测定的液体。测定仪的内圆筒被一扭丝悬挂着，所受力矩可由扭丝的转角测定；外圆筒可按各种速度旋转。通过实验得知：当外圆筒以一定的速度旋转时，转动力矩通过液体内部的传递而至内筒，使扭丝扭转一角度，达到平衡。紧邻外圆筒内壁的液体，其运动速度和外圆筒的周速相等；而紧邻内圆筒外壁的液体，则和内圆筒一样，其运动速度为零。两筒间隙中的液体速度不是太大时，则按直线变化，由零增至外圆筒周速。现已知内、外圆筒半径分别为 r_1 和 r_2，两圆筒侧壁之间、

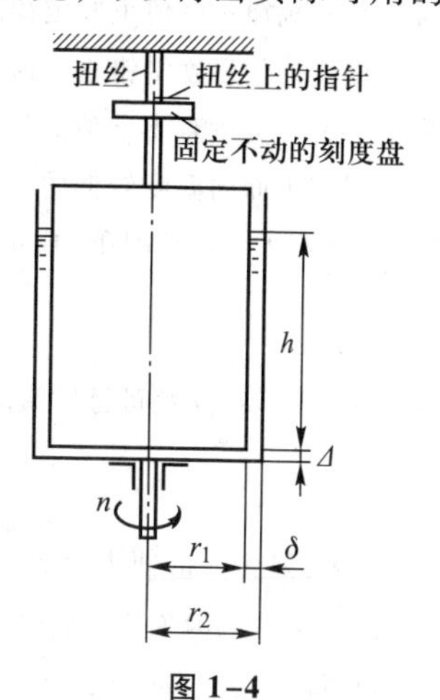

图 1-4

底壁之间的间隙分别为 δ 和 Δ，液体高度为 h，外圆筒转速为 n(r/min)，转动力矩为 M。试求液体黏度 μ 的计算式。

解：圆筒侧壁上所受的切应力 τ_1 为

$$\tau_1=\mu\frac{\mathrm{d}u}{\mathrm{d}r}=\mu\frac{2\pi n r_2}{60\delta}$$

相应产生的力矩 M_1 为

$$M_1=(2\pi r_1 h)\tau_1\cdot r_1=\frac{\pi^2 r_1^2 r_2 h n}{15\delta}\mu$$

圆筒底壁上所受的切应力 τ_2 为

$$\tau_2=\mu\frac{2\pi n}{60\Delta}r$$

相应产生的力矩 M_2 为

$$M_2=\int_0^{r_1}\tau_2(2\pi r\mathrm{d}r)r=\mu\frac{\pi^2 n}{15\Delta}\int_0^{r_1}r^3\mathrm{d}r=\frac{\pi^2 n r_1^4}{60\Delta}\mu$$

转动力矩

$$M=M_1+M_2=\mu\left(\frac{\pi^2 r_1^2 r_2 hn}{15\delta}+\frac{\pi^2 n r_1^4}{60\Delta}\right)$$

$$\mu=\frac{15M/(\pi^2 r_1^2 n)}{r_2 h/\delta+r_1^2/(4\Delta)}$$

*(2) 热传导

流体中的传热现象，根据它产生的物理原因，有热传导、热辐射和热对流。由于流体的分子热运动而产生的为热传导，由于流体电磁波辐射而产生的为热辐射，两者在静止或运动流体中都存在。由于流体宏观运动而产生的为热对流，仅在运动流体中存在。下面介绍流体热传导及其规律——傅里叶定律。

设流体的温度沿铅垂 y 轴变化，$\mathrm{d}T/\mathrm{d}y$ 表示流体中温度沿 y 轴方向的空间变化率，为温度梯度。设 A 为垂直于 y 轴的某指定平面面积，实验证明，在单位时间内，从温度较高的一侧，通过指定平面向温度较低的一侧所传递的热量 Q_{H}（亦就是能量）与这一指定平面所在处的温度梯度（不太大的情况下）成正比，也与指定面积大小成正比，即

$$Q_{\mathrm{H}}=-\kappa A\frac{\mathrm{d}T}{\mathrm{d}y}$$

若以 q_{H} 表示单位时间通过单位面积传递的热量，则

$$q_{\mathrm{H}}=-\kappa\frac{\mathrm{d}T}{\mathrm{d}y}\tag{1-8}$$

上式即为热传导的傅里叶定律。式中 q_{H} 的单位是 W/m²；κ 为热导率或导热系数，单位为 W/(m·K)，因为单位时间热量的单位为 W=J/s；温度梯度的单位为 K/m，热力学温度 T(K) 和摄氏温度 t(℃) 的关系为 $t=T-273$ K；水和空气的导热系数列于表 1-1、表 1-2；式中负号

表示热量传递的方向是从温度较高处传至温度较低处，与温度梯度的方向相反。由表 1-2 可以看出，气体的导热系数是很小的，所以当对流不存在时，气体可起隔热作用。液体分子的热量传递主要通过分子振动过程中的相互碰撞，传递效率不高，但因导热系数与分子个数有关，所以液体的导热系数比气体的大。例如：一个标准大气压下，15 ℃水的 $\kappa=0.59$ W/(m·K)；空气的 $\kappa\approx0.025$ W/(m·K)，水的 κ 比空气的 κ 大很多。

*(3) 扩散

流体中的传质现象，根据它产生的物理原因，有分子扩散、移流（或称迁移或对流）扩散和湍动（或称湍流或脉动）扩散。由于流体的分子热运动而产生的为分子扩散，它在静止和运动流体中都存在。由于流体宏观运动而产生的有移流扩散和湍动扩散，它们将在第十二章中介绍。下面介绍分子扩散。

流体中的分子扩散，根据流体组成的成分有两种情况。一种是流体中没有其他物质成分的单组分流体，可称单相流体或单相体。因其密度各处不同，由流体的分子运动，将质量从密度大的地方向密度小的地方扩散，这种扩散称为自扩散。另一种是流体中有其他物质成分的两种组分的混合体，可称两相混合流体或两相体，例如两不相混的液体或气体等。由于两相体中两种物质成分各自密度在各处不同，或仅其中一种物质成分的密度在各处不同，相互在另一种物质中扩散，这种扩散称为互扩散。上述两种情况的扩散，都是由于流体分子运动而产生的，称为分子扩散。

自扩散的机理与动量、热量输运的机理相同，类似于对流体热传导的讨论和推导，可得单位时间通过单位面积传递的质量 q_s 为

$$q_s=-D\frac{d\rho}{dy} \tag{1-9}$$

式中：D 为自扩散系数，单位为 m^2/s，它的值随流体的种类及其温度、压强而变化，一般由实验确定；负号表示质量传递的方向与密度梯度的方向相反。在实际工程中，流体的自扩散一般不予考虑。

在互扩散中，常需知道的是在两相体中，由于两种物质成分各自浓度在各处不同，相互在另一种物质中的扩散规律。为方便起见，我们讨论由 A、B 两种物质组成的两相体中，B 种成分（如水或空气）为均质介质，仅考虑 A 种成分（如污染物）在 B 种成分中扩散的情况。1855 年，斐克认为盐分子在溶液中的扩散现象，可以和物理学中的热传导类比，提出互扩散的规律为

$$q_A=-D_{AB}\frac{\partial c_A}{\partial y} \tag{1-10}$$

式中：q_A 为 A 种成分（如污染物）在单位时间通过单位面积传递的质量；D_{AB} 为两相体中 A 种成分在 B 种成分中的扩散系数，具有 L^2T^{-1} 的量纲，其值一般由实验确定，取决于 A 种成分和 B 种成分及它们的相对浓度、两相体的温度、压强，在浓度相对较低时可近似视为常数。几种两相体（A 种物质扩散到 B 种物质）的扩散系数列于表 1-3，从表中可以看出，液体的扩散系

数比气体的小得多;式(1-10)中,负号表示质量传递的方向与浓度梯度的方向相反;c_A 为 A 种成分(如污染物)的质量浓度,即每单位两相体体积中所含 A 种成分的质量,具有 ML^{-3} 的量纲。在环境保护等工程中,污染物在流体中的浓度,是一个很重要的指标。式(1-10)是由斐克首先提出的,所以常称斐克(第一)扩散定律。它是一个梯度型的经验公式,不是从理论上推导出来的,是与傅里叶热传导定律相类比,而用到分子扩散的一个经验公式。因为它能较好地适合实际情况,所以被广泛采用。

为了书写方便,常将式(1-10)写为

$$\boldsymbol{q}=-D\frac{\partial c}{\partial \boldsymbol{e}_n} \tag{1-11}$$

式中:$\boldsymbol{e}_n$ 为上述单位面积的外法线矢量。

表 1-3　两相体的分子扩散系数值

流体组成(物质 A-物质 B)	温度/℃	分子扩散系数 D_{AB}/(cm^2/s)
气体(一个大气压强下)	0	0.096
二氧化碳(CO_2)-氧化氮(N_2O)	0	0.144
二氧化碳(CO_2)-氮(N_2)	25	0.165
氢(H_2)-甲烷(CH_4)	25	0.726
液体		
食盐(NaCl)-水(H_2O)	0	0.784×10^{-5}
	25	1.61×10^{-5}
	50	2.63×10^{-5}
甘油-水	10	0.63×10^{-5}

注:液体中的扩散系数取决于扩散物质的浓度。上表所列值为稀释的水样溶液。

4. 压缩性和膨胀性

流体所受压强增大时,其体积减小、密度增大;所受压强减小时,其体积增大、密度减小的性质,称为流体的压缩性。因流体增压后,体积减小,若将其减压,则有恢复原状的性质;反之亦成立,所以又称流体的弹性。流体所受温度升高时,其体积膨胀、密度减小;所受温度降低时,其体积收缩、密度增大的性质,称为流体的膨胀性。流体升温后,体积膨胀,若将其降温,亦有恢复原状的性质;反之亦成立。液体和气体都是流体,它们的压缩性和膨胀性有所同,有所不同,现分别介绍如下。

(1) 液体的压缩性和膨胀性

液体的压缩性,一般以(体积)压缩系数 α_p 来度量,它表示:在一定温度下,压强增加一个单位时,液体体积的相对缩小率。设液体体积为 V,压强增加 $\mathrm{d}p$ 后,体积减小 $\mathrm{d}V$,则压缩系数 α_p 为

$$\alpha_p = -\frac{\mathrm{d}V/V}{\mathrm{d}p} \tag{1-12}$$

式中:负号表示压强增大,体积减小,使 α_p 为正值。α_p 的单位为 $\mathrm{m^2/N}$,是压强单位的倒数。

因为液体被压缩前后质量没有改变,即 $\mathrm{d}m=0$。因 $m=\rho V$,所以 $\mathrm{d}m=\mathrm{d}(\rho V)=\rho\,\mathrm{d}V+V\mathrm{d}\rho=0$,得 $\frac{-\mathrm{d}V}{V}=\frac{\mathrm{d}\rho}{\rho}$,代入式(1-12)可得

$$\alpha_p = \frac{\mathrm{d}\rho/\rho}{\mathrm{d}p} \tag{1-13}$$

所以,α_p 也可视为在一定温度下,压强增加一个单位时,液体密度的相对增加率。

液体的压缩性也常用压缩系数的倒数,称为液体的弹性模量 E 来度量,即

$$E = \frac{1}{\alpha_p} = -V\frac{\mathrm{d}p}{\mathrm{d}V} = \rho\frac{\mathrm{d}p}{\mathrm{d}\rho} \tag{1-14}$$

上式表示液体体积或密度的相对变化所需的压强增量,E 的单位是 Pa,与压强的单位相同。

液体的膨胀性,一般以体[膨]胀系数 α_V 来度量,它表示:在一定压强下,温度增加 1 K(或 1 ℃)时,液体体积的相对增加率。类似于压缩系数,即

$$\alpha_V = \frac{\mathrm{d}V/V}{\mathrm{d}T} \tag{1-15}$$

α_V 的单位为 $\mathrm{K^{-1}}$(或$℃^{-1}$),是温度单位的倒数。

类似于对压缩系数的讨论,体胀系数 α_V 亦可表示为

$$\alpha_V = -\frac{\mathrm{d}\rho/\rho}{\mathrm{d}T} \tag{1-16}$$

所以,α_V 也可视为在一定压强下,温度增加 1 K 时,液体密度的相对减小率。

不同的液体有不同的 α_p、E 和 α_V 值,同一种液体它们亦随温度和压强而变化。水的弹性模量 E 值和 α_V 值列于表 1-1。从表中可以看出,水的压缩性和膨胀性都是很小的,所以,在一般情况下水的压缩性和膨胀性均可忽略不计。在某些特殊情况(如水击、热水输送等)需考虑水的压缩性和膨胀性。

例 1-2 设水在 20 ℃时,所受压强由 $5\times1.013\times10^5$ Pa 增加到 $10\times1.013\times10^5$ Pa,试问水的密度改变是多少?

解:水在 20 ℃时,由表 1-1 查得弹性模量 $E=2.18\times10^9$ Pa,密度 $\rho=998.2\ \mathrm{kg/m^3}$,1 atm = 1.013×10^5 Pa。因

$$E=\rho\frac{\mathrm{d}p}{\mathrm{d}\rho}$$

所以

$$\frac{\mathrm{d}\rho}{\rho}=\frac{\mathrm{d}p}{E}$$

对上式积分,得

$$\ln\rho-\ln\rho_0=\frac{1}{E}(p-p_0)$$

$$\rho=\rho_0\exp\left[\frac{1}{E}(p-p_0)\right]=998.2\ \mathrm{kg/m^3}\times\exp\left[\frac{1}{2.18\times10^9}\times(10-5)\times1.013\times10^5\right]=998.4\ \mathrm{kg/m^3}$$

水的密度改变 $\Delta\rho$ 为

$$\Delta\rho=\rho-\rho_0=(998.4-998.2)\ \mathrm{kg/m^3}=0.2\ \mathrm{kg/m^3}$$

*(2) 气体的压缩性和膨胀性

气体与液体不同,具有显著的压缩性和膨胀性。在温度不过低、压强不过高时,气体压强、温度与比体积 v(密度的倒数)或密度之间的关系服从完全气体(注:热力学中的理想气体,在此称为完全气体,以便与无黏性的理想流体相区别)状态(物态)方程,即

$$pv=RT \tag{1-17}$$

或

$$\frac{p}{\rho}=RT \tag{1-17a}$$

式中:p 为气体的绝对压强,Pa;v 为气体的比体积,是密度的倒数,即单位质量流体所占有的体积,$\mathrm{m^3/kg}$;T 为气体的热力学温度,K;ρ 为气体的密度,$\mathrm{kg/m^3}$;R 为气体常数,N · m/(kg · K)。对于空气,$R=287$ N · m/(kg · K);对于其他气体,在标准状态下,$R=\frac{8\,314}{n}$ N · m/(kg · K),n 为气体的相对分子质量(气体分子量)。气体的不同状态过程,具有不同的密度与压强或温度变化的关系。

对于等温过程,因为 $T=C_1$(常数),RT=常数,所以式(1-17a)可简化为

$$\frac{p_1}{\rho_1}=\frac{p}{\rho} \tag{1-18}$$

式中:p_1、ρ_1 分别为气体原来的压强和密度,p、ρ 则分别为另一情况下的压强和密度。

气体的压缩系数和弹性模量可由上式求得,微分上式得

$$\frac{\mathrm{d}p}{\mathrm{d}\rho}=\frac{p}{\rho}$$

代入式(1-13),得

$$\alpha_p=\frac{1}{p} \tag{1-19}$$

或

$$E=p \tag{1-20}$$

上式表示等温过程中气体的弹性模量,等于它的压强。

对于定压过程,因为 $p=C_2$(常数),p/R=常数,所以式(1-17a)可简化为

$$\rho_1 T_1=\rho T \tag{1-21}$$

式中:ρ_1、T_1 分别为气体原来的密度和热力学温度,ρ、T 则分别为另一情况下的密度和热力学温度。

气体的体胀系数可由式(1-17a)求得,将 $\rho=\frac{m}{V}$代入式(1-17a),得 $pV=RTm$,因 p、R、m 都是常数,微分后得

$$\frac{\mathrm{d}V}{\mathrm{d}T}=\frac{Rm}{p}=\frac{V}{T}$$

代入式(1-15)得

$$\alpha_V=\frac{1}{T} \tag{1-22}$$

上式表示等压过程中气体的体胀系数,等于它的温度的倒数。

对于绝热过程,由热力学可知:

$$pv^{\gamma}=\frac{p}{\rho^{\gamma}}=\text{常数} \tag{1-23}$$

式中:v 为比体积;γ 为质量热容比(比热容比),$\gamma=\frac{c_p}{c_V}$;c_p 为质量定压热容(比定压热容),c_V 为质量定容热容(比定容热容);对于空气和多原子气体,在常温下可取 $\gamma=1.4$。

联立解上式和式(1-17)可得

$$\left(\frac{T_2}{T_1}\right)=\left(\frac{v_1}{v_2}\right)^{\gamma-1}=\left(\frac{p_2}{p_1}\right)^{\frac{\gamma-1}{\gamma}} \tag{1-24}$$

式中:T_1、T_2 为气体变化前后的热力学温度,K;v_1、v_2 为气体变化前后的比体积,$\mathrm{m^3/kg}$;p_1、p_2 为气体变化前后的压强,Pa。

气体的压缩系数和弹性模量可由式(1-23)求得,微分后得

$$\frac{\mathrm{d}p}{\mathrm{d}\rho}=\gamma\frac{p}{\rho}$$

代入式(1-13)得

$$\alpha_p=\frac{1}{\gamma p} \tag{1-25}$$

或

$$E = \gamma p \tag{1-26}$$

上式表示，绝热过程中气体的弹性模量，等于它的压强的 γ 倍。

由上述讨论不难看出，气体的压缩性和膨胀性比液体的大得多。例如，空气在等温过程中，压强由 $1\times1.013\times10^5$ Pa 增加到 $1.1\times1.013\times10^5$ Pa，密度的相对增加率 $\frac{d\rho}{\rho}=\frac{dp}{p}=0.1$，气体的可压缩性比水大得多。又如，空气在定压（如 1.013×10^5 Pa）、温度 $t=15$ ℃的情况下，增加 1 ℃，空气的密度约减小 3.5/1 000，比水的密度减小 1.5/10 000 大很多。但是，在气体速度较低（远小于声速），流动过程中压强和温度变化较小时，气体的密度仍可视为常数，这种气体称为不可压缩气体；反之，当气体的密度不可视为常数，则称可压缩气体。在实际工程中，所遇到的大多数气体流动的速度远小于声速（音速），其压强和温度的变化亦不大（当速度等于 50 m/s 时，密度变化为 1%），可作为不可压缩气体来处理。在某些情况，如燃气的远距离输送等，需考虑气体的压缩性。

实际流体都是可压缩的，如果忽略流体的压缩性，这种流体称为不可压缩流体；反之，则称可压缩流体。不可压缩流体亦只是实际流体在某种条件下的一种近似模型。

5. 表面张力特性

在液体自由表面的分子作用半径范围内，由于分子引力大于斥力，在表层沿表面方向产生张力，这种张力称为表面张力。它不仅在液体与气体接触的周界面上发生，而且还会在液体与固体（如水和玻璃）或一种液体与另一种互不相混液体（如水和水银）相接触的周界面上发生。表面张力的大小可由表面张力系数 σ 来量度。σ 是自由表面上单位长度上所受的张力，单位为 N/m。σ 值随液体的种类、温度及与它表面接触的物质而变化，不同的接触物质有不同的 σ 值。水与空气相接触的 σ 值列于表 1-1。

由于表面张力的作用，如果把两端开口的玻璃毛细管竖立在液体中，液体就会在毛细管中上升（如水）或下降（如水银），分别如图 1-5a、b 所示，这种现象称为毛细管现象。它可以从液体分子间的吸引力（称为内聚力）和液体与固体分子间的吸引力（称为附着力）之间的相互作用的不同情况来加以说明。当液体（如水）与固体（如玻璃）壁面接触时，如果液体的内聚力小于液体与固体的附着力，液体将附着、湿润壁面，沿壁面向上伸展，致使液面向上弯曲成凹形；继由表面张力的作用，使液面再有所上升，直到表面张力的向上铅垂分量和上升液柱的重量相平衡为止，如图 1-5a 所示。当液体（如水银）与固体（如玻璃）壁面接触时，如果液体的内聚力大于液体与固体的附着力，液体将不附着、湿润壁面，趋于自身收缩成一团，沿壁面向下收缩，致使液面向下弯曲成凸形；继由表面张力的作用，使液面再有所下降，如图 1-5b 所示。毛细管中液面上升或下降的高度，可以根据表面张力和接触角的大小来确定。接触角是指在液体、固体壁和另一种流体（如空气）三者交界处作液体表面的切面，它与固体壁在液体内部所夹的角度 θ，称为这种液体与固体的接触角。如 $\theta=0$，液体完全湿润固体；当 $\theta=180°$，液体完全不湿润固体。θ 角与液体、另一种流体的种类和固体壁的材料等有关。水与洁净玻璃的 $\theta=0°$，水银与洁净玻璃的 $\theta\approx140°$，分别如图 1-5a、b 所示。现设液体与固体壁的接触角为 θ，毛细管管径为 d，液体密度为 ρ，表面张力系数为 σ，参阅图 1-5a，假定凹曲面曲率半径等于毛细管半径，由表面张力的铅垂分量和上升液柱重量相等，即平衡时可得

$$\pi d\sigma\cos\theta\approx\frac{1}{4}\pi d^2 h\rho g$$

$$h\approx\frac{4\sigma\cos\theta}{\rho g d}\tag{1-27}$$

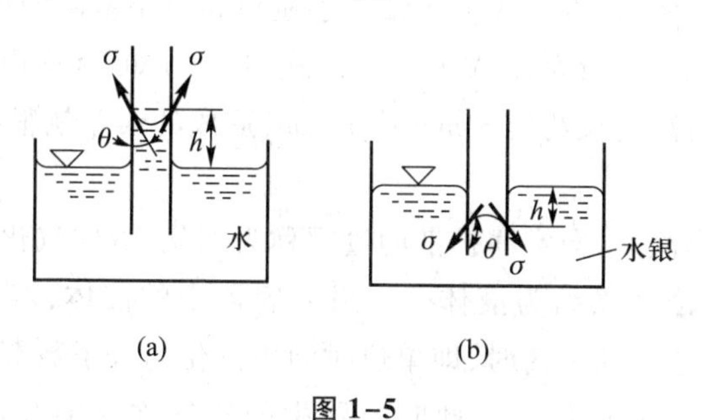

图 1-5

由表 1-1 查得，20 ℃时水的密度 $\rho=998.2\ \mathrm{kg/m^3}$，$\sigma=0.072\ 8\ \mathrm{N/m}$，代入上式可得水在玻璃毛细管内上升的高度 h 为

$$h\approx\frac{30\ \mathrm{mm^2}}{d}\tag{1-28}$$

式中：管径 d 以 mm 计。

20 ℃时，水银的密度为 13 550 $\mathrm{kg/m^3}$，表面张力系数 $\sigma=0.51\ \mathrm{N/m}$，代入式（1-27）可得水银在玻璃毛细管内下降的高度 h 为

$$h\approx\frac{10\ \mathrm{mm^2}}{d}\tag{1-29}$$

式中：管径 d 以 mm 计。

由上两式可知，毛细管中液面上升或下降的高度与管径成反比，管径越小，

液面上升或下降的高度越大。

如果两端开口的玻璃毛细管是渐变管径，竖立在液体（水）中，水在渐变管径毛细管内上升高度 h 的表达式是怎样的，可参阅习题 1-7 的图和答案，它说明，渐变管径内的水面升高值，等于以管内水面处的管径为直径的等径圆管中的水面升高值，与中间管段的形状无关。

毛细管现象不仅在圆管中存在，任何固体细小缝隙间都可能有这一现象。如果有两块相距缝隙很小的玻璃平板，铅垂竖立在液体（水）中，水在缝隙中上升高度 h 的表达式是怎样的，可参阅习题 1-8 的答案。

因为液体的表面张力很小，而且只是分界面上的局部受力现象，在液体内部并不存在，所以对一般液流的影响甚微，可不予考虑。毛细管现象在大多数工程中亦不予考虑，因为工程中固体壁面周界的距离都很大。但是在某些情况下，要考虑表面张力和毛细管现象，如小尺寸的模型试验、液滴和气泡的形成、水舌很薄而曲率又较大的堰流、液体在地下土壤中的流动、液柱式测压计玻璃管中的液面上升或下降等。例如，液柱式测压计为了避免和减小量测的误差，通常它的玻璃管径不小于 10 mm。因为，由式（1-28）、式（1-29）知，这样由表面张力引起的液面上升或下降的高度仅约为 3 mm 或 1 mm，造成的误差就很小了。

6. 汽化压强

液体分子逸出液面，向空间扩散的过程称为汽化，液体汽化为蒸气。汽化的逆过程称为凝结，蒸气凝结为液体。在封闭容器中的液体，汽化与凝结同时存在，当这两个过程达到动平衡时，即单位时间内汽化的分子数等于凝结的分子数时，宏观的汽化现象亦即停止。此时容器中的蒸气称为饱和蒸气，相应的（液面）压强称为饱和蒸气压强或汽化压强。汽化压强的产生是由于蒸气分子运动的结果。液体的汽化压强与温度有关，水的汽化压强列于表 1-1。汽化压强值在工程中有着实际的意义。因为液体（如水）能吸收和溶解与其所接触的气体，在常温、常压下，这部分溶解于水中的气体不影响水的流动。但是，当水中某处的绝对压强低于当地的汽化压强时，溶解于水中的气体将分离出来，和水汽化的蒸气一起向高处集中，可能在该处使水流畅通流动发生困难，甚至导致流动连续性的破坏。例如，在工程中利用虹吸管将水渠中的水输送到集水池时，将可能发生这种现象；为了避免这种现象，要控制虹吸管最高点管段离水渠水面的位置高度。另一种情况，从水中分离出来的气体和汽化的蒸气，将生成大量的气泡；这些气泡随同水流从低压区流向高压区，在高压作用下，气泡突然破裂溃灭，周围的高压水便以极高的速度冲向气泡溃灭点，造成很大的压强，形成强大的冲击力，且冲击频率很高；这种集中在极小面积上的强大冲击力，如作用在水力机械金属部件（叶片）表面，这些部件就会被剥蚀、损坏。例如，在工程中利用离心式水泵取水、供水时，将可能发生这种现象；为了避免这种现象，要控制水泵吸水管管段最高点离取水池的安装高度。

以上讨论了流体的主要物理性质，从中可以看出，它们对工程流体力学的研究和应用的影响程度是不一样的，有的仅在一些特殊情况下要加以考虑。在工程流体力学中所称的流体（实际流体），一般系指易流动的、不能抵抗拉力的、具有质量的、黏性的、不可压缩的、均质的连续介质。在以后的叙述或讨论中，如没有特别说明，即认为是对上述流体而言。理想流体和实际流体在物性方面的区别，主要是没有黏性。

§1-3 作用在流体上的力

具有一定物理性质的流体，在外力作用下就产生一定的运动状态，包括静止在内；同时，在流体内部各质点之间也以一定的应力相互作用着。工程流体力学主要就是研究这些力和运动的关系。在分析流体受力情况时，常在流体中取一隔离体，它是由封闭表面所包围的一部分流体。为了便于分析，将作用在隔离体上的力按其作用方式分为两类：质量力和表面力。

1. 质量力

作用在隔离体内每一个流体质点上，其大小与质量成（正）比例的力，称为质量力。在均质流体中，它和流体的体积亦成（正）比例，所以又称为体积力。工程流体力学中常遇到的质量力有两种：一是重力，是地球对于流体质点吸引作用的结果，它等于质量和重力加速度的乘积；另一是惯性力，是流体作加速度运动，根据达朗贝尔原理虚加于流体质点上的作用力，它的大小等于质量与相应加速度的乘积，方向与加速度的方向相反。在求解有些流体动力学问题时引入惯性力，根据达朗贝尔原理，就可用流体静力学方法来处理流体动力学的问题（可参阅第二章§2-4）。质量力的单位为 N，$1\text{N}=1\ \text{kg}\cdot\text{m/s}^2$。

作用在流体上的质量力，常用单位质量力来度量。单位质量流体所受的质量力称为单位质量力。设作用在质量为 m 流体上的（总）质量力为 $\boldsymbol{F}$，在三个正交坐标轴上的分量为 F_x、F_y、F_z，则单位质量力 f 及其在三个坐标轴上的分量 f_x、f_y、f_z，分别为

$$f=\frac{F}{m} \tag{1-30}$$

$$f_x=\frac{F_x}{m},\quad f_y=\frac{F_y}{m},\quad f_z=\frac{F_z}{m} \tag{1-31}$$

单位质量力的单位为 m/s^2,与加速度的单位相同。

按右手旋转法则,坐标轴 z 铅直向上为正,则在重力场中作用于单位质量流体上的重力,在各坐标轴上的分量分别为 $f_x=0, f_y=0, f_z=-g$。

2. 表面力

作用在隔离体流体的表面,和作用的面积成(正)比例的力,称为表面力。表面力可分为垂直于作用面的压力和沿作用面方向的切力。表面力可以是作用于流体边界面(液体与固体或气体的接触面)上的压力、切力,也可以是一部分流体质点作用于与其相邻的另一部分流体质点的压力、切力。表面力的单位为 N。

若作用在面积为 A 的压力为 F_{P}、切力为 F_{S},则作用在单位面积上的平均压应力(又称为平均压强)p 和平均切应力 τ 分别为

$$p=\frac{F_{\mathrm{P}}}{A} \tag{1-32}$$

$$\tau=\frac{F_{\mathrm{S}}}{A} \tag{1-33}$$

根据连续介质假设,可以取它们的极限值,引入点应力的概念。设作用在包含某点在内的微小面积 ΔA 上的微小压力为 ΔF_{P},微小切力为 ΔF_{S},则压应力(称为压强)p 和切应力 τ 分别为

$$p=\lim_{\Delta A\to 0}\frac{\Delta F_{\mathrm{P}}}{\Delta A} \tag{1-34}$$

$$\tau=\lim_{\Delta A\to 0}\frac{\Delta T}{\Delta A} \tag{1-35}$$

压强和切应力的单位为 Pa,1 Pa = 1 N/m^2。

§1-4 工程流体力学的研究方法

工程流体力学作为一门学科,在它的历史发展过程中产生了一些特殊的研究和解决问题的方法,它们寓于各门自然科学都适用的一般方法之中,并相互渗

透、转化和发展。掌握这些方法，对于获得工程流体力学的知识、体系和提高能力等方面，都是很重要的。工程流体力学目前主要有理论分析、实验和数值计算三种方法，它们之间既有区别，又有联系，互为结合、互为补充，相得益彰，相互促进。

1-4-1　理论分析方法

理论分析方法及其步骤，大体上是：在连续介质假设的基础上，对原型（实际的）或模型中的流体运动现象，用肉眼或仪器进行观察，将影响流体运动的因素分清主次，抓住主要因素，概括、抽象成工程流体力学的模型（物理模型），并进行物理观点的描述；根据物理学的普遍规律、定律（如牛顿力学定律、质量和能量守恒定律、热力学定律等）和流体物性及其规律（计算公式），并结合流体运动的特点，通过数理分析，建立流体运动的基本方程组（数学模型）及其相应的初始条件和边界条件；利用各种数学工具精确地或近似地解出方程组，并对它的解进行分析，确定解的准确度和适用范围。理论分析方法所得的结果，还需要受到实践的检验，包括与已有的正确理论或实验、实测、观察的资料相比较；若在实践中存在问题，还需修改、补充，直到比较接近客观实际，满足工程实际所需。

在分析流体运动、建立模型时，根据所取研究对象的不同，常用以下两种方法，一是取微元流体作为对象，称为微元（体）分析法；另一是取有限流体（元流或总流）作为对象，称为有限体分析法或元流（总流）分析法。

1. 微元（体）分析法

设在运动流体占据的空间，取一固定的微小控制体（可参阅第三章图 3-11），在直角坐标中，其边长分别为 dx、dy、dz，其极限即可表示点（x,y,z）处的情况。微元分析法是将物理学的普遍定律应用于微小控制体内的流体，建立流体的运动微分方程。这样的微分方程，如果有其解答，即可给出流体所占有的任一空间点上，在任何时间的流体质点的运动情况。这一方法是理论分析方法中最基本、最常用的，本书亦主要介绍这种分析方法。由于目前还没有关于流体的运动微分方程组的普遍解（通解），所以常采用某些假定，使方程得以简化后才能求解。

2. 有限体分析法（元流或总流分析法）

在工程流体力学中，常不需知道流体所占有的每一空间点上的流体质点运动的情况，而只需知道这个物理量或那个物理量在某一体积或面积上的平均值。有限体分析法是在运动流体占据的空间，取一固定的有限控制体，将物理学的普遍定律应用于有限控制体内的流体，建立以平均值表示的流体运动方程。这种方法常用来分析流体运动沿主流方向的一维流动的情况，所以又称一维流（动）分析法，本书亦介绍这种分析方法。

理论分析方法揭示了客观实际流体运动的物理本质和各物理量之间的内在联系及规律，具有重要的指导意义和普遍的适用性。另一方面，理论分析方法往往只能局限于比较简单的物理模型，对于更为复杂、更符合实际的流体运动方程组，由于流体运动和边界条件的复杂性，目前还没有普遍解，且难于求解，计算机出现后得到了一些解决；简化后得到的解，适用性也受到了限制。

1-4-2 实验方法

从工程流体力学的发展简史中可以知道，实验方法很早就已使用，并作出了重大贡献，直到今天，它仍起着重要的和不可替代的作用。工程流体力学的实验研究，主要是在流体运动的现场或实验室的水槽、水池、风洞、水电模拟等实验设备中进行原型观测或模型试验（模型实验）。工程流体力学的实验方法主要有以下四个方面。

1. 原型观测

对工程中的实际流体运动，直接进行观测，收集第一性资料，为检验理论分析或总结某些基本规律提供依据。

2. 模型试验

在实验室的水槽或风洞等实验设备中，以相似理论或量纲分析法为指导，把实际工程（原型）缩小（或放大）为模型，在模型上预演相应的流体运动，得出在模型中的流体运动规律。然后，将其按照相似关系换算为原型的结果，以满足实际工程的需要。本书第六章将介绍这方面的内容。

3. 系统试验

由于原型观测受到某些条件的局限或因流体运动的相似规律在理论上还没有建立，则在实验室内小规模地造成某种流体运动，用以进行系统的观测实验，从中找出规律性。

4. 模拟（比拟）试验

根据水流与电流的相似或水流与气流的相似等，进行水电模拟或水气模拟试验等。例如描述恒定地下水流动（渗流）场的方程为拉普拉斯方程，在导体中的电流场也可用拉普拉斯方程描述，这表明渗流和电流现象之间存在着模拟关系；利用这种关系，可以通过对电流场的电学量的量测来解答渗流问题，这种试验方法称为水电模拟法。

实验方法是科学研究中的一种基本方法,它可以根据人们一定的研究或应用的目的,在人为控制的条件下揭示流体运动的规律。它既是获得感性认识的基本途径,又是发现、发展和检验理论及科技成果的实践基础。另一方面,用实验方法中的模型试验,再现一些复杂条件下的流体运动现象和规律时,往往由于模型试验在理论上和技术上尚有不足,致使与客观实际仍有一定的差距;另外,实验设备、装置、仪表等费用都较昂贵,实验所花的时间和经费亦较多。

1-4-3 数值计算方法

数值计算方法是研究数学问题的数值求解方法。计算机出现后,赋予了它新的内含,即在以计算机为数值计算工具的时代,就要研究适用于计算机运算的数值计算方法,并将计算方法编成计算机程序,以解决具体的物理和工程问题。工程流体力学在计算机出现前,已有数值计算方法,因有的运算繁复、困难等,没有得到很大的发展。计算机出现后,为了求解工程流体力学中由理论分析方法所得的难于求解的流体运动(偏)微分方程组等,研究、开发和发展了一系列以计算机为数值计算工具的、近似的数值计算方法,如有限差分法、有限元法、有限体积法、边界元法等。这些方法已能有效、迅速、准确地求解工程流体力学中的一些复杂的数学问题,包括环境工程、市政工程中的一些问题,如有压管流中的环状管网和明渠非均匀渐变流水面曲线的计算、地下水的流动、水污染扩散、大气污染扩散、环境污染预报等。目前,以计算机为工具的数值计算方法,在工程流体力学研究方法中的作用和地位不断提高,成为与理论分析方法、实验方法具有同等重要意义的方法。目前已有许多现成的计算机程序(实用分析软件)供选用。

数值计算方法能够求解工程流体力学中一些难于用解析法求解的数学问题,而得到数值解;并且与实验方法相比较,求解所花的时间和经费亦较少。另一方面,它在求解过程中,需用理论分析方法得到的正确的数学模型;且它的结果是近似的,仍需得到实验或实践的检验。如果建立的数学模型有错误,亦将得到有错误的结果;如果建立的数学模型过于复杂,目前也难于求解。

随着计算机的出现和计算方法的发展,出现了类似于实验方法的数值模拟。实验方法所得的结果是随着实验条件的改变而改变的,为了要得到各种不同条件下的实验结果,需相应改变不同的条件,这样就要多花时间和经费,这是实验方法中的一个缺点。如果在采用计算方法时,也考虑到在计算过程中能使这些实验条件、流动参数按需随意改变，取得不同的数值计算结果，这与实验方法中的情况有所相似，称为数值实验或数值模拟。它能大量地节约实验所需的时间和经费，且有可能使一些新的流体运动现象通过它而先于实验得以发现。要注意，数值模拟和实验方法有本质上的区别，数值模拟和数值计算方法一样，也是建立在用理论分析方法所得的数学模型基础上的，所以数值模拟的结果仍需得到实验和实践的检验。

目前，以计算机为工具的数值计算方法和流体力学相结合，已发展成为一门交叉学科——计算流体力学。它在高等学校有关专业中，为本科生或硕士研究生开设了有关这方面的选修课程。

理论分析、实验、数值计算这三种方法各有优缺点。简言之，实验用来检验理论分析和数值计算结果的正确性与可靠性，并为简化物理、数学模型和建立流体运动规律提供依据。这种作用，不管理论分析和数值计算发展得多么完善，都是不可代替的。理论分析则能指导实验和数值计算，使它们进行得富有成效，并可把部分实验结果推广到一整类没有做过实验的现象中去。数值计算可对一系列复杂流动进行既快又省的计算、研究工作。理论分析、实验、数值计算这三种方法的互为补充、相互促进，使工程流体力学得到飞速的发展。对于这三种方法，学习时应按高等学校相应层次的教学要求，很好地掌握。在具体的科研和工程设计计算中，应结合具体的目的和要求，选择所介绍的方法，创造性地解决问题，完成任务。在科学研究中，往往要采用上述方法中的两种或三种相结合的方法，才能较好地和创造性地完成任务。

思考题

1-1 流体的连续介质假设是什么？它有什么重要的意义？

1-2 流体和固体在力学方面的区别是什么？

1-3 流体的牛顿内摩擦定律的物理意义是什么？它的应用条件是什么？

1-4 液体和气体的黏度值随温度变化的规律有什么不同？为什么？

1-5 牛顿流体和非牛顿流体、理想流体和实际流体的概念是什么？为什么要引进理想流体的概念？

1-6 流体中的热传导、分子扩散产生的物理原因是什么？在理想流体中是否要考虑这些性质，为什么？

1-7 液体和气体的压缩性有什么不同？在什么情况下要考虑流体的压

缩性？

1-8 液体的表面张力和汽化压强的概念是什么？在什么情况下要考虑这些性质？

1-9 作用在流体上的力有哪两类？分别包括哪几种力？

1-10 工程流体力学的研究方法目前有哪几种？它们之间有什么关系？

习题

1-1 一平板在油面上作水平运动，如图所示。已知平板运动速度 $v=1\ \text{m/s}$，板与固定边界的距离 $\delta=1\ \text{mm}$，油的黏度 $\mu=0.098\ 07\ \text{Pa}\cdot\text{s}$。试求作用在平板单位面积上的黏性切力。

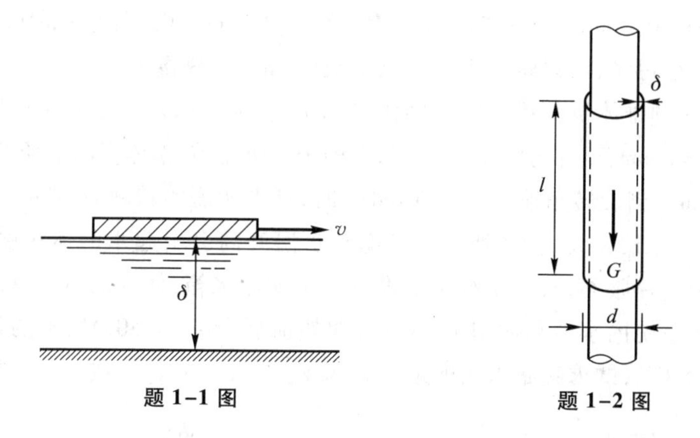

题 1-1 图　　题 1-2 图

1-2 设有一铅垂圆柱形套管套在一铅垂立柱上，管心铅垂轴线与柱心铅垂轴线重合，两者之间间隙充以某种液体（油），如图所示。立柱固定，套管在自重的作用下，沿铅垂方向向下作等速直线运动（间隙中的液体运动速度呈直线分布）。已知套管长度 $l=0.2\ \text{m}$，重量 $G=1.96\ \text{N}$，内径 $d=0.05\ \text{m}$，套管与立柱径向间隙 $\delta=0.001\ 6\ \text{m}$，液体的黏度 $\mu=9.8\ \text{Pa}\cdot\text{s}$。试求圆柱形套管下移速度 v（空气阻力很小，可略去不计）。

1-3 一底面面积为 40 cm×45 cm、高为 1 cm 的平板，质量为 5 kg，沿着涂有润滑油的斜面向下作等速运动，如图所示。已知平板运动速度 $v=1\ \text{m/s}$，油层厚度 $\delta=1\ \text{mm}$，由平板所带动的油层的运动速度呈直线分布。试求润滑油的黏度 μ 值。

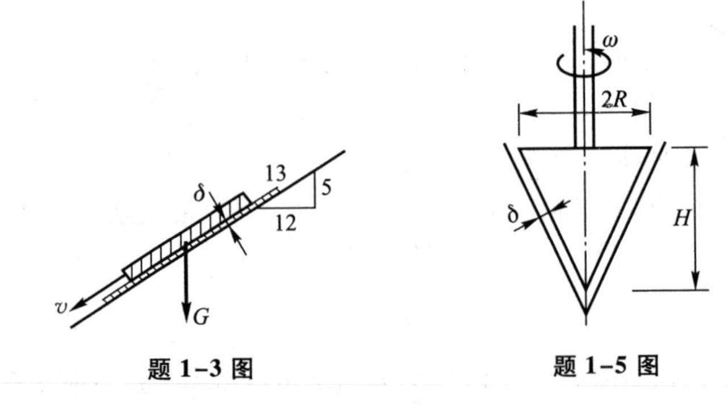

题 1-3 图　　题 1-5 图

1-4　设黏度测定仪如图 1-4 所示。已知内圆筒外直径 d=0.15 m,外圆筒内直径 D=0.150 5 m,内圆筒沉入外圆筒所盛液体(油)的深度 h=0.25 m,外圆筒等转速 n=90 r/min,测得转动力矩 M=2.94 N·m。内圆筒底部比圆筒侧壁所受的阻力小得多,可以略去不计。试求液体(油)的黏度 μ 值。

1-5　一圆锥体绕其铅垂中心轴作等速旋转,如图所示。已知锥体与固定壁间的距离 δ=1 mm,全部为润滑油(μ=0.1 Pa·s)所充满,锥体底部半径 R=0.3 m,高 H=0.5 m。当旋转角速度 ω=16 rad/s 时,试求所需的转动力矩 M。

1-6　一采暖系统,如图所示。考虑到水温升高会引起水的体积膨胀,为防止管道及暖气片胀裂,特在系统顶部设置一个膨胀水箱,使水的体积有自由膨胀的余地。若系统内水的总体积 V=8 m^3,加热前后温差 t=50 ℃,水的体胀系数 α_V=0.000 5 K^{-1},试求膨胀水箱的最小容积 $V_{\min}$。

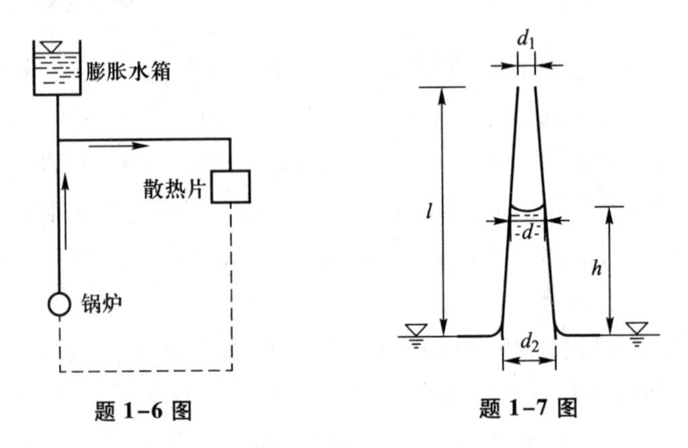

题 1-6 图　　题 1-7 图

1-7　设渐变管径、两端开口的玻璃毛细管,竖立在水中,如图所示。已知上端管径 d_1=0.1 cm,下端管径 d_2=0.3 cm,管长 l=20 cm,试求水在毛细管内上升高度 h 的表达式。已知水的密度为 ρ、表面张力系数为 σ、接触角为 θ。

1-8　设有两块相距缝隙很小的玻璃平板,铅垂竖立在液体(水)中。已知缝隙间距为 δ、液体的密度为 ρ、表面张力系数为 σ、接触角为 θ,试求水在平板缝隙内上升高度 h 的表达式。

A1　习题答案

第二章 流体静力学

流体静力学是研究流体处于静止(包括相对静止)状态下的力学平衡规律及其在工程中的应用。静止状态是指流体质点之间不存在相对运动,因而流体的黏性不显示出来。静止流体中不会有切应力、拉应力,而只有压应力。流体质点间或质点与边界之间的相互作用,只能以压应力的形式来体现。因为这个压应力发生在静止流体中,所以称为流体静压强,以区别于运动流体中的压应力(动压强)。流体静力学主要研究静止流体处于力学平衡的一般条件和流体中的压强分布规律。它在工程实践中有着广泛的应用,设计制造测压计、比重计、水压机、水力起重机、离心铸造机等仪器、设备,计算在河渠水流中设置的闸门所受的静水总压力、浸没于静止流体中的物体所受的浮力,以及静止大气中不同高度的压强分布等,都需要流体静力学的知识和应用。它的基本理论,亦是学习和掌握流体运动规律所必需的。因为流体静力学主要研究静止流体中的压强分布规律,为此先讨论流体静压强的特性。

§2-1 流体静压强特性

流体静压强具有两个特性。一是流体静压强既然是一个压应力,它的方向必然总是沿着作用面的内法线方向,即垂直于作用面,并指向作用面。二是静止流体中任一点上流体静压强的大小与其作用面的方位无关,即同一点上各方向的静压强大小均相等。这可证明如下。

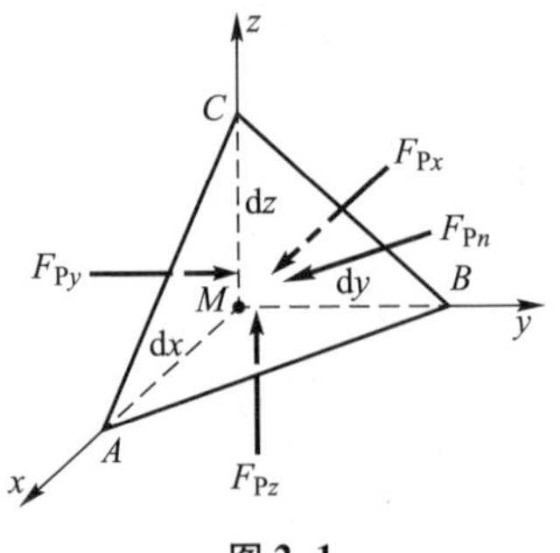

图 2-1

设在静止流体中任取一点 M,取一包括点 M 在内的微小四面体 $ABCM$,如图 2-1 所示。四面体正交的三个面分别与坐标轴垂直,各边长度分别为 $\mathrm{d}x$、$\mathrm{d}y$ 和 $\mathrm{d}z$;斜面 ABC 为任意方向。现分析作用于四面体上力的平衡。

作用于四面体上的表面力，只有垂直于各个表面上的压力。作用在各个面上各点的压强是不相同的，但是从函数的连续性可知，在无限小的面积范围内，各点压强的差别也是无限小的。因此，在现在或在以后的讨论中都将认为同一微小面积上的压强是均匀分布的。设作用在 BMC、AMC、AMB 和 ABC 四个面上的流体静压强分别为 p_x、p_y、p_z 和 p_n，总压力则分别为 $F_{Px}=p_x\times\frac{1}{2}\mathrm{d}y\mathrm{d}z$，$F_{Py}=p_y\times\frac{1}{2}\mathrm{d}x\mathrm{d}z$，$F_{Pz}=p_z\times\frac{1}{2}\mathrm{d}x\mathrm{d}y$，$F_{Pn}=p_n\mathrm{d}A_n$。式中 $\mathrm{d}A_n$ 为斜面 ABC 的面积，其外法线 $\boldsymbol{n}$ 的方向余弦为 $\cos(\boldsymbol{n},x)$、$\cos(\boldsymbol{n},y)$、$\cos(\boldsymbol{n},z)$，则 $\mathrm{d}A_n\cos(\boldsymbol{n},x)=\frac{1}{2}\mathrm{d}y\mathrm{d}z$，$\mathrm{d}A_n\cos(\boldsymbol{n},y)=\frac{1}{2}\mathrm{d}x\mathrm{d}z$，$\mathrm{d}A_n\cos(\boldsymbol{n},z)=\frac{1}{2}\mathrm{d}x\mathrm{d}y$。

作用于四面体上的质量力，可有重力和惯性力。设四面体所受的单位质量力为 f，则总质量力 $F=f\rho\times\frac{1}{6}\mathrm{d}x\mathrm{d}y\mathrm{d}z$，它在各坐标轴方向的分量分别为 $F_x=\frac{1}{6}\rho f_x\mathrm{d}x\mathrm{d}y\mathrm{d}z$，$F_y=\frac{1}{6}\rho f_y\mathrm{d}x\mathrm{d}y\mathrm{d}z$，$F_z=\frac{1}{6}\rho f_z\mathrm{d}x\mathrm{d}y\mathrm{d}z$，式中 f_x、f_y、f_z 分别是单位质量力在 x、y、z 坐标轴上的分量。

根据平衡条件，四面体处于静止状态下，各坐标轴方向的作用力之和均分别为零。现以 x 轴方向为例，得

$$F_{Px}-F_{Pn}\cos(\boldsymbol{n},x)+F_x=0$$

将上面有关各式代入后，得

$$\frac{1}{2}p_x\mathrm{d}y\mathrm{d}z-\frac{1}{2}p_n\mathrm{d}y\mathrm{d}z+\frac{1}{6}\rho f_x\mathrm{d}x\mathrm{d}y\mathrm{d}z=0$$

当 $\mathrm{d}x$、$\mathrm{d}y$、$\mathrm{d}z$ 趋于零，即四面体缩小到 M 点时，上式中左端第三项的质量力与前两项的表面力相比为高阶无穷小，可以忽略不计，因而可得

$$p_x=p_n$$

同理，在 y 轴、z 轴方向分别可得 $p_y=p_n$，$p_z=p_n$。所以

$$p_x=p_y=p_z=p_n \tag{2-1}$$

因为 $\boldsymbol{n}$ 方向为任意方向，所以上式表明了流体静压强的第二个特性，即静止流体中任一点上压强的大小与通过此点的作用面的方位无关，只是该点坐标的连续函数，即

$$p=p(x,y,z) \tag{2-2}$$

§2-2　流体的平衡微分方程——欧拉平衡微分方程

在介绍了流体静压强特性后，就可研究静止流体处于力学平衡的一般条件，着手建立流体的平衡微分方程，从而可得到流体中静压强的分布规律。

2-2-1　流体的平衡微分方程

下面介绍用微元分析法建立流体的平衡微分方程。

设在平衡的流体中取一以任意点 M 为中心的微小平行六面体，如图 2-2 所示。六面体的各边分别与直角坐标轴平行，边长分别为 $\mathrm{d}x$、$\mathrm{d}y$、$\mathrm{d}z$。

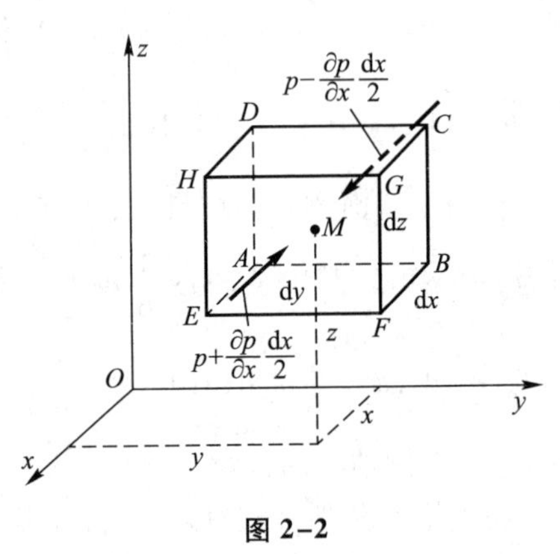

图 2-2

作用在六面体上的表面力只有周围流体对它的压力，为此先确定六面体各面上的压强。设点 M 的坐标为 x、y、z，压强为 p。由于压强是坐标的连续函数，当坐标有微小变化时，压强也发生变化，并可用泰勒级数表示为

$$p(x+\Delta x,y+\Delta y,z+\Delta z)=p(x,y,z)+\left(\frac{\partial p}{\partial x}\Delta x+\frac{\partial p}{\partial y}\Delta y+\frac{\partial p}{\partial z}\Delta z\right)+\frac{1}{2!}\times\left(\frac{\partial^2 p}{\partial x^2}\Delta x^2+\frac{\partial^2 p}{\partial y^2}\Delta y^2+\frac{\partial^2 p}{\partial z^2}\Delta z^2+2\frac{\partial^2 p}{\partial x\partial y}\Delta x\Delta y+2\frac{\partial^2 p}{\partial y\partial z}\Delta y\Delta z+2\frac{\partial^2 p}{\partial z\partial x}\Delta z\Delta x\right)+\cdots$$

现以 x 轴方向为例，如忽略二阶以上的各项，则沿 x 轴方向的六面体边界面 $ABCD$ 和 $EFGH$ 中心点处的压强分别为 $p-\frac{\partial p}{\partial x}\frac{\mathrm{d}x}{2}$ 和 $p+\frac{\partial p}{\partial x}\frac{\mathrm{d}x}{2}$，总压力即表面力为

$$\left(p-\frac{1}{2}\frac{\partial p}{\partial x}\mathrm{d}x\right)\mathrm{d}y\mathrm{d}z-\left(p+\frac{1}{2}\frac{\partial p}{\partial x}\mathrm{d}x\right)\mathrm{d}y\mathrm{d}z$$

式中：$\frac{\partial p}{\partial x}$是压强沿 x 轴方向的变化率。

现分析作用于微小六面体上的质量力。设作用于六面体的单位质量力在 x、y、z 轴方向的分量分别为 f_x、f_y、f_z，六面体的质量为 $\rho\mathrm{d}x\mathrm{d}y\mathrm{d}z$，则沿 x 轴方向的质量力为 $f_x\rho\mathrm{d}x\mathrm{d}y\mathrm{d}z$。

因为微小六面体处于平衡状态，所以作用力在 x 轴方向的分量之和应等于零，即

$$\left(p-\frac{1}{2}\frac{\partial p}{\partial x}\mathrm{d}x\right)\mathrm{d}y\mathrm{d}z-\left(p+\frac{1}{2}\frac{\partial p}{\partial x}\mathrm{d}x\right)\mathrm{d}y\mathrm{d}z+f_x\rho\mathrm{d}x\mathrm{d}y\mathrm{d}z=0$$

将上式各项都除以 $\rho\mathrm{d}x\mathrm{d}y\mathrm{d}z$，化简移项后得

同理，在 y、z 轴方向可得

$$\left.\begin{aligned}f_x-\frac{1}{\rho}\frac{\partial p}{\partial x}=0\\ f_y-\frac{1}{\rho}\frac{\partial p}{\partial y}=0\\ f_z-\frac{1}{\rho}\frac{\partial p}{\partial z}=0\end{aligned}\right\}\tag{2-3}$$

上式即为流体的平衡微分方程式，是欧拉在 1775 年提出的，所以又称欧拉平衡微分方程。它表明了处于平衡状态的流体中压强的变化率与单位质量力之间的关系，即对于单位质量的流体来讲，质量力分量（f_x、f_y、f_z）和表面力分量$\left(\frac{1}{\rho}\frac{\partial p}{\partial x},\frac{1}{\rho}\frac{\partial p}{\partial y},\frac{1}{\rho}\frac{\partial p}{\partial z}\right)$是对应相等的。

2-2-2 流体平衡微分方程的积分

为了求得平衡流体中静压强分布规律的具体表达式，需对欧拉平衡微分方程进行积分。因为欧拉平衡微分方程各式中都含有压强 p，所以这些方程式不可能是各不相关的，应该等于一个方程式的作用。为此，将方程组(2-3)中的各式依次乘以 $\mathrm{d}x$、$\mathrm{d}y$、$\mathrm{d}z$，并将它们相加，得

$$\frac{\partial p}{\partial x}\mathrm{d}x+\frac{\partial p}{\partial y}\mathrm{d}y+\frac{\partial p}{\partial z}\mathrm{d}z=\rho(f_x\mathrm{d}x+f_y\mathrm{d}y+f_z\mathrm{d}z)\tag{2-4}$$

因 $p=p(x、y、z)$，所以上式等号左边为压强 p 的全微分 $\mathrm{d}p$，则上式可写为

$$\mathrm{d}p=\rho(f_x\mathrm{d}x+f_y\mathrm{d}y+f_z\mathrm{d}z)\tag{2-5}$$

上式为流体平衡微分方程的另一表达式（综合式），适用于可压缩和不可压缩流体。

由于式(2-5)等号左边是一个坐标函数 p 的全微分，因而该式等号右边也必须是某一个坐标函数 $W(x、y、z)$ 的全微分，即

$$f_x\mathrm{d}x+f_y\mathrm{d}y+f_z\mathrm{d}z=\mathrm{d}W\tag{2-6}$$

因

$$\mathrm{d}W=\frac{\partial W}{\partial x}\mathrm{d}x+\frac{\partial W}{\partial y}\mathrm{d}y+\frac{\partial W}{\partial z}\mathrm{d}z$$

由此得

$$\left.\begin{aligned} f_x &= \frac{\partial W}{\partial x} \\ f_y &= \frac{\partial W}{\partial y} \\ f_z &= \frac{\partial W}{\partial z} \end{aligned}\right\} \tag{2-7}$$

由物理学知,若存在某一个坐标函数,它对各坐标的偏导数分别等于力场的力在对应坐标轴上的分量,则这函数称为力函数或势函数,而这样的力称为有势的力。由式(2-7)知,函数 W 正是势函数,而质量力则是有势的力,例如,重力和惯性力都是有势的力。将式(2-6)代入式(2-5)得

$$\mathrm{d}p=\rho\,\mathrm{d}W \tag{2-8}$$

上式为可压缩流体的平衡微分方程。

对于不可压缩均质流体来讲,其密度 ρ 为常数,积分上式得

$$p=\rho W+C$$

积分常数 C 由边界条件来确定。设已知边界点上的势函数为 W_0 和压强为 p_0,则得 $C=p_0-\rho W_0$。将 C 值代入上式得

$$p=p_0+\rho(W-W_0) \tag{2-9}$$

上式即为不可压缩均质流体平衡微分方程积分后的普遍关系式。它表明不可压缩均质流体要维持平衡,只有在有势的质量力作用下才有可能;任一点上的压强等于外压强 p_0 与有势的质量力所产生的压强之和。

2-2-3 等压面·帕斯卡定律

流体中各点的压强大小一般是不相等的,流体中压强相等的点所组成的面,称为等压面,例如自由表面就是等压面。从式(2-8)可分析等压面的性质。由于等压面上的压强 $p=$常数,$\mathrm{d}p=\rho\,\mathrm{d}W=0$。因为 $\rho\neq 0$,必然是 $\mathrm{d}W=0$,即 $W=$常数。所以等压面就是等势面。

另外,从式(2-6)可得等压面的方程为

$$f_x\mathrm{d}x+f_y\mathrm{d}y+f_z\mathrm{d}z=0 \tag{2-10}$$

式中 $\mathrm{d}x$、$\mathrm{d}y$、$\mathrm{d}z$ 可设想为流体质点在等压面上的任一微小位移 $\mathrm{d}s$ 在相应坐标轴上的投影。因此,式(2-10)表明,当流体质点沿等压面移动距离 $\mathrm{d}s$ 时,质量力所作的微功为零。因质量力和位移 $\mathrm{d}s$ 都不为零,所以,必然是等压面和质量力

正交,这是等压面的一个重要特性。根据这一特性,就可以由已知质量力的方向去确定等压面的形状,或者由已知等压面的形状去求质量力的方向。在实际问题中,常需决定等压面的位置、形状和方程式。等压面是计算静压强的一个很重要、又很有用的概念。

另外,由式(2-9)可知,p_0 是单独的一项,$\rho(W-W_0)$是由流体的密度和质量力的势函数所决定的,与 p_0 无关。因此,若 p_0 有所增减,则平衡的流体中各点的压强 p 也随之有同样大小的数值变化,即在平衡的不可压缩均质流体中,由于部分边界面上的外力作用而产生的压强将均匀地传递到该流体的各点上,这个关系称为帕斯卡定律。该定律在水压机、水力起重机等水力机械中有广泛的应用。

§2-3　流体静力学基本方程

上面介绍了流体处于力学平衡状态的一般条件和压强分布规律的普遍关系式。这一节将研究流体所受质量力只有重力的情况下的压强分布规律。

2-3-1　重力作用下的流体平衡方程

在实际工程中,常遇的静止流体所受的质量力只有重力,这种流体常称为静止重力流体。在这种情况下,作用于单位质量流体上的质量力在各坐标轴方向的分量为 $f_x=0,f_y=0,f_z=-g$。因此式(2-5)可写为

$$\mathrm{d}p=-\rho g\mathrm{d}z \tag{2-11}$$

对于不可压缩均质流体来讲,密度 ρ 为一常数,积分上式得

$$p=-\rho gz+C_1$$

或

$$z+\frac{p}{\rho g}=C \tag{2-12}$$

式中:C 为积分常数,由边界条件确定。

对于静止流体中任意两点来讲,上式可写为

$$z_1+\frac{p_1}{\rho g}=z_2+\frac{p_2}{\rho g} \tag{2-13}$$

或

$$p_2=p_1+\rho g(z_1-z_2)=p_1+\rho gh \tag{2-14}$$

式中：z_1、z_2 分别为任意两点在 z 轴上的铅垂坐标值，基准面选定了，其值亦就定了；p_1、p_2 分别为上述两点的静压强；h 为上述两点间的铅垂向下深度。上述两式即为流体静力学基本方程，在水力学中又称水静力学基本方程。

对于气体来讲，因为密度 ρ 值较小，常忽略不计。由上式可知，气体中任意两点的静压强，在两点间高差不大时，可认为相等。对于液体来讲，因为自由表面上的静压强 p_0 常为大气压强，是已知的，所以由上式可知液体中任一点的静压强 p 为

$$p=p_0+\rho gh \tag{2-15}$$

上式亦称水静力学基本方程。它表明，静止重力液体中任一点的静压强 p 由表面压强 p_0 和该点的淹没深度 h 与该液体单位体积的重量 ρg 的乘积两部分所组成，后一部分即为单位面积上淹没深度液柱的重量。应用上式就可以求出静止重力液体中任一点的静压强。

由式(2-15)可知，在静止重力液体中，位于同一淹没深度的各点静压强值是相等的，所以是一等压面。因为自由表面是一水平面，所以静止重力液体中的等压面亦一定是水平面；反之，静止重力液体中任一水平面都是等压面。另外，静止的两种互不混杂的重力液体（如水和水银）的交界面亦是等压面，因为交界面是水平面。在前曾述，等压面是计算静压强的一个很重要的，又很有用的概念。为了准确地掌握这一概念，现举例讨论。

例 2-1 设如图 2-3 中所示的几种静止重力液体的情况，试问图中 AB 和 BC 平面是不是等压面，为什么？

解：图 2-3a 的 AB 水平面不是等压面，因不是同一种类的连续介质液体；图 2-3b 的 AB 水平面是等压面，因是同一种类的连续介质液体；图 2-3c 的 AB 和 BC 两水平面都不是等压面，因不是同一种类的连续介质液体。所以静止重力液体中的等压面是水平面，或水平面是等压面，都是对它是同一种类的连续介质液体而言的。

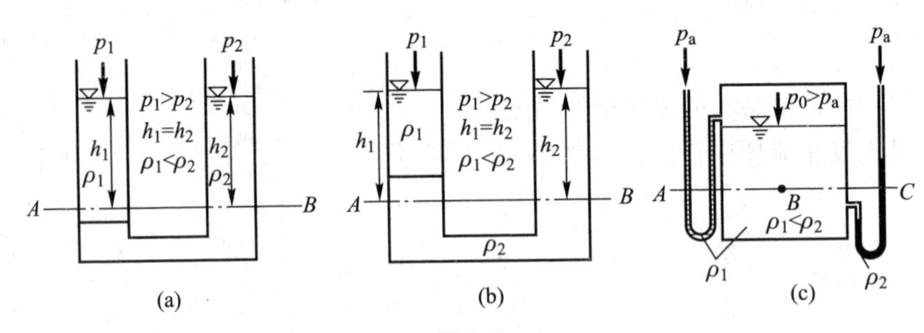

图 2-3

例 2-2 静止非均质流体中的水平面是不是等压面、等密度面和等温面。

解:在静止非均质流体中,取轴线水平的微小圆柱体,如图 2-4 所示。作用在微小圆柱体上的质量力只有重力,铅垂向下;作用在圆柱体侧面上的压力,垂直于轴线。所以,上述两种力沿圆柱体轴向均无分量。沿轴向外力的平衡,表现为两端面压力相等;又由于两端面的面积相等,则压强也必然相等,即 $p_1=p_2$。圆柱体轴线在水平面上是任意选取的,两点压强相等,说明水平面上各点压强相等,即静止非均质流体的水平面亦是等压面。

另外,静止非均质流体的水平面亦是等密度面。这可证明如下:在静止非均质流体内部,取相距为 Δh 的两个水平面,并在它们之间任选 a、b 两个铅垂微小柱体,如图 2-5 所示。设两柱体的平均密度分别为 ρ_a 和 ρ_b,则两柱体上、下两端面的压强差分别为 $\Delta p=\rho_a g\Delta h$,$\Delta p=\rho_b g\Delta h$。由于两水平面是等压面,所以两柱体的压强差相等,因而 ρ_a 必等于 ρ_b;否则,流体就不会静止,而要流动。当两等压面无限接近,即 $\Delta h\to 0$ 时,ρ_a 和 ρ_b 就变成同一等压面上两点的密度,此两点的密度相等,说明水平面不仅是等压面,而且是等密度面。对于符合流体状态方程的气体来讲,根据状态方程,压强、密度相等,温度也必然相等。所以,静止非均质流体的水平面是等压面、等密度面和等温面。这个结论是有实际意义的,在自然界中,大气和静止水体、室内空气,它们均按密度和温度分层,是很重要的自然现象。在第一章中介绍流体输运性质时,就注意并体现了这一自然现象。例如,在讨论静止流体中的热传导和自扩散时,设流体的温度或密度是沿铅垂轴变化的。

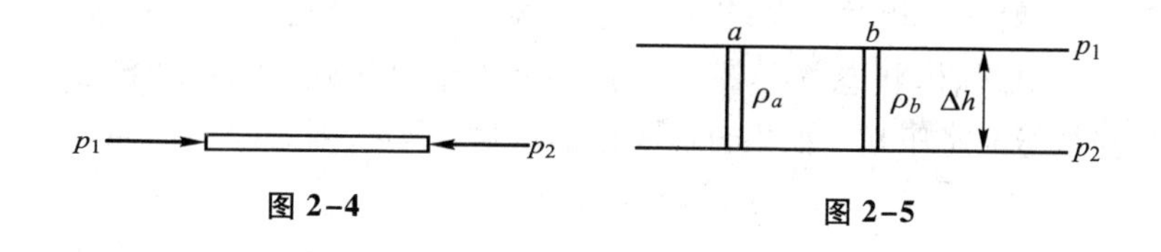

图 2-4　　图 2-5

2-3-2 压强的计量单位和表示方法

在工程技术中,常用三种计量单位来表示压强的数值。第一种单位是从压强的基本定义出发,用单位面积上的力来表示,单位为 Pa。第二种单位是用大气压的倍数来表示。国际上规定一个标准大气压(用 atm 表示)相当于 760 mm 水银柱对柱底部所产生的压强,即 1 atm = 1.013×10^5 Pa。在工程技术中,常用工程大气压来表示压强,一个工程大气压(用 at 表示)相当于 736 mm 水银柱对柱底部所产生的压强,即 1 at = 9.8×10^4 Pa。第三种单位是用液柱高度来表示,常用水柱高度或水银柱高度来表示,其单位为 mH_2O 或 mmHg。这种单位可由 $p=\rho gh$ 得 $h=\dfrac{p}{\rho g}$。只要知道液柱密度 ρ,h 和 p 的关系就可以通过上式表现出来。因此,液柱高度也可以表示压强,例如一个工程大气压相应的水柱高度为

$$h=\frac{9.8\times10^4}{10^3\times9.8}\ \mathrm{mH_2O}=10\ \mathrm{mH_2O}$$

相应的水银柱高度为

$$h_{\mathrm{Hg}}=\frac{9.8\times10^4}{13.6\times10^3\times9.8}\ \mathrm{mHg}\approx736\ \mathrm{mmHg}$$

需要说明的是：液柱高度（如 mH_2O，mmHg）和大气压（如 atm）不属于我国法定计量单位，但在工程中（如表示水头）和日常生活中（如测血压）仍在使用。

在工程技术中，计量压强的大小，可以从不同的基准算起，因而有两种不同的表示方法。

以绝对真空作为压强的零点，这样计量的压强值称为绝对压强，以 p_{abs} 表示。以当地大气压强 p_{a} 作为零点起算的压强值，称为相对压强，以 p 表示。因为不同高程的大气压强值是不同的，在不考虑大气压强随高程变化的情况下，可认为绝对压强值与相对压强值之间只差一个大气压，即

$$p=p_{\mathrm{abs}}-p_{\mathrm{a}} \tag{2-16}$$

在水工建筑物中，水流和建筑物表面均受大气压强作用，在计算建筑物受力时，不需考虑大气压强的作用，因此常用相对压强来表示。在今后对水流的讨论和计算中，一般都指相对压强；亦可用绝对压强，要注意这一点。在对气体的讨论和计算中（如气体状态方程等），压强都是指绝对压强，所以，如没有说明，气体压强都是指绝对压强。如果自由表面的压强 $p_0=p_{\mathrm{a}}$，则式（2-15）可写为

$$p=\rho gh \tag{2-17}$$

绝对压强总是正值。但是，它与大气压强比较，可以大于大气压强，也可以小于大气压强。因此，相对压强可正可负。我们把相对压强的正值称为正压（即压力表读数），负值称为负压。当流体中某点的绝对压强值小于大气压强时，流体中就出现真空。真空压强 p_{v} 为

$$p_{\mathrm{v}}=p_{\mathrm{a}}-p_{\mathrm{abs}} \tag{2-18}$$

由上式知，真空压强是指流体中某点的绝对压强小于大气压强的部分，而不是指该点的绝对压强本身，也就是讲，该点相对压强的绝对值就是真空压强。若用液柱高度来表示真空压强的大小，即真空度 h_{v} 为

$$h_{\mathrm{v}}=\frac{p_{\mathrm{v}}}{\rho g} \tag{2-19}$$

式中密度 ρ 可以是水或水银的密度。

真空，不仅在气体中可能出现，在液体中亦可能出现。设有一盛静止重力液

体(水)的密闭容器,如图2-6所示。已知自由表面的绝对压强 $p_0=7\ mH_2O$,试问容器内的哪一部分水中出现真空,为真空区;哪一部分水中不出现真空,为非真空区。因为当流体中某点的绝对压强值小于大气压强时,流体中就出现真空。所以,在容器内水深为3 m处以上的水中出现真空,为真空区;在水深为3 m处以下的水中不出现真空,为非真空区。真空在工程中可以被利用(如吸水),亦可能引起危害(如空化现象),应取利避害。

为了区别以上几种压强的表示方法,现以 A 点($p_{Aabs}>p_a$)和 B 点($p_{Babs}<p_a$)为例,将它们的关系表示在图2-7上。

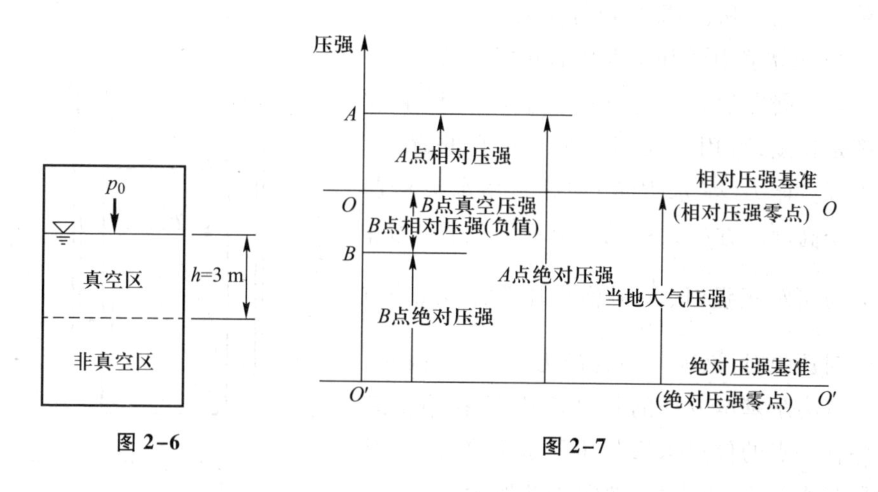

图2-6　　图2-7

2-3-3　流体静力学基本方程的物理意义和几何意义

流体静力学基本方程式(2-13)是流体静力学的主要方程,现说明它的物理意义和几何意义。

1. 流体静力学基本方程的物理意义

先讨论方程式中的 z 项。由物理学知,如某一点重量为 G 的流体,位于某一基准面(如 Oxy)上的高度为 z 的点,则 Gz 为该流体对基准面来讲具有的位能,而 $z=\frac{Gz}{G}$。所以,z 的物理意义是:单位重量流体从某一基准面算起所具有的位能,因为是对单位重量而言,所以称为单位位能。

再讨论 $\frac{p}{\rho g}$ 项。设有一盛液体的容器,如图2-8所示。容器中某一点 A 的液体重量为 G,承受着静压强 p。如果在 A 点器壁处开一小孔,接一上端开口的玻璃管(测压管),则在压强 p 的作用下,该处的液体即被升高一个高度 $h_p=\frac{p}{\rho g}$。从这现象可以看出,作用在液体上的压强也有作功的能力。所以作用的压强亦可视为该液体的一种能量,称为压能。压能的大小为 Gh_p,而 $\frac{p}{\rho g}=h_p=\frac{Gh_p}{G}$。所以,$\frac{p}{\rho g}$ 的物理意义是:单位重量流体所具有的压能,称为单位压能。

因此,流体静力学基本方程的物理意义是:在静止流体中任一点的单位位能与单位压能之和,亦即单位势能为常数。

2. 流体静力学基本方程的几何意义

流体静力学基本方程中的各项,从量纲来看都是长度,可用几何高度来表示它的意义。在工程流体力学(水力学)中则常用水头来表示一个高度。方程式中的 z 项称为位置水头;当 p 为相对压强时,$\frac{p}{\rho g}$ 项称为压强水头(当 p 为绝对压强时,该项常称为静力水头)。因此,流体静力学基本方程的几何意义是:在静止液体中任一点的位置水头与压强水头之和,亦即测压管水头 H_p 为常数,如图 2-8 所示。

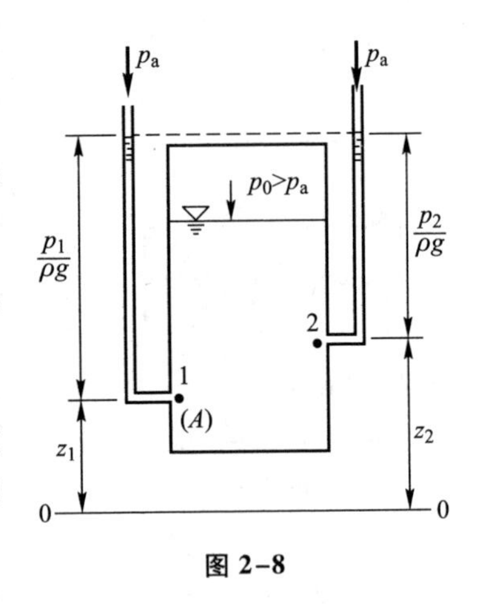

图 2-8

2-3-4 静压强分布图

流体静力学基本方程可以用几何图形表示,它可以清晰地表示出流体中各点静压强的大小和方向,即静压强的分布规律。表示出各点静压强大小和方向的图称为静压强分布图。在实际工程中,常用静压强分布图来分析问题和进行计算。对于气体来讲,静压强分布图很简单。对于液体来讲,如前所述,在计算时常用相对压强,所以在这里介绍按式(2-17)绘制相对压强分布图。

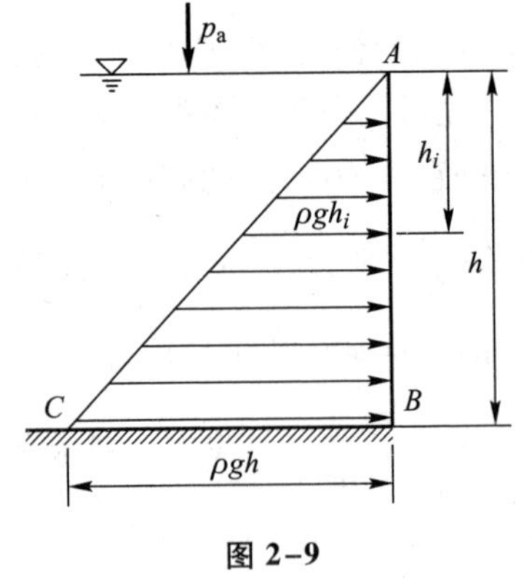

图 2-9

设铅垂线 AB 为承受静压强的容器侧壁的侧影,如图 2-9 所示。AB 线上各点的静压强大

小为 $\rho g h_i$，且方向垂直于 AB 线，如图所示。在 AB 线的每一点上各绘一垂直于 AB 线的 $\rho g h_i$ 线段，等于各该点上的静压强，这些线段的终点将处在一条直线 AC 上。三角形 ABC 图就是铅垂线 AB 上的静压强分布图。事实上，由式(2-17)知，当液体密度 ρ 为常数时，静压强 p 只随淹没深度 h 而变化，两者成直线关系。因此，在绘制静压强分布图时，只需在 A、B 两端点上绘出静压强值后，连以直线即可。

图 2-10a、b、c，分别为斜线、折线、曲线上的静压强分布图及其特征值；图 2-10d 为两侧受静止液体作用时的静压强分布图及其特征值。图的含意及作法都较简单，不再详释。

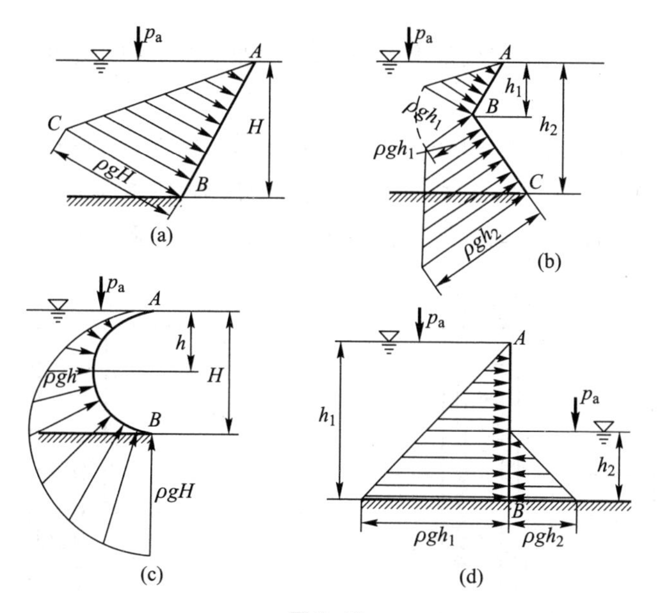

图 2-10

2-3-5 测压计

测量流体静压强的方法、仪器种类很多，按工作原理可分为液体测压计、弹力测压计(金属压力表)、电测计(电测非电量仪表)，后者是利用前端设置于测点的传感器，将该点压强转化为电学量，如电压、电流、电容、电感等，再经二次电学仪表换算成所测的压强。目前，测量方法日趋现代化，可参阅有关课程的实验教材和其他资料。下面介绍常用的液柱式测压计及其测量方法和原理。

1. U 形管测压计

U 形管测压计一般是一根两端开口的 U 形玻璃管，管径不小于 10 mm，在管子的弯曲部分盛有与待测流体不相混掺的某种液体，如测量气体压强时可盛水或酒精，测量液体压强时可盛水银等。U 形管测压计一端与待测点 A 处的器壁小孔相接通，另一端与大气相通，如图 2-11 所示。

经过 U 形管测压计左肢内两种流体的交界面作一水平面 1-1，这一水平面为等压面。根据流体静力学基本方程可得

$$p_{A\text{abs}}+\rho_1 gh_1=p_a+\rho_2 gh_2$$

$$p_{A\text{abs}}=p_a+\rho_2 gh_2-\rho_1 gh_1$$

$$p_A=\rho_2 gh_2-\rho_1 gh_1$$

因为 ρ_1、ρ_2 是已知的，由标尺量出 h_1、h_2 值后，即可按上两式求得点 A 的绝对压强和相对压强值。

当测量气体压强时，因为气体的密度 ρ_1 很小，因此 $\rho_1 gh_1$ 项常可略去不计。

U 形管测压计亦可测量流体中某点的真空压强，所不同的是 U 形管测压计(水银真空计)的左肢液面将高于右肢液面，如图 2-12 所示。

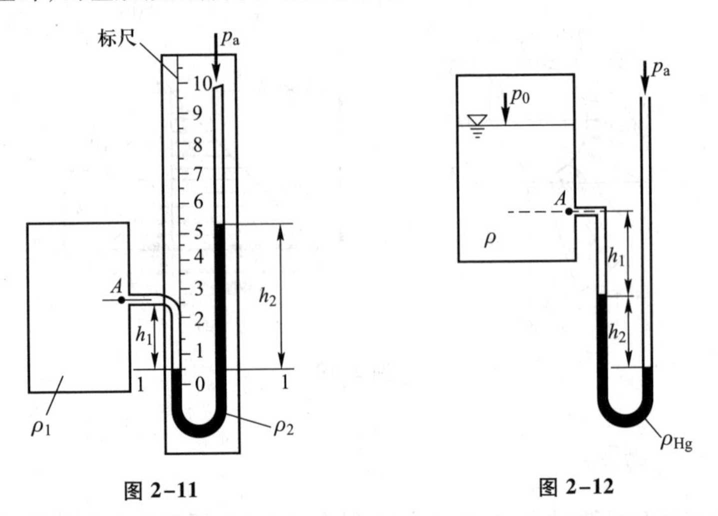

图 2-11　　图 2-12

例 2-3　设有一盛静水的密闭容器，如图 2-12 所示。由标尺量出水银真空计左肢内水银液面距 A 点的铅垂高度 $h_1=0.46$ m，真空计左右两肢内水银液面高差 $h_2=0.4$ m。试求容器内液体中点 A 的真空度 h_{Av}。

解：$h_{Av}=\dfrac{p_{Av}}{\rho_{Hg}g}=\dfrac{\rho h_1}{\rho_{Hg}}+h_2=\left(\dfrac{10^3\times0.46}{13.6\times10^3}+0.4\right)$ mHg $=433.8$ mmHg

2. U 形管压差计

测量两点间的压强差，常用 U 形管压差(比压)计。它一般亦是一根两端开

口的U形玻璃管,在管子的弯曲部分盛有与待测流体不相混掺的某种液体。U形管压差计的两端分别与两待测点 A、B 处的器壁小孔相接通,如图2-13所示。因为1-1水平面是等压面,所以运用流体静力学基本方程不难证明:当流体的密度 ρ_1、ρ_2、ρ_3 已知时,由标尺量出 h_1、h_2、h_3 值后,即可求得 A、B 两点间的压强差值。

例2-4　设水银压差计与三根有压水管相连接,如图2-14所示。已知 A、B、C 三点的高程相同,压差计水银液面的高程自左支向右支分别为0.21 m、1.29 m和1.78 m。试求 A、B、C 三点之间的压强差值。

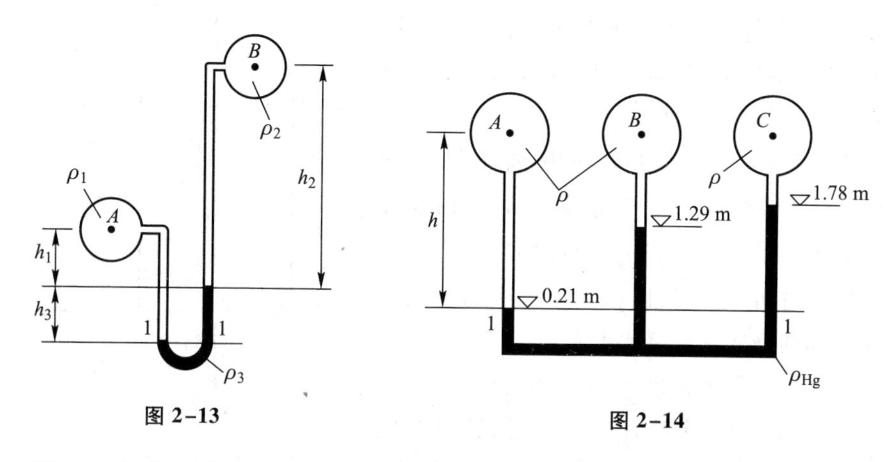

图2-13　　图2-14

解:1-1水平面为等压面。设压差计左支内水银液面距 A 点的高度为 h,则

$$p_A+\rho gh=p_B+\rho g[h-(1.29-0.21)\text{ m}]+\rho_{Hg}g(1.29-0.21)\text{ m}$$
$$=p_C+\rho g[h-(1.78-0.21)\text{ m}]+\rho_{Hg}g(1.78-0.21)\text{ m}$$

因此

$$p_A-p_B=(\rho_{Hg}g-\rho g)(1.29-0.21)\text{ m}$$
$$=[(133.28-9.8)\times10^3\times(1.29-0.21)]\text{ Pa}=133.36\times10^3\text{ Pa}$$
$$p_A-p_C=(\rho_{Hg}g-\rho g)(1.78-0.21)\text{ m}$$
$$=[(133.28-9.8)\times10^3\times(1.78-0.21)]\text{ Pa}=193.86\times10^3\text{ Pa}$$
$$p_B-p_C=(193.86\times10^3-133.36\times10^3)\text{ Pa}=60.5\times10^3\text{ Pa}$$

§2-4　液体的相对平衡

上面讨论的静止重力流体的平衡,是指流体相对于固定在地球上的不动坐标系来讲是静止的,质量力仅是重力情况下的流体平衡。如果有一容器,对地球

来讲作直线等加速或绕容器中心铅垂轴作等角速度旋转运动，而容器内盛的液体与容器一起运动，液体质点之间及质点与器壁之间没有相对运动。这样，容器内的液体相对于固定在运动容器上的动坐标系来讲是静止的（为了区别起见，有时称为相对静止），且处于平衡状态。这种平衡状态，称为液体的相对平衡。这时尽管运动容器中的液体相对于地球来讲是运动的，液体质点也具有加速度，但应用力学中的达朗贝尔原理，仍可用流体的平衡微分方程来求解。或者讲，可以用流体静力学的方法来处理这类流体动力学的问题。这时，液体所受的质量力除重力外，还有惯性力。下面按上述二种不同情况，分别举例说明如何应用流体的平衡微分方程来分析这类问题的方法。

设一盛有水的、上端开口的圆桶，如图 2-15 所示。已知圆桶内径为 D，水深为 h，自由表面压强 $p_0=p_a$。试问上述圆桶以等加速度 $a=g$ 向下铅垂自由降落时，圆桶内水体中的压强分布规律和圆桶底部所受水的总压力 F_P 值。

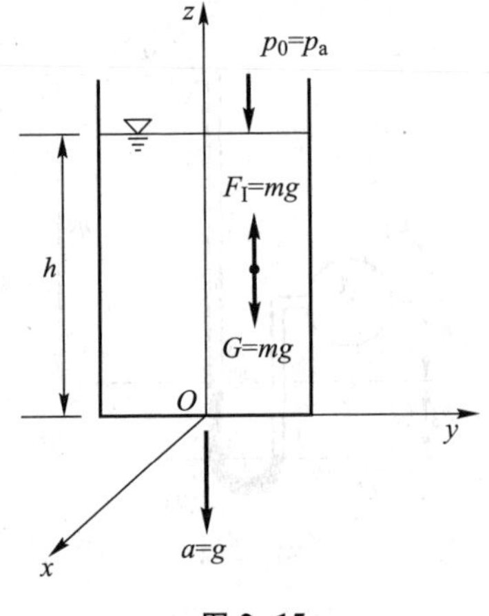

图 2-15

因圆桶以等加速度 $a=g$ 自由降落，作用在液体上的质量力，除重力 $G=mg$ 外，还有惯性力 F_I，其大小为 mg，方向与加速度方向相反，铅垂向上，如图中所示。根据液体受力平衡条件，水体中各点的压强都等于表面压强 $p_0=p_a$；圆桶底部所受水的总压力 $F_P=\frac{\pi}{4}D^2p_a$。

亦可有另一回答。取动坐标系如图中所示，作用于液体的单位质量力在 x、y、z 轴方向的分量，分别为 $f_x=0$，$f_y=0$，$f_z=-g+g=0$。由流体平衡微分方程综合式（2-5）可得

$$\mathrm{d}p=\rho(f_x\mathrm{d}x+f_y\mathrm{d}y+f_z\mathrm{d}z)$$

得 $\mathrm{d}p=0$，$p=$常数，水体中各点的压强都等于表面压强 $p_0=p_a$；$F_P=\frac{\pi}{4}D^2p_a$。

显然，可以回答类似的问题：若上述盛水圆桶以等加速度 $a=-g$ 向上铅垂提升时，试问圆桶内水体中的压强分布规律和圆桶底部所受水的总压力 F_P 值，请自行考虑回答。

现设盛有液体的上端开口的直立圆筒容器，绕其铅垂中心轴以等角速度 ω 旋转，如图 2-16 所示。由于液体的黏性作用，开始时，紧靠筒壁的液体随容器运

动，逐渐向中心发展，使所有的液体质点都绕该轴旋转。待运动稳定后，各质点都具有相同的等角速度 ω，液面形成一个旋转抛物面。将坐标系取在运动着的容器上，原点取在旋转轴与自由表面的交点上，z 轴铅垂向上。

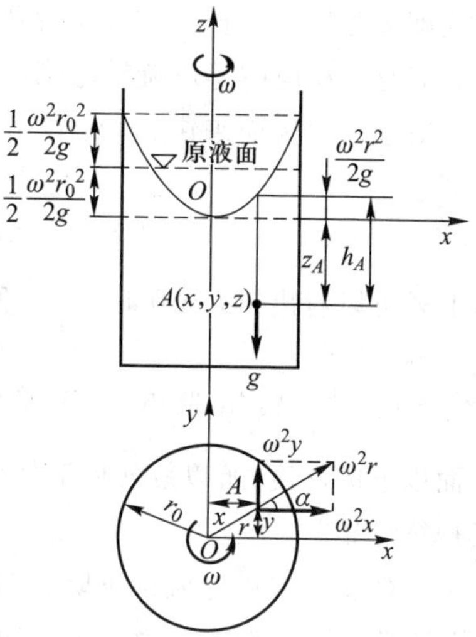

由于容器以等角速度旋转，则作用在液体上的质量力除重力外还有离心惯性力。设在液体内部任取一质点 $A(x,y,z)$，该点到 z 轴的距离（半径）$r=\sqrt{x^2+y^2}$，质量为 m，则该液体质点所受的离心惯性力 F_{I} 为

$$F_{\mathrm{I}}=\frac{mv^2}{r}=\frac{m}{r}(\omega r)^2=m\omega^2 r$$

图 2-16

单位质量力在各坐标轴方向的分量为

$$f_x=\omega^2 r\cos\alpha=\omega^2 x$$

$$f_y=\omega^2 r\sin\alpha=\omega^2 y$$

$$f_z=-g$$

在这种情况下，流体的平衡微分方程式(2-5)可写为

$$\mathrm{d}p=\rho(\omega^2 x\mathrm{d}x+\omega^2 y\mathrm{d}y-g\mathrm{d}z)$$

积分得

$$p=\rho\left(\frac{1}{2}\omega^2x^2+\frac{1}{2}\omega^2y^2-gz\right)+C=\rho\left(\frac{1}{2}\omega^2r^2-gz\right)+C$$

积分常数 C，可根据边界条件确定。在原点处，$x=y=z=0$，压强为 p_0，所以 $C=p_0$。代入上式可得

$$p=p_0+\rho g\left(\frac{\omega^2}{2g}r^2-z\right) \tag{2-20}$$

当 $p_0=p_{\mathrm{a}}$ 时，若以相对压强计，则为

$$p=\rho g\left(\frac{\omega^2}{2g}r^2-z\right) \tag{2-21}$$

上式表明了液体中压强分布的规律。

下面讨论等压面方程及其形状。取 p 为某一常数，由上式可得

$$z=\frac{\omega^2r^2}{2g}-\frac{p}{\rho g} \tag{2-22}$$

上式即为等压面方程。它表明等压面是一族以 z 为轴的旋转抛物面，不同的压强 p 值有一相应的等压旋转抛物面。

对于自由表面来讲，$p=0$，自由表面方程为

$$z=\frac{\omega^2 r^2}{2g} \tag{2-23}$$

由上式可以看出，当 $r=0$ 时，$z=0$，所以$\frac{\omega^2 r^2}{2g}$表示半径为 r 处的液面高出坐标平面 Oxy 的铅垂距离。由此可知，式(2-21)中的$\left(\frac{\omega^2 r^2}{2g}-z\right)$就是任一点在旋转后自由表面以下的深度，所以旋转后液体中在铅垂线上的压强分布和静压强一样，按直线规律分布。

容器旋转时中心液面下降，四周液面上升，坐标原点不在原静止的液面上，而是下降了一个距离。这个距离可以用旋转前后液体的总体积保持不变这一条件来确定。根据抛物线旋转体的体积等于同底同高圆柱体积的一半这一数学性质，可以得出相对于原液面来讲，液体沿壁面升高和中心的降低是相等的，如果圆筒的半径是 r_0，则它们的升高或降低值为$\frac{1}{2}\frac{\omega^2 r_0^2}{2g}$。

综上所述，不难看出等角速度旋转运动液体的一个显著特点，就是在同一水平面上轴心处的压强最低，边缘处的压强最高。在工程技术中，许多设备常依据这一特点而进行工作的，如离心铸造机。

例 2-5 设用离心铸造机铸造车轮，如图 2-17 所示。已知铁水密度 $\rho_1=7.1\times10^3\ \text{kg/m}^3$，车轮尺寸 $h=200\ \text{mm}$，$D=900\ \text{mm}$。试求铸造机以转速 $n=600\ \text{r/min}$ 旋转时，车轮边缘 B 点处的压强 p_B，并与没有旋转时该点压强相比较。

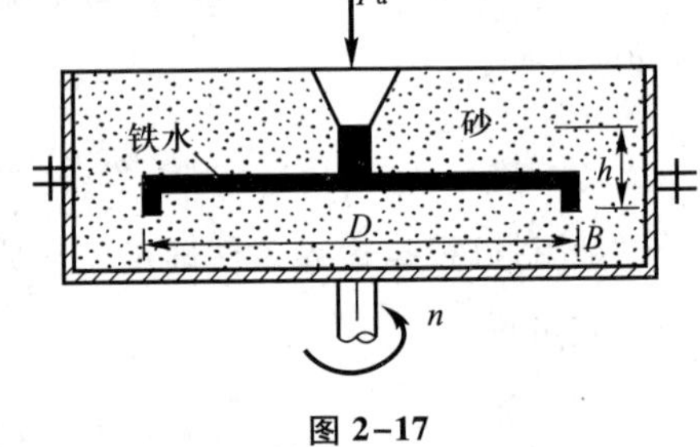

图 2-17

解：旋转容器中的压强分布，以相对压强计为

$$p_B=\rho_1 g\left(\frac{\omega^2 r^2}{2g}+h\right)$$

$$\omega=\frac{2\pi n}{60}=\frac{2\pi\times600}{60}\ \text{rad/s}=20\pi\ \text{rad/s}$$

由此得

$$p_B=7.1\times10^3\times9.8\times\left[\frac{(20\pi)^2(0.9/2)^2}{2\times9.8}+0.2\right]\ \text{Pa}\approx2.85\times10^6\ \text{Pa}$$

没有旋转时，该点的压强 $p=\rho_1 gh=7.1\times10^3\times9.8\times0.2\ \text{Pa}\approx1.4\times10^4\ \text{Pa}$，说明旋转后 B 点处

的压强约为没有旋转时该点压强的 200 倍，使车轮特别是轮缘部分密实，提高了车轮的质量。因 B 点压强与流体密度 ρ、等角速度（角转速）ω 成正比，所以 ρ、ω 越大，轮缘处压强也越大。

例 2-6 设有一封闭水箱，高 2 m，直径 1 m，内装水 1.5 m 深，如图 2-18 所示。已知自由表面上气体的绝对压强为 117.6 kPa。如果水箱以 12 rad/s 的等角速度旋转，试求水箱底部中心处压强 $p_{C\text{abs}}$ 和边缘处的压强 $p_{D\text{abs}}$，以及相应于底部中心处水深为零的旋转等角速度 ω_0。

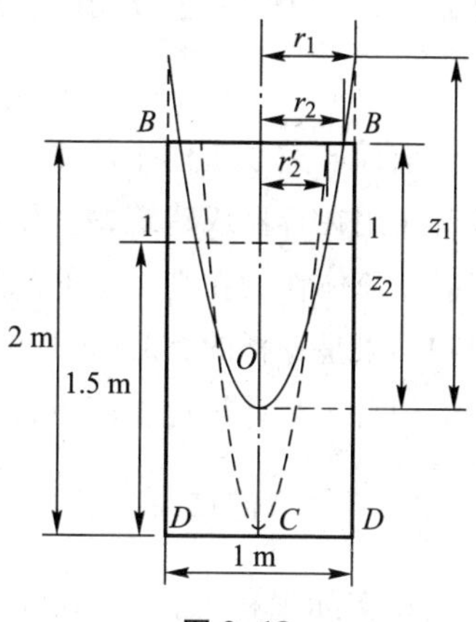

图 2-18

解：容器旋转后，自由表面如图 2-18 所示。根据自由表面方程式（2-23），可得

$$z_2=\frac{\omega^2 r_2^2}{2g}=\frac{(12\ \text{rad/s})^2 r_2^2}{2g} \tag{1}$$

因为容器内空气的体积没有变化，即 1-1 面以上的空气体积等于旋转抛物体的空气体积。所以

$$\frac{\pi}{4}\times 1^2\times 0.5\ \text{m}^3=\frac{1}{2}\pi r_2^2 z_2 \tag{2}$$

联立解式（1）、式（2）得

$$r_2=0.43\ \text{m},\quad z_2=1.36\ \text{m}$$

底部中心 C 处的压强为

$$p_{C\text{abs}}=p_0+\rho g h=[11.76\times10^4+10^3\times9.8\times(2.0-1.36)]\ \text{Pa}=123.87\ \text{kPa}$$

底部边缘 D 处的压强为

$$\begin{aligned}p_{D\text{abs}}&=p_0+\rho g\left[\frac{\omega^2 r_1^2}{2g}+(2-1.36)\,\text{m}\right]\\&=\left[11.76\times10^4+10^3\times9.8\times\left(\frac{12^2\times0.5^2}{2\times9.8}+0.64\right)\right]\ \text{Pa}\\&=141.87\ \text{kPa}\end{aligned}$$

现求底部中心处水深为零时的等角速度 ω_0。这时旋转抛物体的顶点降到 C 点，同样有 1-1 面以上的空气体积等于旋转抛物体的空气体积，即

$$\frac{\pi\times1^2}{4}\times0.5\ \text{m}^3=\frac{1}{2}\pi r_2'^2\times2.0\ \text{m}$$

所以

$$r_2'=0.35\ \text{m}$$

因为

$$z_2'=\frac{\omega_0^2}{2g}r_2'^2=2.0\ m$$

所以

$$\omega_0=\sqrt{\frac{4g}{r_2'^2}}=\sqrt{\frac{4\times9.8}{0.35^2}}\ \text{rad/s}=17.89\ \text{rad/s}$$

§2-5 作用在平面上的液体总压力

前面研究了流体中静压强的分布规律及其计算方法。但在实际工程中，常需求解作用在容器或建筑物平面上的流体总压力，包括它的大小、方向和作用点。确定静止流体作用在平面上的总压力的方法，有图解法和解析法。这两种方法的原理和结果是一样的，都是根据流体中静压强的分布规律来计算的。气体作用在平面上的总压力计算比较简单，这里主要讨论作用在平面上的液体总压力。

2-5-1 图解法

在实际工程中，所遇到的建筑物表面的平面图形常是水平底边的矩形，求解作用在这种矩形平面上的液体总压力，用图解法比较简便。图解法是建立在前面所述的静压强分布图的基础之上的。

设有一承受液体总压力的水平底边矩形平面 $A'B'B''A''$，该平面垂直于纸面，平面的另一侧(右侧)为大气，如图 2-19a 所示。根据绘制静压强分布图的方法，可以绘出矩形平面对称轴 AB 垂线上的静压强分布图 ABC。沿矩形平面顶宽 $A'A''$线上任意点的铅垂线上的静压强分布图和 AB 线上的是一样的，即可得整个矩形平面上静压强分布图的直角三棱柱体图 $A'B'C'A''B''C''$，称为静压强分布图的体积，如图 2-19a 所示。根据合力为各分力的总和原则，作用在矩形平面上的液体总压力 F_P 的大小即为静压强分布图的体积，它等于矩形平面对称轴 AB 垂线上静压强分布图 ABC 的面积 A 与矩形平面顶宽 b 的相乘积，在上述情况下为

$$F_P = Ab = \frac{1}{2}\rho gH \times H \times b = \frac{1}{2}\rho gH^2 b \tag{2-24}$$

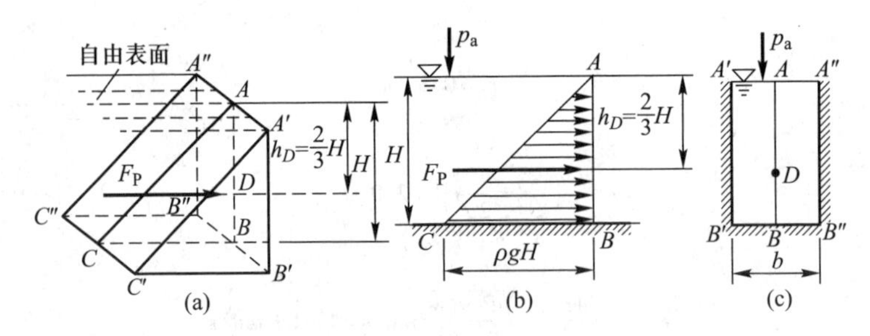

图 2-19

液体总压力的方向垂直于矩形平面,并指向平面。液体总压力的作用线通过静压强分布图体积的重心,或者讲通过矩形平面对称轴 AB 垂线上的静压强分布图面积的形心。液体总压力作用线与矩形平面相交的作用点 D 称为压力中心。显然,在上述情况下,压力中心 D 距自由表面的位置 $h_D=\frac{2}{3}H$。

如果上述水平底边矩形平面铅垂放置后,其顶边低于自由表面或与水平面成某一倾斜角度或两边受静压强作用,分别如图 2-20a、b、c 所示,则可类似以前的讨论,只要绘出上述平面对称轴线上的静压强分布图,如图所示,就不难求出作用在上述平面上的液体总压力。

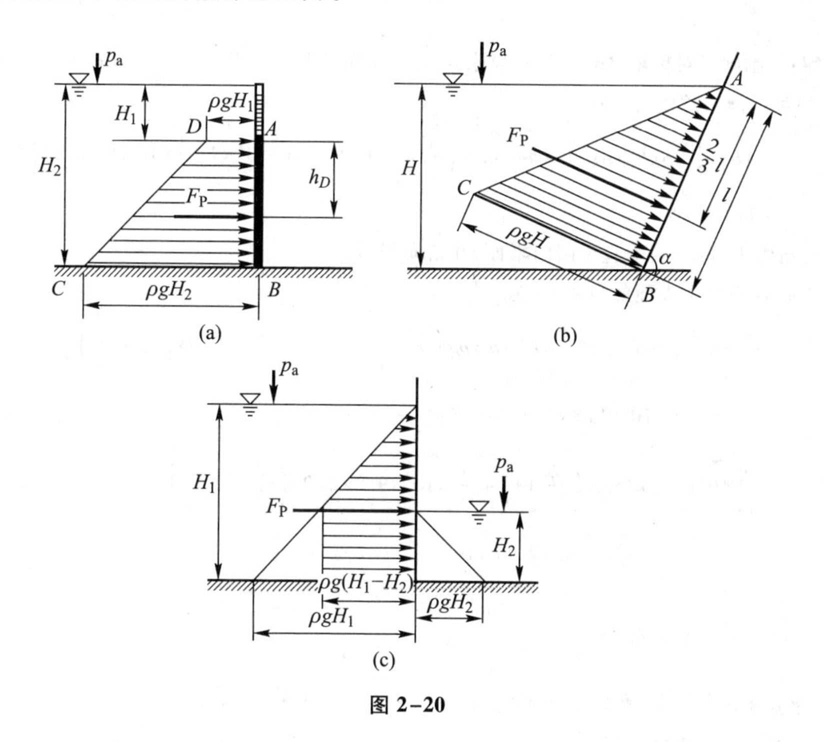

图 2-20

如果上述矩形平面铅垂放置,但底边不是水平,或是其他图形(如圆形)平面铅垂放置在液体中,都因作用在平面上的静水压强分布图体积不易绘出和计算,用图解法求解作用在上述平面上的液体总压力就不简便。

例 2-7 设有一铅垂放置的水平底边矩形闸门,如图 2-21 所示。已知闸门高度 $h=2$ m,宽度 $b=3$ m,闸门上缘到自由表面的距离 $h_1=1$ m。试用图解法求解作用在闸门上的静水总压力。

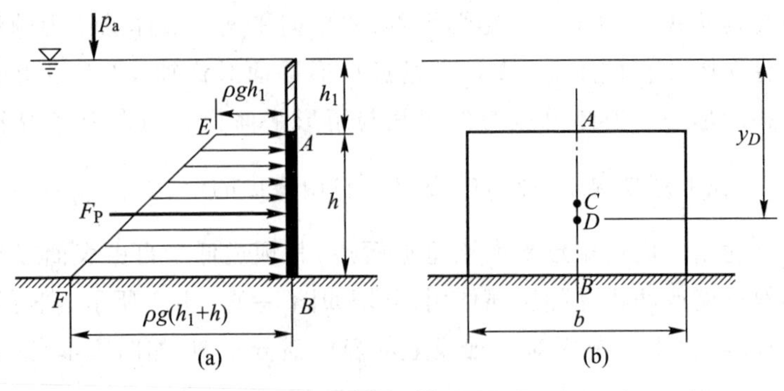

图 2-21

解:绘制闸门对称轴 AB 线上的静水压强分布图梯形 $ABFE$,如图 2-21a 所示。根据式(2-24)可得静水总压力大小

$$F_P=Ab=\frac{1}{2}[\rho gh_1+\rho g(h_1+h)]hb=\left\{\frac{1}{2}\times[10^3\times9.8\times1+10^3\times9.8\times(1+2)]\times2\times3\right\}\text{N}$$

$$=117.6\ \text{kN}$$

静水总压力 F_P 的方向垂直于闸门平面,并指向闸门。

压力中心 D 距自由表面的位置 y_D 为

$$y_D\times\frac{1}{2}[\rho gh_1+\rho g(h_1+h)]h=\rho gh_1\times h\times\left(\frac{h}{2}+h_1\right)+\frac{1}{2}\rho gh\times h\times\left(\frac{2}{3}h+h_1\right)$$

$$y_D\times\frac{1}{2}\times[10^3\times9.8\times1+10^3\times9.8\times(1+2)]\times2\ \text{m}$$

$$=\left[10^3\times9.8\times1\times2\times\left(\frac{2}{2}+1\right)+\frac{1}{2}\times10^3\times9.8\times2\times2\times\left(\frac{2}{3}\times2+1\right)\right]\ \text{m}$$

$$y_D=\frac{39.2+45.73}{39.2}\ \text{m}=2.17\ \text{m}$$

2-5-2 解析法

求解作用在任意形状平面上的液体总压力需用解析法。

设在静止液体的某一深度处有一任意平面 EF,其面积为 A,它垂直于纸面,与水平面的交角为 α,平面的右侧为大气,如图 2-22 所示。为了看清楚这一平面的形状,我们把它绕 Oy 轴旋转 90°,图中的 x 轴为

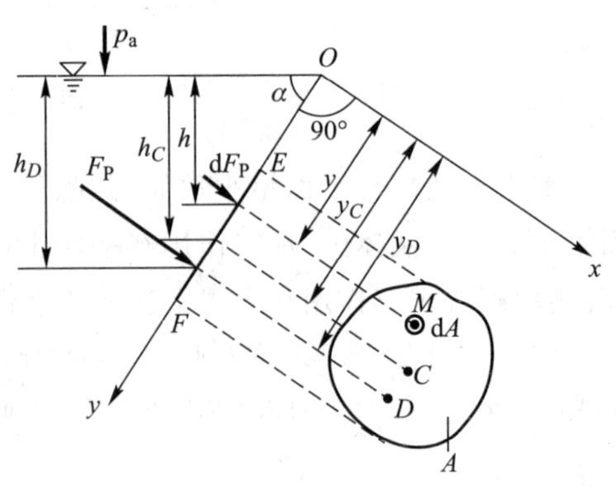

图 2-22

EF 平面的延伸面与自由表面的交线。

在 EF 平面上,任取一点 M,其淹没深度为 h。围绕点 M 取一微小面积 $\mathrm{d}A$,作用在 $\mathrm{d}A$ 面积上的液体总压力为

$$\mathrm{d}F_{\mathrm{P}}=p\mathrm{d}A=\rho gh\mathrm{d}A$$

$\mathrm{d}F_{\mathrm{P}}$ 的方向垂直于 $\mathrm{d}A$,并指向平面。作用在整个受压平面面积为 A 上的液体总压力为

$$F_{\mathrm{P}}=\int \mathrm{d}F_{\mathrm{P}}=\int_A \rho gh\mathrm{d}A=\int_A \rho gy\sin\,\alpha\mathrm{d}A=\rho g\sin\,\alpha\int_A y\mathrm{d}A$$

由物理学知,上式中的 $\int_A y\mathrm{d}A$ 是受压平面对 Ox 轴的静面矩,它等于平面面积 A 与该面积的形心到 x 轴的距离 y_C 的乘积,即 $\int_A y\mathrm{d}A=y_CA$。所以

$$F_{\mathrm{P}}=\rho g\sin\,\alpha y_CA=\rho gh_CA=p_CA \tag{2-25}$$

式中:h_C 为受压平面形心点 C 在自由表面下的深度;p_C 为受压平面形心点 C 的静压强。上式表明,作用在任意形状平面上的液体总压力大小,等于该平面的淹没面积与其形心处静压强的乘积,而形心处的静压强就是整个受压平面上的平均压强。

总压力的方向垂直于平面,并指向平面。

下面讨论压力中心点 D 的位置。它可根据物理学中合力矩定理(即合力对任一轴的力矩等于各分力对该轴力矩之代数和)求出,即对 x 轴取力矩得

$$F_{\mathrm{P}}y_D=\int y\mathrm{d}F_{\mathrm{P}}=\int_A y\rho gy\sin\,\alpha\mathrm{d}A=\rho g\sin\,\alpha\int_A y^2\mathrm{d}A=\rho g\sin\,\alpha I_x$$

式中:$I_x=\int_A y^2\mathrm{d}A$,为受压平面面积对 Ox 轴的惯性矩。所以

$$y_D=\frac{\rho g\sin\,\alpha I_x}{F_{\mathrm{P}}}=\frac{\rho g\sin\,\alpha I_x}{\rho g\sin\,\alpha y_CA}=\frac{I_x}{y_CA} \tag{2-26}$$

根据惯性矩的平行移轴定理,有

$$I_x=I_C+y_C^2A$$

式中:I_C 为受压平面面积对通过其形心,且与 x 轴平行的轴的惯性矩(又称转动惯量)。所以

$$y_D=\frac{I_C+y_C^2A}{y_CA}=y_C+\frac{I_C}{y_CA} \tag{2-27}$$

同理,对 y 轴取力矩,可得压力中心 D 到 y 轴的距离 x_D。在实际工程中,受压平面多是轴对称面(对称轴与 y 轴平行),总压力 F_{P} 的作用点必位于对称轴

上。因此，只需确定 y_D 的值，压力中心 D 点的位置就确定了。

现将几种常见平面图形的面积 A、形心位置 y_C 及惯性矩 I_C 的数值列于表 2-1，供计算时查用。表中所列图形均是平面上缘与液面相平的情况。

表 2-1 几种常见平面图形的 A、y_C 及 I_C 值

名称	几何图形	面积 A	形心位置 y_C	惯性矩 I_C
矩形	y, y_C, C, x, h, b	bh	$\frac{h}{2}$	$\frac{bh^3}{12}$
三角形	y, y_C, C, x, h, b	$\frac{bh}{2}$	$\frac{2}{3}h$	$\frac{bh^3}{36}$
梯形	y, a, y_C, C, x, h, b	$\frac{h(a+b)}{2}$	$\frac{h}{3}\left(\frac{a+2b}{a+b}\right)$	$\frac{h^3}{36}\left(\frac{a^2+4ab+b^2}{a+b}\right)$
圆	y, y_C, r, C, x	πr^2	r	$\frac{\pi r^4}{4}$
半圆	y_C, y, r, C, x	$\frac{\pi r^2}{2}$	$\frac{4r}{3\pi}$	$\frac{9\pi^2-64}{72\pi}r^4$

例 2-8 试用解析法求解例 2-7 所述情况下的作用在闸门上的静水总压力 F_P。

解：由式(2-25)知

$$F_P=\rho g h_C A=\rho g\left(h_1+\frac{h}{2}\right)(h\times b)=10^3\times 9.8\times\left(1+\frac{2}{2}\right)\times(2\times 3)\ \text{N}=117.6\ \text{kN}$$

静水总压力 F_P 的方向垂直于闸门平面，并指向闸门。

压力中心 D 距自由表面的位置 y_D，由式(2-27)知

$$y_D = y_C + \frac{I_C}{y_C A} = \left(h_1 + \frac{h}{2}\right) + \frac{\dfrac{bh^3}{12}}{\left(h_1 + \dfrac{h}{2}\right)(h \times b)}$$

$$= \left[\left(1 + \frac{2}{2}\right) + \frac{\dfrac{3 \times 2^3}{12}}{\left(1 + \dfrac{2}{2}\right) \times (2 \times 3)}\right] \text{m} = \left(2 + \frac{24}{144}\right) \text{ m} = 2.17 \text{ m}$$

由上可见,用解析法所得结果与例 2-7 用图解法所得结果是相同的。

§2-6 作用在曲面上的液体总压力

在实际工程中常遇的曲面是二向曲面,即具有水平或铅垂主轴的圆柱形曲面。现讨论作用在具有水平主轴的二向曲面上的液体总压力。

设有一承受液体总压力的具有水平主轴的圆柱形曲面 $A'B'B''A''$,如图 2-23 所示。水平主轴垂直于纸面,曲面的另一侧(右侧)为大气。AB 曲线为圆柱形曲面在二分之一宽度$\left(\frac{1}{2}b\right)$处的截面侧影。

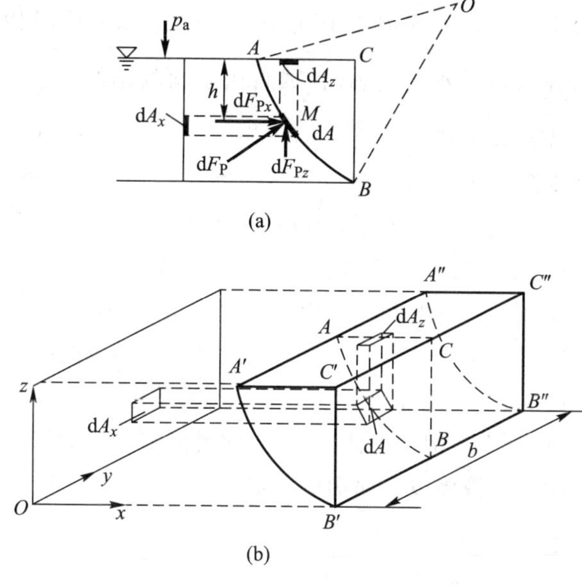

图 2-23

在曲面上取任一点 M(如在 AB 曲线上),其淹没深度为 h。围绕点 M 取一微小面积 $\mathrm{d}A$,如图所示。作用在微小面积上的液体总压力为

$$\mathrm{d}F_{\mathrm{P}}=p\mathrm{d}A=\rho gh\mathrm{d}A$$

$\mathrm{d}F_{\mathrm{P}}$ 的方向垂直于微小面积 $\mathrm{d}A$,与水平方向成 θ 角。将 $\mathrm{d}F_{\mathrm{P}}$ 分解为水平分力 $\mathrm{d}F_{\mathrm{P}x}$和铅垂分力 $\mathrm{d}F_{\mathrm{P}z}$,分别为

$$\mathrm{d}F_{\mathrm{P}x}=\mathrm{d}F_{\mathrm{P}}\cos\theta=\rho gh\mathrm{d}A\cos\theta=\rho gh\mathrm{d}A_x$$

$$\mathrm{d}F_{\mathrm{P}z}=\mathrm{d}F_{\mathrm{P}}\sin\theta=\rho gh\mathrm{d}A\sin\theta=\rho gh\mathrm{d}A_z$$

作用在全部曲面上的水平总分力 $F_{\mathrm{P}x}$ 为

$$F_{\mathrm{P}x}=\int\mathrm{d}F_{\mathrm{P}x}=\int_A\rho gh\mathrm{d}A\cos\theta=\int_{Ax}\rho gh\mathrm{d}A_x=\rho gh_CA_x \tag{2-28}$$

式中:h_C 为曲面在铅垂面上投影面积的形心的淹没深度。上式表明:作用在圆柱形曲面上液体总压力的水平总分力的大小等于该淹没曲面相应的铅垂投影面积上所承受的液体总压力;$F_{\mathrm{P}x}$的方向和作用线,则用前一节所述的方法即可确定。因为圆柱形曲面的铅垂投影面积是矩形,所以这一水平总分力可用前一节所述的图解法或解析法求解。

作用在全部曲面上的铅垂总分力 $F_{\mathrm{P}z}$为

$$F_{\mathrm{P}z}=\int\mathrm{d}F_{\mathrm{P}z}=\int_A\rho gh\mathrm{d}A\sin\theta=\int_{Az}\rho gh\mathrm{d}A_z$$

上式等号右边的积分式的积分比较困难,但从图 2-23b 中可以看出:积分式 $\int_{Az}h\mathrm{d}A_z$ 是以曲面本身与其在自由表面(或自由表面的延续面)上的投影面积 A_z 之间的铅垂柱体 $A'B'C'A''B''C''$几何体的体积 V。这个几何体称为压力体,它的体积称为压力体体积 V,其重量称为压力体的重量 G。所以,可得

$$F_{\mathrm{P}z}=\rho gV=G \tag{2-29}$$

上式表明:作用在圆柱形曲面上液体总压力的铅垂总分力的大小等于压力体体积的液体重量,$F_{\mathrm{P}z}$的作用线通过压力体的重心;$F_{\mathrm{P}z}$的方向(向上或向下)取决于液体与曲面表面的相互位置。如果压力体被大气所充满,亦就是曲面背向液体,如图所示,$F_{\mathrm{P}z}$等于实际上没有液体存在的压力体体积的液体重量。这种压力体称为虚构压力体,相应于虚构压力体的 $F_{\mathrm{P}z}$方向是向上的。如果压力体被液体所充满,如图 2-23 所示的液体改在曲面的右侧,这种压力体称为实在压力体,相应于实在压力体的 $F_{\mathrm{P}z}$方向是向下的。

作用在曲面上的液体总压力 F_{P} 值为

$$F_{\mathrm{P}}=\sqrt{F_{\mathrm{P}x}^2+F_{\mathrm{P}z}^2} \tag{2-30}$$

液体总压力 F_P 的作用线与水平方向的夹角 α 为

$$\alpha=\arctan\frac{F_{Pz}}{F_{Px}} \tag{2-31}$$

F_P 的作用线必通过 F_{Px} 和 F_{Pz} 作用线的交点，但这个交点不一定在曲面上。

以上讨论虽然是对二向曲面来讲的，但是所得结论完全可以应用于任意的三向曲面，只是对于三向曲面除了在 Oyz 面上有投影外，在 Oxz 面上也有投影，因此水平总分力除了 x 方向的 F_{Px} 外，还有 y 方向的 F_{Py}。

例 2-9 设有一弧形闸门，如图 2-24 所示。已知闸门宽度 $b=3$ m，半径 $r=2.828$ m，$\varphi=45°$，闸门可绕水平主轴（O 轴）转动，O 轴距底面高度 $H=2$ m。试求闸门前水深 $h=2$ m 时，作用在闸门上的静水总压力。

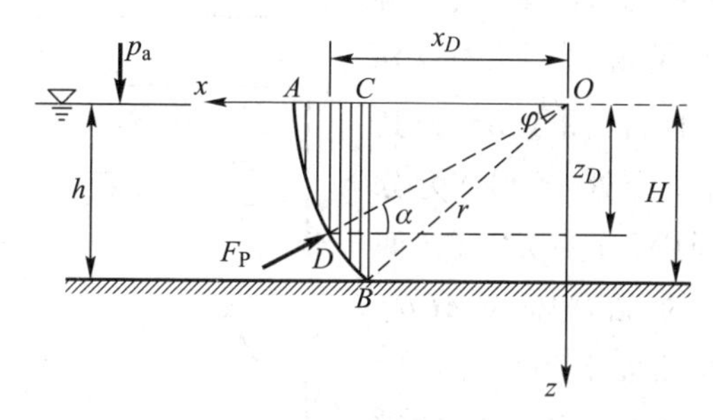

图 2-24

解：由式（2-28）知，作用在弧形闸门上的水平总分力 F_{Px} 为

$$F_{Px}=\rho g h_C A_x=10^3\times9.8\times\frac{1}{2}\times2\times3\times2\ \text{N}=58.8\times10^3\ \text{N}$$

由式（2-29）知，作用在弧形闸门上的铅垂总分力 F_{Pz} 为

$$\begin{aligned}F_{Pz}&=\rho g V=\rho g\times A_{ABC}\times b=\rho g\left(\frac{\varphi}{360°}\times\pi\times r^2-\frac{1}{2}rh\cos\varphi\right)\times b\\&=\left[10^3\times9.8\times\left(\frac{45°}{360°}\times\pi\times2.828^2-\frac{1}{2}\times2.828\times\cos45°\times2\right)\times3\right]\text{N}\\&=33.52\times10^3\ \text{N}\end{aligned}$$

由式（2-30）知，作用在弧形闸门上的静水总压力 F_P 为

$$F_P=\sqrt{F_{Px}^2+F_{Pz}^2}=\sqrt{(58.8\times10^3)^2+(33.52\times10^3)^2}\ \text{N}=67.68\times10^3\ \text{N}$$

由式（2-31）知，静水总压力 F_P 的作用线与水平方向的夹角 α 为

$$\alpha=\arctan\frac{F_{Pz}}{F_{Px}}=\arctan\frac{33.52\times10^3}{58.8\times10^3}\approx30°$$

因为在本题的情况下，F_P 必然通过 O 轴，所以 x_D、z_D 分别为

$$x_D=r\cos\alpha=2.828\ \cos30°\ \text{m}=2.449\ \text{m}$$

$$z_D=r\sin\alpha=2.828\ \sin30°\ \text{m}=1.414\ \text{m}$$

因为压力体的决定和计算,对于求解作用在(二向)曲面上静止液体总压力的铅垂总分力是很关键的。为此,对压力体的决定再进行一些讨论。由若干规则曲面组成的复合或复杂曲面,需先将它分解为若干便于计算的曲面;分解处一般为复杂曲面与铅垂平面的相交处(点或线),然后分别决定分解后各曲面的压力体(虚构压力体或实在压力体),用代数方法叠加。在叠加过程中,对于体积相同的虚构压力体和实在压力体可以先行消去,最后得到的即为计算复杂曲面的压力体。现讨论液体作用在(单宽)半圆柱形 AB 曲面、自由表面压强 $p_0=p_a$ 的情况,如图 2-25a 所示。取半圆柱形曲面(图示 AB 为其侧影)与铅垂平面相交处(C 线)为分解处,将半圆柱形曲面分为 AC、CB 两曲面。AC 曲面上的压力体为 $ACDE$(实在压力体),CB 曲面上的压力体为 $ABCDE$(虚构压力体)。在叠加过程中,体积相同的 $ACDE$ 的虚构压力体和实在压力体可以消去。最后得到的计算单宽半圆柱形 AB 曲面的压力体为 ABC(虚构压力体)。

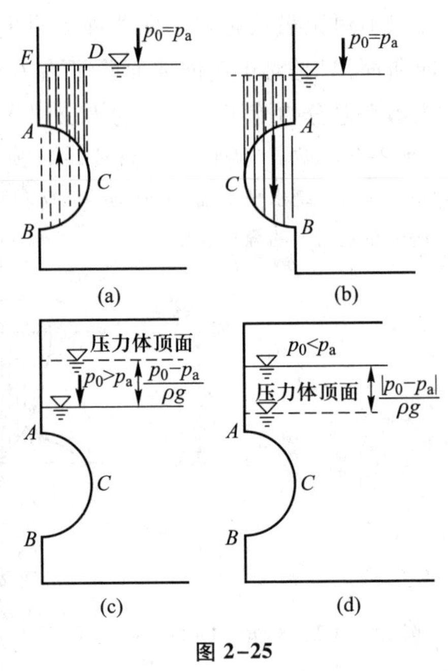

图 2-25

若情况如图 2-25b 所示。类似于上面对图 2-25a 情况的讨论,计算(单宽)半圆柱形 AB 曲面的压力体为 ABC(实在压力体)。

如果上述图 2-25a 的自由表面压强 $p_0 \neq p_a$,即 $p_0>p_a$ 或 $p_0<p_a$,分别如图 2-25c、d 所示。试问前面对图 2-25a 讨论的压力体概念是否正确。概念是不正确的。因为,液体总压力的铅垂总分力为

$$F_{Pz}=\int \mathrm{d}F_{Pz}=\int_A \rho gh\mathrm{d}A\sin\theta=\int_{A_z}\rho gh\mathrm{d}A_z$$

压力体的铅垂高度是代表压强的相应液柱高度。当 $p_0=p_a$ 时,液体中任一点的压强 $p=\rho gh$,$\dfrac{p}{\rho g}=h$,所以压力体的高度为 h,压力体的顶面为自由表面(或自由表面的延续面)。如果 $p_0>p_a$,则

$$p=(p_0-p_a)+\rho gh,\quad \frac{p}{\rho g}=\frac{p_0-p_a}{\rho g}+h$$

所以压力体的高度为$\frac{p_0-p_a}{\rho g}+h$,压力体的顶面在高于自由表面的高度为$\frac{p_0-p_a}{\rho g}$处,如图 2-25c 所示。如果 $p_0<p_a$,压力体的顶面则在低于自由表面的深度为$\frac{|p_0-p_a|}{\rho g}$处,如图 2-25d 所示。

在这里附带指出,在某些情况下,有时在计算过程中,个别概念是错误的,但它的计算结果却与该个别概念没有错误的计算结果是相同的。例如,求解上述图 2-25c 所示 $p_0>p_a$ 情况下的作用在(单宽)半圆柱形曲面上的液体总压力的铅垂总分力 F_{Pz}。根据压力体的概念,压力体的顶面应取在高于自由表面的高度为$\frac{p_0-p_a}{\rho g}$处。但是,如果将压力体的顶面错误地取在自由表面(相当于 $p_0=p_a$),最后两者所得的计算 F_{Pz}的压力体均为 ABC(虚构压力体),致使 F_{Pz}的大小、方向、作用线均分别相同。在其他的计算中,类似于这种情况亦可能发生,务必注意和避免。当然,上述 $p_0>p_a$ 情况下的作用在半圆柱形曲面上的静止总压力 F_P 和它的水平总分力 F_{Px}是和 $p_0=p_a$ 的情况不相同的。

例 2-10 下面讨论"流体静力学矛盾"或称"静水奇象"。设有三个形状各不相同的开口盛水容器,放置在桌面上,如图 2-26 所示。已知各容器的平底面积 A 和盛水深度 h 都相等,而各容器的盛水体积、重量 G 都不相等(为讨论方便,各容器自重略去不计)。试问各容器底壁上所受的静水总压力哪个最大?作用于桌面上的总压力哪个最大?

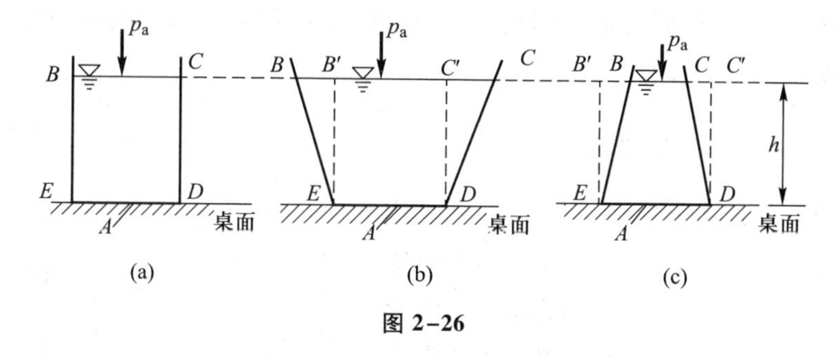

图 2-26

解:也许有人会回答,图 2-26b 的容器体积、水的重量 G 最大,所以作用于容器底壁的静水总压力最大。这样一个直观、直觉看来似乎有理的回答,实际上是错误的。因为底壁所受的静水总压力 $F_P=\rho ghA$,所以上述三个容器底壁所受的静水总压力应该是相等的,它与三个容器的形状无关。

每一盛水容器作用于桌面上的总压力等于各容器内水的重量 G(各容器自重略去不计)。因此,每一盛水容器作用于桌面上的总压力应该是不相等的,它可能等于或大于或小于容器各底壁所受的静水总压力。

作用于容器底壁上的静水总压力和作用于桌面上的总压力,这两个概念的混淆,引出骤看起来似乎是矛盾的奇怪现象,这就是有的著作中所称的著名的“流体静力学矛盾”,或称“静水奇象”。

事实上,这一“矛盾”或“奇象”是可以解释的。因为作用于桌面上的总压力(容器自重略去不计)是容器全部壁面(包括底壁和侧壁)所受静水总压力的铅垂总分力;侧壁所受的铅垂总分力,经由容器传递到桌面上。对于图 2-26a 的容器,侧壁是铅垂的,所以只有底壁所受的铅垂总分力为 $BCDE$ 实在压力体的水重,即为容器中的水重,亦为底壁所受的静水总压力,与桌面上所受的总压力相等。对于图 2-26b 的容器,侧壁所受的铅垂总分力为 $BB'E$ 和 $CC'D$ 实在压力体的水重,底壁所受的铅垂总分力为 $B'C'DE$ 实在压力体的水重,所以作用于容器全部壁面的静水总压力的铅垂总分力为 $BCDE$ 实在压力体的水重,即为容器中的水重,与桌面上所受的总压力相等,大于底壁所受的静水总压力。不难说明,图 2-26c 的容器中的水重,与桌面上所受的总压力相等,小于底壁所受的静水总压力。在工程技术中,有应用这一现象的情况,如类似于图 2-26c 所示,将容器上部体积减小,这样就可使用较少的液体产生对底部较大的作用力,以便对容器底部(如密闭性)的检查。

§2-7 浮力·潜体和浮体的稳定

在工程实际中,常需求解浸没于静止流体中的潜体和漂浮在液面的浮体所受的流体总压力,即所谓浮力问题,例如空气、水中颗粒物所受的浮力等。现介绍物体所受浮力的计算。

2-7-1 阿基米德原理

设有一物体(潜体)完全浸没在静止流体中,如图 2-27 所示。先研究物体表面所受水平方向的流体压力。为此,将物体分成许多极其微小的水平棱柱体,其轴线平行于 x 轴,如图 2-27 右侧所示。因水平棱柱体的两端面积极其微小,可认为在同一

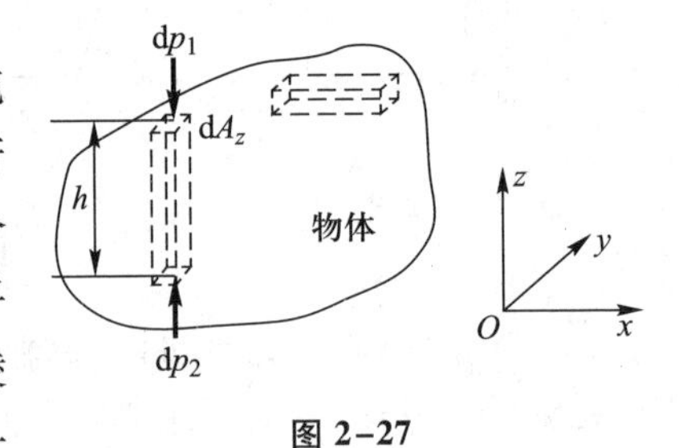

图 2-27

高程，且其上各点的流体压强相等。所以，作用在两端微小面积上的流体压力的大小相等，而方向相反。因此，作用在物体全部表面上沿 x 轴的水平分力的合力等于零。类似上述讨论，作用在物体全部表面上沿 y 轴的水平分力的合力也等于零。

再研究物体表面所受铅垂方向的流体压力。为此，将物体分成许多极其微小的铅垂棱柱体，其轴线平行于 z 轴，如图 2-27 左侧所示。因铅垂棱柱体的两端面积 $dA(dA_z)$ 极其微小，可认为是一平面，且两者面积相等。两端面间的铅垂深度为 h；作用在微小铅垂棱柱体顶面和底面上的铅垂向下和向上的流体压力的合力 dF_{Pz} 的方向向上，其大小为

$$dF_{Pz}=\rho gh dA=\rho g dV$$

式中：dV 即为微小铅垂棱柱体的体积。作用在物体全部表面上的铅垂向上分力的合力 F_{Pz} 为

$$F_{Pz}=\int_V \rho g dV=\rho gV \tag{2-32}$$

式中：ρ 为流体的密度，g 为重力加速度，V 为浸没于流体中的物体体积。上式表明：作用在浸没于流体中物体的流体总压力 F_{Pz}，即浮力 F_B，其大小等于该物体所排除的同体积的流体重量，方向向上，作用线通过物体的几何中心（也称浮心）。这就是阿基米德原理。阿基米德原理对于漂浮在液面的物体（浮体）来讲，亦是适用的，这时式(2-32)中的物体体积不是整个物体的体积，而是物体浸没在液体中的那一部分体积。对于液体来讲，阿基米德原理亦可由§2-6 中介绍的求解作用在曲面上的液体总压力而得。

一切浸没于流体中或漂浮在液面的物体，均受两个作用力：物体的重力 G 和浮力 F_B。重力的作用线通过重心而铅垂向下，浮力的作用线通过浮心而铅垂向上。根据 G 与 F_B 的大小，有下列三种可能性：

(1) 当 $G>F_B$ 时，物体继续下沉；

(2) 当 $G=F_B$ 时，物体可以在流体中任何深度处维持平衡；

(3) 当 $G<F_B$ 时，物体上升，减少浸没在液体中的物体体积，从而减小浮力；当所受浮力等于物体重力时，则达到平衡的位置。

2-7-2 潜体和浮体的稳定

上面提到的重力与浮力相等，只是潜体维持平衡的必要条件。只有物体的重心和浮心同时还位于同一铅垂线上，潜体才会处于平衡状态，即为其充分条件。

潜体在倾斜后恢复其原来平衡位置的能力,称为潜体的稳定性。当潜体在流体中倾斜后,能否恢复其原来的平衡状态,按照重心 C 和浮心 D 在同一铅垂线上的相对位置,有三种可能性:

(1) 重心 C 位于浮心 D 之下,如图 2-28a 所示。潜体如有倾斜,重力 G 与浮力 F_B 形成一个使潜体恢复原来平衡位置的转动力矩,使潜体能恢复原位。这种情况下的平衡称为稳定平衡。

(2) 重心 C 位于浮心 D 之上,如图 2-28b 所示。潜体如有倾斜,重力 G 与浮力 F_B 将产生一个使潜体继续倾斜的转动力矩,潜体不能恢复其原位。这种情况的平衡称为不稳定平衡。

(3) 重心 C 与浮心 D 相重合,如图 2-28c 所示。潜体如有倾斜,重力 G 与浮力 F_B 不会产生转动力矩,潜体处于随遇平衡状态下而不再恢复其原位。这种情况下的平衡称为随遇平衡。

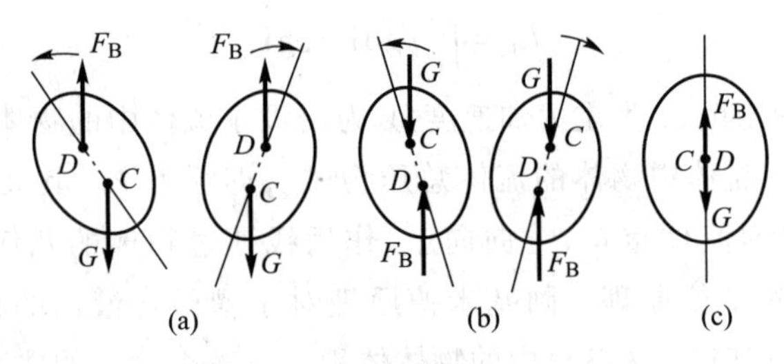

图 2-28

从以上的讨论中可知,为了保持潜体的稳定起见,潜体的重心 C 必须位于浮心 D 之下。

浮体的平衡条件和潜体一样,但浮体平衡的稳定要求和潜体有所不同,要具体分析,如浮体重心在浮心之上时,其平衡仍有可能是稳定的。

在实际工程中,潜体和浮体的稳定常涉及安全问题,所以必须认真考虑和对待,设计、计算可参阅有关书籍。

例 2-11 下面讨论著名的"茹科夫斯基(Joukowski)佯谬(疑题)"。设在一盛有静止液体(如水)的容器铅垂壁面上,装置一均质的水平圆柱体,可无摩擦地绕水平轴 O 转动,如图 2-29 所示。圆柱体的一半永远淹没在液体内,由阿基米德原理知,圆柱体受到一个向上的浮力 F_B,似乎可以使圆柱体绕 O 轴永远转动,得到人们梦寐以求的永动机。试问圆柱体是否会转动,为什么?

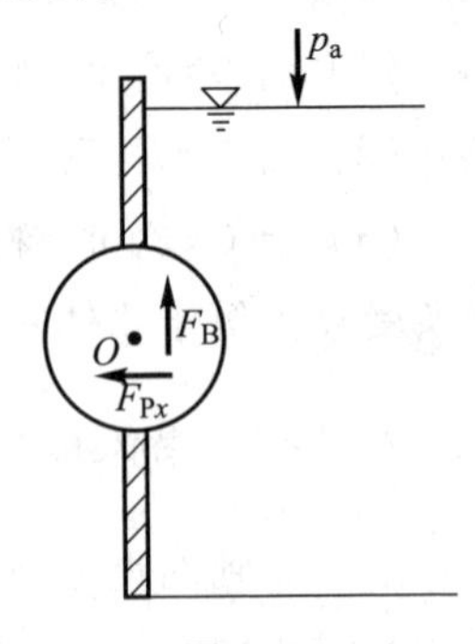

图 2-29

解:也许有人会很快回答,圆柱体不会绕 O 轴转动,因为永动机是不可能实现的。这样的回答,没有涉及问题的本质,是不会令人满意的。

事实上,圆柱体确实不会绕 O 轴转动,因为由流体静压强特性可知,作用于圆柱体上的静压强方向均指向并通过圆柱体水平轴(O 轴),不可能形成绕 O 轴的力矩,所以圆柱体不会转动,更不可能永远转动。

亦可作另一种回答,作用在(半)圆柱体(二向)曲面上的液体(静水)总压力的水平总分力和铅垂总分力分别为 F_{Px} 和 F_{Pz}(F_B),如图所示。可以证明(请自行证明)它们的合力——液体总压力必通过圆柱体水平轴,圆柱体不会绕 O 轴转动。这就是有的著作中所称的"茹科夫斯基佯谬"。

在这里,附带问一个问题:如果上述容器内的自由表面高于圆柱体顶线以上不同高度时,圆柱体所受液体总压力及其水平、铅垂总分力的大小、方向、作用线是否有变化?液体总压力是否均指向并通过圆柱体水平轴,请自行考虑回答。

例 2-12 设半径为 R 的球体淹没在静水中,与自由表面相切,如图 2-30 所示。已知球体的密度与水的密度相同,均为 ρ。试求将球体由开始到全部刚提出水面所需作的功 W。

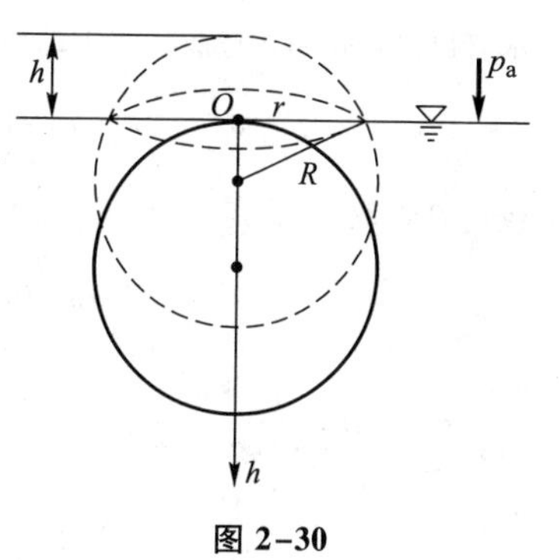

图 2-30

解:根据阿基米德原理可知,球体淹没在水中部分所受浮力,等于球体该部分的重力(因球体密度与水的密度相同);所以,提升力等于露出水面的球缺(或称球冠)的重力,所需作的微功 dW 为将球缺提高 dh 的距离,如图所示。球缺体积

$$V=\pi h^2\left(R-\frac{h}{3}\right)$$

所以

$$dW=\rho g\pi h^2\left(R-\frac{h}{3}\right)dh$$

积分上式,得

$$W=\rho g\pi\int_0^{2R}h^2\left(R-\frac{h}{3}\right)dh=\frac{4}{3}\pi R^4\rho g$$

上式表明:将球体提出水面所需作的功,相当于将球体的质量集中到球心而提出水面所作的功$\left(球体的体积\ V=\frac{4}{3}\pi R^3\right)$。

例 2-13 设有一输水管,配有铰链、杠杆、橡胶压盖、浮球组成的自动关闭装置,如图 2-31 所示。当与杠杆连在一起的橡胶压盖压在管口时,输水管就停止向容器输水,此时管口出口处的压强 $p=24.5\ \mathrm{N/cm^2}$。已知输水管直径 $d=1.5\ \mathrm{cm}$,杠杆长 $a=10\ \mathrm{cm}$,$b=50\ \mathrm{cm}$。试求当水刚淹没浮球,即能保证自动关闭管口时的浮球最小直径 D(不计装置重量和摩擦)。

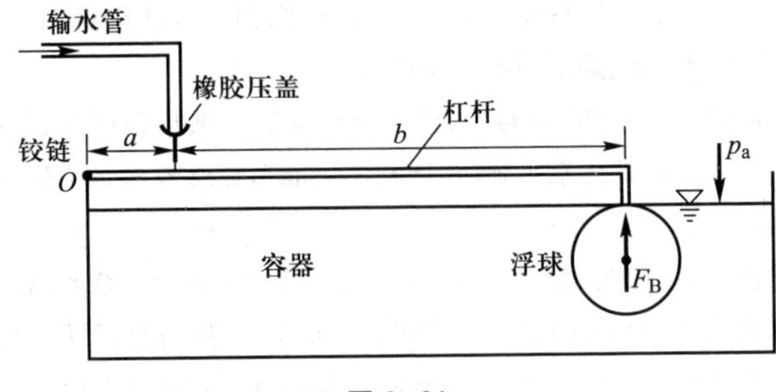

图 2-31

解:当水刚淹没浮球时,浮球所受的浮力

$$F_B=\rho g\times\frac{1}{6}\pi D^3$$

输水管出口处作用在橡胶压盖上的压力

$$F_P=pA=\left(24.5\times\frac{\pi}{4}\times1.5^2\right)\text{ N}=43.3\text{ N}$$

对铰链 O 点取矩(力矩),得

$$F_P\times a=F_B\times(a+b)=\rho g\times\frac{1}{6}\pi D^3\times(a+b)$$

$$D=\sqrt[3]{\frac{6F_Pa}{\rho g\pi(a+b)}}=\sqrt[3]{\frac{6\times43.3\times0.1}{1\ 000\times9.8\times\pi\times(0.1+0.5)}}\text{ m}=0.11\text{ m}=11\text{ cm}$$

* §2-8 可压缩气体中的静压强分布规律

前几节主要介绍了不可压缩均质流体(液体)静压强的分布规律,它对于气体来讲,在高度变化不是很大、其密度视为常数的情况下也是适用的。但在有些情况,例如,航空、气象等部门研究地球表面上大气层中的压强(密度、温度)分布规律时,需考虑气体的压缩性,其密度不被视为常数。这一节介绍可压缩气体中的静压强(密度、温度)分布规律,主要是在大气层中的情况,这对环保等部门亦是需了解的。为此,先对大气层有关情况作一简单介绍。

大气层的物理现象和状态是很复杂的,最简单的是假定大气是静止的,重力场是平行力场,即忽略地球的曲率。另外,因为大气层中的压强、密度和温度等参数不仅随高度变化,而且与经纬度、季节、气候等因素有关。如果每个国家都按当时当地的大气参数作为初始数据,则致使各国的实验和计算结果无法进行对比和交流。为了解决这一矛盾,国际上根据平均纬度多年来气象观测结果的统计,约定建立一个大气模型,代表大气中参数随高度变化的平均规律,这一模型称为国际标准大气。它规定:海平面 $z=0$ 处的大气参数为

$$\left.\begin{aligned}&\text{温度 } T_0=288\ \mathrm{K}(=15\ ℃)\\&\text{密度 } \rho_0=1.225\ \mathrm{kg/m^3}\\&\text{压强 } p_0=1.013\times10^5\ \mathrm{Pa}=760\ \mathrm{mmHg}(\text{绝对压强})\end{aligned}\right\} \tag{2-33}$$

大气参数的下标“0”，表示 $z=0$ 处的参数。

通常 $z=0\sim11$ km 的高度范围称为对流层，温度随高度呈直线递减，并可用下式表示，即

$$T=T_0-\beta(z-z_0) \tag{2-34}$$

式中：T 为距海平面高度为 z(m)处的热力学温度，K；T_0 为海平面处的热力学温度，即 $T_0=288$ K(=15 ℃)；z_0 为海平面的高度，m；β 为温度的递减率，其值为 $\beta=0.006\ 5$ K/m。

$z=11\sim50$ km 的高度范围称为平流层。其下部，即 $z=11\sim20$ km 的高度范围内，大气温度几乎不随高度变化，这一层称为同温层。$z=20\sim50$ km 的高度范围内，大气温度随高度而递增，到 50 km 处，约为 270 K。$z>50$ km 时，大气温度又随高度而下降，近似在 85 km 处约为 180 K。如第一章 §1-2 中介绍的，一般认为在海拔高度为 50 km 以上的高空大气已不作为连续介质来处理。本节只介绍到大气同温层的情况。

在 §2-2 中介绍的流体平衡微分方程式(2-8)适用于可压缩气体，只要作用在它上面的质量力是有势的力。作用在大气上的质量力是有势的，不过这时的气体密度 ρ 不是常数，因此要积分式(2-8)求出可压缩气体的压强分布规律，就须给出附加条件。这些条件是完全气体的状态方程式，即 $\dfrac{p}{\rho}=RT$，和温度随高度的变化规律。

将 $\rho=\dfrac{p}{RT}$ 代入式(2-8)，得

$$\frac{\mathrm{d}p}{p}=\frac{\mathrm{d}W}{RT} \tag{2-35}$$

积分上式，得

$$\ln p=\int\frac{\mathrm{d}W}{RT}+C \tag{2-36}$$

现讨论上式在不同条件下进行积分及其结果，即得各种情况下的可压缩气体压强等分布规律。

1. 气体质量力只有重力，温度随高度线性(递减)变化(对流层)

由于流体所受的质量力只有重力，所以

$$\mathrm{d}W=(f_x\mathrm{d}x+f_y\mathrm{d}y+f_z\mathrm{d}z)=-g\mathrm{d}z \tag{2-37}$$

将式(2-34)和式(2-37)代入式(2-36)，得

$$\begin{aligned}\ln p&=\int\frac{-g\mathrm{d}z}{R[T_0-\beta(z-z_0)]}+C\\&=\frac{g}{R\beta}\int\frac{\mathrm{d}[T_0-\beta(z-z_0)]}{T_0-\beta(z-z_0)}+C\\&=\frac{g}{R\beta}\ln[T_0-\beta(z-z_0)]+C\end{aligned}$$

积分常数 C 可根据边界条件确定。在海平面处，$z=z_0$，$p=p_0$，所以，$C=\ln p_0-\frac{g}{R\beta}\ln T_0$。代入上式，得

$$\ln\frac{p}{p_0}=\frac{g}{R\beta}\ln\frac{T_0-\beta(z-z_0)}{T_0} \tag{2-38}$$

或

$$p=p_0\left[\frac{T_0-\beta(z-z_0)}{T_0}\right]^{g/R\beta} \tag{2-39}$$

将上式代入完全气体状态方程，可得密度随高度变化的规律，即

$$\frac{\rho}{\rho_0}=\frac{pRT_0}{p_0RT}=\frac{pT_0}{p_0(T_0-\beta z)}=\frac{p}{p_0}\left(1-\frac{\beta z}{T_0}\right)^{-1}=\left(1-\frac{\beta z}{T_0}\right)^{\frac{g}{R\beta}-1}$$

所以

$$\rho=\rho_0\left(1-\frac{\beta z}{T_0}\right)^{\frac{g}{R\beta}-1} \tag{2-40}$$

式(2-39)和式(2-40)分别为质量力只有重力、温度随高度线性(递减)变化的可压缩气体中压强和密度分布的规律。

将国际标准大气的有关参数值和空气的气体常数 $R=287\ \text{N}\cdot\text{m/(kg}\cdot\text{K)}$ 代入式(2-39)和式(2-40)，分别得

$$p=p_0\left(1-\frac{z}{44\ 300}\right)^{5.256} \tag{2-41}$$

$$\rho=\rho_0\left(1-\frac{z}{44\ 300}\right)^{4.256} \tag{2-42}$$

式(2-41)和式(2-42)分别为大气对流层中压强和密度分布规律的计算公式，式中 z 的单位为 m。

对流层上边界 $z=11\ 000$ m 处的压强 p_{11}、密度 ρ_{11} 和温度 T_{11}，分别为

$$\left.\begin{aligned}
p_{11}&=p_0\left(1-\frac{11\ 000}{44\ 300}\right)^{5.256}=0.223p_0=0.223\times1.013\times10^5\ \text{Pa}\\
&=0.226\times10^5\ \text{Pa}\\
\rho_{11}&=\rho_0\left(1-\frac{11\ 000}{44\ 300}\right)^{4.256}=0.297\rho_0=0.297\times1.225\ \text{kg/m}^3\\
&=0.364\ \text{kg/m}^3\\
T_{11}&=(288-0.006\ 5\times11\ 000)\text{K}=216.5\ \text{K}(=-56.5\ ^\circ\text{C})
\end{aligned}\right\} \tag{2-43}$$

2. 气体处于等温状态(同温层)

因为是等温，所以 $T=T_0=$常数，即 $\frac{p}{\rho}=RT=$常数。所以，将式(2-36)积分，得

$$\ln p=\frac{W}{RT_0}+C$$

积分常数 C 可根据边界条件确定。当 $W=W_0$ 时，$p=p_0$。所以，$C=\ln p_0-\frac{W_0}{RT_0}$。代入上式，整理后，得

$$p=p_0\exp\frac{W-W_0}{RT_0}=p_0\exp\frac{g(z_0-z)}{RT_0} \tag{2-44}$$

因为 $T=T_0=$ 常数，所以由完全气体状态方程可得

$$\rho=\frac{p}{p_0}\rho_0=\rho_0\exp\frac{g(z_0-z)}{RT_0} \tag{2-45}$$

式(2-44)和式(2-45)，分别为等温可压缩气体中的压强和密度分布的规律。

因为大气同温层是在 $z=11\ 000\sim20\ 000$ m 高度范围内，所以将国际标准大气的有关参数值代入式(2-44)和式(2-45)，分别得

$$p=p_{11}\exp\frac{g(z_{11}-z)}{RT_{11}}=p_{11}\exp\frac{11\ 000-z}{6\ 340} \tag{2-46}$$

$$\rho=\rho_{11}\exp\frac{g(z_{11}-z)}{RT_{11}}=\rho_{11}\exp\frac{11\ 000-z}{6\ 340} \tag{2-47}$$

式(2-46)和式(2-47)，分别为大气同温层中压强和密度分布规律的计算公式，式中 z 的单位为 m。

大气层(对流层、同温层)中不同高度的压强、密度和温度，已按上述有关公式计算出来，制成国际标准大气表和图形备查用。

例 2-14 试求离海平面 $z=2\ 000$ m 高处的大气压强 p 和密度 ρ 值，考虑大气温度随高度的递减线性变化，并与不考虑大气温度变化的压强值相比较。

解：考虑温度随高度的线性变化，按式(2-39)或式(2-41)、式(2-42)计算，得

$$p=p_0\left(1-\frac{z}{44\ 300}\right)^{5.256}=p_0\left(1-\frac{2\ 000}{44\ 300}\right)^{5.256}$$

$$=p_0\times0.784=1.013\times10^5\times0.784\ \text{Pa}=79.42\times10^3\ \text{Pa}$$

$$\rho=\rho_0\left(1-\frac{z}{44\ 300}\right)^{4.256}=\rho_0\left(1-\frac{2\ 000}{44\ 300}\right)^{4.256}$$

$$=\rho_0\times0.822=1.225\times0.822\ \text{kg/m}^3=1.007\ \text{kg/m}^3$$

不考虑温度随高度的变化，即处于等温状态，则由式(2-44)、式(2-45)得

$$p=p_0\exp\frac{g(z_0-z)}{RT_0}=p_0\exp\frac{-9.8\times2\ 000}{287\times288}$$

$$=p_0\times0.789=1.013\times10^5\times0.789\ \text{Pa}=79.93\times10^3\ \text{Pa}$$

$$\rho=\rho_0\exp\frac{g(z_0-z)}{RT_0}=\rho_0\exp\frac{-9.8\times2\ 000}{287\times288}$$

$$=\rho_0\times0.789=1.225\times0.789\ \text{kg/m}^3=0.967\ \text{kg/m}^3$$

由此可见，考虑大气温度随高度的变化，对大气压强、密度的影响不是很大。

由上述两种情况的计算可知，$z=2\ 000$ m 高处的大气压强、密度与海平面（地面）处的相应值还是有差值的，对人高山作业是有影响的。

例 2-15　试求 $z=15\ 000$ m 处的大气压强 p 值和密度 ρ 值。

解：$z=15\ 000$ m，处于同温层范围内，按式(2-46)和式(2-47)计算，得

$$p=p_{11}\exp\frac{11\ 000-z}{6\ 340}=0.223p_0\exp\frac{11\ 000-15\ 000}{6\ 340}$$

$$=0.119p_0=0.119\times1.013\times10^5\ \text{Pa}$$

$$=0.121\times10^5\ \text{Pa}$$

约为 p_0 的八点四分之一。

$$\rho=\rho_{11}\exp\frac{11\ 000-z}{6\ 340}=0.297\rho_0\exp\frac{11\ 000-15\ 000}{6\ 340}$$

$$=0.158\rho_0=0.158\times1.225\ \text{kg/m}^3$$

$$=0.194\ \text{kg/m}^3$$

约为 ρ_0 的六点三分之一。

思考题

2-1　流体静压强的概念是什么？它有哪两个特性？

2-2　流体（欧拉）平衡微分方程的形式是怎样的？它的物理意义是什么？

2-3　流体平衡微分方程综合式的可积分的条件是什么？

2-4　等压面的概念是什么？它有什么特性？

2-5　帕斯卡定律的力学意义是什么？它在什么方面有广泛的应用？

2-6　流体静力学基本方程的形式是怎样的？对于气体、液体来讲，分别表明压强的什么关系？

2-7　流体（水）静力学基本方程的物理意义和几何意义是什么？

2-8　静止重力液体中等压面是水平面的条件是什么？静止非均质流体中的水平面是不是等压面、等密度面和等温面？

2-9　压强的计量单位有哪几种？绝对压强、相对压强、真空、真空度的概念是什么？它们之间有什么关系？

2-10　液体的相对平衡概念是什么？如何应用流体的平衡微分方程来求解这种液体中的压强分布和等压面形状？

2-11　求解静止液体作用在平面上的总压力有哪两种方法？各适用于什么情况？

2-12　如何求解作用在二向曲面上的静止液体总压力？压力体及其体积、

重量的概念是什么？如何决定？

2-13 阿基米德原理的力学意义是什么？

2-14 潜体和浮体的平衡、稳定的条件是什么？

2-15 国际标准大气的概念是什么？为什么要建立这一大气模型？对流层、同温层的概念是什么？在对流层、同温层中温度、压强、密度随高度变化的规律是怎样的？是随高度递减还是递增？

习题

2-1 设水管上安装一复式水银测压计，如图所示。试问测压管中 1-2-3-4 水平液面上的压强 p_1、p_2、p_3、p_4 中哪个最大？哪个最小？哪些相等？

2-2 设有一盛（静）水的水平底面的密闭容器，如图所示。已知容器内自由表面上的相对压强 $p_0=9.8\times10^3$ Pa，容器内水深 $h=2$ m，点 A 距自由表面深度 $h_1=1$ m。如果以容器底为水平基准面，试求液体中点 A 的位置水头和压强水头及测压管水头。

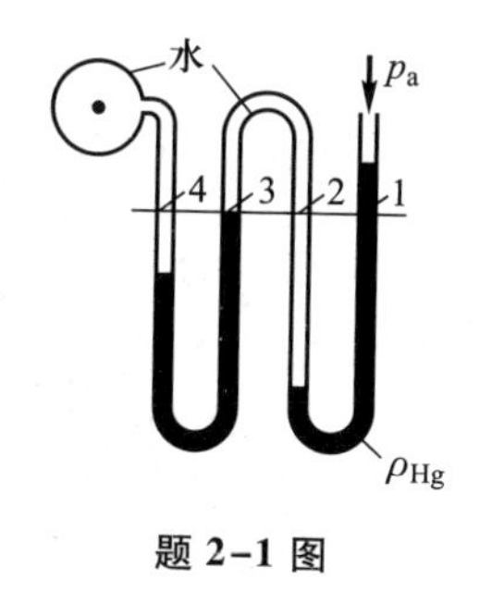

题 2-1 图

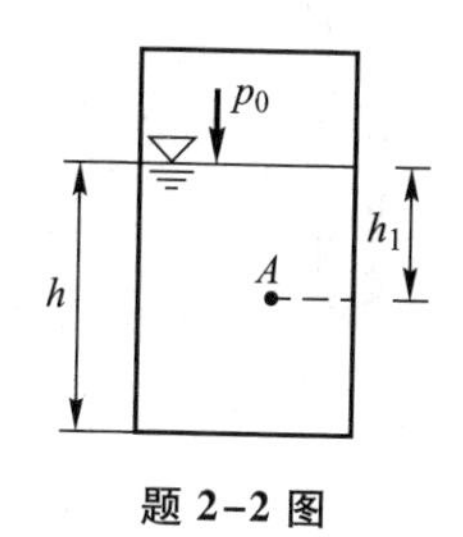

题 2-2 图

2-3 设有一盛水的密闭容器，如图所示。已知容器内点 A 的相对压强为 4.9×10^4 Pa。如在该点左侧器壁上安装一玻璃测压管，已知水的密度 $\rho=1\ 000$ kg/m^3，试问需要多长的玻璃测压管？如在该点右侧器壁上安装一水银压差计，已知水银的密度 $\rho_{Hg}=13.6\times10^3$ kg/m^3，$h_1=0.2$ m，试问水银柱高度差 h_2 是多大值？

2-4 设有一盛水的密闭容器，连接一复式水银测压计，如图所示。已知各液面的高程分别为 $\nabla_1=2.3$ m、$\nabla_2=1.2$ m、$\nabla_3=2.5$ m、$\nabla_4=1.4$ m、$\nabla_5=3.0$ m，水的密度 $\rho=1\ 000$ kg/m^3，$\rho_{Hg}=13.6\times10^3$ kg/m^3，试求密闭容器内水面上压强 p_0 的相对压强值。

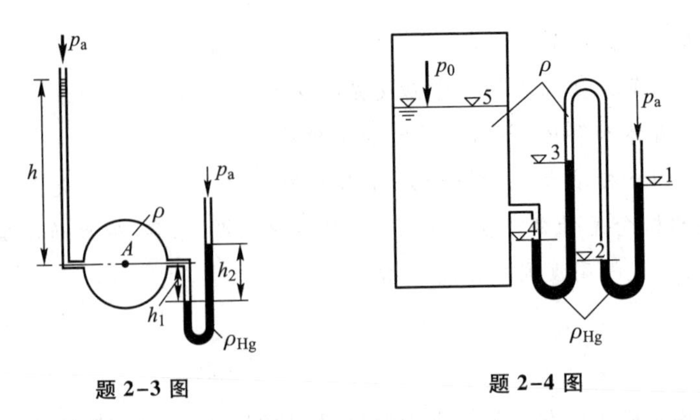

题 2-3 图　　题 2-4 图

2-5　设有一盛空气的密闭容器，在其两侧各接一测压装置，如图所示。已知 $h_1=0.3$ m。试求容器内空气的绝对压强值和相对压强值，以及水银真空计左右两肢水银液面的高差 h_2。（空气重量略去不计。）

2-6　设有两盛水的密闭容器，其间连以空气压差计，如图 a 所示。已知点 A、点 B 位于同一水平面，压差计左右两肢水面铅垂高差为 h，空气重量可略去不计，试以计算式表示点 A、点 B 两点的压强差值。

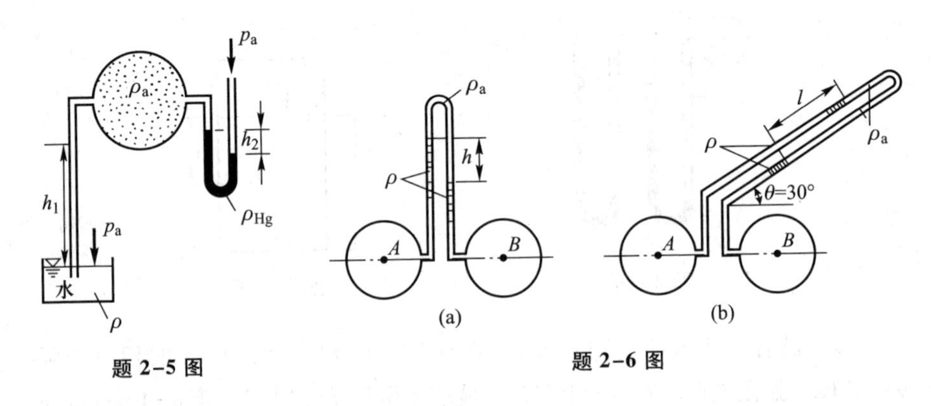

题 2-5 图　　题 2-6 图

若为了提高精度，将上述压差计倾斜放置某一角度 $\theta=30°$，如图 b 所示。试以计算式表示压差计左右两支水面距离 l。

2-7　设有一被水充满的容器，其中点 A 的压强由水银测压计读数 h 来确定，如图所示。若在工作中因不慎或换一相同的测压计，而使测压计向下移动一距离 Δz，如图中虚线所示。试问测压计读数是否有变化？若有变化，Δh 又为多大？

2-8　杯式微压计，上部盛油，下部盛水，圆杯直径 $D=40$ mm，圆管直径

$d=4$ mm，初始平衡位置读数 $h=0$。当 $p_1-p_2=10$ mmH_2O 时，在圆管中读得的 h（如图所示）为多大？油的密度 $\rho_0=918$ kg/m^3，水的密度 $\rho=1\ 000$ kg/m^3。

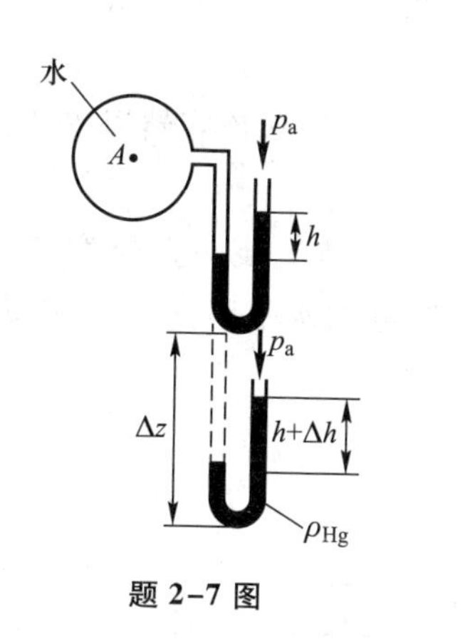

题 2-7 图

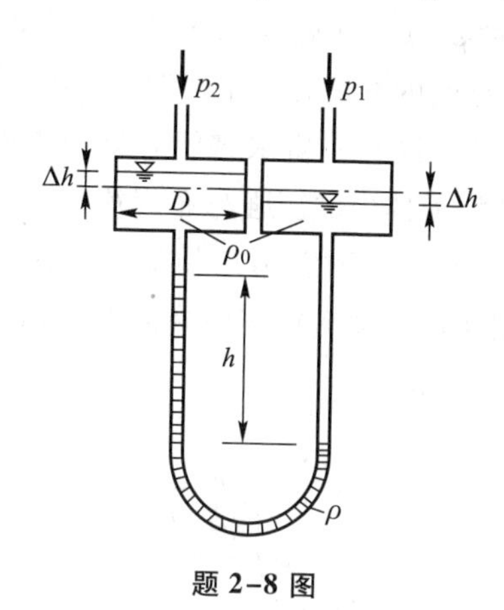

题 2-8 图

2-9　设有一盛有油和水的圆柱形澄清桶，如图所示。油和水之间的分界面借玻璃管 A 来确定，油的上表面借玻璃管 B 来确定。若已知圆桶直径 $D=0.4$ m，$h_1=0.5$ m，$h_2=1.6$ m，油的密度 $\rho_0=840$ kg/m^3，水的密度 $\rho=1\ 000$ kg/m^3。试求桶内的水和油各为多少？若已知 $h_1=0.2$ m，$h_2=1.2$ m，$h_3=1.4$ m，试求油的密度 ρ_0。

2-10　设有两盛水的密闭容器，其间连以水银压差计，如图所示。已知容器内点 A、点 B 位于同一水平面，压差计左右两支水银液面高差 $h=0.2$ m，试求点 A、点 B 两点的压强差值。若点 A、点 B 不位于同一水平面，两点相差 $\Delta z=0.5$ m，如图中虚线所示，试求点 A、点 B 两点的压强差值。

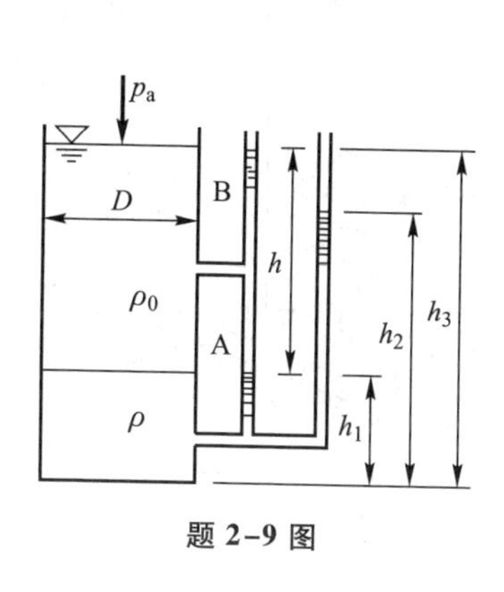

题 2-9 图

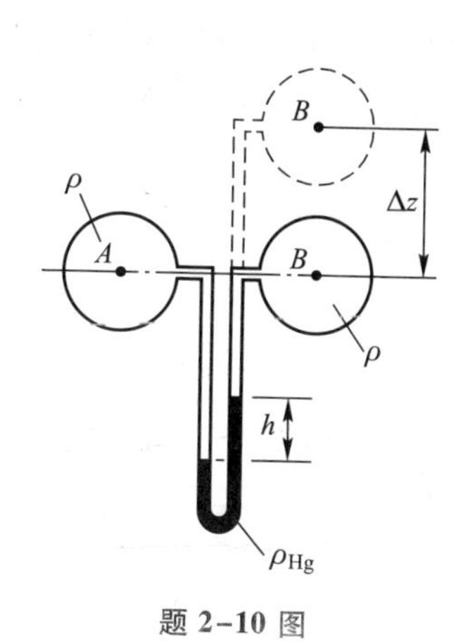

题 2-10 图

2-11 一直立煤气管，如图所示。在底部测压管中测得水柱差 $h_1=100$ mm，在 $H=20$ m 高处的测压管中测得水柱差 $h_2=115$ mm，管外空气密度 $\rho_a=1.29$ kg/m^3，水的密度 $\rho=1\ 000$ kg/m^3，求管中静止煤气的密度 ρ_c。（考虑大气和煤气中高差 20 m 两点间的静压强差值，测压管中的则忽略不计。）

2-12 设有一盛水密闭容器的表面压强为 p_0。试求该容器以等速铅垂向上运动时，液体内的压强分布规律。

2-13 为了测定运动物体的加速度，在运动物体上装一直径为 d 的 U 形管，如图所示。现测得管中液面差 $h=0.05$ m，两管的水平距离 $L=0.3$ m，求加速度 a。

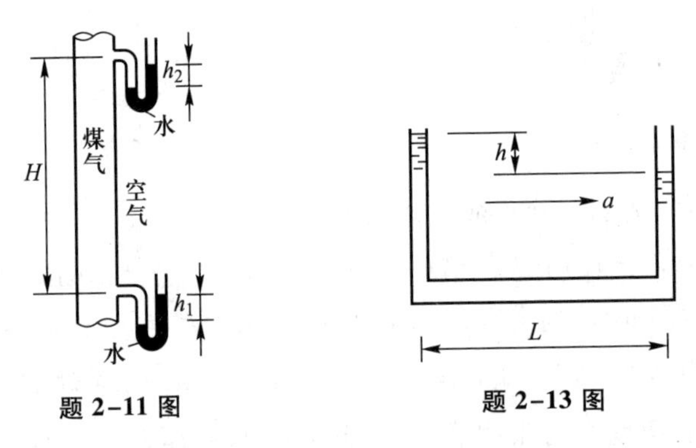

题 2-11 图　　题 2-13 图

2-14 一洒水车（如图所示）以 0.98 m/s^2 的等加速度向前行驶。设以水面中心点为原点，建立 Oxz 坐标系，试求自由表面与水平面的夹角 θ。又自由表面压强 $p_0=98$ kPa，车壁某点 A 的坐标为 $x=-1.5$ m，$z=-1.0$ m，试求点 A 的绝对压强。

2-15 设有一敞口容器（如图所示）以 3.0 m/s^2 的等加速度沿 $\alpha=30°$的倾斜轨道向上运动，试求容器内自由表面方程及其与水平面所成的角度 θ。

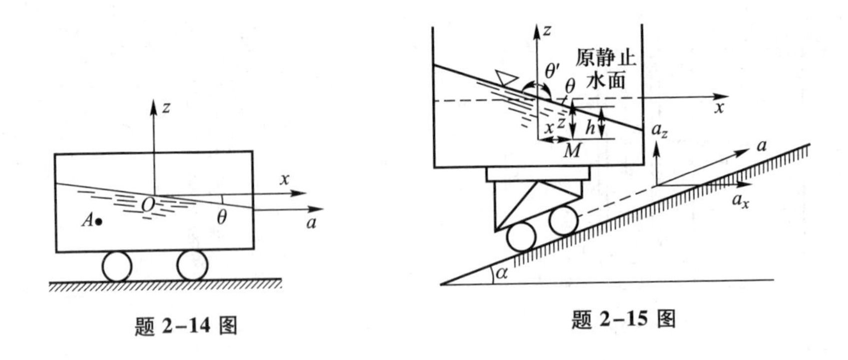

题 2-14 图　　题 2-15 图

2–16　设有一弯曲河段，如图所示。已知凸岸曲率半径 $r=135\ \text{m}$，凹岸曲率半径 $R=150\ \text{m}$，断面平均流速 $v=2.3\ \text{m/s}$。试求在 Oxz 平面内的水面曲线方程和两岸水位差 z_0。（注：河湾水流的水力现象比较复杂，为了粗略估算，假定横断面上各点流速皆为断面平均流速，同一横断面上的水流质点之间没有相对运动，即处于相对平衡状态。）

2–17　设有一圆柱形敞口容器，绕其铅垂中心轴作等角速度旋转，如图所示。已知直径 $D=30\ \text{cm}$，高度 $H=50\ \text{cm}$，水深 $h=30\ \text{cm}$，试求当水面恰好达到容器的上边缘时的转速 n。

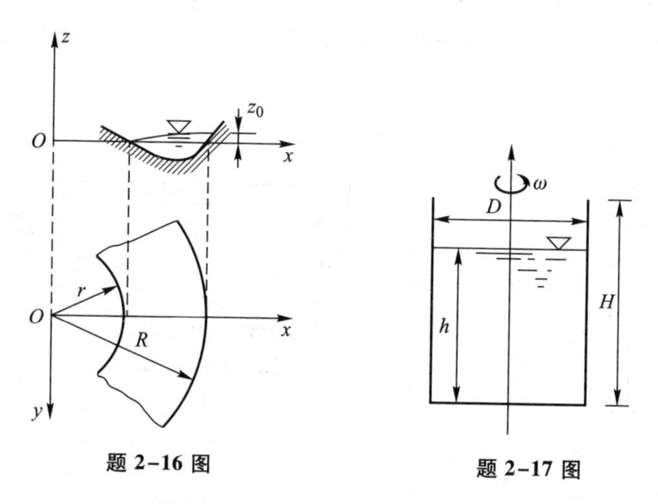

题 2–16 图　　　题 2–17 图

2–18　一旋转圆柱形容器，直径 $D=1.2\ \text{m}$，完全充满水，顶盖上在 $r_0=0.43\ \text{m}$ 处开一小孔，旋转稳定后敞口测压管中的水位 $h=0.5\ \text{m}$，如图所示。试求此容器顶盖所受静水总压力为零时，容器绕其铅垂中心轴的旋转转速 n。

2–19　设有一圆柱形容器，如图所示。已知直径 $D=600\ \text{mm}$，高度 $H=500\ \text{mm}$，

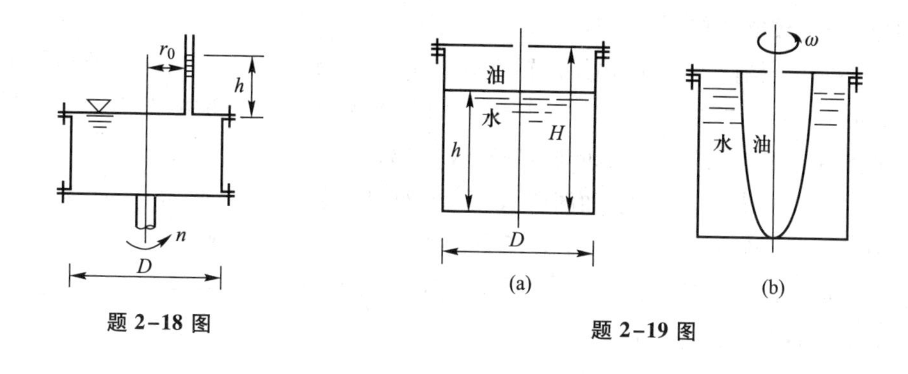

题 2–18 图　　　题 2–19 图

盛水至 $h=400\ \mathrm{mm}$，剩余部分盛满密度 $\rho_0=800\ \mathrm{kg/m^3}$ 的油。容器顶盖中心有一小孔与大气相通。试求当油面开始接触到容器底板时，此容器绕其铅垂中心轴旋转的转速 n，和此时顶板、底板上的最大、最小压强值。

2-20　设在水渠中装置一水平底边的矩形铅垂闸门，如图所示。已知闸门宽度 $b=5\ \mathrm{m}$，闸门高度 $H=2\ \mathrm{m}$。试求闸门前水深 $H_1=3\ \mathrm{m}$，闸门后水深 $H_2=2.5\ \mathrm{m}$ 时，作用在闸门上的静水总压力 F_P（大小、方向、作用点）。

2-21　设在某一小桥上，装置一水平底边的矩形铅垂闸门，如图所示。已知闸门宽度 $b=3\ \mathrm{m}$，闸门与其导轨的摩擦因数 $f=0.30$，闸门自重 $G=2.45\times10^3\ \mathrm{N}$（不考虑浮力），闸门前水深 $H=1.5\ \mathrm{m}$。试求当闸门后水深 $h\approx0$ 时，开启闸门所需的提升力 F_L。

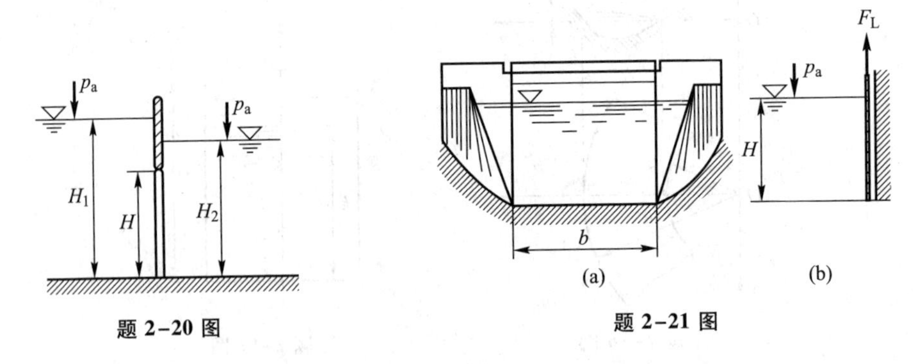

题 2-20 图　　题 2-21 图

2-22　设一铅垂平板安全闸门，如图所示。已知闸门宽 $b=0.6\ \mathrm{m}$，高 $h_1=1\ \mathrm{m}$，支撑铰链 C 装置在距底 $h_2=0.4\ \mathrm{m}$ 处，闸门可绕 C 点转动。试求闸门自动打开所需水深 h。

2-23　设有一可顺时针转动的闸门用以调节水槽中的水位，如图所示。当槽中水位为 H 时，此闸门应使壁上一尺寸为 $a\times b$ 的矩形孔开启。试求铰链轴 O 的位置 y_C（铰链摩擦力等不计）。

2-24　设有一水平底边矩形铅垂金属闸门，它由三根水平横梁和平板所组成，如图所示。已知闸门宽度 $b=3\ \mathrm{m}$，闸门前水深 $H=2\ \mathrm{m}$。试根据横梁负荷相等的条件布置闸门三根横梁的位置（y_1、y_2、y_3）。

2-25　设有一水压机，如图所示。已知杠杆的长臂 $a=1\ \mathrm{m}$，短臂 $b=0.1\ \mathrm{m}$，大圆活塞的直径 $D=0.25\ \mathrm{m}$，小圆活塞的直径 $d=0.025\ \mathrm{m}$，效率系数 $\eta=0.85$。如一人加于杠杆一端上的力 $F=196\ \mathrm{N}$，试求此水压机所能产生的压力 F_{P2} 值（不计活塞的高差及其重量）。

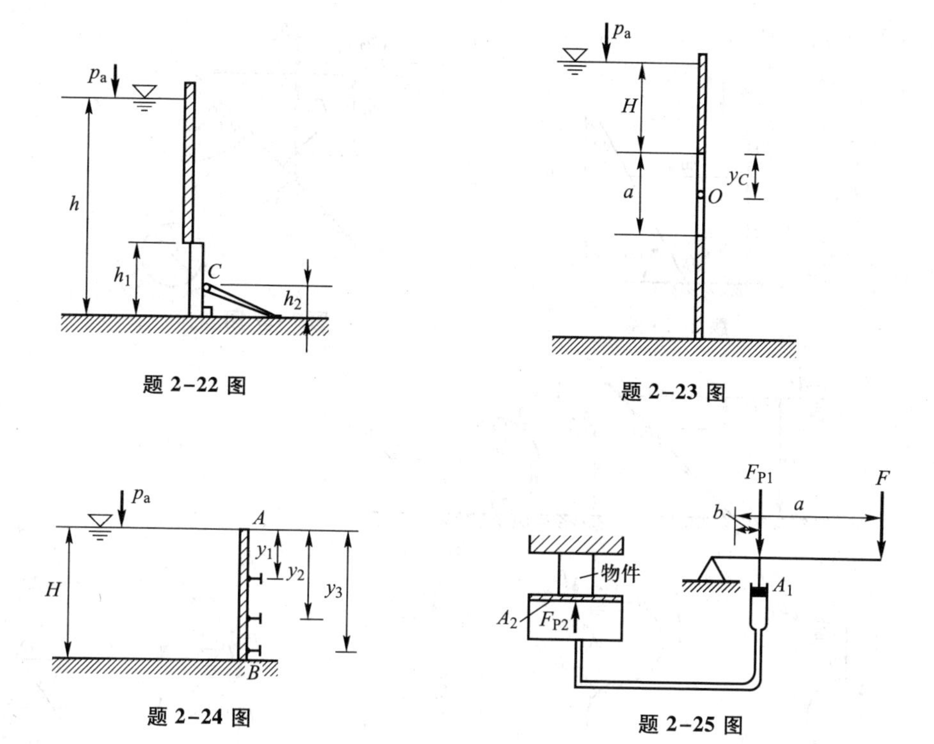

题 2-22 图

题 2-23 图

题 2-24 图

题 2-25 图

2-26　设有一容器盛有不相溶的两种液体（油和水），如图所示。已知 $h_1=0.6\ \mathrm{m}$，$h_2=1.0\ \mathrm{m}$，$\alpha=60°$，油的密度 $\rho_0=800\ \mathrm{kg/m^3}$，试绘出容器壁面侧影 AB 上的静压强分布图，并求出作用在侧壁 AB 单位宽度（$b=1\ \mathrm{m}$）上静止液体的总压力。

2-27　设涵洞入口处装置一圆形盖门（上缘有一铰链，下缘有一铁索），如图所示。已知盖门直径 $d=1\ \mathrm{m}$，与水平面有一夹角 $\alpha=45°$，盖门中心位置到水面的铅垂距离 $h_C=2\ \mathrm{m}$，试求开启盖门所需施于铁索上的拉力 F_L（铰链处摩擦力和盖门、铁索等自重略去不计）。

2-28　试绘出如图所示的各种曲面上的压力体图的侧影，并标出铅垂总分力是向上还是向下？

2-29　设有一弧形闸门，如图所示。已知闸门宽度 $b=4\ \mathrm{m}$，半径 $r=2\ \mathrm{m}$，圆心角 $\varphi=45°$，试求闸前水面与弧形闸门转轴 $O-O$ 齐平时，弧形闸门所受的静水总压力。

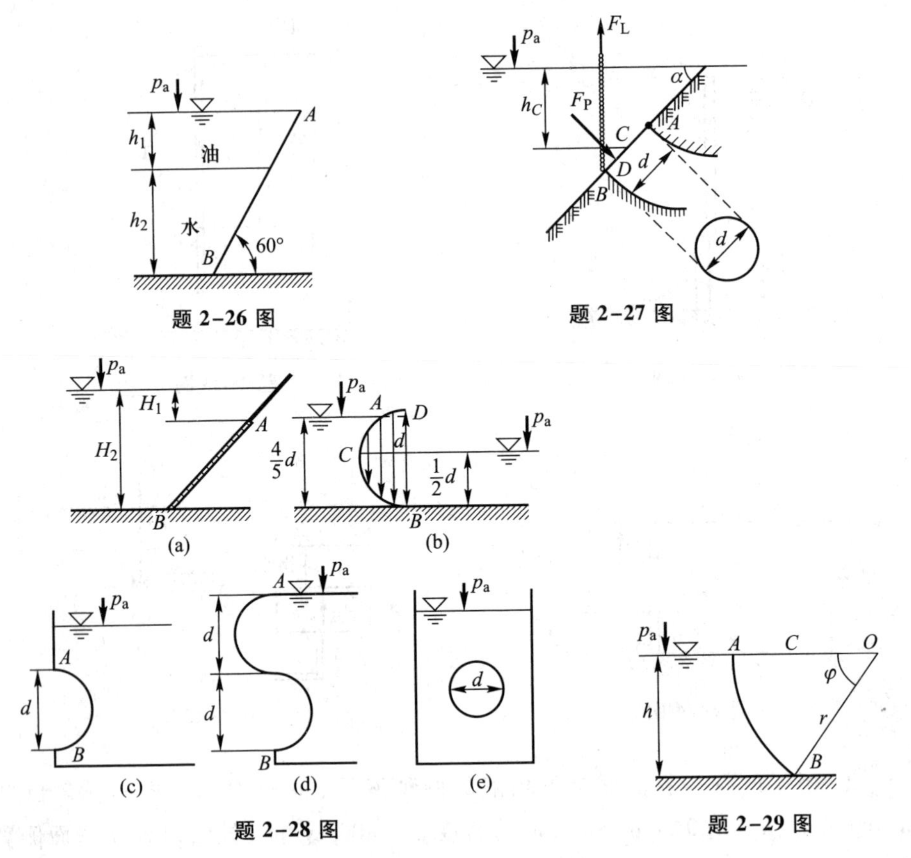

题 2–26 图

题 2–27 图

题 2–28 图

题 2–29 图

2–30 设有一充满液体（水）的铅垂圆管段，直径为 d，长度为 ΔL，如图所示。若已知压强水头 $\frac{p}{\rho g}$ 远较 ΔL 为大（如几百倍），则这管段所受的静水压强可认为是均匀分布；管壁材料的允许拉应力为 σ，试求管壁所需之厚度 δ。

2–31 一球形容器盛水，容器由两个半球面用螺栓连接而成，如图所示。已知球径 $D=4$ m，水深 $H=2$ m，试求作用于螺栓上的拉力 F_L。

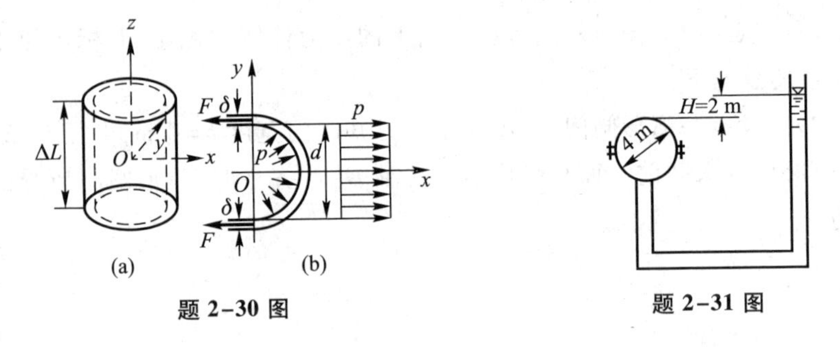

题 2–30 图

题 2–31 图

2-32　设有一盛水的容器底部有一圆孔口，用一空心金属球体封闭，如图所示。已知球体重量 $G=2.45\ \text{N}$，半径 $r=4\ \text{cm}$，圆孔直径 $d=5\ \text{cm}$，水深 $H=20\ \text{cm}$。试求提升该球体所需的力 F_L。注：球缺或球冠，即球被一个平面所截而得的部分，其体积 $V=\dfrac{1}{6}\pi h\left[3\left(\dfrac{d}{2}\right)^2+h^2\right]$。

2-33　比重计系由带有刻度的空心圆玻璃管和充以铅丸的玻璃圆球组成，如图所示。已知管外径 $d=0.025\ \text{m}$，球外径 $D=0.03\ \text{m}$，比重计重量 $G=0.49\ \text{N}$。如果比重计浸入某液体内的浸没深度 $h=0.10\ \text{m}$，试求该液体的密度 ρ。

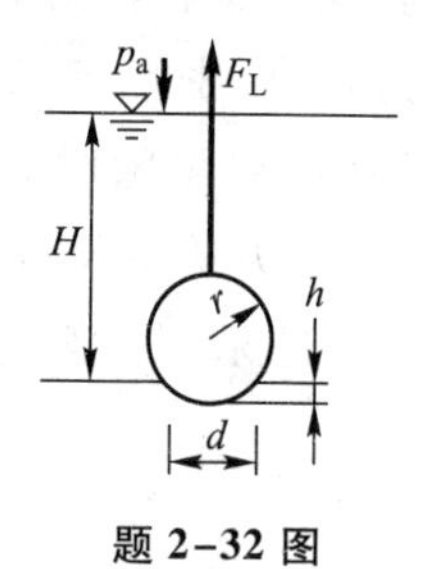

题 2-32 图

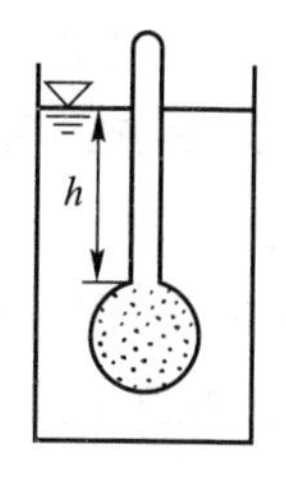

题 2-33 图

2-34　设有一外径为 R、内径为 r 的空心圆球，由密度为 ρ_1 的材料制成。现要求把球完全淹没在水中，能在任何深度处平衡，试求该球的内、外径之比。水的密度为 ρ、球体体积 $V=\dfrac{4}{3}\pi R^3$。

2-35　假定大气为静止流体，试在下列三种情况下，按国际标准大气计算海拔 3 000 m 处的大气压强值（绝对压强）。三种情况：(1) 大气密度不变，为常数；(2) 大气处于等温状态；(3) 大气温度随高度线性变化。

A2　习题答案

第三章 流体运动学

流体运动学研究流体运动而不涉及力的规律及其在工程中的应用。凡表征流体运动的各种物理量,如质量力、表面力、速度、加速度、密度、动量、能量等,都称为流体的运动要素。研究流体运动就是研究其运动要素随时间和空间的变化,以及建立它们之间的关系式。由于描述流体运动的方法不同,运动要素的表示式亦不同。所以,在研究流体运动时首先遇到的问题是用什么方法来描述流体运动,并将它用数学式表达出来。

§3-1 描述流体运动的两种方法

在工程流体力学中,有两种描述流体运动的方法:拉格朗日法和欧拉法。

3-1-1 拉格朗日法

拉格朗日法从分析流体质点的运动着手,设法描述出每一个流体质点自始至终的运动过程,即它们的位置随时间变化的规律。如果知道了所有流体质点的运动规律,那么整个流体运动的状况亦就清楚了。这种方法和研究固体质点系的方法是一样的,所以又称质点系法。它的基本概念是由瑞士科学家欧拉提出,法国科学家拉格朗日作了独立的、完整的表达和具体运用。

由于流体质点是连续分布的,要研究每一个质点的运动,必须用某种数学方法来区分不同的流体质点。因为在每一时刻,每一质点都占有唯一确定的空间位置,因此通常采用的方法是以起始时刻 $t=t_0$ 时,各质点的空间坐标(a,b,c)作为区别不同质点的标志。显然,不同的质点有不同的(a,b,c)值。当研究任意流体质点的位置随时间变化的规律时,由于每一个质点在 $t=t_0$ 时刻的坐标值(a,b,c)不一样,所以每一个质点在任何时刻的空间位置,在直角坐标系中将是 a,b,c,t 的

单值连续函数,即

$$\left.\begin{aligned} x&=x(a,b,c,t)\\ y&=y(a,b,c,t)\\ z&=z(a,b,c,t) \end{aligned}\right\}\tag{3-1}$$

式中:a,b,c 都应看作自变量,它们和 t 一起都被称为拉格朗日变数。

由上式可知,若(a,b,c)为常数,t 为变数,可得某个指定质点在任何时刻在空间所处的位置,方程式所表示的是这个流体质点运动的轨迹(方程);若 t 为常数,(a,b,c)为变数,可得某一瞬时不同质点在空间位置的分布情况,方程式所表示的是某一瞬时由各质点所组成的整个流体的照相图案;若(a,b,c)和 t 均为变数,可得任意流体质点在任何时刻的运动情况,方程式所表达的是任意质点运动的轨迹。

由上式可知,流体质点的运动速度,也是(a,b,c)、t 的函数。因为对同一质点而言,(a,b,c)不随时间变化,是常数,所以任一流体质点在任何时刻的速度,可从上式对时间取偏导数得到,即

$$\left.\begin{aligned} u_x&=\frac{\partial x}{\partial t}=\frac{\partial x(a,b,c,t)}{\partial t}\\ u_y&=\frac{\partial y}{\partial t}=\frac{\partial y(a,b,c,t)}{\partial t}\\ u_z&=\frac{\partial z}{\partial t}=\frac{\partial z(a,b,c,t)}{\partial t} \end{aligned}\right\}\tag{3-2}$$

由上式可知,若(a,b,c)为常数,t 为变数,可得某个指定质点在任何时刻的速度变化情况;若 t 为常数,(a,b,c)为变数,可得某一瞬时流体内部各质点的速度分布。

同理,任一流体质点在任何时刻的加速度,可从上式对时间取偏导数得到,即

$$\left.\begin{aligned} a_x&=\frac{\partial u_x}{\partial t}=\frac{\partial^2 x(a,b,c,t)}{\partial t^2}\\ a_y&=\frac{\partial u_y}{\partial t}=\frac{\partial^2 y(a,b,c,t)}{\partial t^2}\\ a_z&=\frac{\partial u_z}{\partial t}=\frac{\partial^2 z(a,b,c,t)}{\partial t^2} \end{aligned}\right\}\tag{3-3}$$

综上所述,如果知道了所有流体质点的运动规律,就可对整个流体的运动过程和情况得出全面的了解。

拉格朗日法的物理意义较易理解。当表征流体运动规律的式(3-1)一经确

定后,任意流体质点在任何时刻的速度和加速度即可确定。当加速度一经确定后,可以通过牛顿第二定律,建立运动和作用于该质点上的力的关系;反之亦然。因此,用拉格朗日法来研究流体运动,就归结为求出函数 $x(a,b,c,t)$、$y(a,b,c,t)$、$z(a,b,c,t)$。由于流体运动的复杂性,要想求出这些函数是非常繁难的,常导致数学上的困难。其次,在大多数实际工程问题中,并不需要知道流体质点运动的轨迹及其沿轨迹的速度等的变化。再次,测量流体运动要素,要跟着流体质点移动测试,测出不同瞬时的数值,这种测量方法较难,不易做到。因此,不常采用拉格朗日法,而采用欧拉法。这并不意味着可以忽略拉格朗日法,在分析某些流体运动(如波浪运动)或在计算流体力学中计算某些问题时,就采用拉格朗日法。

3-1-2 欧拉法

运动流体占据的空间,称为流场。欧拉法是从分析通过流场中某固定空间点的流体质点的运动着手,设法描述出每一个空间点上流体质点运动随时间变化的规律。如果知道了所有空间点上流体质点的运动规律,那么整个流体运动的状况亦就清楚了。至于流体质点在未到达某空间点之前是从哪里来的,到达某空间点之后又将到哪里去,则不予研究,亦不能直接显示出来。这种方法是由欧拉提出的。

在直角坐标系中,选取坐标(x,y,z)将每一空间点区分开来。在一般情况下,在同一时刻,不同空间点上流体质点的速度是不同的;不同时刻,同一空间点上流体质点的速度亦是不同的。所以在任何时刻,任意空间点上流体质点的速度 $\boldsymbol{u}$ 将是空间点坐标(x,y,z)和时间 t 的函数,即

$$\boldsymbol{u}=\boldsymbol{u}(x,y,z,t) \tag{3-4}$$

或

$$\left.\begin{aligned} u_x&=u_x(x,y,z,t)\\ u_y&=u_y(x,y,z,t)\\ u_z&=u_z(x,y,z,t)\end{aligned}\right\} \tag{3-5}$$

同样,压强、密度可表示为

$$p=p(x,y,z,t) \tag{3-6}$$

$$\rho=\rho(x,y,z,t) \tag{3-7}$$

式中:x,y,z 都应看作自变量,它们和 t 一起都被称为欧拉变数。

由式(3-5)可知,若(x,y,z)为常数,t 为变数,可得在不同瞬时通过空间相应某一固定空间点的流体质点的速度变化情况;若 t 为常数,(x,y,z)为变数,可得

同一瞬时通过不同空间点的流体质点速度的分布情况。应该指出,由式(3-5)确定的速度函数是定义在空间点上的,它们是空间点的坐标(x,y,z)的函数,研究的是场,如速度场、压强场、密度场等,所以欧拉法又称流场法。采用欧拉法,就可利用场论的知识。如果场的物理量不随时间而变化,为稳定场;随时间而变化,则为非稳定场。在工程流体力学中,将上述的流体运动分别称为恒定流和非恒定流。如果场的物理量不随位置而变化,为均匀场;随位置而变化,则为非均匀场。上述的流体运动分别称为均匀流和非均匀流。

现讨论流体质点加速度的表示式。从欧拉法的观点来看,在流动中不仅处在不同空间点位置上的质点可以具有不同的速度,就是同一空间点上的质点,也因时间的先后不同可以有不同的速度。如果只考虑同一空间点上,因时间的不同,由不同速度而产生的加速度,这个加速度并不代表质点的全部加速度。因为即使各空间点的速度都不随时间而变化,但如两个相邻空间点的速度大小不同,则质点也仍应有一定的加速度,否则当质点从前一空间点流到后一空间点时,就不可能改变它的速度。所以流体质点的加速度由两部分组成,一是由于时间过程而使空间点上的质点速度发生变化的加速度,称为当地加速度(或时变加速度);另一是流动过程中质点由于位移占据不同的空间点而发生速度变化的加速度,称为迁移加速度(或位变加速度)。这两种加速度的具体含义,可举例说明如下。

设有一管路装置,其中管段断面变化如图3-1所示。如水箱中水位和阀门的开度设法维持不变,则管内的流动情况不随时间而改变,即为恒定流。这时管段内各空间点上的流体质点速度都不随时间而增减,各点都没有当地加速度。在直径不变的管段内的点 A 与其同一流程上的邻点 A',速度相同,即为均匀流段,点 A 既没有当地加速度,也没有迁移加速度。在断面收缩的管段内,点 B 与其同一流程上的邻点 B',因为点 B'的速度比点 B 的速度大,即为非均匀流段,点 B 没有当地加速度,但有迁移加速度。如果阀门正在逐渐开启或关闭,则管段内各点速度都随时间而变化,即为非恒定流。这时,无论点 A 还是点 B,都有各自的当地加速度,而点 B 的迁移加速度仍然存在。

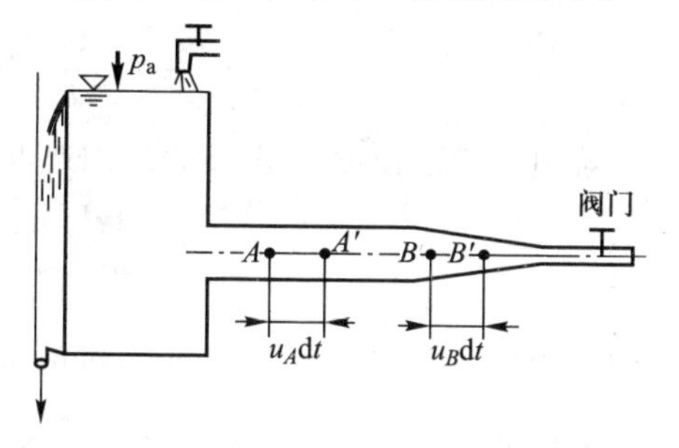

图 3-1

根据以上的讨论,由于研究的对象是某一流体质点在通过某一空间点的速度随时间的变化,在微小时段 dt 内,这一流体质点将运动到新的位置,即运动着的流体质点本身的坐标是时间 t 的函数，所以不能将 x、y、z 视为常数。因此，不能只取速度对时间的偏导数，而要取全导数。根据复合函数求导的法则，可得加速度的表示式为

$$\left.\begin{aligned}a_x=\frac{\mathrm{d}u_x}{\mathrm{d}t}=\frac{\partial u_x}{\partial t}+\frac{\partial u_x}{\partial x}\cdot\frac{\mathrm{d}x}{\mathrm{d}t}+\frac{\partial u_x}{\partial y}\cdot\frac{\mathrm{d}y}{\mathrm{d}t}+\frac{\partial u_x}{\partial z}\cdot\frac{\mathrm{d}z}{\mathrm{d}t}\\a_y=\frac{\mathrm{d}u_y}{\mathrm{d}t}=\frac{\partial u_y}{\partial t}+\frac{\partial u_y}{\partial x}\cdot\frac{\mathrm{d}x}{\mathrm{d}t}+\frac{\partial u_y}{\partial y}\cdot\frac{\mathrm{d}y}{\mathrm{d}t}+\frac{\partial u_y}{\partial z}\cdot\frac{\mathrm{d}z}{\mathrm{d}t}\\a_z=\frac{\mathrm{d}u_z}{\mathrm{d}t}=\frac{\partial u_z}{\partial t}+\frac{\partial u_z}{\partial x}\cdot\frac{\mathrm{d}x}{\mathrm{d}t}+\frac{\partial u_z}{\partial y}\cdot\frac{\mathrm{d}y}{\mathrm{d}t}+\frac{\partial u_z}{\partial z}\cdot\frac{\mathrm{d}z}{\mathrm{d}t}\end{aligned}\right\}\tag{3-8}$$

式中的坐标增量 $\mathrm{d}x$、$\mathrm{d}y$、$\mathrm{d}z$ 不是任意的量，而是在 $\mathrm{d}t$ 时段内流体质点在空间位置的微小位移在各坐标轴上的投影。因此

$$\frac{\mathrm{d}x}{\mathrm{d}t}=u_x,\quad\frac{\mathrm{d}y}{\mathrm{d}t}=u_y,\quad\frac{\mathrm{d}z}{\mathrm{d}t}=u_z$$

代入上式，得

$$\left.\begin{aligned}a_x=\frac{\partial u_x}{\partial t}+u_x\frac{\partial u_x}{\partial x}+u_y\frac{\partial u_x}{\partial y}+u_z\frac{\partial u_x}{\partial z}\\a_y=\frac{\partial u_y}{\partial t}+u_x\frac{\partial u_y}{\partial x}+u_y\frac{\partial u_y}{\partial y}+u_z\frac{\partial u_y}{\partial z}\\a_z=\frac{\partial u_z}{\partial t}+u_x\frac{\partial u_z}{\partial x}+u_y\frac{\partial u_z}{\partial y}+u_z\frac{\partial u_z}{\partial z}\end{aligned}\right\}\tag{3-9}$$

若用 $\boldsymbol{u}$ 表示速度矢量、$\boldsymbol{a}$ 表示加速度矢量，则上式可表示为

$$\boldsymbol{a}=\frac{\mathrm{d}\boldsymbol{u}}{\mathrm{d}t}=\frac{\partial\boldsymbol{u}}{\partial t}+(\boldsymbol{u}\cdot\nabla)\boldsymbol{u}\tag{3-10}$$

式中：∇ 称为哈密顿算子（Hamiltonian operator），式中等号右边第一项 $\left(\frac{\partial\boldsymbol{u}}{\partial t}\right)$ 即为当地加速度，又称时变导数；右边其余各项 $(\boldsymbol{u}\cdot\nabla)\boldsymbol{u}$ 即为迁移加速度，又称位变导数；$\frac{\mathrm{d}\boldsymbol{u}}{\mathrm{d}t}$ 即为全加速度，又称随体导数或质点导数，即流体质点速度（物理量）随时间的变化率。这种运算方法的特点是跟随着质点的运动求速度的导数，即在求导过程中，保持同一质点不变，和物理学中的加速度意义一致。将随体导数分解为时变导数和位变导数之和的方法，对任何矢量和标量都是成立的。

由式(3-9)可知，若 (x,y,z) 为常数，t 为变数，可得不同的流体质点，在不同瞬时先后通过空间相应某一固定空间点的加速度的变化情况；若 t 为常数，(x,y,z) 为变量，可得在同一瞬时，通过不同空间点的流体质点的加速度的分布情况。

对于压强、密度而言,则分别为

$$\frac{\mathrm{d}p}{\mathrm{d}t}=\frac{\partial p}{\partial t}+u_x\frac{\partial p}{\partial x}+u_y\frac{\partial p}{\partial y}+u_z\frac{\partial p}{\partial z} \tag{3-11}$$

$$\frac{\mathrm{d}\rho}{\mathrm{d}t}=\frac{\partial \rho}{\partial t}+u_x\frac{\partial \rho}{\partial x}+u_y\frac{\partial \rho}{\partial y}+u_z\frac{\partial \rho}{\partial z} \tag{3-12}$$

设在流场中,某一瞬时占据各空间点的流体质点都具有一定的速度、加速度、压强等,各空间点的速度、加速度、压强等的综合体就分别构成一个速度场、加速度场、压强场等。如果求得各瞬时的速度场、加速度场、压强场等,就可对整个流体运动的过程和情况得出全面的了解。

在工程流体力学中常用欧拉法。因为在大多数的实际工程问题中,例如水从管中流出,空气从窗口流入等,并不需要知道每一个质点自始至终的运动过程,只要知道在通过空间任意固定点时有关的流体质点诸运动要素随时间的变化。其次,在欧拉法中,数学方程的求解较拉格朗日法为易,因为在欧拉法中,加速度是一阶导数,运动方程将是一阶偏微分方程组;而在拉格朗日法中,加速度是二阶导数,运动方程将是二阶偏微分方程组。再次,测量流体运动要素,用欧拉法时可将测试仪表固定在指定的空间点上,这种测量方法是容易做到的。

因为拉格朗日法和欧拉法是从不同的观点出发,描述同一流体运动,所以它们的表示式是可以相互转换的,这可参阅有关参考书。本书主要用欧拉法。

3-1-3 迹线·流线·脉线

描述流体运动,除了用数学式表示外,还常用几何图形来表示,即描绘出一些线来表明流体运动的图景,这对于直观形象地分析流体运动是很有帮助的。属于这类线的有与拉格朗日法相联系的迹线和与欧拉法相联系的流线。

1. 迹线

在拉格朗日法中,流体质点运动规律的数学表示式为式(3-1),它的几何表示即为上式的几何表示的迹线。迹线是一个流体质点在一段连续时间内在空间运动的轨迹线,它给出同一质点在不同时刻的速度方向。从式(3-1)中消去时间 t 后,即得在直角坐标系中的迹线方程,为一迹线族。给定(a,b,c)就可得到以 x、y、z 表示的该流体质点(a,b,c)的迹线。

例 3-1 已知流体质点的运动,由拉格朗日变数表示为

$$x=a\cos\frac{\alpha(t)}{a^2+b^2}-b\sin\frac{\alpha(t)}{a^2+b^2}$$

$$y=b\cos\frac{\alpha(t)}{a^2+b^2}+a\sin\frac{\alpha(t)}{a^2+b^2}$$

式中，$\alpha(t)$为时间 t 的某一函数。试求流体质点的迹线。

解：将以上两式等号两边均平方后相加，即可消去 t，得

$$x^2+y^2=a^2+b^2$$

上式表示流体质点的迹线是一同心圆族，圆心(0,0)，半径 $R=\sqrt{a^2+b^2}$；对于某一给定的(a,b)，则为一确定的圆，如图 3-2 所示。

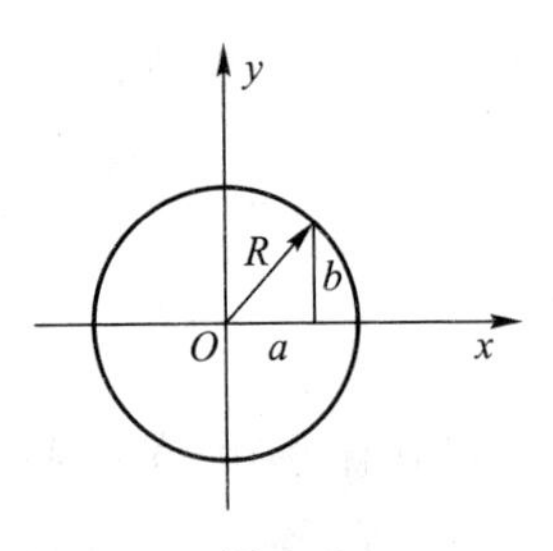

图 3-2

在欧拉法中，流体质点运动规律的数学表示式为式(3-5)，是以欧拉变数给出的，亦可建立迹线方程。迹线微小段 $\mathrm{d}s$ 即代表流体质点在 $\mathrm{d}t$ 时段内的位移，$\mathrm{d}x$、$\mathrm{d}y$、$\mathrm{d}z$ 代表 $\mathrm{d}s$ 在坐标轴上的投影，所以 $\mathrm{d}x=u_x\mathrm{d}t$，$\mathrm{d}y=u_y\mathrm{d}t$，$\mathrm{d}z=u_z\mathrm{d}t$。由此可得迹线的微分方程式为

$$\frac{\mathrm{d}x}{u_x}=\frac{\mathrm{d}y}{u_y}=\frac{\mathrm{d}z}{u_z}=\mathrm{d}t \tag{3-13}$$

或

$$\frac{\mathrm{d}x}{u_x(x,y,z,t)}=\frac{\mathrm{d}y}{u_y(x,y,z,t)}=\frac{\mathrm{d}z}{u_z(x,y,z,t)}=\mathrm{d}t \tag{3-14}$$

式中：t 是自变量，x、y、z 是 t 的函数。积分后在所得表示式中消去时间 t 后，即得迹线方程。

例 3-2 设在流体中任一点的速度分量，由欧拉变数给出为 $u_x=x+t$，$u_y=-y+t$，$u_z=0$。试求 $t=0$ 时，通过点 $A(-1,-1)$ 流体质点的迹线。

解：迹线的微分方程是

$$\frac{\mathrm{d}x}{\mathrm{d}t}=x+t,\quad \frac{\mathrm{d}y}{\mathrm{d}t}=-y+t$$

上两式是非齐次常系数的线性常微分方程，它们的解是

$$x=C_1\mathrm{e}^t-t-1,\quad y=C_2\mathrm{e}^{-t}+t-1$$

当 $t=t_0=0$ 时，$x=a$，$y=b$，代入上两式得积分常数 $C_1=a+1$，$C_2=b+1$。因此可得

$$x=(a+1)\mathrm{e}^t-t-1,\quad y=(b+1)\mathrm{e}^{-t}+t-1$$

上式即为流场中的迹线方程族，也就是质点空间坐标的拉格朗日表示式。当 $t=0$ 时，$x=-1$，$y=-1$，代入上两式得 $a=-1$，$b=-1$。因此，通过点 $A(-1,-1)$ 质点的运动规律是

$$x=-t-1,\quad y=t-1$$

消去上两式中的时间 t 后，得

$$x+y=-2$$

上式为直线方程，即迹线是一直线，如图 3-3 所示。

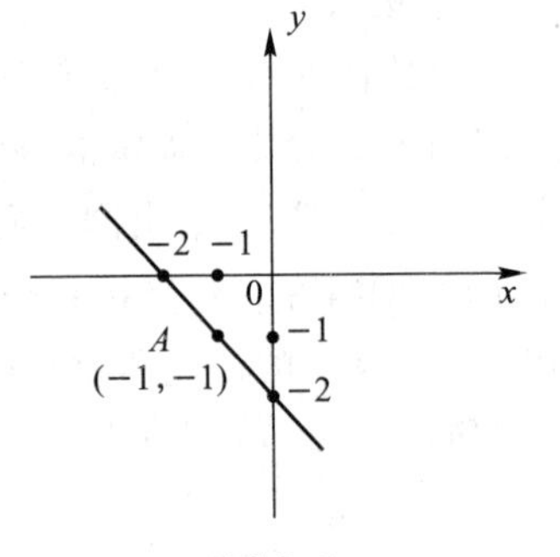

图 3-3

2. 流线

在欧拉法中，流体质点运动规律的数学表示式为式(3-5)，是以速度场来描

述流体运动的。速度场是矢量场，从场论的知识可知，对于一个矢量场，可以用它的矢线来形象地描述它。矢线是这样的曲线，在它上面每一点处的切线方向与对应于该点的矢量方向相重合。速度场的矢线就是流线。流线是这样的曲线，对于某一固定时刻而言，曲线上任一点的速度方向与曲线在该点的切线方向重合。流线是同一时刻不同质点所组成的曲线，它给出该时刻不同流体质点的速度方向。利用流线概念就可把流体运动想象为一流线族的几何现象。

根据流线的定义，就可建立流线的微分方程。在流线 AB 上取一微小段 $\mathrm{d}s$，如图 3-4 所示。因它无限小，可视为直线。由流线定义知，速度矢量 $\boldsymbol{u}$ 与此流线微小段 $\mathrm{d}s$ 重合，它们在坐标轴上的投影分别为 u_x、u_y、u_z 和 $\mathrm{d}x$、$\mathrm{d}y$、$\mathrm{d}z$；它们的方向余弦为

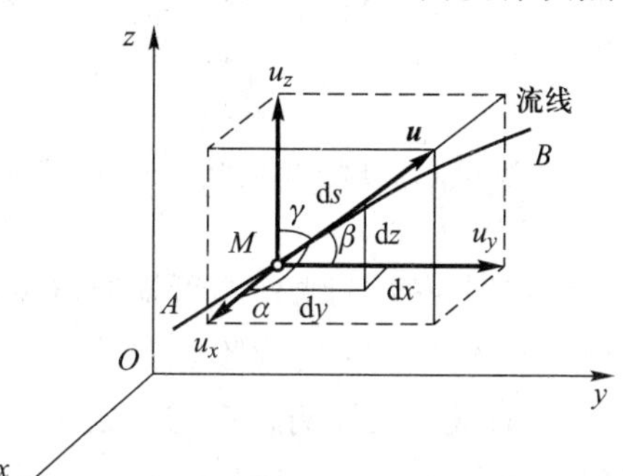

图 3-4

$$\cos\alpha=\frac{\mathrm{d}x}{\mathrm{d}s}=\frac{u_x}{u},\quad \cos\beta=\frac{\mathrm{d}y}{\mathrm{d}s}=\frac{u_y}{u},\quad \cos\gamma=\frac{\mathrm{d}z}{\mathrm{d}s}=\frac{u_z}{u}$$

可以改写为

$$\frac{\mathrm{d}s}{u}=\frac{\mathrm{d}x}{u_x},\quad \frac{\mathrm{d}s}{u}=\frac{\mathrm{d}y}{u_y},\quad \frac{\mathrm{d}s}{u}=\frac{\mathrm{d}z}{u_z} \tag{3-15}$$

所以

$$\frac{\mathrm{d}x}{u_x}=\frac{\mathrm{d}y}{u_y}=\frac{\mathrm{d}z}{u_z}=\frac{\mathrm{d}s}{u} \tag{3-16}$$

或

$$\frac{\mathrm{d}x}{u_x(x,y,z,t)}=\frac{\mathrm{d}y}{u_y(x,y,z,t)}=\frac{\mathrm{d}z}{u_z(x,y,z,t)}=\frac{\mathrm{d}s}{u(x,y,z,t)} \tag{3-17}$$

上式即为流线的微分方程，它是由两个常微分方程组成的方程组，式中 u_x、u_y、u_z 都是变量 x、y、z 和 t 的函数。因为流线是某一指定时刻的曲线，所以时间 t 不应作为自变量，只能作为一个参变量出现。欲求某一指定时刻的流线，需把 t 当作常数代入上式，然后进行积分。

例 3-3　如例 3-2，设在流体中任一点的速度分量，由欧拉变数给出为 $u_x=x+t$，$u_y=-y+t$，$u_z=0$。试求 $t=0$ 时，通过点 $A(-1,-1)$ 的流线。

解：流线的微分方程是

$$\frac{\mathrm{d}x}{x+t}=\frac{\mathrm{d}y}{-y+t}$$

上式中的 t 是参变量，当作常数，对上式积分，得

$$\ln(x+t)=-\ln(-y+t)+\ln C$$

上式可写为

$$(x+t)(-y+t)=C$$

由上式可知，在流体中任一瞬时的流线是一双曲线族。

当 $t=0$ 时，$x=-1$，$y=-1$，代入上式，得 $C=-1$。因此，通过点 $A(-1,-1)$ 的流线为

$$xy=1$$

上式为等边双曲线方程，即流线是一等边双曲线，在第三象限，如图 3-5 所示。

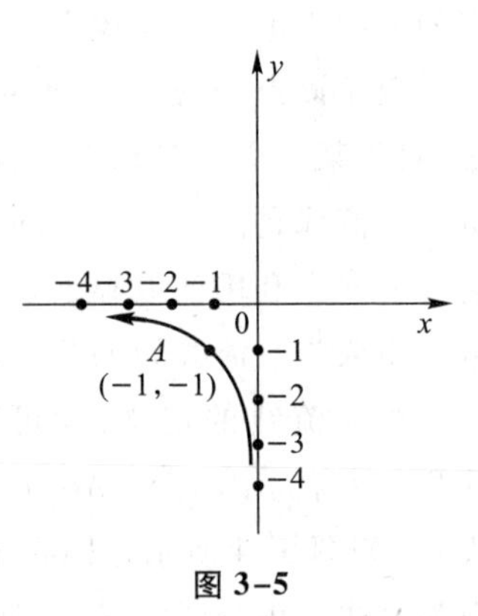

图 3-5

比较例 3-3 与例 3-2，可知非恒定流的流线与流线上流体质点的迹线不相重合，一是等边双曲线，一是直线。比较例 3-3 与习题 3-5，可知非恒定流的流线在不同时刻是不相同的。但是在恒定流，速度与时间无关，速度可以仅是坐标的函数，所以流线的微分方程和迹线的微分方程相同，都可用微分方程式 $\dfrac{dx}{u_x(x,y,z)}=\dfrac{dy}{u_y(x,y,z)}=\dfrac{dz}{u_z(x,y,z)}$ 表示。流线与流线上流体质点的迹线相重合。

例 3-4 如例 3-3，考虑的是恒定流，速度与时间无关，则 $u_x=x$，$u_y=-y$，$u_z=0$。试求 $t=0$ 时，通过点 $A(-1,-1)$ 流体质点的迹线。

解：迹线的微分方程是

$$\frac{dx}{dt}=x,\quad \frac{dy}{dt}=-y$$

消去 dt 后得

$$\frac{dx}{x}=-\frac{dy}{y}$$

积分上式并考虑到 $t=0$ 时，通过点 A 的条件，得

$$xy=1$$

上式与例 3-3 求得的流线方程式相同，均为等边双曲线。比较例 3-4 与例 3-3，可知恒定流的流线与流线上流体质点的迹线相重合；这里所指的流体质点是特定的，是流线上的，不是任意的流体质点。

流线亦可采用几何直观的方法绘出。在流场中，取某一点 M_1。在某一时刻 t_1，作点 M_1 的速度矢量 $\boldsymbol{u}_1$，如图 3-6 所示。在位于 $\boldsymbol{u}_1$ 矢量上取一与点 M_1 无限近的点 M_2，作点 M_2 在同一时刻 t_1 的速度矢量 $\boldsymbol{u}_2$；在位于

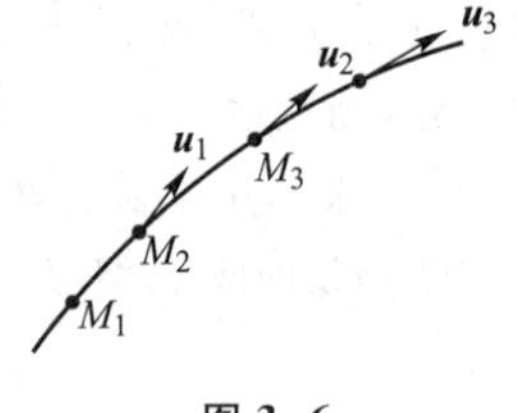

图 3-6

$\boldsymbol{u}_2$ 矢量上取一与点 M_2 无限近的点 M_3，作点 M_3 在同一时刻 t_1 的速度矢量 $\boldsymbol{u}_3$；如此继续地作下去，得一折线 $M_1M_2M_3\cdots$。如果各点之间的距离趋近于零，则折线将为一曲线，即得流线。

若不是从点 M_1 开始，而是从不在前一条流线上的另一点开始，则在同一时刻又可作出另一条流线。若是从不在前两条流线上的另一点开始，则在同一时刻又可作出另一条流线。这样，在流场中可得每一时刻的流线族，给出该时刻流体运动的方向和流动图谱。例 3-3 中求得的流线上流体质点的运动方向如图 3-5 所示。在欧拉法中，无论是建立流动图形或分析流体运动，流线都是一个很重要的概念，对它的定义、特性应很好地掌握。

由流线定义可知：在一般情况下，流线不能相交，因在相交处将出现两个速度矢量，而每个流体质点在某一时刻只能有一个速度矢量，所以通过一点只能有一条流线。在流场内，速度为零的点（称为驻点或停滞点，如图 4-26 中 A 点、B 点）和速度为无穷大的点（称为奇点，如图 4-18 中的 O 点），以及流线相切的点（如图 8-12 中的 B 点）是例外，通过上述点不只有一条流线。另外，除了上述例子外，流线亦不能转折，因为在转折处同样会出现有两个速度矢量的问题。由于流体是连续介质，各运动要素在空间是连续的，所以流线只能是一条光滑的连续曲线。在充满流动的整个空间内可以绘出一族流线，所构成的流线图称为流谱。

3. 脉线

脉线又称染色线，是这样的曲线：在某一段时间内先后流过同一空间点的所有流体质点，在既定瞬时均位于这条线上。例如，在流场选取一固定空间点，在该点装置一种设备，可使所有通过该点的质点染上颜色。经过某段时间后，染色的流体质点形成一条曲线，这一曲线即为脉线。在用实验方法研究流体运动时，脉线具有重要的意义。在恒定流时，流线和流线上流体质点的迹线及脉线都相互重合。

§3-2 描述流体运动的一些基本概念

流线能表示流场中流体质点的运动方向，但不能表明流过的流体数量。为此，引入建立在流线基础上的、用欧拉法描述流体运动时所涉及的一些其他基本概念。

3-2-1 流管·流束·过流断面·元流·总流

在流场中,任意取一非流线且不自相交的封闭曲线。从这封闭曲线上各个点绘出流线,组成封闭管状曲面,称为流管,如图 3-7 中虚线所示。由流线的定义可知,在无限小的时段内,除流管两端外,流体不能流入或流出流管。流管内的流体称为流束。沿流体流动方向,在流束上取一横断面,使它在所有各点上都和流线正交。这一横断面称为过流断面,如流体是水,则可称为过水断面。过流断面面积无限小的流束称为元流;相应的流管称为微元流管。在元流同一过流断面上各点的运动要素如速度、压强等可认为是相等的。过流断面面积具有一定大小的有限尺寸的流束称为总流,相应的流管称为有限流管。总流可以看成是由流动边界内无数元流所组成的总和。总流的过流断面,在流线是平行直线时,是一个平面;在流线是平行非直线或直线非平行或曲线时,则是一曲面。总流同一过流断面上各点的运动要素如速度、压强等不一定都相等。

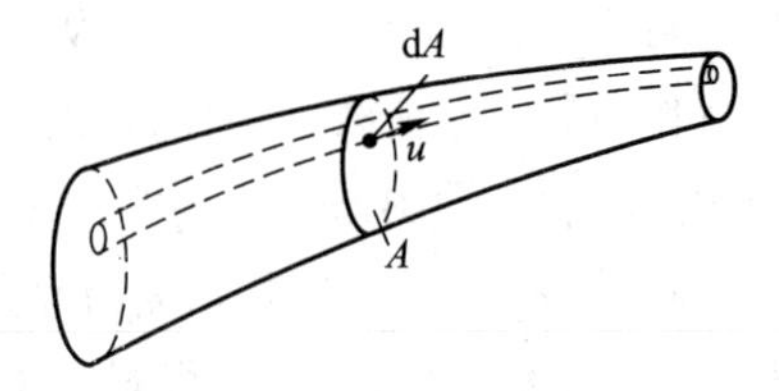

图 3-7

3-2-2 流量·断面平均速度

单位时间内通过某一过流断面的流体数量称为流量。它可以用体积流量、重量流量和质量流量表示,单位分别为 m^3/s, kN/s, kg/s。涉及不可压缩流体时,通常使用体积流量;涉及可压缩流体时,则使用重量流量或质量流量较方便和简洁。对于元流来讲,过流断面面积 dA 上各点的速度可认为均为 u,且方向与过流断面垂直。所以,单位时间内通过的流体的体积流量 dQ 为

$$dQ = u dA \tag{3-18}$$

对于总流来讲,通过过流断面面积 A 的流量 Q,等于无数元流流量 dQ 的总和,即

$$Q = \int dQ = \int_A u dA \tag{3-19}$$

总流同一过流断面上各点的速度不相等,例如流体在管道内流动,靠近管壁处速度小,管轴处速度大,如图 3-8 中实线所示。断面平均速度是一种设想的速度,即假设总流同一过流断面上各点的速度都相等,大小均为断面平均

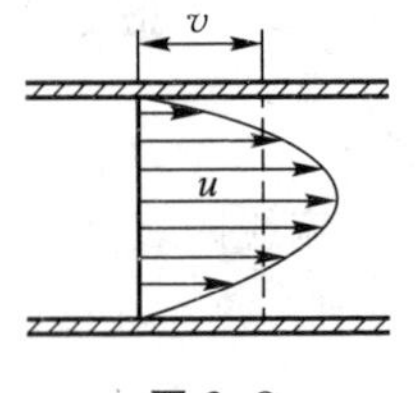

图 3-8

速度 v,如图 3-8 中虚线所示。以断面平均速度通过的流量等于该过流断面上各点实际速度不相等情况下所通过的流量,即

$$Q=\int_A u\mathrm{d}A=v\int_A \mathrm{d}A=vA \tag{3-20}$$

或

$$v=\frac{Q}{A} \tag{3-20a}$$

§3-3　流体运动的类型

在实际工程问题中,有各种各样的流体运动现象,为了便于分析、研究,需将其分类。在 §3-1 中已经提及恒定流和非恒定流、均匀流和非均匀流,以及它们各自的一些特性。弄清楚流体运动的类型及其特性,对于正确分析和计算工程流体力学的问题有着重要的意义,常是首先需要解决的。随着学习的进展,将采取适当集中和分散的方式,不断介绍流体运动的类型及其特性。

3-3-1　恒定流和非恒定流

按各点运动要素(速度、压强等)是否随时间而变化,可将流体运动分为恒定流和非恒定流。各点运动要素都不随时间而变化的流体运动称为恒定流,速度、压强等可以仅是坐标的函数,即 $\boldsymbol{u}=\boldsymbol{u}(x,y,z)$,$p=p(x,y,z)$,$\frac{\partial \boldsymbol{u}}{\partial t}=\mathbf{0}$,$\frac{\partial p}{\partial t}=0$。如图 3-1 所示,当水箱中水位和阀门的开度保持不变时,管内各点的速度、压强都不随时间而变化,都没有当地加速度,即为恒定流。由于点速度不随时间而变化,所以恒定流的流线和流线上流体质点的迹线及脉线都相重合;流线、流管不随时间而改变其位置和形状;流体质点只能在流管内或外运动。

空间各点只要有一个运动要素随时间而变化,流体运动称为非恒定流,速度、压强等可以分别为 $\boldsymbol{u}=\boldsymbol{u}(x,y,z,t)$,$p=p(x,y,z,t)$,$\frac{\partial \boldsymbol{u}}{\partial t}\neq\mathbf{0}$,$\frac{\partial p}{\partial t}\neq 0$。如图 3-1 所示,当水箱中水位变化或水箱中水位虽不变化,但阀门正在启闭时,管内各点的速度、压强都随时间而变化,都有当地加速度,即为非恒定流。非恒定流的流线和流线上流体质点的迹线不相重合;流线、流管随时间而改变其位置和形状。

在恒定流中,因为不包括时间的变量,流体运动的分析较非恒定流为简单。

所以在实际工程问题中，在满足一定要求的前提下，有时将非恒定流作为恒定流来处理。另外，确定流体运动为恒定流或非恒定流，与坐标系的选择有关。例如，船在静止的水中作等速直线行驶，船两侧的水流流动对于站在岸上的人看来（即对于固定在岸上的坐标系来讲）是非恒定流；但是，对于站在船上的人看来（即对于固定在船上的坐标系来讲）则是恒定流，它相当于船不动，水流从远处以船行速度向船流过来。所以有些非恒定流可以转换作为恒定流来讨论和处理。本书主要介绍恒定流，在今后的讨论中如没有特别说明，即指恒定流。

3-3-2 均匀流和非均匀流·渐变流和急变流

按各点运动要素（主要是速度）是否随位置而变化，可将流体运动分为均匀流和非均匀流。在给定的某一时刻，各点速度都不随位置而变化的流体运动称为均匀流。均匀流各点都没有迁移加速度，表示为平行流动，流体作均匀直线运动。反之，则称为非均匀流。按上述严格定义的均匀流，在理论分析时，如边界层理论（参阅 §8-1）和移流扩散（参阅 §12-6）等会提及；在实际流体运动中，常难以遇到符合上述定义的均匀流。所以，除了按上述定义均匀流外，按沿流程各个过流断面上位于同一流线上的点称为相应点而不是流场中各个点的速度（大小、方向）是否相等，可将流体运动分为均匀流和非均匀流。

相应点速度相等的流体运动称为均匀流。均匀流的所有流线都是平行直线；过流断面是一平面，且其大小和形状都沿程不变；各过流断面上点速度分布情况相同，断面平均速度沿程不变。如图 3-1 所示，在直径不变的长直管道内，离进口较远处的流体运动即为均匀流。

相应点速度不相等的流体运动称为非均匀流。非均匀流的所有流线不是一组平行直线；过流断面不是一平面，且其大小或形状沿程改变；各过流断面上点速度分布情况不完全相同，断面平均速度沿程变化。如图 3-1 所示，在直径变化的管道内的流体运动即为非均匀流。

按各流线是否接近于平行直线，又可将非均匀流分为渐变流和急变流。各流线之间的夹角很小，即各流线几乎是平行的，且各流线的曲率半径很大，即各流线几乎是直线的流体运动称为渐变流。如图 3-1 所示，直径沿程变化不大的圆锥管内的流体运动，可认为是渐变流。由于所有流线是一组几乎平行的直线，所以渐变流的过流断面可认为是一平面；在 §5-3 中将证明，在一定边界条件下，同一过流断面上各点动压强的分布近似地符合静压强的分布规律。均匀流是渐变流的极限情况，所以亦具备上述两个特性。

各流线之间的夹角很大，或者各流线的曲率半径很小的流体运动称为急变流。如图 3-1 所示，管径突然扩大或缩小处的流体运动可认为是急变流。急变流不具备渐变流的上述两个特性。

渐变流和急变流的这种分类不是绝对的。渐变流的情况比较简单些，易于进行分析、计算。哪些流动区域为渐变流或急变流要具体分析，要看对计算结果所要求的准确程度，以及由于当成渐变流来处理后所引起的误差大小而定。

3-3-3　有压流（有压管流）、无压流（明渠流）、射流

按限制总流的边界情况，可将流体运动分为有压流、无压流和射流。边界全部为固体（如为液体流动则没有自由表面）的流体运动称为有压流或有压管流。如图 3-1 所示，管道内的液体流动即为有压流。

边界部分为固体、部分为大气，具有自由表面的液体运动称为无压流或明渠流。河渠中的水流运动即为无压流。

流体经由孔口或管嘴喷射到某一空间，由于运动的流体脱离了原来限制它的固体边界，在充满流体的空间继续流动的这种流体运动称为射流。如水经孔口射入大气的水流运动即为射流。

3-3-4　三维流（三元流）、二维流（二元流）、一维流（一元流）

按决定流体的运动要素所需空间坐标的维数或空间坐标变量的个数，可将流体运动分为三维流、二维流、一维流。若流体的运动要素是空间三个坐标和时间 t 的函数，这种流体运动称为三维流或三元流。如图 3-9 所示，水流经过矩形渠道，当渠宽由 B_1 突然扩大为 B_2，在扩散段的相当范围内，水流中任意点，如点 M 的速度与空间三个坐标变量有关，即不仅与决定过流断面位置的流程坐标 s 有关，还与该点在过流断面上的坐标 y 和 z 均有关。严格讲，实际工程问题中的流体运动一般都是三维流，但由于运动要素在空间三个坐标方向有变化，使分析、研究变得复杂、困难，只有一些边界条件比较简单的实际问题才能求得准确解。随着计算技术的发展，计算机的广泛应用，对一些复杂的问题求解也是可能的；目前还多应用理论和实验相结合的方法来解决实际问题。在实际工作中，常设法将三维流简化为二维流或一维流来处理。

若流体的运动要素是空间两个坐标和时间 t 的函数，这种流体运动称为二维流或二元流。如图 3-10 所示，水流经过矩形顺直渠道，当渠宽很大，两侧对水流的影响可以忽略不计时，水流中任意点，如点 M 的速度与空间两个坐标变量

有关，即与决定过流断面位置的流程坐标 s 和该点在过流断面上距渠底的铅垂距离坐标 z 有关，而认为与横向坐标 y 无关。因而沿水流方向任意取一纵剖面来分析流动情况，就代表了其他任何纵剖面的水流情况。所以二维流的所有流线是平面曲线，而且在一系列平行平面内是完全相同的。

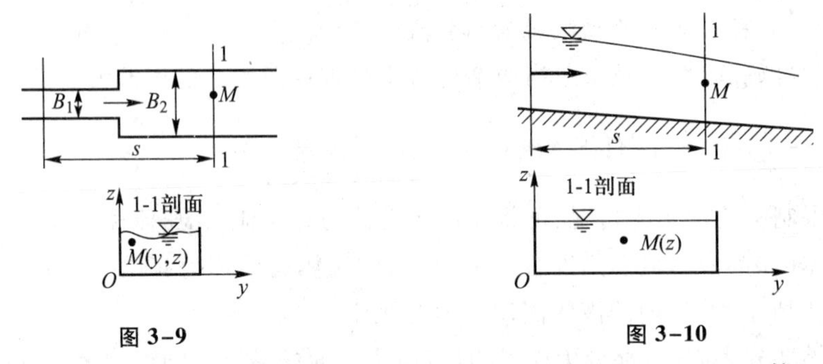

图 3-9　　　　图 3-10

若流体的运动要素仅是空间一个坐标和时间 t 的函数，这种流体运动称为一维流或一元流。因为元流同一过流断面上的运动要素可认为是相等的，所以元流中任意点的运动要素只与流程坐标 s（在一般情况下为曲线坐标）有关，即为一维流。总流同一过流断面上各点的运动要素是不相等的，实际上不是一维流。如果引入断面平均速度概念，那么，就某一总流来分析，沿总流主流方向取曲线坐标，断面平均速度仅与空间一个坐标（流程 s）有关，总流就简化为一维流。总流按一维流来分析处理，实际上是以总流的过流断面来代替前述分析质点运动中的空间点，用过流断面上各点的运动要素平均值来代替该过流断面上各点的运动要素。显然，这是对实际流体运动的很大简化。这样的分析处理方法，又称为一维流分析法。它可以从分析元流开始，亦可从总流开始。若从分析元流开始，则又称元流分析法。因为它能在满足一定的要求情况下，解决大量的一般性的实际问题，所以常被采用。

以上介绍了流体运动的各种类型，它们彼此有区别又有联系，并可相互组合。例如，恒定流中有均匀流和非均匀流，非恒定流中亦有均匀流和非均匀流。在明渠流中，由于存在自由表面，所以一般不存在非恒定均匀流。希望根据介绍，对流体运动的类型及其特性给予小结。

§3-4　流体运动的连续性方程

流体运动亦必须遵循质量守恒定律。因为流体被视为连续介质，所以上述定律应用于流体运动，在工程流体力学中就称为连续原理，它的数学表示式即为流体运动的连续性方程。用理论分析方法研究流体运动规律时，需用到系统和控制体这两个概念。

3-4-1 系统·控制体

质量、能量、动量守恒定律或定理的原始形式都是对质点或质点系（系统）表述的，对于流体来讲就是流体系统。包含着确定不变的物质的任何集合，称为系统。系统以外的一切称为外界。系统的边界是把系统和外界分开的真实或假想的表面。在工程流体力学中，系统就是指由确定的流体质点所组成的流体团。流体系统的边界有以下几个特点：系统的边界随流体一起运动，系统的体积边界面的形状和大小可随时间而变化；在系统的边界处没有质量的交换，即没有流体流进或流出系统的边界；在系统的边界上受到外界作用在系统上的表面力；在系统的边界上可以有能量交换，即可以有能量进入或外出系统的边界。有了明确的系统的定义后，诸如质量、力、功等概念才有确切的含义。例如，将牛顿第二定律应用于系统，$\boldsymbol{F}=m\boldsymbol{a}$，这里 $\boldsymbol{F}$ 是指外界作用在系统上的合力，m 是指系统的质量，$\boldsymbol{a}$ 是指系统质心的加速度。

显然，如果使用系统来研究连续介质的运动，意味着采用拉格朗日法的观点，即以确定的流体质点所组成的流体团作为研究对象。采用欧拉法的观点，与此相应，须引进控制体的概念。被流体所流过的，相对于某个坐标系来讲，固定不变的任何体积称为控制体（可运动、变形的控制体不作介绍）。控制体的边界面称为控制面，它总是封闭表面。占据控制体的诸流体质点是随时间而改变的。控制面有以下几个特点：控制面相对于坐标系是固定的；在控制面上可以有质量交换，即可以有流体流进或流出控制面；在控制面上受到控制体以外物体加在控制体内物体上的力；在控制面上可以有能量交换，即可以有能量进入或外出控制面。在恒定流中，由流管侧表面和两端面所包围的体积即为控制体，占据控制体的流束即为流体系统。在一维流分析法中，常选取过流断面为控制面。

对于同一个流体运动的问题，显然，使用拉格朗日法观点的系统概念和使用欧拉法观点的控制体概念来研究，两者所得结论应该是一致的，所以它们之间是有联系的。在以后讨论流体运动的基本方程时可以看出，在恒定流的情况下，整个系统内部的流体所具有的某种物理量（运动要素）的变化，只与通过控制面的流动有关，用控制面上的物理量来表示，而不必知道系统内部流动的详细情况，这给研究流体运动带来了很大的方便。

3-4-2 流体运动的连续性微分方程

下面介绍用微元分析法推导出流体运动的连续性微分方程。

设在流场中，取一以任意点 M 为中心的微小平行六面体为控制体，如图 3-11 所示。六面体的各边分别与直角坐标轴平行，边长分别为 $\mathrm{d}x,\mathrm{d}y,\mathrm{d}z$。设点 M 的坐标为 x,y,z；在某一时刻 t，速度为 $\boldsymbol{u}$，在三个坐标轴上的分量为 u_x、u_y、u_z；流体密度为 ρ。根据泰勒级数展开，并略去级数中二阶以上的各项，则沿 x 轴方向的六面体边界面 $ABCD$ 和 $EFGH$ 中心点处的速度和密

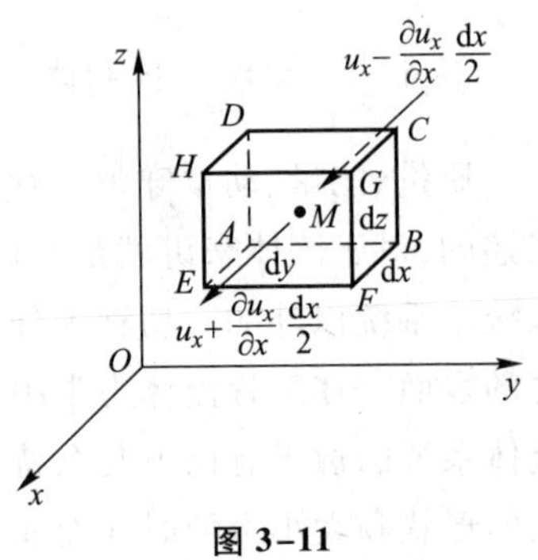

图 3-11

度分别为 $u_x-\frac{\partial u_x}{\partial x}\frac{\mathrm{d}x}{2}$ 和 $u_x+\frac{\partial u_x}{\partial x}\frac{\mathrm{d}x}{2}$，$\rho-\frac{1}{2}\frac{\partial\rho}{\partial x}\mathrm{d}x$ 和 $\rho+\frac{1}{2}\frac{\partial\rho}{\partial x}\mathrm{d}x$。由于微小六面体边界面面积极其微小，可认为同一面上各点的速度、密度相等。因此，在微小时段 $\mathrm{d}t$ 内，从边界面 $ABCD$ 流入六面体的流体质量为

$$\left(\rho-\frac{\partial\rho}{\partial x}\frac{\mathrm{d}x}{2}\right)\left(u_x-\frac{\partial u_x}{\partial x}\frac{\mathrm{d}x}{2}\right)\mathrm{d}y\mathrm{d}z\mathrm{d}t$$

从边界面 $EFGH$ 流出六面体的流体质量为

$$\left(\rho+\frac{\partial\rho}{\partial x}\frac{\mathrm{d}x}{2}\right)\left(u_x+\frac{\partial u_x}{\partial x}\frac{\mathrm{d}x}{2}\right)\mathrm{d}y\mathrm{d}z\mathrm{d}t$$

因此，在 $\mathrm{d}t$ 时段内，沿 x 轴方向流进和流出六面体的流体质量差为 $-\frac{\partial(\rho u_x)}{\partial x}\mathrm{d}x\mathrm{d}y\mathrm{d}z\mathrm{d}t$。

同理，在 $\mathrm{d}t$ 时段内，沿 y、z 轴方向流进和流出六面体的流体质量差分别为 $-\frac{\partial(\rho u_y)}{\partial y}\mathrm{d}x\mathrm{d}y\mathrm{d}z\mathrm{d}t$，$-\frac{\partial(\rho u_z)}{\partial z}\mathrm{d}x\mathrm{d}y\mathrm{d}z\mathrm{d}t$。

又六面体内原来的平均密度为 ρ，质量为 $\rho\mathrm{d}x\mathrm{d}y\mathrm{d}z$；在 $\mathrm{d}t$ 时段后，平均密度为 $\rho+\frac{\partial\rho}{\partial t}\mathrm{d}t$，质量为 $\left(\rho+\frac{\partial\rho}{\partial t}\mathrm{d}t\right)\mathrm{d}x\mathrm{d}y\mathrm{d}z$。所以，在 $\mathrm{d}t$ 时段内六面体内因密度的变化而引起的质量增量为 $\frac{\partial\rho}{\partial t}\mathrm{d}x\mathrm{d}y\mathrm{d}z\mathrm{d}t$。

根据质量守恒定律，在同一时段内，流进和流出六面体的流体质量之差应等于因密度变化所引起的质量增量，即

$$\frac{\partial\rho}{\partial t}\mathrm{d}x\mathrm{d}y\mathrm{d}z\mathrm{d}t=-\left[\frac{\partial(\rho u_x)}{\partial x}+\frac{\partial(\rho u_y)}{\partial y}+\frac{\partial(\rho u_z)}{\partial z}\right]\mathrm{d}x\mathrm{d}y\mathrm{d}z\mathrm{d}t$$

上式除以 $\mathrm{d}x\mathrm{d}y\mathrm{d}z\mathrm{d}t$ 后可得

$$\frac{\partial\rho}{\partial t}+\frac{\partial(\rho u_x)}{\partial x}+\frac{\partial(\rho u_y)}{\partial y}+\frac{\partial(\rho u_z)}{\partial z}=0 \tag{3-21}$$

上式即为可压缩流体的连续性微分方程。它表达了任何可能实现的流体运动所必须满足的连续性条件,即质量守恒条件。

对于不可压缩均质流体来讲,ρ=常数,上式可化简为

$$\frac{\partial u_x}{\partial x}+\frac{\partial u_y}{\partial y}+\frac{\partial u_z}{\partial z}=0 \tag{3-22}$$

上式即为不可压缩均质流体的连续性微分方程,它适用于恒定流和非恒定流。在这里需指出,ρ=常数,只有在不可压缩且均质的流体中才成立。因为仅是不可压缩流体,按它的定义得的数学表示式为$\frac{\mathrm{d}\rho}{\mathrm{d}t}=0$,表示每个质点的密度在它运动全过程中不变;但这个质点和另一个质点的密度可以不同,因此流体密度不一定处处都是常数,这和ρ=常数是不同的。在§3-5 中将会知道,上式等号左边各项分别为流体微元在 x,y 和 z 轴方向的线变率。因此,上式表明流体微元在三个坐标轴方向的线变率的总和等于零;即如一个方向有拉伸,则另一个或两个方向必有压缩。另外,上式等号左边三项之和实为流体的体积变形率(膨胀率或收缩率),即单位时间内单位质量流体的膨胀量或缩小量。因此,上式的物理意义是流体的体积变形率为零,即它的体积不会发生变化。以矢量表示,即为

$$\nabla\cdot\boldsymbol{u}=0 \tag{3-23}$$

即速度 $\boldsymbol{u}$ 的散度为零。

3-4-3 总流的连续性方程

不可压缩均质流体的恒定总流连续性方程,可由式(3-23)导出。由式(3-23)可得

$$\int_V\nabla\cdot\boldsymbol{u}\,\mathrm{d}V=\int_V\left(\frac{\partial u_x}{\partial x}+\frac{\partial u_y}{\partial y}+\frac{\partial u_z}{\partial z}\right)\mathrm{d}x\mathrm{d}y\mathrm{d}z=0$$

根据高斯(Gauss,K. F.)定理,上式的体积积分可用曲面积分来表示,即

$$\int_V\nabla\cdot\boldsymbol{u}\,\mathrm{d}V=\int_S u_\mathrm{n}\,\mathrm{d}S$$

式中:S 是体积 V 的封闭表面,u_n 是封闭表面上各点处外法线方向的速度投影,

曲面积分$\int_S u_n \mathrm{d}S$是通过封闭表面的速度通量。

由上两式可得

$$\int_S u_n \mathrm{d}S=0$$

对于恒定流来讲，流管的全部表面 S 包括两端断面和四周侧表面。在流管侧表面上 $u_n=0$，于是上式可简化为

$$-\int_{A_1} u_1 \mathrm{d}A_1+\int_{A_2} u_2 \mathrm{d}A_2=0$$

式中：A_1 为流管的流入断面面积，A_2 为流管的流出断面面积，上式第一项取负号是因为速度 u_1 的方向与 $\mathrm{d}A_1$ 的外法线方向相反。由此可得

$$\int_{A_1} u_1 \mathrm{d}A_1=\int_{A_2} u_2 \mathrm{d}A_2 \tag{3-24}$$

或

$$v_1 A_1=v_2 A_2=Q \tag{3-25}$$

上式即为不可压缩均质流体恒定总流的连续性方程。它表明上述总流的流量沿程不变，即单位时间内流过总流各过流断面的流体体积或质量都相等；沿总流的任意两过流断面平均速度与面积成反比。总流的连续性方程确立了总流各过流断面平均速度沿流向的变化规律；因为它没有涉及力的问题，所以是流体运动学的规律。上式不仅适用于恒定流，亦适用于非恒定有压管流在同一时刻的两过流断面。当然，非恒定有压管流中的速度和流量是随时间改变的。

上面介绍的是用微元分析法，从分析三维流着手，推导出恒定总流的连续性方程。下面介绍用有限（体）分析法，从分析一维流着手，即用一维元流分析法来推导出上述总流的连续性方程。

设有一恒定总流，取过流断面 1-1、2-2 为控制面，如图 3-12 实线所示。断面 1-1、2-2 的面积分别为 A_1、A_2，流体由断面 1-1 流向断面 2-2，两断面间没有汇入流量（汇流）或分出流量（分流）。从分析元流开始，在上述总流段内任取一元流段，如图中虚线所示。元流过流断面 1-1、2-2 的面积、速度、密度分别为 $\mathrm{d}A_1$、$\mathrm{d}A_2$，u_1、u_2，

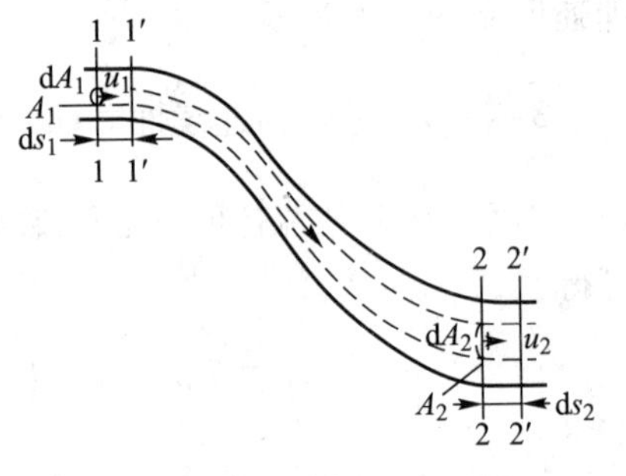

图 3-12

ρ_1、ρ_2。因为是恒定流，所以微元流管的位置和形状不随时间而改变。经过 $\mathrm{d}t$ 时段后，所取元流段流到断面 1′-1′、2′-2′的位置，即断面 1-1、2-2 分别移动

了距离 $ds_1 = u_1 dt$ 和 $ds_2 = u_2 dt$，如图所示。因为流体只能在流管内流动，且没有汇流和分流，所以 1-2 段元流所具有的质量可视为是 1-1′段和 1′-2 段质量之和；1′-2′段元流所具有的质量可视为是 1′-2 和 2-2′段质量之和。因为是恒定流，各空间点的运动要素不随时间而改变，所以 1′-2 段的质量不因经过 dt 时段而有所变更。根据质量守恒定律，1-1′段的质量应等于 2-2′段的质量，即

$$\rho_1 dA_1 ds_1 = \rho_2 dA_2 ds_2$$

或

$$\rho_1 dA_1 u_1 = \rho_2 dA_2 u_2 \tag{3-26}$$

上式为可压缩流体恒定元流的连续性方程。

对于不可压缩均质流体来讲，$\rho_1 = \rho_2 =$ 常数，则上式为

$$u_1 dA_1 = u_2 dA_2 = dQ \tag{3-27}$$

上式即为不可压缩均质流体恒定元流的连续性方程。

总流是由流动边界内无数元流所组成的总和，将式(3-26)对总流的过流断面面积积分，即可得

$$\rho_1 \int_{A_1} u_1 dA_1 = \rho_2 \int_{A_2} u_2 dA_2$$

由断面平均速度 v 的定义可知：

$$\int_{A_1} u_1 dA_1 = v_1 A_1 = Q, \quad \int_{A_2} u_2 dA_2 = v_2 A_2 = Q$$

所以

$$\rho_1 v_1 A_1 = \rho_2 v_2 A_2 \tag{3-28}$$

上式为可压缩流体恒定总流的连续性方程。

对于不可压缩均质流体来讲，$\rho_1 = \rho_2 =$ 常数，则上式为

$$v_1 A_1 = v_2 A_2 = Q \tag{3-29}$$

上式即为不可压缩均质流体恒定总流的连续性方程，与式(3-25)是相同的。

质量守恒定律也适用于有汇流或分流的情况。设有一汇流或分流，分别如图 3-13a、b 所示，它们的总流连续性方程分别为

$$Q_1 + Q_2 = Q_3 \tag{3-30}$$

$$Q_1 = Q_2 + Q_3 \tag{3-31}$$

流速、流量等流体运动要素的测量方法和技术以及仪表，可参阅本教材的有关内容，以及实验教材和其他资料。

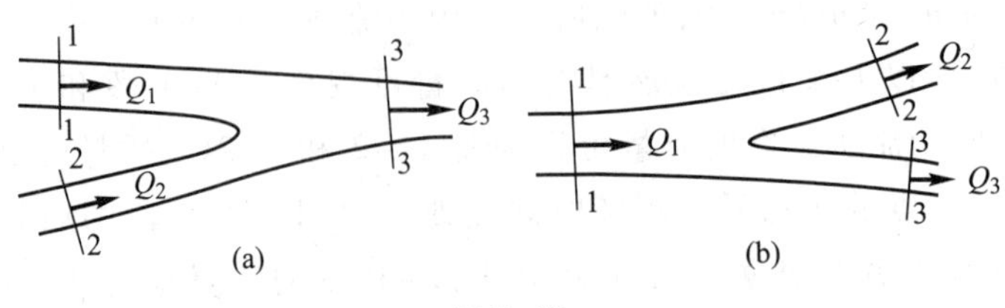

图 3-13

§3-5 流体微元运动的基本形式

为了分析整个流场的流体运动形态,我们首先分析流场中任一流体微元运动的基本形式。这种方法,无论是固体力学或流体力学都是最基本的分析方法之一,从下面的分析中,可以看出流体运动的类型、特性等与流体微元运动的形式有关,对进一步探索流体运动的各种规律有重要的意义。

3-5-1 流体微元运动形式的分析

流体微元与流体质点是两个不同的概念。在连续介质的概念中,流体质点是可以忽略线性尺度效应(如膨胀、变形、转动等)的最小单元,而流体微元则是由大量流体质点所组成的具有线性尺度效应的微小流体团。我们知道,刚体运动的形式只有平移和转动;流体因为具有易流动性,极易变形,所以任一流体微元在运动过程中,不仅与刚体一样会发生平移和转动,而且还会发生变形运动。从这个角度来讲,流体运动要比刚体运动复杂。

设在流场中任取一正交微小六面体的流体微元,由于流体微元上各点的速度不同,经过 dt 时段后,该流体微元不仅位置发生了移动,而且形状也将发生变化,由原来的正交微小六面体变成斜平行微小六面体,如图 3-14 所示。为了便于说明,先介绍二维情况下的流体微元运动的基本形式。

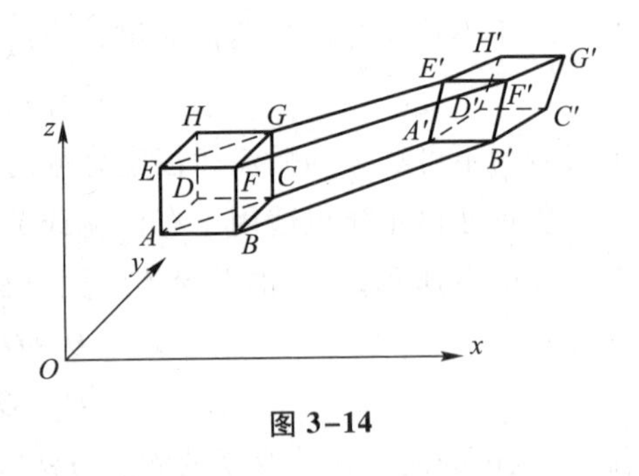

图 3-14

设在 Oxy 平面内取一方形流体微元 $ABCD$,如图 3-15 所示。经过 dt 时段后，若流体微元移动到如图 3-15a 的 $A_1B_1C_1D_1$ 的位置，它的形状和各边的方位都与原来的一样，这是一种单纯的平移运动；若如图 3-15b 的 $AB_2C_2D_2$，即它的 A 点的位置没有移动，原来的方形变成矩形，而各边的方位不变，这是一种单纯的线变形运动；若如图 3-15c 的 $AB_3C_3D_3$，即它的 A 点的位置没有移动，各边长度也不变，原来相互垂直的两边各有转动，转动的方向相反，转角的大小相等（AC 对角线没有转动），这是一种单纯的角变形运动；若如图 3-15d 的 $AB_4C_4D_4$，即它的 A 点的位置没有移动，各边长度也不变，原来相互垂直的两边各有转动，转动的方向相同，转角的大小相等，这是一种单纯的转动运动。如果把线变形和角变形都归纳在变形中，则流体微元运动的基本形式可分为平移、转动和变形三种。实际的流体运动常是上述三种或两种（如没有转动）基本形式组合在一起的运动。

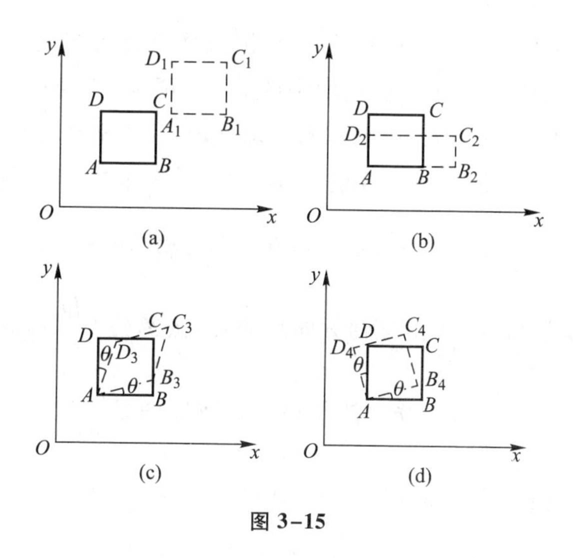

图 3-15

因为在研究流体运动特性和规律时，需了解流体微元运动形式与运动要素之间的关系。下面分析介绍流体微元运动形式的几何意义和它与速度变化之间的关系（数学表示式）。

设矩形流体微元 $ABCD$ 的边长分别为 $\mathrm{d}x$、$\mathrm{d}y$，A 点的速度分量为 u_x、u_y，B、C、D 各点的速度分量，根据泰勒级数展开并略去级数中的二阶以上的各项时，则如图 3-16 所示。现将图中各点的速度分解出来，分别加以讨论，可以得出流体微元运动形式与速度变化之间的关系。

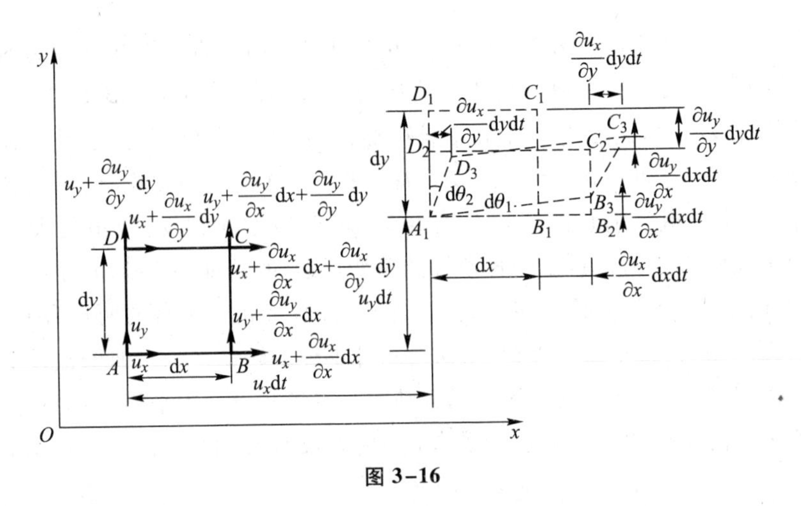

图 3–16

从图 3–16 中各点的速度值可以看出,因流体微元各点的速度分量都包含 u_x、u_y,若只考虑 A、B、C、D 等各点速度中的 u_x、u_y 两项,则经过 $\mathrm{d}t$ 时段后,矩形 $ABCD$ 沿 x 轴方向移动 $u_x\mathrm{d}t$,沿 y 轴方向移动 $u_y\mathrm{d}t$,发生平移运动,到达 $A_1B_1C_1D_1$ 的位置,如图所示。所以速度分量 u_x、u_y 就表示流体微元的平移运动速度。

因 A 点与 B 点,D 点与 C 点,在 x 轴方向都有相同的速度增量$\dfrac{\partial u_x}{\partial x}\mathrm{d}x$,所以经过 $\mathrm{d}t$ 时段后,AB 边和 DC 边沿 x 轴方向均伸长(或缩短)$\dfrac{\partial u_x}{\partial x}\mathrm{d}x\mathrm{d}t$;同样,因 A 点与 D 点、B 点与 C 点,在 y 轴方向都有相同的速度增量$\dfrac{\partial u_y}{\partial y}\mathrm{d}y$,考虑到连续性条件,$AD$ 边和 BC 边沿 y 轴方向均缩短(或伸长)$\dfrac{\partial u_y}{\partial y}\mathrm{d}y\mathrm{d}t$,发生线变形运动。流体微元经过 $\mathrm{d}t$ 时段后,除了平移运动外,还有线变形运动,组合成矩形 $A_1B_2C_2D_2$,如图所示。流体微元在 x 轴、y 轴方向的单位时间、单位长度的线变形,简称线变率,分别为

$$\varepsilon_{xx}=\frac{\partial u_x}{\partial x}\frac{\mathrm{d}x}{\mathrm{d}x}\frac{\mathrm{d}t}{\mathrm{d}t}=\frac{\partial u_x}{\partial x}$$

及

$$\varepsilon_{yy}=\frac{\partial u_y}{\partial y}\frac{\mathrm{d}y}{\mathrm{d}y}\frac{\mathrm{d}t}{\mathrm{d}t}=\frac{\partial u_y}{\partial y}$$

式中:ε 的第一个下标,表示正交边所平行的坐标轴;第二个下标,表示该边发生

变形时，端点将在哪一轴向发生位移。所以，流体微元线变形是由速度分量在它方向上的变化率，即由线变率来决定的。

因 B 点相对于 A 点、C 点相对于 D 点，在 y 轴方向都有相同的速度增量$\frac{\partial u_y}{\partial x}\mathrm{d}x$，所以经过 $\mathrm{d}t$ 时段后，B 点、C 点沿 y 轴方向均向上移动$\frac{\partial u_y}{\partial x}\mathrm{d}x\ \mathrm{d}t$，$AB$ 边和 DC 边均向反时针方向转动微小角度 $\mathrm{d}\theta_1$；同样，因 A 点与 D 点、B 点与 C 点在 x 轴方向都有相同的速度增量$\frac{\partial u_x}{\partial y}\mathrm{d}y$，$D$ 点、C 点沿 x 轴方向均向右移动$\frac{\partial u_x}{\partial y}\mathrm{d}y\ \mathrm{d}t$，$AD$ 边和 BC 边均向顺时针方向转动微小角度 $\mathrm{d}\theta_2$。由图 3-16 可知，$\mathrm{d}\theta_1 \approx \tan\ \theta_1 = \frac{\partial u_y}{\partial x}\mathrm{d}x\ \mathrm{d}t/\left(\mathrm{d}x+\frac{\partial u_x}{\partial x}\mathrm{d}x\ \mathrm{d}t\right)$，略去分母中的高阶微量，$\mathrm{d}\theta_1 = \frac{\partial u_y}{\partial x}\mathrm{d}t$；同理，可得 $\mathrm{d}\theta_2 = \frac{\partial u_x}{\partial y}\mathrm{d}t$。若 AB 边和 AD 边的转动方向相反（如图 3-16 所示，一个是逆时针方向，一个是顺时针方向），转角大小相等，则只发生角变形运动。流体微元经过 $\mathrm{d}t$ 时段后，除平移、线变形运动外，还有角变形运动，组合成 $A_1B_3C_3D_3$ 的平行四边形，如图 3-16 所示。$\mathrm{d}t$ 时段内的角变形，是原来相互垂直两边的夹角与变形后夹角之差，即

$$\mathrm{d}\varphi = \frac{\pi}{2} - \left[\frac{\pi}{2} - \mathrm{d}\theta_1 - \mathrm{d}\theta_2\right] = \mathrm{d}\theta_1 + \mathrm{d}\theta_2$$

为了与下面的角速度表示式对称，在若干运算上较方便，习惯上取 $\mathrm{d}\varphi = \frac{1}{2}(\mathrm{d}\theta_1 + \mathrm{d}\theta_2)$。所以单位时间的角变形简称角变率 $\varepsilon_{xy} = \frac{\mathrm{d}\varphi}{\mathrm{d}t} = \frac{1}{2}\left(\frac{\partial u_y}{\partial x} + \frac{\partial u_x}{\partial y}\right)$。式中 ε_{xy} 的下标是表示在 Oxy 平面内的角变率，第一个下标表示正交边所平行的坐标轴，第二个下标表示该边转动发生角度变化时，端点将在哪一轴向发生位移，$\varepsilon_{xy} = \varepsilon_{yx}$。若 AB 边和 AD 边的转动方向相同（如图 3-17 所示），转角大小相等，则只发生转动运动。流体微元经过 $\mathrm{d}t$ 时段后，除平移、线变形运动外，还有转动运动，组合成 $A_1B_4C_4D_4$ 的矩形，如图 3-17 所示。习惯上把原来相互垂直两边的角速度 $\omega_1 = \frac{\mathrm{d}\theta_1}{\mathrm{d}t}$ 和 $\omega_2 = \frac{\mathrm{d}\theta_2}{\mathrm{d}t}$ 的平均值，亦即是该

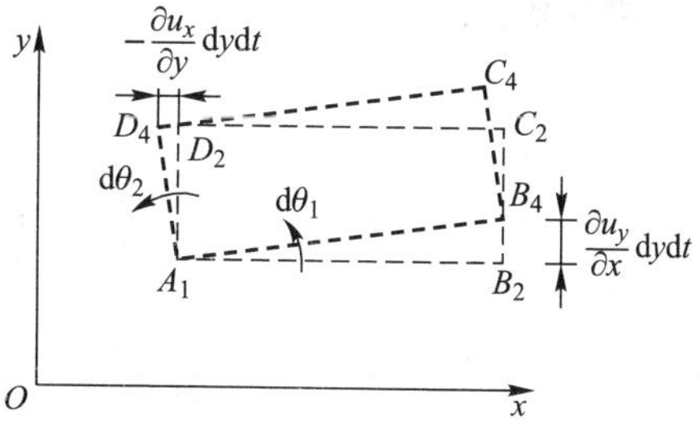

图 3-17

两边的分角线的角速度定义为流体微元绕 z 轴的角速度 ω_z，即

$$\omega_z=\frac{1}{2}(\omega_1+\omega_2)$$

$$\omega_1=\frac{\mathrm{d}\theta_1}{\mathrm{d}t}=\frac{1}{\mathrm{d}t}\left(\frac{\partial u_y}{\partial x}\mathrm{d}t\right)=\frac{\partial u_y}{\partial x}$$

$$\omega_2=\frac{\mathrm{d}\theta_2}{\mathrm{d}t}=\frac{1}{\mathrm{d}t}\left(-\frac{\partial u_x}{\partial y}\mathrm{d}t\right)=-\frac{\partial u_x}{\partial y}$$

式中：负号是因为 u_x 向右为正。所以

$$\omega_z=\frac{1}{2}\left(\frac{\partial u_y}{\partial x}-\frac{\partial u_x}{\partial y}\right)$$

式中：ω_z 的下标表示转动轴的方向是沿 z 轴的方向，按右手法则垂直于 Oxy 平面。在一般情况下，AB 边和 AD 边的转动方向不相同，转角大小也不相等。这样，流体微元既发生角变形运动，又发生转动运动，可视为是先以角变率 ε_{xy} 作单纯的角变形和再以角速度 ω_z 作单纯的转动的两种运动的叠加。由以上分析可知，角变形运动和转动运动都是由速度分量在垂直于它的方向上的变化率，即由 $\frac{\partial u_y}{\partial x}$ 和 $\frac{\partial u_x}{\partial y}$ 来决定的。

推广到三维的普遍情况，可写出流体微元运动的基本形式与速度变化的关系式为：

平移速度：

$$u_x,\quad u_y,\quad u_z \tag{3-32}$$

线变率：

$$\varepsilon_{xx}=\frac{\partial u_x}{\partial x},\quad \varepsilon_{yy}=\frac{\partial u_y}{\partial y},\quad \varepsilon_{zz}=\frac{\partial u_z}{\partial z} \tag{3-33}$$

角变率：

$$\left.\begin{aligned}
\varepsilon_{xy}=\varepsilon_{yx}&=\frac{1}{2}\left(\frac{\partial u_y}{\partial x}+\frac{\partial u_x}{\partial y}\right)\\
\varepsilon_{yz}=\varepsilon_{zy}&=\frac{1}{2}\left(\frac{\partial u_z}{\partial y}+\frac{\partial u_y}{\partial z}\right)\\
\varepsilon_{zx}=\varepsilon_{xz}&=\frac{1}{2}\left(\frac{\partial u_x}{\partial z}+\frac{\partial u_z}{\partial x}\right)
\end{aligned}\right\} \tag{3-34}$$

角速度：

$$
\left.\begin{aligned}
\omega_z &= \frac{1}{2}\left(\frac{\partial u_y}{\partial x} - \frac{\partial u_x}{\partial y}\right) \\
\omega_x &= \frac{1}{2}\left(\frac{\partial u_z}{\partial y} - \frac{\partial u_y}{\partial z}\right) \\
\omega_y &= \frac{1}{2}\left(\frac{\partial u_x}{\partial z} - \frac{\partial u_z}{\partial x}\right)
\end{aligned}\right\} \tag{3-35}
$$

综上所述,流体微元运动除平移外,在一般情况下需有九个独立分量来描述,即 ε_{xx}、ε_{yy}、ε_{zz}、$\varepsilon_{xy}(\varepsilon_{yx})$、$\varepsilon_{yz}(\varepsilon_{zy})$、$\varepsilon_{zx}(\varepsilon_{xz})$、$\omega_z$、$\omega_x$、$\omega_y$。这九个分量又是由$\frac{\partial u_x}{\partial x}$、$\frac{\partial u_y}{\partial y}$、$\frac{\partial u_z}{\partial z}$、$\frac{\partial u_y}{\partial x}$、$\frac{\partial u_x}{\partial y}$、$\frac{\partial u_z}{\partial y}$、$\frac{\partial u_y}{\partial z}$、$\frac{\partial u_x}{\partial z}$、$\frac{\partial u_z}{\partial x}$九个分量组合而成。从本质上来讲,由后面九个分量也可以确定流体微元的运动形态,但是前面的有明确的物理意义,因此往往用前面九个分量来描述流体微元的运动形态。由上可知,流体微元的线变形、角变形、转动运动,都是由于流体微元各点速度不均而引起的。

3-5-2 速度分解定理

流体运动的类型、特性、规律,显然与流场中流体质点运动的形态有关。现介绍流体微元内任意相邻两点的速度关系,用上述流体微元运动基本形式的组合来表达,说明流场中任一点的速度情况,为将流体运动的进一步分类和探讨各类流体运动的特殊规律,提供了条件。

设在时间 t,流场中任一流体微元的某点 $M(x,y,z)$ 的速度分量为 $u_x(x,y,z)$,$u_y(x,y,z)$,$u_z(x,y,z)$;在同一时刻,在流体微元上距 M 点为 $\mathrm{d}s$ 的另一点 $A(x+\mathrm{d}x, y+\mathrm{d}y, z+\mathrm{d}z)$ 的速度分量为 $u_{xA}=u_x(x+\mathrm{d}x,y+\mathrm{d}y,z+\mathrm{d}z)$,$u_{yA}=u_y(x+\mathrm{d}x,y+\mathrm{d}y,z+\mathrm{d}z)$,$u_{zA}=u_z(x+\mathrm{d}x,y+\mathrm{d}y,z+\mathrm{d}z)$。按泰勒级数展开,并略去级数中的二阶以上的各项,则

$$
\left.\begin{aligned}
u_{xA} &= u_x + \frac{\partial u_x}{\partial x}\mathrm{d}x + \frac{\partial u_x}{\partial y}\mathrm{d}y + \frac{\partial u_x}{\partial z}\mathrm{d}z \\
u_{yA} &= u_y + \frac{\partial u_y}{\partial x}\mathrm{d}x + \frac{\partial u_y}{\partial y}\mathrm{d}y + \frac{\partial u_y}{\partial z}\mathrm{d}z \\
u_{zA} &= u_z + \frac{\partial u_z}{\partial x}\mathrm{d}x + \frac{\partial u_z}{\partial y}\mathrm{d}y + \frac{\partial u_z}{\partial z}\mathrm{d}z
\end{aligned}\right\} \tag{3-36}
$$

由上式可见,A 点的速度可以用 M 点的速度及九个速度分量的偏导数来表示。前面已经提及,这九个分量可以组成线变率、角变率、角速度九个分量。因此,可

以按这些物理量的定义来改写上式,用流体微元运动基本形式的组合来表达。为此将上式进行配项整理,即把$\pm\frac{1}{2}\frac{\partial u_y}{\partial x}dy$和$\pm\frac{1}{2}\frac{\partial u_z}{\partial x}dz$加到上式中第一个方程等号的右边,整理为

$$\left.\begin{aligned}
&u_{xA}=u_x+\frac{\partial u_x}{\partial x}dx+\frac{1}{2}\left(\frac{\partial u_y}{\partial x}+\frac{\partial u_x}{\partial y}\right)dy+\frac{1}{2}\left(\frac{\partial u_x}{\partial z}+\frac{\partial u_z}{\partial x}\right)dz+\\
&\quad\frac{1}{2}\left(\frac{\partial u_x}{\partial z}-\frac{\partial u_z}{\partial x}\right)dz-\frac{1}{2}\left(\frac{\partial u_y}{\partial x}-\frac{\partial u_x}{\partial y}\right)dy\\
&\text{类似地,将式(3-36)中的第二个、第三个方程改写为}\\
&u_{yA}=u_y+\frac{\partial u_y}{\partial y}dy+\frac{1}{2}\left(\frac{\partial u_z}{\partial y}+\frac{\partial u_y}{\partial z}\right)dz+\\
&\quad\frac{1}{2}\left(\frac{\partial u_y}{\partial x}+\frac{\partial u_x}{\partial y}\right)dx+\frac{1}{2}\left(\frac{\partial u_y}{\partial x}-\frac{\partial u_x}{\partial y}\right)dx-\\
&\quad\frac{1}{2}\left(\frac{\partial u_z}{\partial y}-\frac{\partial u_y}{\partial z}\right)dz\\
&u_{zA}=u_z+\frac{\partial u_z}{\partial z}dz+\frac{1}{2}\left(\frac{\partial u_x}{\partial z}+\frac{\partial u_z}{\partial x}\right)dx+\\
&\quad\frac{1}{2}\left(\frac{\partial u_z}{\partial y}+\frac{\partial u_y}{\partial z}\right)dy+\frac{1}{2}\left(\frac{\partial u_z}{\partial y}-\frac{\partial u_y}{\partial z}\right)dy-\\
&\quad\frac{1}{2}\left(\frac{\partial u_x}{\partial z}-\frac{\partial u_z}{\partial x}\right)dx
\end{aligned}\right\}\tag{3-37}$$

将流体微元运动基本形式的关系式代入上式,可改写为

$$\left.\begin{aligned}
u_{xA}&=u_x+\varepsilon_{xx}dx+\varepsilon_{xy}dy+\varepsilon_{xz}dz+\omega_y\,dz-\omega_z\,dy\\
u_{yA}&=u_y+\varepsilon_{yy}dy+\varepsilon_{yz}dz+\varepsilon_{yx}dx+\omega_z\,dx-\omega_x\,dz\\
u_{zA}&=u_z+\varepsilon_{zz}dz+\varepsilon_{zx}dx+\varepsilon_{zy}dy+\omega_x\,dy-\omega_y\,dx
\end{aligned}\right\}\tag{3-38}$$

上式即为流体微元上任意两点速度关系的一般形式,称为亥姆霍兹速度分解定理。上述各式等号的右边第一项为平移速度,第二、三、四项分别为线变形和角变形引起的速度增量,第五、六项为转动引起的速度增量。这样,A点的速度被分解为平移、变形和转动运动的组合。由此再次说明了流体运动确有平移、变形、转动三种形式。亥姆霍兹速度分解定理可简述为:M点邻近的任意点A上的速度可以分成三部分,与M点相同的平移速度和变形在A点引起的速度,以及绕M点转动在A点引起的速度。所以,流场中任一点的速度,一般都可认为由平移、变形及转动三部分所组成。

速度分解定理对于工程流体力学的发展有很大的影响,由于可以把转动运动从一般运动中分出来,将流体运动分为无涡流和有涡流,从而使得有可能对它们分别进行研究;由于可以把变形运动分出来,从而使得有可能将流体变形速率与流体的应力联系起来,这对黏性规律的研究有重大的影响。另外,需要注意流体速度分解定理和刚体速度分解定理有一个重要的区别:刚体速度分解定理对整个刚体成立,因此它是整体性的定理;流体速度分解定理只是在流体微元内成立,因此它是局部性的定理。例如,刚体的角速度,是描述整个刚体转动的一个整体性的特征量;而流体的角速度,只是描述流体微元转动的一个局部性的特征量。不注意这个区别,有时就会对不符合直观感觉的正确结论感到迷惑不解,这在下节例 3-6 中将会提及。

§3-6 无涡流(无旋流)和有涡流(有旋流)

为了探讨各种流体运动的特殊规律,可以根据上述流体微元的基本运动形式将流体运动进一步分类。按流体微元有无转动运动,可将流体运动分为无涡流和有涡流。流体微元的角速度等于零的流体运动,即凡是质点速度场不形成流体微元转动的流体运动称为无涡流或无旋流。流体微元的角速度不等于零的流体运动,即凡是质点速度场形成流体微元转动的流体运动称为有涡流或有旋流。无涡流较有涡流的问题简单些,亦有其实用意义。下面将分别介绍这两种流体运动的一些最基本的概念和特征。

3-6-1 无涡流·速度势

无涡流的基本特征是每一流体微元的角速度等于零,即流速场必须满足

$$\left.\begin{aligned}\omega_z&=\frac{1}{2}\left(\frac{\partial u_y}{\partial x}-\frac{\partial u_x}{\partial y}\right)=0\quad 或\quad \frac{\partial u_y}{\partial x}=\frac{\partial u_x}{\partial y}\\ \omega_x&=\frac{1}{2}\left(\frac{\partial u_z}{\partial y}-\frac{\partial u_y}{\partial z}\right)=0\quad 或\quad \frac{\partial u_z}{\partial y}=\frac{\partial u_y}{\partial z}\\ \omega_y&=\frac{1}{2}\left(\frac{\partial u_x}{\partial z}-\frac{\partial u_z}{\partial x}\right)=0\quad 或\quad \frac{\partial u_x}{\partial z}=\frac{\partial u_z}{\partial x}\end{aligned}\right\}\tag{3-39}$$

由高等数学知识知,上式是使 $u_x\mathrm{d}x+u_y\mathrm{d}y+u_z\mathrm{d}z$ 能成为某一函数 Φ 的全微分的必要和充分条件。因此对无涡流必然存在下列关系:

$$u_x\mathrm{d}x+u_y\mathrm{d}y+u_z\mathrm{d}z=\mathrm{d}\Phi=\frac{\partial\Phi}{\partial x}\mathrm{d}x+\frac{\partial\Phi}{\partial y}\mathrm{d}y+\frac{\partial\Phi}{\partial z}\mathrm{d}z \tag{3-40}$$

由上式可知

$$\frac{\partial\Phi}{\partial x}=u_x,\quad \frac{\partial\Phi}{\partial y}=u_y,\quad \frac{\partial\Phi}{\partial z}=u_z \tag{3-41}$$

所以，在无涡流中必然存在一个标量场 $\Phi(x,y,z)$；如为非恒定流，这个标量场应为 $\Phi(x,y,z,t)$，其中 t 为代表时间的参变量。由于这个标量场和速度场的关系式为(3-41)，它与物理学中引力场的势相比拟，具有同样形式的关系，所以函数 Φ 称为速度势(函数)，亦即无涡流的速度矢量是有势的。所以无涡流又称有势流，简称势流。

由于速度势对坐标的偏导数等于速度在该坐标方向的速度分量，所以，如果能知道速度势，就可求得有势流场的速度分布，无须求出三个未知函数 $u_x=u_x(x,y,z,t)$、$u_y=u_y(x,y,z,t)$、$u_z=u_z(x,y,z,t)$。这样就简化了分析有势流的过程。所以，速度势是研究有势流的一个很重要、又很有用的概念。有关有势流性质及其具体解法，将在第四章§4-3详细讨论。

例 3-5 设剪切流动的速度场为 $u_x=ay$，$u_y=u_z=0$，其中 a 是不为零的常数，流线是平行 x 轴的直线，如图 3-18 所示，可参阅§1-2中对黏性的讨论及图 1-1。试判别这个流动是有势流还是有涡流。

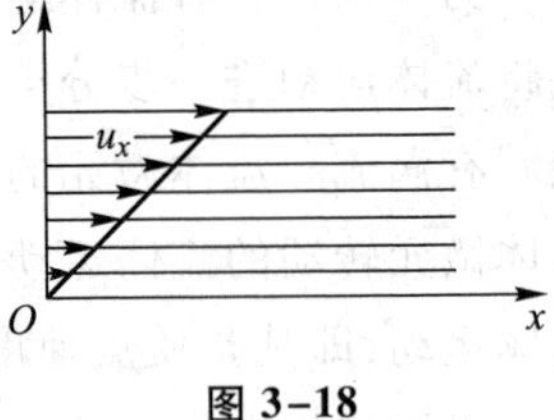

图 3-18

解：有势流必须满足速度场不形成流体微元的转动运动。现因

$$\omega_x=\frac{1}{2}\left(\frac{\partial u_z}{\partial y}-\frac{\partial u_y}{\partial z}\right)=0$$

$$\omega_y=\frac{1}{2}\left(\frac{\partial u_x}{\partial z}-\frac{\partial u_z}{\partial x}\right)=0$$

$$\omega_z=\frac{1}{2}\left(\frac{\partial u_y}{\partial x}-\frac{\partial u_x}{\partial y}\right)=\frac{1}{2}\left(-\frac{\partial ay}{\partial y}\right)=-\frac{1}{2}a\neq 0$$

所以是有涡流，各流体质点都绕着通过质点所在处的与 Oz 轴平行的旋转轴而转动。从这个例题可以看出，尽管流体质点都作直线运动，流线也都是平行直线，表观上看不出流体微元有转动的迹象，但实际上是有的。另外，这种极为简单的剪切流动，流体微元不仅有转动，还有角变形，因为 $\varepsilon_{xy}=\varepsilon_{yx}=\frac{1}{2}\left(\frac{\partial u_y}{\partial x}+\frac{\partial u_x}{\partial y}\right)=\frac{1}{2}a\neq 0$。

例 3-6 水桶中的水从桶底中心小孔口恒定流出时，常可发现桶中的水以通过孔口的铅垂轴为中心，作近似的圆周运动，各质点的速度大小可近似地认为与半径成反比，即

$$u=\frac{k}{r},\quad r=\sqrt{x^2+y^2}$$

其中 k 是不为零的常数,流线是以孔口铅垂轴为中心的同心圆,如图 3-19 所示。试判别这个流体运动是有势流还是有涡流。

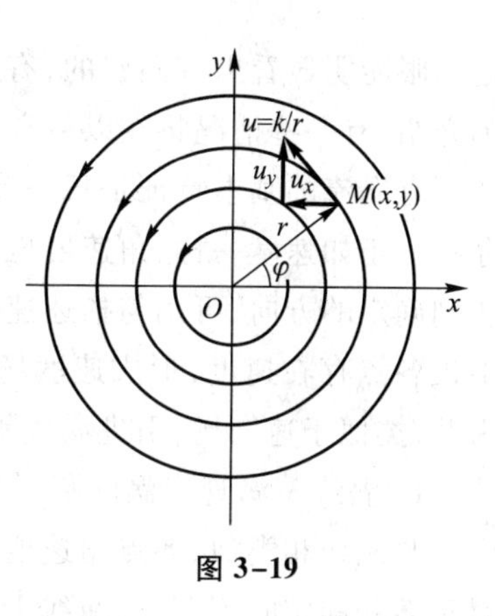

图 3-19

解:在上述情况,作圆周运动的水的质点 $M(x,y)$ 的速度分量为

$$u_x=-u\sin\varphi=-\frac{k}{\sqrt{x^2+y^2}}\cdot\frac{y}{\sqrt{x^2+y^2}}=\frac{-ky}{x^2+y^2}$$

$$u_y=u\cos\varphi=\frac{k}{\sqrt{x^2+y^2}}\cdot\frac{x}{\sqrt{x^2+y^2}}=\frac{kx}{x^2+y^2}$$

从而可得

$$\frac{\partial u_x}{\partial y}=-\frac{(x^2+y^2)k-ky(2y)}{(x^2+y^2)^2}=\frac{ky^2-kx^2}{(x^2+y^2)^2}$$

$$\frac{\partial u_y}{\partial x}=\frac{(x^2+y^2)k-kx(2x)}{(x^2+y^2)^2}=\frac{ky^2-kx^2}{(x^2+y^2)^2}$$

因 $\frac{\partial u_x}{\partial y}=\frac{\partial u_y}{\partial x}$,即 $\omega_z=0$,所以除原点外是有势流。但有角变形,因为

$$\varepsilon_{xy}=\frac{1}{2}\left(\frac{\partial u_y}{\partial x}+\frac{\partial u_x}{\partial y}\right)=\frac{ky^2-kx^2}{(x^2+y^2)^2}\neq 0$$

从这个例题可以看出,尽管流体质点都作近似的圆周运动,流线是同心圆,看上去流体微元有转动的迹象,但实际上,除原点外均没有转动。另外,在这里附带问一下,本例题中给出的流线是以孔口铅垂轴为中心的同心圆,是否正确,是否能验证,实际上就是要求解该流体运动的流线方程,参阅习题 3-6。

从上两例中可以看出,有势流和有涡流是根据流体微元本身是否具有转动运动来判别的,不涉及流体微元运动的轨迹。另外,从例 3-6 可以说明,对于流体来讲,如原点一点有涡(指流体微元绕其质心的转动运动),其他各点不一定有涡。一点不能代表全体,必须逐点检验,这是流体具有局部性质的体现;对于刚体来讲,原点一点有旋,其他各点一定有旋,一点可以代表全体,这是刚体具有整体性质的体现。因此,对于刚体可以谈论整个刚体是否有旋(即转动了没有),而对于流体则必须指明哪一点或哪个区域有涡。

3-6-2　有涡流

实际工程和自然界中的流体运动,大多数是有涡流,例如有压管流、明渠流、流体流经固体表面的边界层内的流动,以及大气中的台风、龙卷风等,其中,有的是肉眼能明显看出有涡旋的,有的则不能看出有涡旋。下面对有涡流作一些简单介绍,有一些情况将在以后章节中涉及。

有涡流的基本特征是每一流体微元的角速度不等于零,流场中有角速度的存在。正如速度一样,角速度也是矢量,它的方向一般规定为沿旋转轴线按右手法则确定的方向,可用与描述速度相类似的方法来描述角速度。所以,在流场中不仅各点存在速度,形成速度场,而且在有角速度时形成角速度场或称涡旋场。为此,类似于速度场,引进涡线等一些概念。

1. 涡线·涡管·涡旋断面·元涡·涡通量

与流线相类似,各点角速度的方向可用涡线来表示。涡线就是这样的曲线:对于某一固定时刻而言,曲线上任一点的角速度方向与曲线在该点的切线方向重合。涡线是在同一时刻由不同质点所组成的曲线,它给出该时刻不同流体质点的角速度方向。

根据涡线的定义,就可建立涡线的微分方程。在涡线上沿涡线方向取一微小段 ds,由于它和角速度的矢量方向一致,ds 的三个分量 dx、dy、dz,必然和角速度 ω 的三个分量 ω_x、ω_y、ω_z 成比例,所以

$$\frac{dx}{\omega_x}=\frac{dy}{\omega_y}=\frac{dz}{\omega_z} \tag{3-42}$$

上式即为涡线的微分方程。

涡线亦可采用几何直观的方法绘出,与绘制流线的方法相似。在一般情况下(除§4-1中的螺旋流),涡线和流线是不重合的,而是和流线相交。因为每点处角速度矢量的方向是沿着流体微元的旋转轴,和速度矢量方向不一致,如图3-20所示。涡线亦不能相交。恒定有涡流,由于速度场不随时间而改变,角速度场也不随时间而改变,所以涡线不随时间而改变其位置和形状。非恒定有涡流,涡线随时间改变其位置和形状。

与流管相类似,在流场中任意取一非涡线且不自相交的封闭曲线。从这封闭曲线上各个点绘出涡线,组成封闭管状曲面,称为涡管,如图3-21所示。涡管内(绕着涡线作旋转运动)的流体称为涡束。在涡束上取一横断面,使它在所有各点上都和涡线正交,这一横断面称为涡旋断面。它可以是有限的面积,也可以是无限小的面积,后者的这种涡束称为元涡。

与流量相类似,涡旋断面面积和两倍角速度的乘积称为涡通量(或涡管强度,简称涡强),以 I 表示。元涡的涡通量 dI 为

$$dI=2\omega dA=\Omega dA \tag{3-43}$$

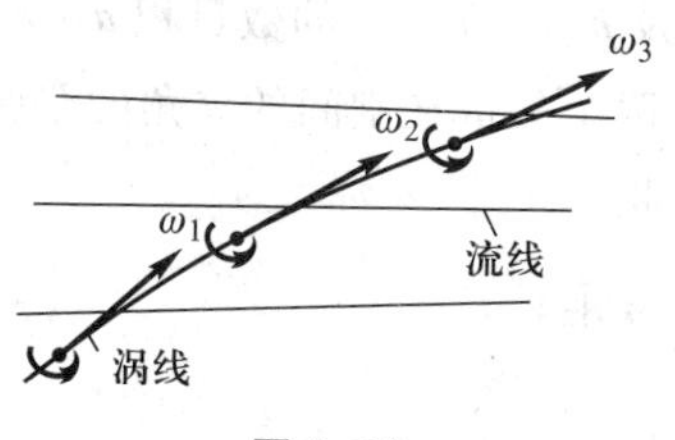

图 3-20

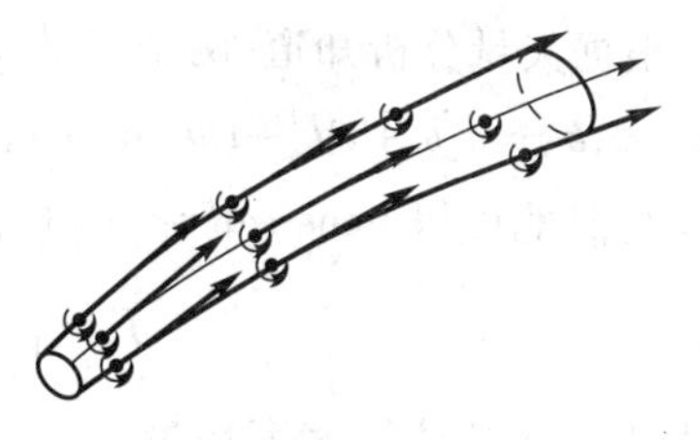

图 3-21

式中:dA 为元涡涡旋断面面积;$\Omega(=2\omega)$ 称为旋度(也称涡量)。

涡旋断面面积 A 为有限的涡束的涡通量 I 为

$$I=2\int_A \omega_n \, dA \tag{3-44}$$

式中:ω_n 是元涡的角速度沿涡束涡旋断面法线方向的分量。

2. 速度环量

流体质点的角速度矢量,目前还不能直接测量,所以亦不能直接计算涡通量。因为涡通量与它周围流体的速度相关,涡通量愈大,对周围流体速度的影响亦愈大。因此,引入与涡旋周围速度场有关的速度环量的概念,建立它与涡通量之间的关系式,从而计算求得涡通量。另外,速度环量亦能用来判别流体运动是有势流还是有涡流。所以,在工程流体力学中常用速度环量来判别流体运动的类型和计算涡通量等,是有涡流的一个很重要的概念。

设在流场中,在某一瞬时做任意一曲线 AB,线段长度为 l,如图 3-22 所示。瞬时流场中的每一点速度是已知的;在一般情况下,曲线 AB 上的每一点都具有不同的速度。设其中任一点 M 的速度为 $\boldsymbol{u}$,在该点附近可作线段 l 的切线 $\boldsymbol{s}$,速度 $\boldsymbol{u}$ 与切线 $\boldsymbol{s}$ 的夹角为 α。在 M 点附近,在切线上取一微小线段 $d\boldsymbol{s}$。完全可以想象,在 M 点附近,在曲线上取一微小线段 $d\boldsymbol{l}$ 与 $d\boldsymbol{s}$ 是重合的,如图所示。将速度 $\boldsymbol{u}$ 投影到切线 $\boldsymbol{s}$ 方向,然后再乘以微小线段 $d\boldsymbol{l}$ 的长度,这样一项乘积称为沿微小线段 $d\boldsymbol{l}$ 的微小速度环量 $d\Gamma$,即

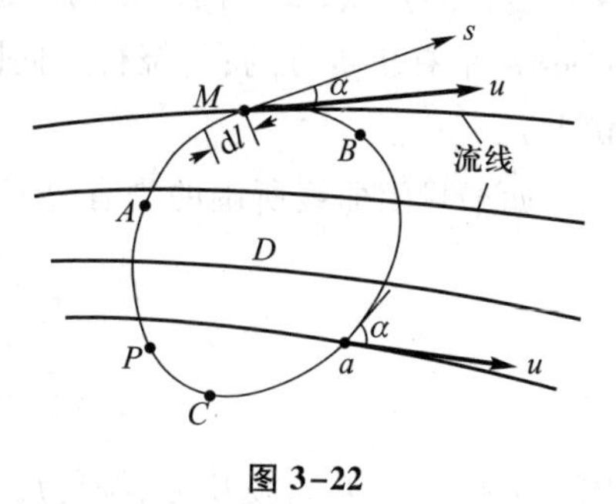

图 3-22

$$d\Gamma=\boldsymbol{u}\cdot d\boldsymbol{s}=\boldsymbol{u}\cos\alpha dl \tag{3-45}$$

沿整个线段 l,从曲线 A 点到 B 点的速度环量,可根据曲线积分求出,即

$$\Gamma_l=\int_l u\cos\alpha dl \tag{3-46}$$

根据矢量分析知道，两个矢量 $\boldsymbol{a}(a_x,a_y,a_z)$ 及 $\boldsymbol{b}(b_x,b_y,b_z)$ 的数量积 $\boldsymbol{a}\cdot\boldsymbol{b}=a\cdot b\cos(\boldsymbol{a},\boldsymbol{b})=a_xb_x+a_yb_y+a_zb_z$，$\cos(\boldsymbol{a},\boldsymbol{b})$ 为 $\boldsymbol{a}$ 和 $\boldsymbol{b}$ 两个矢量在空间的夹角的余弦。

类似地可得 $u\cos\alpha\mathrm{d}l=u_x\mathrm{d}x+u_y\mathrm{d}y+u_z\mathrm{d}z$，因此

$$\Gamma_l=\int_l(u_x\mathrm{d}x+u_y\mathrm{d}y+u_z\mathrm{d}z) \tag{3-47}$$

上式即为通常计算速度环量时所用的公式。

在实际问题中，常遇的都是求沿着封闭曲线，如图 3-22 中的 $ACBA$ 封闭曲线的速度环量。从速度环量的定义知，它是以曲线积分来定义的。根据对坐标的曲线积分性质可知：如果曲线是由几部分线段组成，则在曲线上的积分，等于在各部分上积分之和；若改变积分路线的方向，对坐标的曲线积分只是改变正负符号。因此，沿封闭曲线 $ACBA$，线段为 L 的速度环量（实为它的定义，即速度在封闭曲线切线上的分量沿该封闭曲线的线积分）为

$$\begin{aligned}\Gamma&=\oint_L\boldsymbol{u}\cdot\mathrm{d}\boldsymbol{s}=\oint_L u\cos\alpha\mathrm{d}l\\&=\oint_L(u_x\mathrm{d}x+u_y\mathrm{d}y+u_z\mathrm{d}z)\end{aligned} \tag{3-48}$$

速度环量的符号，不仅与流场的速度方向有关，而且与线积分时所取的绕行方向有关。积分路线的方向一般取曲线边界的正向，即使曲线所围区域 D 永远保持在它的左侧，如上图的正向是逆时针方向。显然，曲线切线方向的速度分量 $u\cos\alpha$ 是有正负号的；与绕行方向同向为正（如图中的 a 点），反向为负（如图中 M 点）。

如果封闭曲线所围的是有势流区域，由式(3-40)代入式(3-48)可得

$$\begin{aligned}\Gamma&=\oint_L\frac{\partial\Phi}{\partial x}\mathrm{d}x+\frac{\partial\Phi}{\partial y}\mathrm{d}y+\frac{\partial\Phi}{\partial z}\mathrm{d}z\\&=\oint_L\mathrm{d}\Phi=\Phi_P-\Phi_P=0\end{aligned} \tag{3-49}$$

因为从任一点 P 出发积分，绕行后仍回到 P 点，其积分上下限的速度势相同，所以 $\Gamma=0$。由此得到一重要结论：若速度势是单值函数，则在有势流中沿封闭曲线的速度环量等于零。所以，亦可用速度环量值来判别有势流还是有涡流。

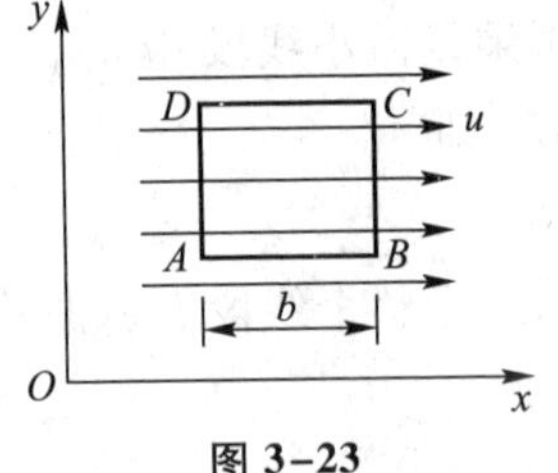

图 3-23

例 3-7　设流场中的速度分布为 $u_x=u=$ 常数，$u_y=0$，$u_z=0$ 的均匀直线流，如图 3-23 所示。试证明该流动的速度环量等于零，为有势流。

解：在流场中一平面内作一矩形封闭曲线 $ABCDA$，边长为

b,如图 3-23 所示。沿封闭曲线 $ABCDA$ 的速度环量为

$$\Gamma_{ABCDA}=\Gamma_{AB}+\Gamma_{BC}+\Gamma_{CD}+\Gamma_{DA}=bu+0-bu+0=0$$

为有势流。

这个例题的流体流动和例 3-5 看上去有些相似,但一个是有势流,一个是有涡流。另外在这里附带说明,这个例题的流体流动是§3-3 中提出的各点速度都相等的均匀流;例 3-5 是相应点速度相等的均匀流。

上面介绍了涡通量和速度环量,它们之间的关系可用斯托克斯定理确定,可参阅相关资料。

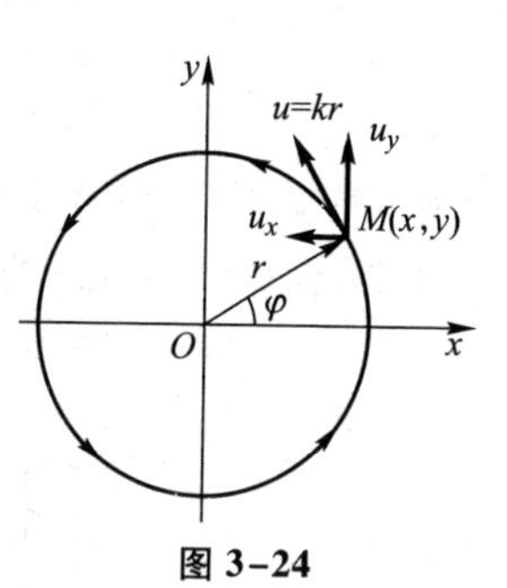

图 3-24

例 3-8 设有一上端开口的盛有液体的直立圆筒,绕其中心铅垂轴作等角速度旋转运动,如图 3-24 所示。由于液体黏性的作用,筒内液体就跟圆筒一起旋转,好像固体一样。这时速度与半径成正比,即 $u=kr$,其中 k 是不为零的常数,$r=\sqrt{x^2+y^2}$。试分析、讨论该液体运动的情况。

解:上述的液体运动,在第二章流体静力学中曾讨论过。作圆周运动的液体质点 $M(x,y)$ 的速度分量如图 3-24 所示,为

$$\begin{cases}u_x=-u\sin\varphi=-k\sqrt{x^2+y^2}\dfrac{y}{\sqrt{x^2+y^2}}=-ky\\ u_y=u\cos\varphi=k\sqrt{x^2+y^2}\dfrac{x}{\sqrt{x^2+y^2}}=kx\\ u_z=0\end{cases}$$

流场中的加速度为

$$\begin{cases}a_x=\dfrac{\partial u_x}{\partial t}+u_x\dfrac{\partial u_x}{\partial x}+u_y\dfrac{\partial u_x}{\partial y}+u_z\dfrac{\partial u_z}{\partial z}=-k^2x\\ a_y=\dfrac{\partial u_y}{\partial t}+u_x\dfrac{\partial u_y}{\partial x}+u_y\dfrac{\partial u_y}{\partial y}+u_z\dfrac{\partial u_y}{\partial z}=-k^2y\\ a_z=\dfrac{\partial u_z}{\partial t}+u_x\dfrac{\partial u_z}{\partial x}+u_y\dfrac{\partial u_z}{\partial y}+u_z\dfrac{\partial u_z}{\partial z}=0\end{cases}$$

液体运动的流线,可由流线的微分方程求得,即

$$\frac{\mathrm{d}x}{-ky}=\frac{\mathrm{d}y}{kx}=\frac{\mathrm{d}z}{0}$$

积分上式后可得

$$\begin{cases}x^2+y^2=r^2\\ z=C\end{cases}$$

由上式可知,流线为平行于 Oxy 平面的同心圆族。由于恒定流的流线与流线上液体质点的迹线相重合,所以迹线亦是同心圆族,液体质点作圆周运动。

液体运动的线变率和角变率分别为

$$\varepsilon_{xx}=\frac{\partial u_x}{\partial x}=0,\quad \varepsilon_{yy}=\frac{\partial u_y}{\partial y}=0,\quad \varepsilon_{zz}=\frac{\partial u_z}{\partial z}=0$$

$$\begin{cases}\varepsilon_{xy}=\varepsilon_{yx}=\dfrac{1}{2}\left(\dfrac{\partial u_y}{\partial x}+\dfrac{\partial u_x}{\partial y}\right)=0\\ \varepsilon_{yz}=\varepsilon_{zy}=\dfrac{1}{2}\left(\dfrac{\partial u_z}{\partial y}+\dfrac{\partial u_y}{\partial z}\right)=0\\ \varepsilon_{zx}=\varepsilon_{xz}=\dfrac{1}{2}\left(\dfrac{\partial u_x}{\partial z}+\dfrac{\partial u_z}{\partial x}\right)=0\end{cases}$$

由上两式可知，液体微元不发生线变形和角变形，在运动过程中维持原有的大小和形状。

液体运动是有势流还是有涡流，因为

$$\begin{cases}\omega_z=\dfrac{1}{2}\left(\dfrac{\partial u_y}{\partial x}-\dfrac{\partial u_x}{\partial y}\right)=\dfrac{1}{2}(k+k)=k\neq 0\\ \omega_x=\dfrac{1}{2}\left(\dfrac{\partial u_z}{\partial y}-\dfrac{\partial u_y}{\partial z}\right)=0\\ \omega_y=\dfrac{1}{2}\left(\dfrac{\partial u_x}{\partial z}-\dfrac{\partial u_z}{\partial x}\right)=0\end{cases}$$

所以是有涡流。

液体运动的涡线可由涡线的微分方程求得。因为

$$\omega_z=\frac{1}{2}\left(\frac{\partial u_y}{\partial x}-\frac{\partial u_x}{\partial y}\right)=\frac{1}{2}(k+k)=k,\quad \omega_x=0,\quad \omega_y=0$$

由$\dfrac{\mathrm{d}x}{\omega_x}=\dfrac{\mathrm{d}y}{\omega_y}=\dfrac{\mathrm{d}z}{\omega_z}$可得

$$\begin{cases}k\mathrm{d}y=0\\ k\mathrm{d}x=0\end{cases}$$

$$\begin{cases}y=C_1\\ x=C_2\end{cases}$$

所以，上述两个面的交线即为涡线，为平行于坐标 z 轴的直线。涡线与流线不相重合。液体质点（微元）一面作圆周运动，一面保持原有的大小和形状绕自身转轴作转动运动。

通过 Oxy 平面内 $x^2+y^2=r^2$ 的圆面积的涡通量为

$$I=2\int_A\omega_n\mathrm{d}A=2\int_A k\mathrm{d}A=2kA=2\pi kr^2$$

速度环量为

$$\Gamma=\oint(u_x\mathrm{d}x+u_y\mathrm{d}y)=\oint(-ky\ \mathrm{d}x)+\oint(kx\mathrm{d}y)$$

引入极坐标系，圆方程 $\rho=r$。因为 $x=\rho\cos\varphi$，$y=\rho\ \sin\ \varphi$，代入上式得

$$\Gamma = \int_0^{2\pi} k\rho^2\sin^2\varphi\ \mathrm{d}\varphi + \int_0^{2\pi} k\rho^2\cos^2\varphi\ \mathrm{d}\varphi$$

$$= k\rho^2\left(\frac{\varphi}{2} - \frac{1}{4}\sin 2\varphi\right)\Bigg|_0^{2\pi} + k\rho^2\left(\frac{\varphi}{2} + \frac{1}{4}\sin 2\varphi\right)\Bigg|_0^{2\pi} = 2\pi k\rho^2 = 2\pi kr^2 = I \neq 0$$

所以为有涡流，与上面由式(3-35)求证是有涡流是一致的；速度环量等于涡通量。这一例题，应用本章所学的大部分内容和前一章液体的相对平衡内容，比较全面地对它进行了分析和讨论，对较全面地掌握知识和提高分析问题的能力，可能会有所启发和帮助。

思考题

3-1 描述流体运动有哪两种方法？它们有什么不同？为什么在工程流体力学（水力学）中常采用欧拉法？

3-2 流体质点的当地加速度和迁移加速度的概念是什么？试简单举例说明。

3-3 流线的概念是什么？有什么特性？它在什么情况下和流体质点的迹线及脉线相重合？

3-4 元流、总流、过流断面、断面平均流速的概念是什么？

3-5 流体运动有哪几种类型？各有哪些特性？

3-6 系统和控制体的概念是什么？各有什么特点？

3-7 不可压缩流体和不可压缩均质流体在概念上有什么区别？可压缩流体和不可压缩均质流体的连续性微分方程的物理意义是什么？

3-8 不可压缩均质流体恒定总流的连续性方程的物理意义是什么？

3-9 流体微元运动的形式有哪几种？它们和速度变化之间有什么关系？

3-10 流体速度分解定理（亥姆霍兹速度分解定理）的物理意义是什么？它对工程流体力学的发展有什么影响？

3-11 无涡流、有涡流、涡线和涡管的概念是什么？各有什么特性？

3-12 速度环量的概念是什么？它有什么重要意义？

习题

3-1 已知流体质点的运动，由拉格朗日变数表示为 $x = ae^{kt}, y = be^{-kt}, z = c$，式中 k 是不为零的常数。试求流体质点的迹线、速度和加速度。

3-2 已知流体运动，由欧拉变数表示为 $u_x = kx, u_y = -ky, u_z = 0$，式中 k 是不为零的常数。试求流场的加速度。

3-3 已知 $u_x=yzt, u_y=zxt, u_z=0$,试求 $t=1$ 时流体质点在(1,2,1)处的加速度。

3-4 已知平面不可压缩液体的流速分量为 $u_x=1-y, u_y=t$。试求:(1) $t=0$ 时,过(0,0)点的迹线方程;(2) $t=1$ 时,过(0,0)点的流线方程。

3-5 已知 $u_x=x+t, u_y=-y+t, u_z=0$,试求 $t=2$ 时,通过点 $A(-1,-1)$ 的流线,并与例 3-3 相比较。

3-6 试求例 3-6 流体运动的流线方程和流体质点通过点 $A(1,0)$ 流线的形状。

3-7 已知 $u_x=-\frac{kyt}{x^2+y^2}, u_y=\frac{kxt}{x^2+y^2}, u_z=0$,式中 k 是不为零的常数。试求:(1) 流线方程;(2) $t=1$ 时,通过点 $A(1,0)$ 流线的形状;(3) 将求得的流线方程与习题 3-6 求得的流线方程相比较,它们有什么异同。

3-8 试证明下列不可压缩均质流体运动中,哪些满足连续性方程,哪些不满足连续性方程。(1) $u_x=-ky, u_y=kx, u_z=0$;(2) $u_x=kx, u_y=-ky, u_z=0$;(3) $u_x=\frac{-y}{x^2+y^2}, u_y=\frac{x}{x^2+y^2}, u_z=0$;(4) $u_x=ay, u_y=u_z=0$;(5) $u_x=4,\ u_y=u_z=0$;(6) $u_x=1, u_y=2$;(7) $u_x=4x, u_y=0$;(8) $u_x=4xy, u_y=0$。

3-9 已知水平圆管过流断面上的流速分布为 $u=u_{\max}\left[1-\left(\frac{r}{r_0}\right)^2\right]$,$u_{\max}$ 为管轴处最大流速,r_0 为圆管半径,r 为点流速 u 距管轴的径距。试求断面平均速度 v。

3-10 已知水平圆管过流断面上的流速分布为 $u_x=u_{\max}\left(\frac{y}{r_0}\right)^{\frac{1}{7}}$,$u_{\max}$ 为管轴处最大流速,r_0 为圆管半径,y 为点流速 u_x 距管壁的距离。试求断面平均流速 v。

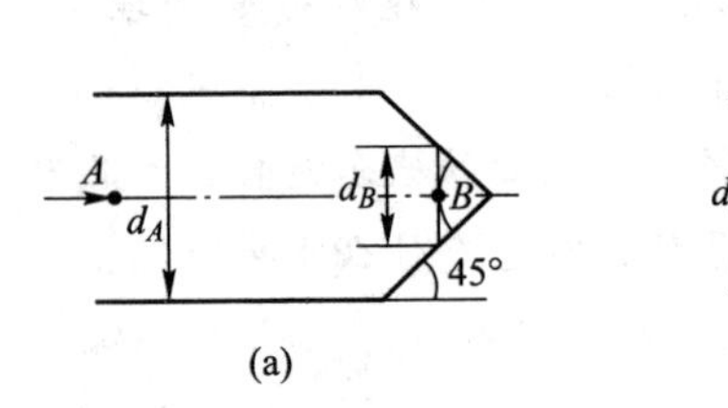

题 3-11 图

3-11 设一有压管流经圆管进入圆锥形收敛管嘴,如图所示。已知圆管直径 $d_A=0.2$ m,流量 $Q=0.014$ m^3/s;$d_B=0.1$ m。试求经过圆管内点 A 和收敛管嘴内点 B 的过流断面的平均流速 v_A、v_B。注:经过点 B 的过流断面面积,可近似地视为球缺或球冠面积，为 $2\pi Rh$（不包括底面）。

3-12　送风管的断面面积为 50 cm×50 cm，通过 a、b、c、d 四个送风口向室内输送空气，如图所示。已知送风口断面面积均为 40 cm×40 cm，气体平均速度均为 5 m/s，试求通过送风管过流断面 1-1、2-2、3-3 的流量和流速。

3-13　蒸汽管道如图所示。已知蒸汽干管前段的直径 $d_0=50$ mm，流速 $v_0=25$ m/s，蒸汽密度 $\rho_0=2.62$ kg/m^3；后段的直径 $d_1=45$ mm，蒸汽密度 $\rho_1=2.24$ kg/m^3；接出的支管直径 $d_2=40$ mm，蒸汽密度 $\rho_2=2.30$ kg/m^3。试求分叉后的两管末端的断面平均流速 v_1、v_2 为多大，才能保证该两管的质量流量相等。

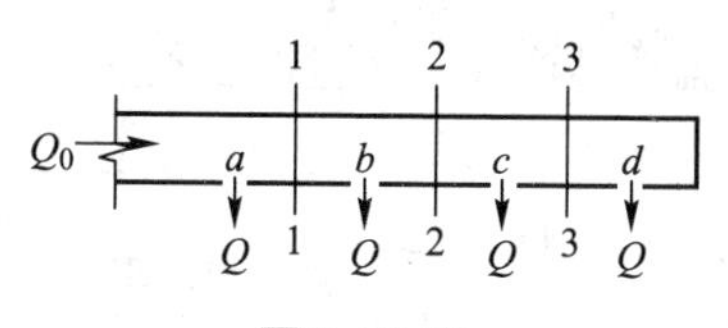

题 3-12 图

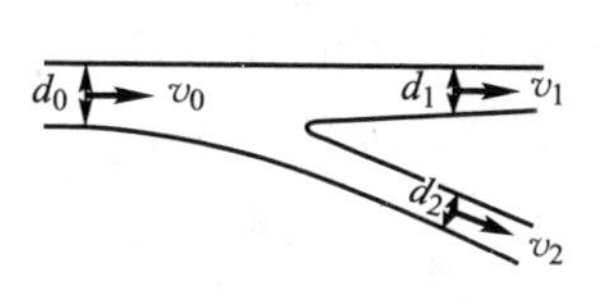

题 3-13 图

3-14　空气以标准状态（温度 $t_0=15$ ℃，密度 $\rho_0=1.225$ kg/m^3，压强 $p_0=1.013\times10^5$ Pa）进入压气机，流量 Q_V 为 20 m^3/min；流出时温度 t 为 60 ℃，绝对压强 p 为 800×10^3 Pa；如果压气机出口处流速 v 限制为 20 m/s。试求压气机的出口管径 d。

3-15　在直径为 d 的圆形风管断面上，用下法选定五个点来测量局部风速。设想用与管轴同心，但不同半径的圆周，将全部断面分为中间是圆，其他是圆环的五个面积相等的部分，如图所示。测点即位于等分此部分面积的圆周上。这样测得的各点流速，分别代表相应断面的平均流速。试计算各测点到管轴的距离，以直径的倍数表示；若各点流速分别为 u_1，u_2，u_3，u_4，u_5，空气密度为 ρ，试求质量流量 Q_m。

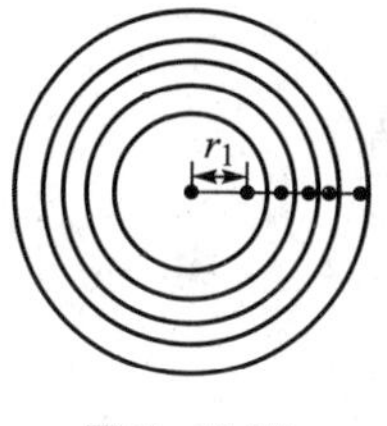

题 3-15 图

3-16　试求下列流动中的线变率、角变率：（1）$u_x=\dfrac{-y}{x^2+y^2}$，$u_y=\dfrac{x}{x^2+y^2}$；（2）$u_x=2y$，$u_y=2x$。

3-17　已知水平圆管过流断面上的流速分布为 $u_x=u_{\max}\left(1-\dfrac{r^2}{r_0^2}\right)$，$u_{\max}$ 为管轴处最大流速，r_0 为圆管半径。r 为点流速 u_x 距管轴的距离，$r^2=y^2+z^2$，$u_y=0$，$u_z=0$。试求角变率 ε_{zx}、角速度 ω_z。该流动是否为有势流？

3-18 已知 $u_x=x^2y+y^2$，$u_y=x^2-y^2x$，试求此流场中在 $x=1$、$y=2$ 点处的线变率、角变率和角速度。

3-19 试判别习题 3-8 所列流动中，哪些是无涡（有势）流，哪些是有涡流。

3-20 已知水平圆管过流断面上的流速分布为 $u_x=\dfrac{\rho gJ}{4\mu}(r_0^2-r^2)=\dfrac{\rho gJ}{4\mu}[r_0^2-(y^2+z^2)]$，$\rho$、$g$、$J$、$\mu$ 均为常数，$u_y=u_z=0$。试求该流动的涡线方程。

3-21 若在例 3-7 流场中的一个平面内，作一圆形封闭曲线，如图所示。试求沿圆周线的速度环量，是否为有势流。

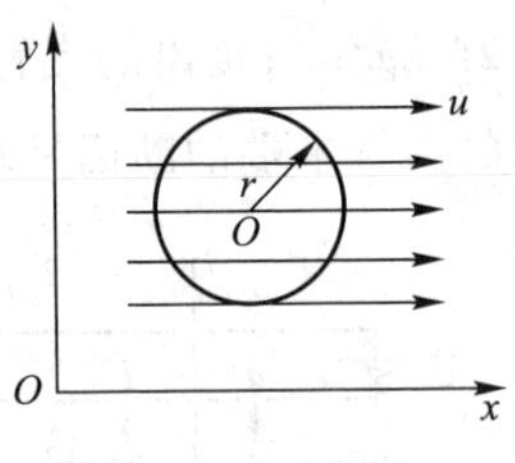

题 3-21 图

3-22 试以速度环量来判明例 3-6 中的流动，除原点（$r=0$）外是有势流。

3-23 已知 $u_x=-7y$，$u_y=9x$，试求绕圆 $x^2+y^2=1$ 的速度环量。

A3 习题答案

第四章 理想流体动力学和平面势流

流体动力学研究流体运动而涉及力的规律及其在工程中的应用。由于实际流体具有黏性,致使问题比较复杂,所以先介绍理想流体的动力学规律。虽然,实际上并不存在理想流体,但在有些问题中,如实际流体黏性的影响很小,可以忽略不计时,则对理想流体运动研究所得的结果可用于该实际流体。另外,如黏性的影响不能忽略不计时,则再对黏性的作用进行专门研究后,对理想流体运动所得的结论加以修正、补充,致使可用于实际流体。

因为流体动力学的规律涉及力,所以在研究流体运动时,先介绍理想流体中的应力。因为理想流体不具有黏性,所以流体运动时不产生切应力,在作用面上的表面力只有压应力,即动压强。理想流体的动压强与流体静压强一样亦具有两个特性。一是:动压强的方向总是沿着作用面的内法线方向;二是:理想流体中任一点的动压强大小与其作用面的方位无关,即一点上各方向的动压强大小均相等,只是位置坐标和时间的函数。这可证明如下。

设在理想流体的流场中取一微小四面体,如图 2-1 所示。根据牛顿第二定律 $\boldsymbol{F}=m\boldsymbol{a}$,可得沿 x 坐标轴方向的动力平衡方程式为

$$p_x\frac{1}{2}\mathrm{d}y\mathrm{d}z-p_n\frac{1}{2}\mathrm{d}y\mathrm{d}z+\frac{1}{6}\mathrm{d}x\mathrm{d}y\mathrm{d}z\rho f_x=\frac{1}{6}\mathrm{d}x\mathrm{d}y\mathrm{d}z\rho a_x$$

式中:a_x 为微小四面体流体的加速度在 x 坐标轴上的分量。略去高阶微量,或者说当 $\mathrm{d}x$、$\mathrm{d}y$、$\mathrm{d}z$ 都趋近于零时的极限,得 $p_x=p_n$。类似地可得 $p_y=p_n$,$p_z=p_n$。所以 $p_x=p_y=p_z=p_n=p$。根据上述特性,得

$$p=p(x,y,z,t) \tag{4-1}$$

§4-1 理想流体的运动微分方程——欧拉运动微分方程

在介绍了理想流体内部的应力特性后,就可着手建立运动方程。流体运动

亦必须遵循机械运动的普遍定律——牛顿第二定律。上述定律应用于流体运动,它的数学表示式在工程流体力学中被习惯地称为运动方程。

4-1-1 理想流体的运动微分方程——欧拉运动微分方程

下面介绍用微元分析法推导出理想流体的运动微分方程。

设在理想流体的流场中,取一以任意点 M 为中心的微小平行六面体,如图 4-1 所示。六面体的各边分别与直角坐标轴平行,边长分别为 $\mathrm{d}x$、$\mathrm{d}y$、$\mathrm{d}z$。现研究这一六面体内流体受力和运动的情况。作用于六面体的力有两种:表面力和质量力。因为是理想流体,所以没有切应力,只有垂直作用于六面体的压力。设点 M 的压强为 $p=p(x,y,z,t)$。类似第二章推导流体平衡微分方程的讨论,可得沿 x 轴方向作

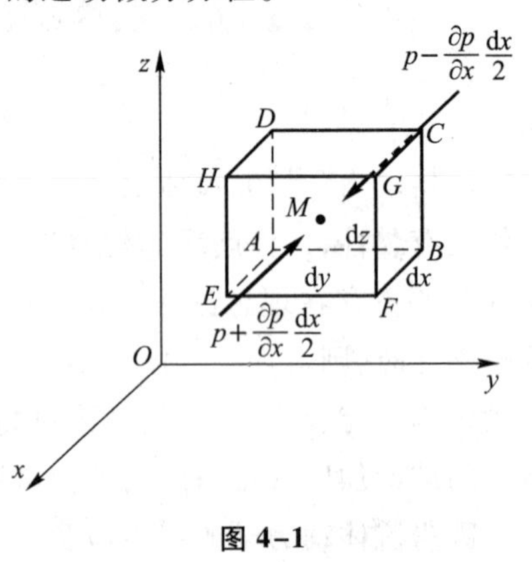

图 4-1

用于 $ABCD$ 和 $EFGH$ 面上的压力分别为$\left(p-\frac{1}{2}\frac{\partial p}{\partial x}\mathrm{d}x\right)\mathrm{d}y\mathrm{d}z$ 和$\left(p+\frac{1}{2}\frac{\partial p}{\partial x}\mathrm{d}x\right)\mathrm{d}y\mathrm{d}z$。同样可写出沿 y、z 轴方向作用于边界面上的压力分别为$\left(p-\frac{1}{2}\frac{\partial p}{\partial y}\mathrm{d}y\right)\mathrm{d}z\mathrm{d}x$ 和$\left(p+\frac{1}{2}\frac{\partial p}{\partial y}\mathrm{d}y\right)\mathrm{d}z\mathrm{d}x$、$\left(p-\frac{1}{2}\frac{\partial p}{\partial z}\mathrm{d}z\right)\mathrm{d}x\mathrm{d}y$ 和$\left(p+\frac{1}{2}\frac{\partial p}{\partial z}\mathrm{d}z\right)\mathrm{d}x\mathrm{d}y$。

设作用于六面体内流体的单位质量力在 x、y、z 轴上的分量分别为 f_x、f_y、f_z,则作用于六面体的质量力在各坐标轴上的分量分别为 $f_x\rho\mathrm{d}x\mathrm{d}y\mathrm{d}z$、$f_y\rho\mathrm{d}x\mathrm{d}y\mathrm{d}z$、$f_z\rho\mathrm{d}x\mathrm{d}y\mathrm{d}z$。

根据牛顿第二定律,设点 M 的速度为 $\boldsymbol{u}$,在 x、y、z 坐标轴上的分量分别为 u_x、u_y、u_z,则沿 x 轴方向可得

$$\left(p-\frac{1}{2}\frac{\partial p}{\partial x}\mathrm{d}x\right)\mathrm{d}y\mathrm{d}z-\left(p+\frac{1}{2}\frac{\partial p}{\partial x}\mathrm{d}x\right)\mathrm{d}y\mathrm{d}z+f_x\rho\mathrm{d}x\mathrm{d}y\mathrm{d}z=\rho\mathrm{d}x\mathrm{d}y\mathrm{d}z\frac{\mathrm{d}u_x}{\mathrm{d}t}$$

将上式各项都除以 $\rho\mathrm{d}x\mathrm{d}y\mathrm{d}z$,即对单位质量而言,化简移项后得

同理,在 y、z 轴方向可得

$$\left.\begin{aligned}f_x-\frac{1}{\rho}\frac{\partial p}{\partial x}=\frac{\mathrm{d}u_x}{\mathrm{d}t}\\ f_y-\frac{1}{\rho}\frac{\partial p}{\partial y}=\frac{\mathrm{d}u_y}{\mathrm{d}t}\\ f_z-\frac{1}{\rho}\frac{\partial p}{\partial z}=\frac{\mathrm{d}u_z}{\mathrm{d}t}\end{aligned}\right\}\tag{4-2}$$

上式即为理想流体的运动微分方程,是欧拉在1755年首先提出的,所以又称欧拉运动微分方程。它表示了流体质点运动和作用在它本身上的力的相互关系,适用于可压缩流体和不可压缩流体的恒定流和非恒定流、有势流和有涡流。当速度为零时,欧拉运动微分方程即为流体的平衡微分方程——欧拉平衡微分方程式(2-3)。

为了便于区分恒定流和非恒定流的欧拉运动微分方程,将上式等号右边按加速度表示式展开,欧拉运动微分方程可写为

$$\left.\begin{aligned}f_x-\frac{1}{\rho}\frac{\partial p}{\partial x}&=\frac{\partial u_x}{\partial t}+u_x\frac{\partial u_x}{\partial x}+u_y\frac{\partial u_x}{\partial y}+u_z\frac{\partial u_x}{\partial z}\\f_y-\frac{1}{\rho}\frac{\partial p}{\partial y}&=\frac{\partial u_y}{\partial t}+u_x\frac{\partial u_y}{\partial x}+u_y\frac{\partial u_y}{\partial y}+u_z\frac{\partial u_y}{\partial z}\\f_z-\frac{1}{\rho}\frac{\partial p}{\partial z}&=\frac{\partial u_z}{\partial t}+u_x\frac{\partial u_z}{\partial x}+u_y\frac{\partial u_z}{\partial y}+u_z\frac{\partial u_z}{\partial z}\end{aligned}\right\}\tag{4-3}$$

当恒定流时,上式中的$\frac{\partial u_x}{\partial t}=\frac{\partial u_y}{\partial t}=\frac{\partial u_z}{\partial t}=0$。

理想流体的运动微分方程式中共有八个物理量。对于不可压缩均质流体来讲,密度ρ为常数,单位质量力的分量f_x、f_y、f_z虽是坐标的函数,但通常是已知的。所以只有u_x、u_y、u_z、p四个未知函数。式(4-2)或式(4-3)只有三个方程式,所以还必须有另一方程式,才能使方程式的数目与未知函数的数目一致。这另一方程式即为不可压缩均质流体的连续性微分方程式(3-22)。上述四个方程式为求四个未知函数建立了必要而充分的条件。从理论上讲,任何一个不可压缩均质理想流体的运动问题,只要联立解这四个方程式而又满足该问题的初始条件和边界条件,就可求得解。初始条件,对于非恒定流须给出,在起始时刻$t=0$时,各处的流速应等于给定值;对于恒定流,则不存在此条件。边界条件,一般包括固体边界和自由表面等处的运动要素情况。固体的边界条件是边界上的流体速度,在垂直于边界的速度分量应等于零;它的切向速度分量则不等于零,允许流体在边界上有滑移,这是因为理想流体没有黏性,这和实际流体是不同的。自由表面的边界条件是自由表面上的压强p,等于大气压强p_a。但是,实际上,理想流体运动微分方程的求解是很困难的,因为它具有非线性的惯性项,是一个非线性偏微分方程,目前在数学上尚难求得它的普遍解(通解)和精确解(解析)解,只有在某些简单的或特殊的情况下,才能求得精确解;例如,方程式中的非线性惯性项等于零,或采取非常简单的形式,将方程化为线性方程,从而

求得精确解。下面将举例说明理想流体运动微分方程,在不可压缩恒定流中某些简单、特殊情况下的应用和求解,包括在§4-3中将要介绍的恒定平面势流,使它的问题归结为求解二阶线性椭圆形偏微分方程:拉普拉斯方程;求解拉普拉斯方程的方法,在高等数学课程中已做了较详细的介绍和讨论;在§4-3中,将结合流体运动的问题,介绍其求解的方法。

对于可压缩流体来讲,密度ρ不为常数,所以除式(4-2)或式(4-3)外,还需另两个方程式:一个是可压缩流体连续性微分方程式(3-21);另一个是热力学中的气体状态方程式(1-17a)。求解上述五个方程式也是很困难的,只有在特殊情况下才能获得它们的解。

例4-1 设有一上端开口的盛有液体的直立圆筒,绕其中心铅垂轴作等角速度ω的旋转运动,如图4-2所示。圆筒内液体也随作等角速度ω的旋转运动,液体质点间无相对运动,它的速度分布为$u_x=-\omega y, u_y=\omega x, u_z=0$。试用欧拉运动微分方程求动压强$p$的分布规律。

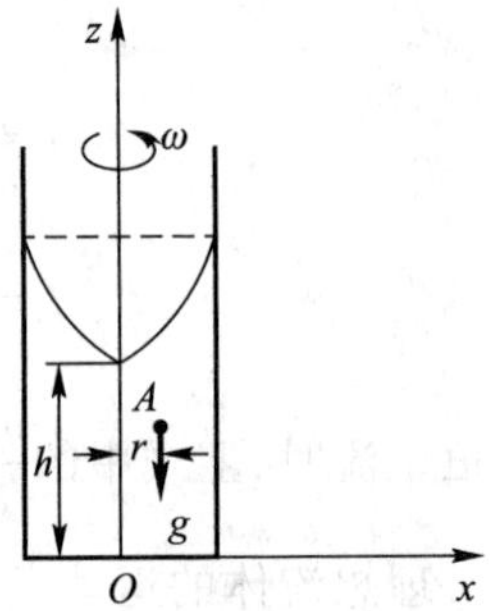

图4-2

解:因$f_x=0, f_y=0, f_z=-g$;由例3-8可知

$$\frac{\mathrm{d}u_x}{\mathrm{d}t}=-\omega^2 x,\quad \frac{\mathrm{d}u_y}{\mathrm{d}t}=-\omega^2 y,\quad \frac{\mathrm{d}u_z}{\mathrm{d}t}=0$$

将以上各项代入欧拉运动微分方程,得

$$\begin{cases} 0-\dfrac{1}{\rho}\dfrac{\partial p}{\partial x}=-\omega^2 x \\ 0-\dfrac{1}{\rho}\dfrac{\partial p}{\partial y}=-\omega^2 y \\ -g-\dfrac{1}{\rho}\dfrac{\partial p}{\partial z}=0 \end{cases}$$

将以上各式分别乘以$\mathrm{d}x, \mathrm{d}y, \mathrm{d}z$,并将它们相加,整理后得

$$\mathrm{d}p=\rho(\omega^2 x\,\mathrm{d}x+\omega^2 y\,\mathrm{d}y-g\,\mathrm{d}z)$$

积分上式得

$$p=\rho\left(\frac{1}{2}\omega^2 x^2+\frac{1}{2}\omega^2 y^2-gz\right)+C=\rho\left(\frac{1}{2}\omega^2 r^2-gz\right)+C$$

积分常数C可根据边界条件确定。当$r=0, z=h, p=p_a=0$,得$C=\rho gh$。从而可得

$$p=\rho g\left(\frac{\omega^2 r^2}{2g}-z+h\right)$$

上式表明了液体中动压强的分布规律。它与§2-4中的讨论结果是一致的。

4-1-2 葛罗米柯(又称兰姆)运动微分方程

欧拉运动微分方程适用于理想流体的有势流和有涡流,但在方程中没有体现出来。为了便于区分有势流、有涡流的运动微分方程和进行积分，现将欧拉运动微分方程变换成包含有角速度项的形式。

将$\pm u_y \dfrac{\partial u_y}{\partial x}$和$\pm u_z \dfrac{\partial u_z}{\partial x}$加到方程组(4-3)第一式等号的右边，整理为

$$f_x-\frac{1}{\rho}\frac{\partial p}{\partial x}=\frac{\partial u_x}{\partial t}+\left(u_x\frac{\partial u_x}{\partial x}+u_y\frac{\partial u_y}{\partial x}+u_z\frac{\partial u_z}{\partial x}\right)+u_y\left(\frac{\partial u_x}{\partial y}-\frac{\partial u_y}{\partial x}\right)+u_z\left(\frac{\partial u_x}{\partial z}-\frac{\partial u_z}{\partial x}\right)$$

式中

$$u_x\frac{\partial u_x}{\partial x}+u_y\frac{\partial u_y}{\partial x}+u_z\frac{\partial u_z}{\partial x}=\frac{\partial}{\partial x}\left(\frac{u_x^2+u_y^2+u_z^2}{2}\right)=\frac{\partial}{\partial x}\left(\frac{u^2}{2}\right)$$

$$u_y\left(\frac{\partial u_x}{\partial y}-\frac{\partial u_y}{\partial x}\right)+u_z\left(\frac{\partial u_x}{\partial z}-\frac{\partial u_z}{\partial x}\right)=-2u_y\omega_z+2u_z\omega_y=2(u_z\omega_y-u_y\omega_z)$$

将方程组(4-3)第二式、第三式作类似的处理，则欧拉运动微分方程可写为

$$\left.\begin{aligned}f_x-\frac{1}{\rho}\frac{\partial p}{\partial x}-\frac{\partial}{\partial x}\left(\frac{u^2}{2}\right)-\frac{\partial u_x}{\partial t}&=2(u_z\omega_y-u_y\omega_z)\\f_y-\frac{1}{\rho}\frac{\partial p}{\partial y}-\frac{\partial}{\partial y}\left(\frac{u^2}{2}\right)-\frac{\partial u_y}{\partial t}&=2(u_x\omega_z-u_z\omega_x)\\f_z-\frac{1}{\rho}\frac{\partial p}{\partial z}-\frac{\partial}{\partial z}\left(\frac{u^2}{2}\right)-\frac{\partial u_z}{\partial t}&=2(u_y\omega_x-u_x\omega_y)\end{aligned}\right\}\tag{4-4}$$

上式是葛罗米柯在 1881 年提出的，称为葛罗米柯运动微分方程，又称兰姆(Lamb)运动微分方程。它只是欧拉运动微分方程的另一数学表示式，在物理本质上并没有什么改变，仅把角速度引入了方程式中。对于有势流来讲，式中ω_x、ω_y、ω_z等于零。

4-1-3 理想流体运动微分方程的积分·伯努利方程(能量方程)

流体运动微分方程只有积分成普通方程式，在实际应用上才有意义。目前在数学上尚不能将欧拉运动微分方程进行普遍积分，葛罗米柯运动微分方程亦只有在质量力是有势的条件下才能积分。若作用于流体上的单位质量力f_x、f_y、f_z是有势的，由物理学知：势场中的力在x、y、z三个坐标轴上的分量可用某一函数$W(x,y,z)$的相应坐标轴的偏导数来表示，即

$$\begin{cases} f_x = \dfrac{\partial W}{\partial x} \\ f_y = \dfrac{\partial W}{\partial y} \\ f_z = \dfrac{\partial W}{\partial z} \end{cases}$$

式中：W 称为力函数或势函数，而具有势函数的质量力称为有势的力，例如重力和惯性力。若流体是不可压缩均质的，则 ρ=常数，将上述关系式代入式(4-4)，得

$$\left.\begin{aligned} \frac{\partial}{\partial x}\left(W-\frac{p}{\rho}-\frac{u^2}{2}\right)-\frac{\partial u_x}{\partial t}=2(u_z\omega_y-u_y\omega_z) \\ \frac{\partial}{\partial y}\left(W-\frac{p}{\rho}-\frac{u^2}{2}\right)-\frac{\partial u_y}{\partial t}=2(u_x\omega_z-u_z\omega_x) \\ \frac{\partial}{\partial z}\left(W-\frac{p}{\rho}-\frac{u^2}{2}\right)-\frac{\partial u_z}{\partial t}=2(u_y\omega_x-u_x\omega_y) \end{aligned}\right\} \tag{4-5}$$

上式即为作用于不可压缩均质流体的质量力是有势的条件下的葛罗米柯运动微分方程。它适用于不可压缩均质理想流体的恒定流和非恒定流、有势流和有涡流。

若为恒定流，则$\dfrac{\partial u_x}{\partial t}=\dfrac{\partial u_y}{\partial t}=\dfrac{\partial u_z}{\partial t}=0$，上式可简化为

$$\left.\begin{aligned} \frac{\partial}{\partial x}\left(W-\frac{p}{\rho}-\frac{u^2}{2}\right)=2(u_z\omega_y-u_y\omega_z) \\ \frac{\partial}{\partial y}\left(W-\frac{p}{\rho}-\frac{u^2}{2}\right)=2(u_x\omega_z-u_z\omega_x) \\ \frac{\partial}{\partial z}\left(W-\frac{p}{\rho}-\frac{u^2}{2}\right)=2(u_y\omega_x-u_x\omega_y) \end{aligned}\right\} \tag{4-6}$$

将以上各式分别乘以坐标任意增量 $\mathrm{d}x,\mathrm{d}y,\mathrm{d}z$，并将它们相加，整理后得

$$\begin{aligned} &\frac{\partial}{\partial x}\left(W-\frac{p}{\rho}-\frac{u^2}{2}\right)\mathrm{d}x+\frac{\partial}{\partial y}\left(W-\frac{p}{\rho}-\frac{u^2}{2}\right)\mathrm{d}y+\frac{\partial}{\partial z}\left(W-\frac{p}{\rho}-\frac{u^2}{2}\right)\mathrm{d}z \\ &=2[(u_z\omega_y-u_y\omega_z)\mathrm{d}x+(u_x\omega_z-u_z\omega_x)\mathrm{d}y+(u_y\omega_x-u_x\omega_y)\mathrm{d}z] \end{aligned} \tag{4-7}$$

因为是恒定流，各运动要素与时间无关，所以上式等号左边为$\left(W-\dfrac{p}{\rho}-\dfrac{u^2}{2}\right)$对空间坐标的全微分；等号右边可用行列式的形式来表示。所以可得

$$\mathrm{d}\left(W-\frac{p}{\rho}-\frac{u^2}{2}\right)=2\begin{vmatrix} \mathrm{d}x & \mathrm{d}y & \mathrm{d}z \\ \omega_x & \omega_y & \omega_z \\ u_x & u_y & u_z \end{vmatrix} \tag{4-8}$$

显然，当行列式等于零时，上式即可积分。积分后得

$$W-\frac{p}{\rho}-\frac{u^2}{2}=\text{常数} \tag{4-9}$$

上式即为不可压缩均质理想流体恒定流的运动方程,为纪念瑞士科学家伯努利,该方程又称伯努利方程。因为在推导过程中,曾对运动微分方程中以力为单位的各项乘以长度 $\mathrm{d}x$、$\mathrm{d}y$、$\mathrm{d}z$,并进行积分,所以伯努利方程是说明能量守恒概念的,因此又称能量方程。它说明在流场中任一点单位质量流体的位势能 W、压势能$\frac{p}{\rho}$和动能$\frac{u^2}{2}$的总和保持一常数值,而这三种机械能可以相互转化。上式虽然是对理想流体而言,但它在流体力学的发展史中,有着重要的影响和作用。一般来讲,在相应学科中的第一积分式总是很有用的,有限关系式总比微分方程容易处理,例如,它在下面 §4-3 介绍的平面势流中得到广泛应用。为了很好地掌握,对它的应用条件需加以小结。

从上述讨论、推导过程中可知,应用伯努利方程必须满足下列条件:

(1) 流体是不可压缩均质的理想流体,密度 ρ=常数;

(2) 作用于流体上的质量力是有势的;

(3) 流体运动是恒定流;

(4) 行列式 $\begin{vmatrix} \mathrm{d}x & \mathrm{d}y & \mathrm{d}z \\ \omega_x & \omega_y & \omega_z \\ u_x & u_y & u_z \end{vmatrix}=0$。

根据行列式的性质,具备下列条件的流体运动,都能满足上述行列式等于零的要求,即

① $u_x=u_y=u_z=0$,为静止流体。它说明式(4-9)适用于静止流体。

② $\omega_x=\omega_y=\omega_z=0$,为有势流。它说明式(4-9)适用于整个有势流,即流场中所有各点的总机械能保持不变,不限于在同一条流线上。

③ $\frac{\mathrm{d}x}{u_x}=\frac{\mathrm{d}y}{u_y}=\frac{\mathrm{d}z}{u_z}$,这是流线方程。它说明式(4-9)适用于有涡流,但限于同一条流线上各点的总机械能保持不变;不同流线上各点的总机械能则是不同的。这和有势流的情况不同。

④ $\frac{\mathrm{d}x}{\omega_x}=\frac{\mathrm{d}y}{\omega_y}=\frac{\mathrm{d}z}{\omega_z}$,这是涡线方程。它说明式(4-9)适用于有涡流,但限于同一条涡线上各点。

⑤ $\frac{u_x}{\omega_x}=\frac{u_y}{\omega_y}=\frac{u_z}{\omega_z}$,为螺旋流。因为令 $\omega_x=au_x$,$\omega_y=au_y$,$\omega_z=au_z$,式中 a 是不为

零的常数；将上述各式代入涡线微分方程，可得$\frac{dx}{u_x}=\frac{dy}{u_y}=\frac{dz}{u_z}=a$，涡线微分方程和流线微分方程相同。所以，螺旋流是以流线和涡线相重合为特征，流体质点沿流线移动，同时在移动过程中又围绕流线转动。如同在有势流中一样，式(4-9)适用于整个螺旋流。

在实际应用伯努利方程式(4-9)时，须确定式中的力函数 W 值。力函数与质量力有关，根据质量力的性质，伯努利方程可以具有不同的形式。

1. 绝对运动的伯努利方程

若质量力是有势的，则

$$f_x=\frac{\partial W}{\partial x},\quad f_y=\frac{\partial W}{\partial y},\quad f_z=\frac{\partial W}{\partial z}$$

$$dW=\frac{\partial W}{\partial x}dx+\frac{\partial W}{\partial y}dy+\frac{\partial W}{\partial z}dz=f_x dx+f_y dy+f_z dz$$

当作用于流体上的质量力只有重力，并取 z 轴铅垂向上为正，则 $f_x=0,f_y=0,f_z=-g$，所以

$$dW=-g dz$$

积分得

$$W=-gz+C$$

式中：C 为积分常数。将上式代入式(4-9)，可得

$$z+\frac{p}{\rho g}+\frac{u^2}{2g}=常数 \tag{4-10}$$

对整个有势流或有涡流同一流线上的任意 1、2 两点来讲，上式可写为

$$z_1+\frac{p_1}{\rho g}+\frac{u_1^2}{2g}=z_2+\frac{p_2}{\rho g}+\frac{u_2^2}{2g} \tag{4-11}$$

上两式称为不可压缩均质理想流体恒定流的绝对运动的伯努利方程，即流体的固体边界对地球没有相对运动的伯努利方程，它是工程流体力学中普遍应用的方程之一。

*2. 相对运动的伯努利方程

现讨论作用于流体上的质量力有重力和离心惯性力的情况。设有一离心式水泵的叶轮，如图 4-3 所示。叶轮是由叶片和连接叶片的前、后圆盘所组成，后盘装在原动机转轴上。原动机带动叶轮旋转后，液体从半径为 r_1 的圆周进入叶轮，通过叶片间的流道，从半径为 r_2 的圆周离开叶轮。由于叶轮在旋转，所以

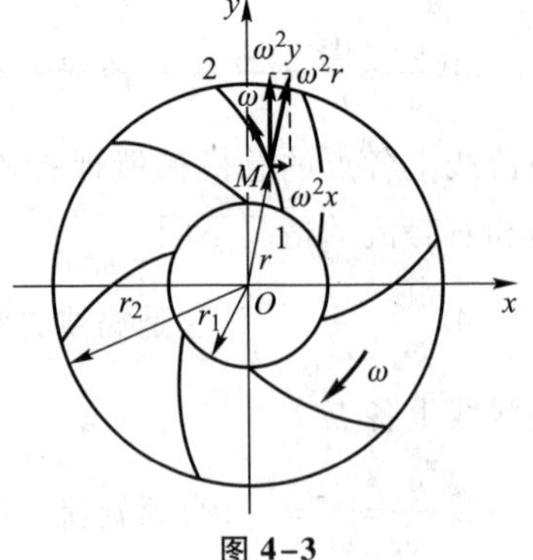

图 4-3

液体质点在流道中的运动是一种复杂运动。如果取一动坐标系，它的原点与叶轮 O 点重合，并与叶轮一起作等角速度 ω 运动；定坐标系即为绝对静止坐标系。这样，液体质点有一牵连运动，即质点固结在动坐标随叶轮旋转而对于定坐标系来讲所作的圆周运动，它的速度为圆周速度 u，方向沿圆周的切线方向；另外，有一相对运动，即质点相对于动坐标系（叶片）所作的运动，它的速度为相对速度 w，方向沿叶片的切线方向。上述两种速度的合成速度为绝对速度 v，即质点对于定坐标系的速度。三种速度的关系为

$$v=u+w \tag{4-12}$$

液体质点在流道中的运动，对于绝对静止的定坐标系来讲是非恒定流：对于动坐标系来讲，当角速度不变时，则可认为是恒定流。设质点相对于叶轮是恒定流，图 4-3 中的曲线 1～2 为一流线。在流线上取一质点 M，相对于叶轮的相对速度为 w，半径为 r，所受的质量力有重力和离心惯性力。对于图 4-3 所示的坐标轴来讲，单位质量的质量力为

$$f_x=\omega^2 r\cos\alpha=\omega^2 x,\ f_y=\omega^2 r\sin\alpha=\omega^2 y,\ f_z=-g$$

所以

$$\mathrm{d}W=f_x\mathrm{d}x+f_y\mathrm{d}y+f_z\mathrm{d}z=\omega^2 x\mathrm{d}x+\omega^2 y\mathrm{d}y-g\mathrm{d}z$$

积分上式得

$$\begin{aligned}W&=\frac{\omega^2x^2}{2}+\frac{\omega^2y^2}{2}-gz+C=\frac{\omega^2}{2}(x^2+y^2)-gz+C\\&=\frac{\omega^2r^2}{2}-gz+C\end{aligned} \tag{4-13}$$

将上式代入伯努利方程式(4-9)。因在相对运动的情况下，式(4-9)中的 u 应该用相对于叶轮的速度，即相对速度 w，则可得

$$\frac{\omega^2r^2}{2}-gz-\frac{p}{\rho}-\frac{w^2}{2}=\text{常数} \tag{4-14}$$

或

$$z+\frac{p}{\rho g}+\frac{w^2}{2g}-\frac{\omega^2r^2}{2g}=\text{常数} \tag{4-15}$$

对同一流线上任意 1、2 两点来讲，上式可写为

$$z_1+\frac{p_1}{\rho g}+\frac{w_1^2}{2g}-\frac{\omega_1^2r_1^2}{2g}=z_2+\frac{p_2}{\rho g}+\frac{w_2^2}{2g}-\frac{\omega_2^2r_2^2}{2g} \tag{4-16}$$

上两式称为不可压缩均质理想流体恒定流的相对运动的伯努利方程，即流体的固体边界对地球有相对运动的伯努利方程，它常用来分析流体机械，如离心式水泵与风机及水轮机中的流体运动。

§4-2 理想流体元流的伯努利方程

下面介绍用元流分析法推导出不可压缩均质埋想流体恒定元流的伯努利方

程。液体的运动同固体运动一样，同样应遵循能量守恒原则，因此各应用要素之间的关系可以根据能量守恒定律（动能定理）推求。由物理学知，动能定理是：某一运动物体在某一时段内的动能$\left(\frac{1}{2}mu^2\right)$增量，等于在该时段内作用于此物体上所有的力所作的功之和。现根据动能定理来推导出上述元流的伯努利方程。

4-2-1 理想流体元流的伯努利方程

在理想流体恒定总流中任取一段元流，取过流断面 1-1、2-2 及两断面之间的流管表面为控制面，如图 4-4 所示。流体仅在管内流动，且没有分流和汇流。断面 1-1、2-2 的面积、形心位置高度、密度分别为 $\mathrm{d}A_1$、$\mathrm{d}A_2$，z_1、z_2，$\rho_1=\rho_2=\rho$。由于元流的过流断面面积很小，可认为面积 $\mathrm{d}A_1$ 和 $\mathrm{d}A_2$ 上的速度和压强均匀分布，形心处的流速 u_1 和 u_2，压强 p_1 和 p_2，则可分别近似代表各自断面上的流速和压强。经过 $\mathrm{d}t$ 时段后，该流段运动到新的位置 1′-1′和 2′-2′，现分析该流段到达新位置后动能的增量，以及在此过程中外力所作的功。

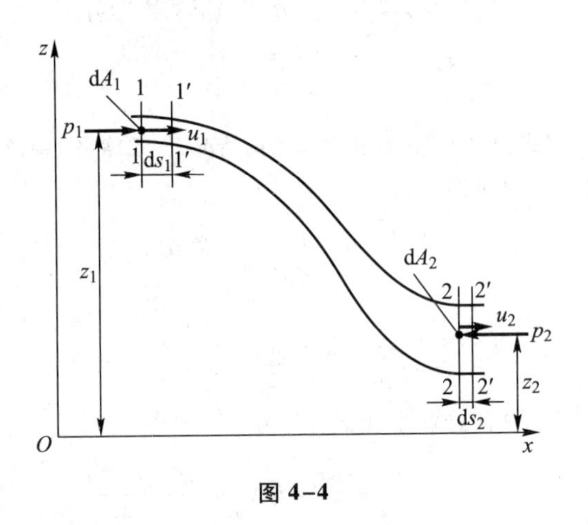

图 4-4

1. 动能的增量

1-2 段元流所具有的动能可视为是 1-1′和 1′-2 动能之和；1′-2′段元流所具有的动能，可视为是 1′-2 和 2-2′段动能之和。因为是恒定流，各个空间点的运动要素不随时间而改变，所以 1′-2 段流体所具有的动能不因经过 $\mathrm{d}t$ 时段而有所变更。经过 $\mathrm{d}t$ 时段后，元流段的动能增量等于 2-2′和 1-1′段流体的动能之差，即

$$\frac{\rho \mathrm{d}s_2 \mathrm{d}A_2 u_2^2}{2}-\frac{\rho \mathrm{d}s_1 \mathrm{d}A_1 u_1^2}{2}$$

或

$$\frac{\rho \mathrm{d}Q\mathrm{d}tu_2^2}{2}-\frac{\rho \mathrm{d}Q\mathrm{d}tu_1^2}{2}=\rho \mathrm{d}Q\mathrm{d}t\left(\frac{u_2^2}{2}-\frac{u_1^2}{2}\right) \tag{1}$$

2. 外力作的功

作用于所取元流管内的元流上的力，有质量力和表面力。

(1) 质量力作功

质量力作功仅由重力作功。

重力所作的功，实际上是 $\mathrm{d}t$ 时段内元流段的各微小分段（如图 4-4 所示的 1-1′段）流体重力乘以各微小分段流体重心沿流向移动微小距离（如图 4-4 所示的 $\mathrm{d}s_1$ 段）在铅垂方向上的高差所作功的总和（逐段所作功的叠加）。经过 $\mathrm{d}t$ 时段，流段从位置 1-1′移动到新的位置 2-2′，在此过程中位置 1′-2 是重合的，因此重力作功相当于把 1-1′这部分液体（体积为 $\mathrm{d}V$）移动到 2-2′。下面提到的压力所作的功，亦是类似的情况。由于 $\mathrm{d}V$ 为无限小分段流量，它的重心高度就可用断面形心高度来表示。元流段两端过流断面形心的铅垂高差为 z_1-z_2，如图 4-4 所示。所以元流段在 $\mathrm{d}t$ 时段内重力所作的功为

$$\rho g \mathrm{d}A_1 \mathrm{d}s_1(z_1-z_2)=\rho g \mathrm{d}Q\mathrm{d}t(z_1-z_2) \tag{2}$$

(2) 表面力作功

表面力作功由作用于元流流管表面的压力作功。

表面力中作用在元流段侧面的压力，因垂直于运动方向，不作功；作功的有作用在元流段沿程各过流断面上的压力。上述压力所作的功，实际上是在 $\mathrm{d}t$ 时段内元流段的各微小分段（如图 4-4 所示的 1-1′段）流体两端面所受压力乘以各微小分段流体两端面在压力方向移动的微小距离（如图 4-4 所示的 $\mathrm{d}s_1$ 段）所作功的总和（逐段所作功的叠加）。因为作用力和反作用力大小相等，方向相反，对于前一微小分段流体所作的功若为正，对于其相邻的后一微小分段流体则为负。所以正、负功互相抵消，剩下的即为作用于元流段两端面 1-1、2-2 过流断面上的压力所作的功。因此，元流段在 $\mathrm{d}t$ 时段内压力所作的功为

$$p_1 \mathrm{d}A_1 u_1 \mathrm{d}t-p_2 \mathrm{d}A_2 u_2 \mathrm{d}t=\mathrm{d}Q\mathrm{d}t(p_1-p_2) \tag{3}$$

根据动能定理得，(1) = (2) + (3)，即

$$\rho \mathrm{d}Q\mathrm{d}t\left(\frac{u_2^2}{2}-\frac{u_1^2}{2}\right)=\rho g\mathrm{d}Q\mathrm{d}t(z_1-z_2)+\mathrm{d}Q\mathrm{d}t(p_1-p_2) \tag{4}$$

对于单位重量流体来讲，即将上式各项都除以 $\rho g\mathrm{d}Q\mathrm{d}t$，化简移项后得

$$z_1+\frac{p_1}{\rho g}+\frac{u_1^2}{2g}=z_2+\frac{p_2}{\rho g}+\frac{u_2^2}{2g} \tag{4-17}$$

因为在方程的推导过程中两过流断面是任意取的，所以可以把上式推广到元流的任意过流断面，即

$$z+\frac{p}{\rho g}+\frac{u^2}{2g}=\text{常数} \tag{4-18}$$

上两式即为不可压缩均质理想流体恒定元流的伯努利方程（能量方程），是伯努利首先用动能定理导出，在 1738 年发表的。上两式与式（4-10）、式（4-11）可看作是等价的。

4-2-2 理想流体元流伯努利方程的物理意义和几何意义

理想流体恒定元流的伯努利方程式（4-18）是一个很著名的方程，现说明它的物理意义和几何意义。

1. 理想流体元流伯努利方程的物理意义

方程式中的 z、$\frac{p}{\rho g}$、$z+\frac{p}{\rho g}$项分别是元流过流断面上单位重量流体从某一基准面算起所具有的位能（称单位位能）、压能（称单位压能）和势能（称单位势能）。

现讨论$\frac{u^2}{2g}$项。由物理学知，如某一质量为 m、速度为 u 的物体（流体），所具有的动能是$\frac{1}{2}mu^2$。mg 是该流体的重量，$\frac{u^2}{2g}=\frac{1}{2}\frac{mu^2}{mg}$。所以$\frac{u^2}{2g}$的物理意义是：元流过流断面上单位重量流体所具有的动能，称为单位动能。

因此，理想流体恒定元流伯努利方程的物理意义是：元流各过流断面上单位重量流体所具有的总机械能（位能、压能、动能之和）沿流程保持不变；同时，亦表示了元流在不同过流断面上单位重量流体所具有的位能、压能、动能之间可以相互转化的关系。它反映了能量既守恒又可转化的定理在工程流体力学中的特殊表示形式。

2. 理想流体元流伯努利方程的几何意义

方程式中的 z、$\frac{p}{\rho g}$、$z+\frac{p}{\rho g}$、$\frac{u^2}{2g}$项，在水力学中分别称为位置水头、压强水头、测压管水头、速度水头。对于液体来讲，速度水头可形象地说明如下。

设想在明渠流中 A 点处设置一测压管和一支弯曲成 90°的玻璃测速管，如

图 4-5 所示。在速度 u_A 的作用下，测速管液面高出测压管液面一高度 h_u，如图所示。由物理学知，当不考虑任何阻力时，$h_u=\frac{u_A^2}{2g}$。由于$\frac{u^2}{2g}$具有长度量纲，故称流速水头。从上述的现象中可以看出，液体所具有的速度亦有作功的能力。

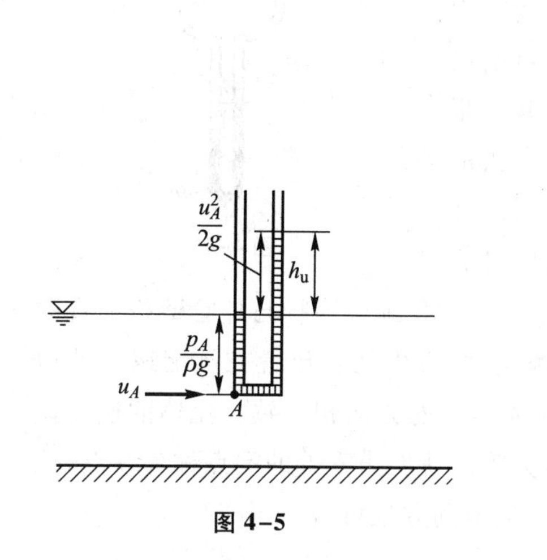

图 4-5

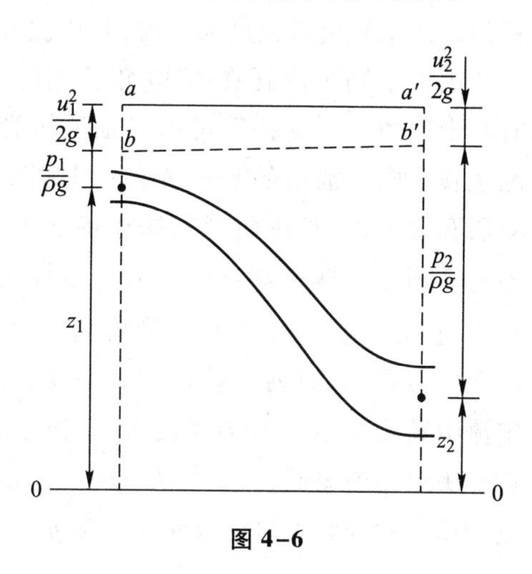

图 4-6

因此，理想流体恒定元流伯努利方程的几何意义是：对于液体来讲，元流各过流断面上总水头 H（位置水头、压强水头、速度水头之和）沿流程保持不变；同时，亦表示了元流在不同过流断面上位置水头、压强水头、速度水头之间可以相互转化的关系。这可以形象地表示为如图 4-6 所示，即经过元流各过流断面上形心处作铅垂线，按比例分别量取 z、$\frac{p}{\rho g}$、$\frac{u^2}{2g}$线段，连接各测压管水头、总水头端点，在纸面的平面上得测压管水头线 bb'和总水头线 aa'。对于理想液体，由于没有能量损失，各点的总水头相等，其总水头线是一水平线。而测压管水头线沿程可以上升，亦可下降，这体现了势能的沿程变化，以及与动能之间的相互转化。

4-2-3　皮托管

测量流体点速度的方法、仪器种类很多，有用测量流体压强的方法来测量点速度的仪器，如测速管（图 4-5 中所示的测速管）、皮托管和三孔圆柱体测速装置（参阅例 4-7），有用热线或热膜法的热线风速仪或热膜流速仪，有用激光法的激光测速仪，以及旋桨式流速仪、示踪式流速计等，可参阅有关课程的实验教材和其他资料。下面介绍一般用的皮托管及其测量方法和原理。

直接测量流体某点的速度大小是比较困难的，但是某点的压强可以比较容易地用测压计测出。因此，通常是应用伯努利方程，通过测量点压强的方法来间接地测出点速度的大小。用这样的方法来测量点速度大小时，常用皮托管。它是法国人亨利·皮托在1730年首创的，目前已有几十种类型。皮托管可由一根测压管和一根测速管组成。常用的是由装有一半圆球探头的双层套管组成，并在两管末端连接上压差计，如图4-7所示。探头端点A处开一小孔与内套管相连，直通压差计的一支；外套管侧表面沿圆周均匀地开一排与外管壁相垂直的小孔（静压孔），直通压差计的另一支。测速时，将皮托管放置在欲测速度的恒定流中某点A，探头对着来流，使管轴与流体运动的方向相一致。流体的速度接近探头时逐渐减低，流至探头端点处速度为零。速度为零处的端点称为驻点，该点的压强称为驻点压强或滞止压强p_s。由伯努利方程可得

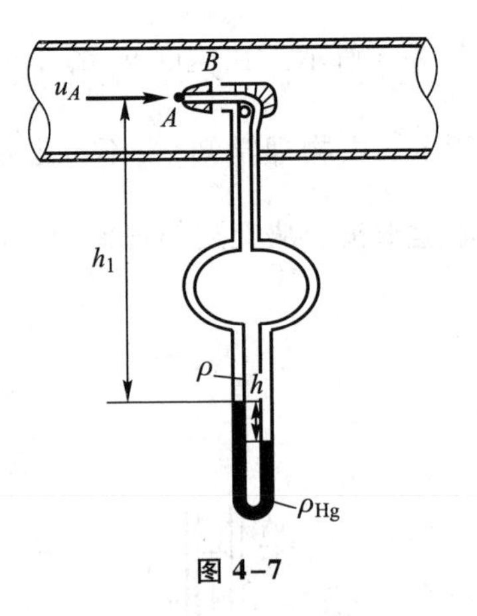

图 4-7

$$\frac{p_A}{\rho g}+\frac{u_A^2}{2g}=\frac{p_s}{\rho g}$$

或

$$p_s=p_A+\frac{1}{2}\rho u_A^2$$

或

$$u_A=\sqrt{\frac{2(p_s-p_A)}{\rho}}$$

式中：p_A、u_A分别为A点处在皮托管放入前的压强和速度。上式表明，驻点处流体的动能全部转化为压能。在测量气体速度时，在专业中常称p_A为静压、$\frac{1}{2}\rho u_A^2$为动压、p_s为全压或总压。

由上讨论可知，内套管中的压强可反映驻点压强。流体在探头端点分叉后沿管壁向下流去，所以沿管壁AB是一条流线。由于管子很细，B点处的速度、压强已基本上恢复到与来流速度u_A和压强p_A相等的数值。由上讨论可知，外套管中的压强可反映来流压强p_A。通过压差计可求出(p_s-p_A)，再由上式即可求出

速度 u_A。实际上,由于流体具有黏性,能量转换时有损失;探头端点处小孔有一定的面积,它所反映的压强是这部分面积的平均压强,不是一点的驻点压强;B 点处的压强还未完全恢复到来流的压强;皮托管放入流体后所引起的扰乱流体运动等原因,致使测得的压差不恰好是 (p_s-p_A),所以上式要乘一校正系数 c,即

$$u_A=c\sqrt{\frac{2(p_s-p_A)}{\rho}}$$

式中:c 称为皮托管校正系数,它的值须对各皮托管进行专门率定才能确定,一般由生产厂家提供,其值通常在 0.98～1.04 之间。在要求不是很严格的情况下,可取 $c=1.0$。

例 4-2 设测定管内水流中某点 A 速度的装置,如图 4-7 所示。已知压差计左右两支水银柱液面高差 $h=0.02$ m,皮托管校正系数 $c=1.0$。试求水流中 A 点的速度 u_A。

解:设在皮托管放入前 A 点处的压强为 p_A,放入后驻点压强为 p_s。由压差计读数可得

$$p_A+\rho gh_1+\rho_{Hg}gh=p_s+\rho g(h_1+h)$$

$$\frac{p_s-p_A}{\rho g}=\frac{(\rho_{Hg}-\rho)h}{\rho}=\frac{(13.6\times10^3-1\ 000)}{1\ 000}h=12.6h$$

$$u_A=\sqrt{2g\left(\frac{p_s-p_A}{\rho g}\right)}$$

$$=\sqrt{2g\times12.6h}=\sqrt{2\times9.8\times12.6\times0.02}\ \text{m/s}$$

$$=2.22\ \text{m/s}$$

§4-3 恒定平面势流

在§3-6 中曾按流体微元有无转动运动,将流体运动分为有势流和有涡流。严格讲,实际流体的运动都不是有势流,只有理想流体的运动才有可能是有势流。因为理想流体没有黏性,不存在切应力,不能传递旋转(转动)运动;它既不能使不旋转的流体微元产生旋转,也不能使已旋转的流体微元停止旋转。如果理想流体一开始运动时就是有势(或有涡)的,即将永远是有势(或有涡)的。理想流体若从静止状态开始运动,由于在静止时流场中每一条封闭曲线的速度环量等于零,而且没有涡,所以在流动后速度环量仍等于零,且没有涡,这种流动将是有势流。

实际流体的运动由于黏性的作用,可以使没有旋转的流体微元发生旋转;亦

可使有旋转的削弱乃至消除旋转。实际流体的运动只有在切应力比其他作用力小到可以忽略不计的情况，才可作为理想流体来处理，有可能按有势流来求得近似解。工程上所遇到的流体主要是水和气体，它们的黏性都很小，如果在运动过程中没有受到边壁摩擦的显著作用，就可当作理想流体来处理。水流和气流常是从静止状态过渡到运动状态，例如通风车间用抽风的方法使工作区出现风速，工作区的空气即从原来的静止状态过渡到运动状态，这就是有势流。所以一切吸风装置所形成的气流可以按有势流处理（如例 5-8 的集流器）。相反，如利用风管通过送风口向通风地区送风，空气受管壁的摩擦作用，在风管内是有涡流，进入通风地区后又以较高的速度和静止空气发生摩擦，维持为有涡流，则不能按有势流处理。其他的，如本教材将介绍的地下水的流动（渗流）、边界层外的流体运动、流经闸孔的水流等亦常视为有势流。目前解决实际流体运动，特别是绕流运动问题的方法之一，是将流场划分为两个区间：一个是紧靠固体边界的黏性起作用的区间；一个是不受固体边界阻力影响的、黏性不起作用的区间。研究前一区间的理论，形成黏性流体边界层理论，这在第八章中将做介绍；研究后一区间的理论，则是无黏性（理想）流体势流理论。势流理论，尤其是平面势流理论，在工程流体力学中有其实用意义。这一节将讨论有势流及其具体解法，范围限于恒定平面势流。

4-3-1 速度势的性质

在 § 3-6 中已经提及恒定势流中必然存在速度势 $\Phi=\Phi(x,y,z)$，且 $\frac{\partial\Phi}{\partial x}=u_x$，$\frac{\partial\Phi}{\partial y}=u_y$，$\frac{\partial\Phi}{\partial z}=u_z$。速度势是研究势流的一个很重要的概念，现进一步介绍其性质。

1. 速度势 Φ 对任意方向 $\boldsymbol{m}$ 的偏导数，等于速度 $\boldsymbol{u}$ 在该方向的速度分量 u_m。

设在有势流场中取任意点 M，M 点的速度 $\boldsymbol{u}$ 及其在 x、y、z 轴三个方向的速度分量为 u_x、u_y、u_z，如图 4-8 所示。通过 M 点沿任意方向 $\boldsymbol{m}$ 取 $\mathrm{d}\boldsymbol{m}$，相应的 $\mathrm{d}x$、$\mathrm{d}y$、$\mathrm{d}z$ 与 u_x、u_y、u_z 的方向一致。根据式(3-40)可写出

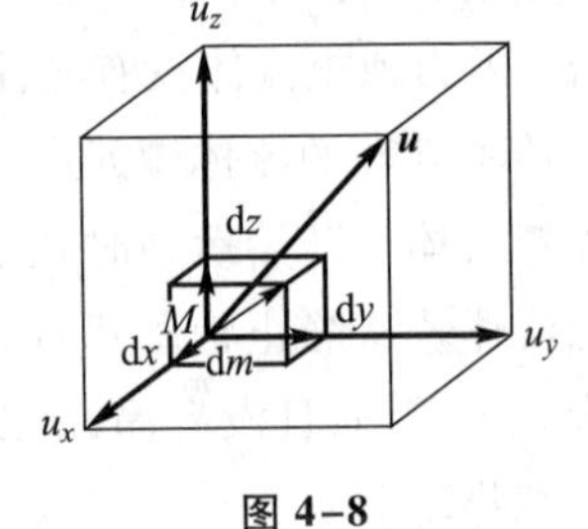

图 4-8

$$\frac{\partial\Phi}{\partial m}=\frac{\partial\Phi}{\partial x}\frac{\mathrm{d}x}{\mathrm{d}m}+\frac{\partial\Phi}{\partial y}\frac{\mathrm{d}y}{\mathrm{d}m}+\frac{\partial\Phi}{\partial z}\frac{\mathrm{d}z}{\mathrm{d}m}$$

由图可看出

$$\frac{\mathrm{d}x}{\mathrm{d}m}=\cos(\boldsymbol{m},x),\quad \frac{\mathrm{d}y}{\mathrm{d}m}=\cos(\boldsymbol{m},y),\quad \frac{\mathrm{d}z}{\mathrm{d}m}=\cos(\boldsymbol{m},z)$$

因$\frac{\partial\Phi}{\partial x}=u_x,\frac{\partial\Phi}{\partial y}=u_y,\frac{\partial\Phi}{\partial z}=u_z$。所以$\frac{\partial\Phi}{\partial x}\frac{\mathrm{d}x}{\mathrm{d}m}=u_x\cos(\boldsymbol{m},x)$，表示$\boldsymbol{u}$在$x$轴方向上的速度分量在$\boldsymbol{m}$方向的投影。同样，$\frac{\partial\Phi}{\partial y}\frac{\mathrm{d}y}{\mathrm{d}m}$及$\frac{\partial\Phi}{\partial z}\frac{\mathrm{d}z}{\mathrm{d}m}$分别表示$\boldsymbol{u}$在$y$、$z$轴方向上的速度分量在$\boldsymbol{m}$方向的投影。因此

$$\frac{\partial\Phi}{\partial m}=u\cos(\boldsymbol{u},\boldsymbol{m})=u_m \tag{4-19}$$

显然，如果上式中的$\boldsymbol{m}$方向先后取x、y、z坐标轴方向，则上式所得结果与式(3-41)一致。

对于平面势流来讲，则

$$\frac{\partial\Phi}{\partial x}=u_x,\quad \frac{\partial\Phi}{\partial y}=u_y \tag{4-20}$$

$$u_\rho=\frac{\partial\Phi}{\partial\rho},\quad u_\varphi=\frac{\partial\Phi}{\rho\partial\varphi} \tag{4-21}$$

2. 速度势值相等的点所连成的空间曲面称为等势面，与流线相正交，即为过流断面。

等势面的微分方程为

$$\begin{aligned}\mathrm{d}\Phi&=\frac{\partial\Phi}{\partial x}\mathrm{d}x+\frac{\partial\Phi}{\partial y}\mathrm{d}y+\frac{\partial\Phi}{\partial z}\mathrm{d}z\\&=u_x\mathrm{d}x+u_y\mathrm{d}y+u_z\mathrm{d}z=0\end{aligned}$$

式中$\mathrm{d}x$、$\mathrm{d}y$、$\mathrm{d}z$是等势面上微小线段$\mathrm{d}\boldsymbol{l}$在x、y、z坐标轴上的投影。等势面方程的积分形式为$\Phi(x,y,z)=$常数。因为在等势面上$u_x\mathrm{d}x+u_y\mathrm{d}y+u_z\mathrm{d}z=\boldsymbol{u}\cdot\mathrm{d}\boldsymbol{l}=0$，由于两个矢量的标量积为零，所以等势面与流线相正交，即为过流断面。

对于平面势流来说，等势面与平行平面的交线是等势线。显然它与流线相正交。

3. 速度势值沿流线$\boldsymbol{s}$方向增大。

设$\boldsymbol{s}$的方向为流线的方向，由式(4-19)得沿流线方向的速度$u_s=u=\frac{\partial\Phi}{\partial s}=\frac{\mathrm{d}\Phi}{\mathrm{d}s}$。所以

$$\mathrm{d}\Phi=u\mathrm{d}s \tag{4-22}$$

由上式可知，速度沿流线方向为正值，当$\mathrm{d}s$为正值时，$\mathrm{d}\Phi$也为正值，即Φ的增

值方向与 s 的增值方向相同；速度势值沿流线方向增大。所以，只要知道流动方向，就可确定速度势的增值方向。

4. 速度势满足拉普拉斯方程，是调和函数。

将速度势与速度的关系式(3-41)代入连续性微分方程

$$\frac{\partial u_x}{\partial x}+\frac{\partial u_y}{\partial y}+\frac{\partial u_z}{\partial z}=0$$

可得

$$\frac{\partial^2 \Phi}{\partial x^2}+\frac{\partial^2 \Phi}{\partial y^2}+\frac{\partial^2 \Phi}{\partial z^2}=0 \tag{4-23}$$

上式即为不可压缩均质理想流体恒定势流的基本方程，实际上就是它的连续性微分方程，在数学上称为拉普拉斯(Laplace)方程。凡是满足拉普拉斯方程的函数，在数学分析中称为调和函数，所以速度势是调和函数。

对于平面势流来讲，上式为

$$\frac{\partial^2 \Phi}{\partial x^2}+\frac{\partial^2 \Phi}{\partial y^2}=\nabla^2 \Phi=0 \tag{4-23a}$$

式中：∇^2 为拉普拉斯算符。

由于平面势流的速度场可由速度势来确定，而这个速度势必须满足拉普拉斯方程。因此，平面势流的问题就归结为在特定的边界条件下解拉普拉斯方程，把解两个未知函数 u_x、u_y（或 u_ρ、u_φ）的问题变为解一个未知函数 Φ 的问题。从数学处理上来讲，确定一个未知函数要比确定两个未知函数简单得多。如果能求得速度势 Φ，就可求出各点速度在各坐标轴方向的分量及各点速度，亦就求得了速度场；再应用伯努利方程，就可求得压强场。另外，从上面的讨论中，还可以看出，从数学上求解不可压缩均质理想流体恒定势流的速度场，要比求解有涡流的速度场简便。因为前者是解线性的拉普拉斯方程；后者，要联立解流体连续性微分方程和非线性的流体运动微分方程。这亦是为什么将流体运动分类为有势流和有涡流的目的和意义。

求解拉普拉斯方程的方法有四类：解析方法（如势流叠加法、复变函数法、保角变换法）、图解方法（如流网法）、实验方法（如水电比拟法）及数值计算方法（如有限差分法、有限元法）。在计算机没有得到普遍应用时，图解方法在工程计算中是一种常用的方法。因为图解法不需要较复杂的数学理论，简单易行，形象直观，所以在工程中通过绘制流网，简捷地掌握流场中的流体运动情况，得出速度分布和压强分布的近似解。图解法中流网法比较典型，对了解图解法是有帮助的，所以，下面概略地介绍流网法，后介绍简单平面势流的求解和势流叠加原理，其他的求解方法可参阅有关参考书。

4-3-2 流函数及其性质

研究流体的平面运动，流函数是一个很重要的概念。在用流网法求解平面势流时，亦需引入流函数。因为流网就是利用速度势和流函数的正交性作出的。为此，先介绍流函数的存在及其性质，学习时可以与速度势相对照，将有助于掌握。

流体平面运动（不一定是势流）的流线方程为$\frac{dx}{u_x}=\frac{dy}{u_y}$，所以

$$u_x dy-u_y dx=0 \tag{4-24}$$

不可压缩均质流体平面运动的连续性微分方程为

$$\frac{\partial u_x}{\partial x}+\frac{\partial u_y}{\partial y}=0$$

由高等数学知，上式是使 $u_x dy-u_y dx$ 能成为某一函数 $\boldsymbol{\Psi}$ 的全微分的必要和充分条件。函数 $\boldsymbol{\Psi}(x,y)$ 的全微分为

$$d\boldsymbol{\Psi}=u_x dy-u_y dx \tag{4-25}$$

对上式积分可得

$$\boldsymbol{\Psi}(x,y)=\int(u_x dy-u_y dx) \tag{4-26}$$

式中：函数 $\boldsymbol{\Psi}(x,y)$ 称为流函数。因此，满足连续性微分方程的任何不可压缩均质流体的平面运动必然有流函数的存在。三维流动，除轴对称流动外，一般不存在流函数。

因流函数 $\boldsymbol{\Psi}$ 是两个自变数的函数，它的全微分可写为

$$d\boldsymbol{\Psi}=\frac{\partial\boldsymbol{\Psi}}{\partial x}dx+\frac{\partial\boldsymbol{\Psi}}{\partial y}dy \tag{4-27}$$

将上式与式(4-25)相比较，得

$$\frac{\partial\boldsymbol{\Psi}}{\partial y}=u_x,\quad \frac{\partial\boldsymbol{\Psi}}{\partial x}=-u_y \tag{4-28}$$

在柱坐标系中，则

$$u_\rho=\frac{\partial\boldsymbol{\Psi}}{\rho\partial\varphi},\quad u_\varphi=-\frac{\partial\boldsymbol{\Psi}}{\partial\rho} \tag{4-28a}$$

上式是流函数与速度的关系式，也可看作是流函数的定义。

由上可知，在研究流体的平面运动时，如能求出流函数，即可求得任一点的两个速度分量，这样就简化了分析的过程。所以，流函数是研究流体平面运动的一个很重要、又很有用的概念，现进一步介绍其性质。

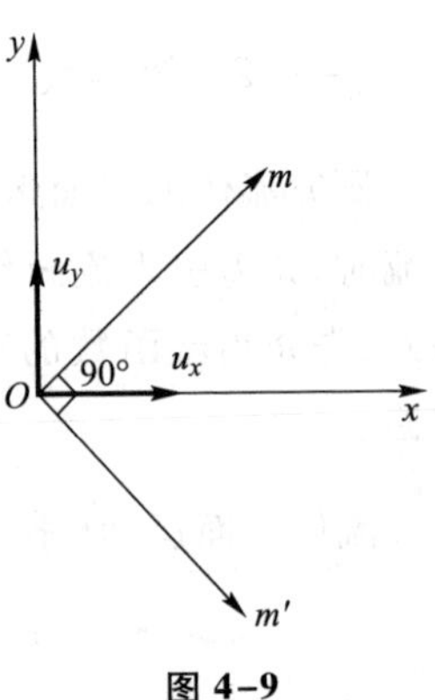

图 4-9

1. 流函数 $\boldsymbol{\Psi}$ 对任意方向 $\boldsymbol{m}$ 的偏导数，等于速度 $\boldsymbol{u}$ 在该方向顺时针旋转 90°后的 $\boldsymbol{m}'$ 方向的速度分量 $u_{m'}$，如图 4-9 所示。因为

$$\frac{\partial \Psi}{\partial m}=\frac{\partial \Psi}{\partial x}\cdot\frac{\mathrm{d}x}{\mathrm{d}m}+\frac{\partial \Psi}{\partial y}\cdot\frac{\mathrm{d}y}{\mathrm{d}m}$$
$$=-u_y\cos(\boldsymbol{m},x)+u_x\cos(\boldsymbol{m},y)$$
$$=u_{m'} \tag{4-29}$$

2. 流函数值相等的点所连成的曲线称为等流函数线，即为流线；或者说，同一流线上各点的流函数值相等。

等流函数线的方程为 $\Psi(x,y)=$ 常数，或 $\mathrm{d}\Psi=0$。由式(4-25)、(4-27)知

$$\mathrm{d}\Psi=\frac{\partial \Psi}{\partial x}\mathrm{d}x+\frac{\partial \Psi}{\partial y}\mathrm{d}y=u_x\mathrm{d}y-u_y\mathrm{d}x=0$$

上式即为流线方程，说明等流函数线即为流线。若流函数的方程能求出，则令 $\Psi=$ 常数，即可求得流线方程；不同的常数就是一条不同的流线。由于函数 Ψ 与流线之间有上述关系，所以称 Ψ 为流函数。

3. 流函数值沿流线 $\boldsymbol{s}$ 方向逆时针旋转 90°后的 $\boldsymbol{n}$ 方向增大。

由式(4-29)得：$\dfrac{\partial \Psi}{\partial n}=u_s=u$，$\dfrac{\partial \Psi}{\partial s}=0$；所以

$$\mathrm{d}\Psi=u\mathrm{d}n \tag{4-30}$$

由上式可知，流函数 Ψ 的增值方向与 $\boldsymbol{n}$ 的增值方向是相同的。

在平面势流的速度场中，速度势 Φ 的增值方向与速度 $\boldsymbol{u}$ 的方向一致；将速度方向逆时针旋转 90°后所得的方向，即为流函数 Ψ 的增值方向。这一法则称为茹科夫斯基(Joukowski)法则。利用这一法则，只要知道流体运动方向就可确定速度势 Φ 和流函数 Ψ 的增值方向。

4. 任意两条流线的流函数值之差($\Psi_2-\Psi_1$)，等于该两条流线间所通过的单宽流量 q。

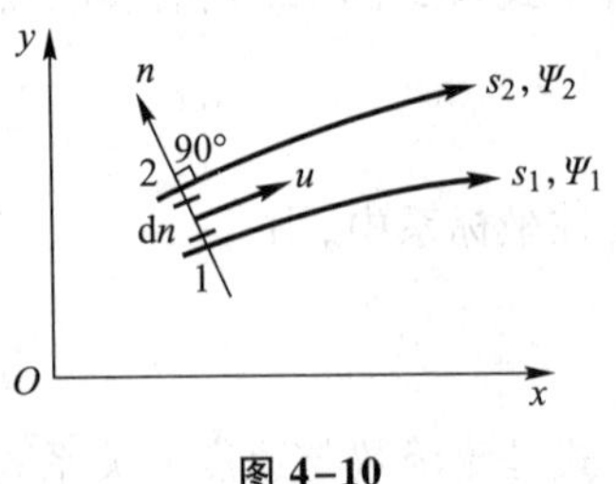

图 4-10

设在平面流场中有两条流线 s_1 和 s_2，它们的流函数值分别为 Ψ_1 和 Ψ_2，如图 4-10 所示。因为是平面问题，在 z 轴方向可取一个单位长

度，所以两条流线间所通过的流量，称为单宽流量 q。在两流线间取单宽的微小过流断面面积为 $1\times dn$，速度为 u，通过的流量 dq 为

$$dq = udn \tag{4-31}$$

由式(4-30)知 $d\Psi = udn$，所以沿两流线间过流断面 1-2 积分，得

$$q = \int_1^2 udn = \int_{\Psi_1}^{\Psi_2} d\Psi = \Psi_2 - \Psi_1 \tag{4-32}$$

在上面论证流函数的存在及其四个性质时，只用了平面流动的条件，所以对于流体的任何平面运动，不论是有势流还是有涡流都是适用的。在平面势流中，流函数还有下面一个性质。

5. 平面势流的流函数满足拉普拉斯方程，是调和函数。

在平面势流中，质点的角速度 $\omega_z = \frac{1}{2}\left(\frac{\partial u_y}{\partial x} - \frac{\partial u_x}{\partial y}\right) = 0$，即

$$\frac{\partial u_y}{\partial x} - \frac{\partial u_x}{\partial y} = 0$$

将式(4-28)代入上式可得

$$\frac{\partial^2 \Psi}{\partial x^2} + \frac{\partial^2 \Psi}{\partial y^2} = \nabla^2 \Psi = 0 \tag{4-33}$$

上式说明在平面势流中，流函数与速度势一样，也满足拉普拉斯方程，亦是调和函数。

4-3-3 流函数与速度势的关系

下面再介绍一下流函数与速度势的关系。

1. 流函数与速度势为共轭函数

在平面势流中，同时存在流函数 Ψ 和速度势 Φ，且

$$u_x = \frac{\partial \Psi}{\partial y},\quad u_y = -\frac{\partial \Psi}{\partial x};\quad u_x = \frac{\partial \Phi}{\partial x},\quad u_y = \frac{\partial \Phi}{\partial y}$$

由此可得

$$\left.\begin{aligned} u_x &= \frac{\partial \Psi}{\partial y} = \frac{\partial \Phi}{\partial x} \\ u_y &= -\frac{\partial \Psi}{\partial x} = \frac{\partial \Phi}{\partial y} \end{aligned}\right\} \tag{4-34}$$

上式是联系流函数与速度势的一对很重要的关系式，在数学分析中称为柯西-黎曼(Cauchy-Riemann)条件，满足这种关系的两个函数称为共轭函数。所以，在

平面势流中流函数 Ψ 与速度势 Φ 是共轭函数。利用上式，如知道 u_x、u_y，就可推求 Ψ 和 Φ，或者知道其中一个共轭函数，就可推求另一共轭函数。

2. 等流函数线与等速度势线互相垂直，即流线与等势线互相垂直

等流函数线，即流线方程为 $\mathrm{d}\Psi=u_x\mathrm{d}y-u_y\mathrm{d}x=0$。流线上任一点上的斜率 m_1，为

$$m_1=\frac{\mathrm{d}y}{\mathrm{d}x}=\frac{u_y}{u_x}$$

等势线方程为 $\mathrm{d}\Phi=\frac{\partial\Phi}{\partial x}\mathrm{d}x+\frac{\partial\Phi}{\partial y}\mathrm{d}y=u_x\mathrm{d}x+u_y\mathrm{d}y=0$。等势线上任一点的斜率 m_2 为

$$m_2=\frac{\mathrm{d}y}{\mathrm{d}x}=-\frac{u_x}{u_y}$$

因此可得

$$m_1m_2=\left(\frac{u_y}{u_x}\right)\left(-\frac{u_x}{u_y}\right)=-1$$

由高等数学解析几何理论知，两直线垂直的条件是它们的斜率的乘积等于-1。这就证明了流线与等势线互相垂直，如图 4-11 所示。

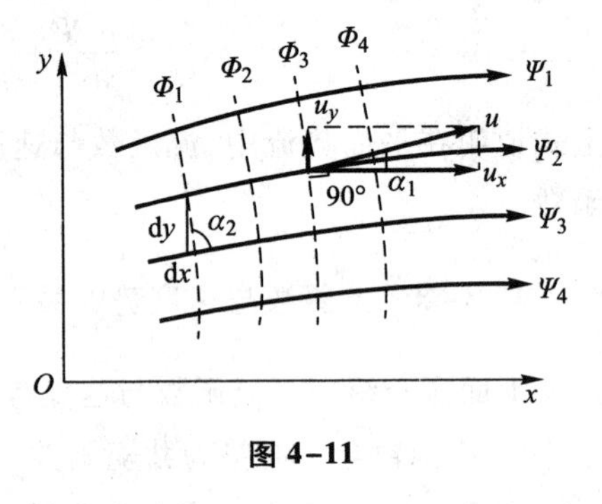

图 4-11

例 4-3 设流场中的速度分布为 $u_x=1, u_y=2$。试判别是否存在流函数 Ψ 和速度势 Φ；若存在则绘出它们的分布图。

解：因 $\frac{\partial u_x}{\partial x}=0, \frac{\partial u_y}{\partial y}=0$，所以 $\frac{\partial u_x}{\partial x}+\frac{\partial u_y}{\partial y}=0$，满足连续性微分方程，存在流函数 Ψ。

因

$$\mathrm{d}\Psi=\frac{\partial\Psi}{\partial x}\mathrm{d}x+\frac{\partial\Psi}{\partial y}\mathrm{d}y=-u_y\mathrm{d}x+u_x\mathrm{d}y=-2\mathrm{d}x+\mathrm{d}y=\mathrm{d}(y-2x)$$

积分得

$$\Psi=y-2x+C_1$$

因为关心的是速度场，即流函数的偏导数，积分常数不影响速度场，令 $C_1=0$，则

$$\Psi=y-2x$$

由上式可知等流函数线的斜率 $m_1=\frac{\mathrm{d}y}{\mathrm{d}x}=2$，所以为一族斜率为 2 的平行直线，如图 4-12 所示。

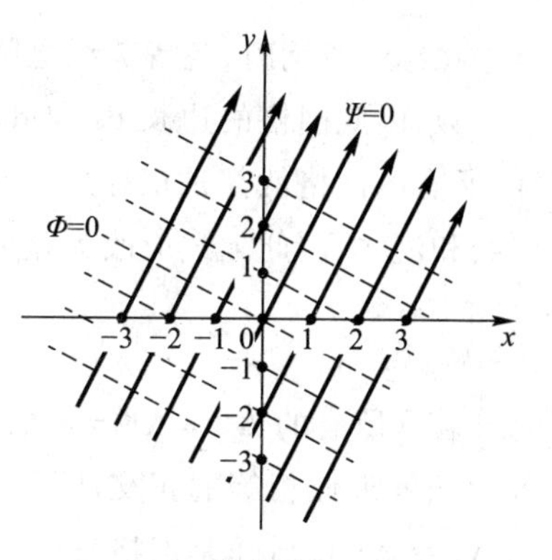

图 4-12

因$\frac{\partial u_x}{\partial y}=0$，$\frac{\partial u_y}{\partial x}=0$，所以 $\omega_z=\frac{1}{2}\left(\frac{\partial u_y}{\partial x}-\frac{\partial u_x}{\partial y}\right)=0$，为有势流，存在速度势 Φ。

因

$$\mathrm{d}\Phi=\frac{\partial \Phi}{\partial x}\mathrm{d}x+\frac{\partial \Phi}{\partial y}\mathrm{d}y=u_x\mathrm{d}x+u_y\mathrm{d}y=\mathrm{d}x+2\mathrm{d}y=\mathrm{d}(x+2y)$$

积分得

$$\Phi=x+2y+C_2$$

同前所述，令 $C_2=0$，则

$$\Phi=x+2y$$

由上式可知，等势线的斜率 $m_2=\frac{\mathrm{d}y}{\mathrm{d}x}=-\frac{1}{2}$，所以为一族斜率为$-\frac{1}{2}$的平行直线，如图 4-12 所示，与等流函数线互相垂直，因为 $m_1\cdot m_2=2\times\left(-\frac{1}{2}\right)=-1$。

4-3-4 流网及其绘制

先介绍流网及其性质。

1. 流网及其性质

在恒定平面势流中，由一族等流函数线，即一族流线和一族等势线所组成的正交网格，称为流网，如图 4-11 所示。流网具有下列两个性质。

(1) 组成流网的流线与等势线互相垂直，即等流函数线与等势线互相垂直。这在上面介绍流函数与速度势的关系时已经给予了证明。

(2) 流网中每一网格的边长之比$\left(\frac{\mathrm{d}s}{\mathrm{d}n}\right)$，等于速度势 Φ 与流函数 Ψ 的增值之比$\left(\frac{\mathrm{d}\Phi}{\mathrm{d}\Psi}\right)$；如取 $\mathrm{d}\Phi=\mathrm{d}\Psi$，则网格成正方形。

设在平面势流流场中任意取一点 M，通过 M 点作一条等势线 Φ 和一条等流函数线即流线，并绘出其相邻的等势线 $\Phi+\mathrm{d}\Phi$ 和流线 $\Psi+\mathrm{d}\Psi$。令两等势线之间的距离为 $\mathrm{d}s$，两流线之间的距离为 $\mathrm{d}n$，如图 4-13 所示。

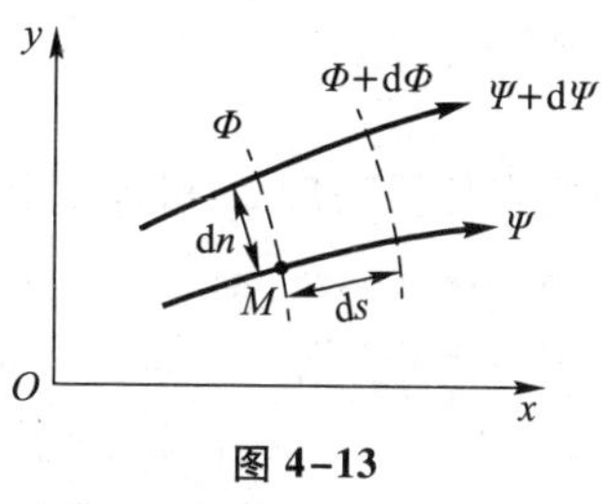

图 4-13

由式(4-22)和式(4-30)即可得

$$\frac{\mathrm{d}\Phi}{\mathrm{d}\Psi}=\frac{\mathrm{d}s}{\mathrm{d}n} \tag{4-35}$$

在绘制流网时,各等势线之间的 $d\Phi$ 值和各流线之间的 $d\Psi$ 值,各为一固定的常数,因此网格的边长 ds 与 dn 之比就应该不变。若 $d\Phi=d\Psi$,则 $ds=dn$。这样,所有的网格就都是正方形。实际上,在绘制流网时,不可能绘制无数多的等势线和流线,因此上式应改为差分式,即

$$\frac{\Delta\Phi}{\Delta\Psi}=\frac{\Delta s}{\Delta n} \tag{4-36}$$

若取所有的 $\Delta\Phi=\Delta\Psi=$ 常数,则 $\Delta s=\Delta n$,即每个网格将成为各边顶点正交、各边长度近似相等的正交曲线四边形(方格);每一网格对边中点距离相等,所以 Δs 及 Δn 应看作是网格对边中点的距离。

根据上述流网的两个性质,即可绘制流网,求得流场的速度分布和压强分布。因为任何两条相邻流线之间的流量 Δq 是一常数,根据流函数的性质 $\Delta\Psi=\Delta q$,所以任何网格中的速度为

$$u=\frac{\Delta\Psi}{\Delta n}=\frac{\Delta q}{\Delta n} \tag{4-37}$$

在绘制流网时,各网格中的 Δq 为一常数,所以速度 u 与 Δn 成反比,即两处的速度之比为

$$\frac{u_1}{u_2}=\frac{\Delta n_2}{\Delta n_1} \tag{4-38}$$

在流网中可以直接量出各处的 Δn,根据上式就可得出速度的相对变化关系。如有一点的速度为已知,就可按上式求得其他各点的速度。从上式亦可看出,当两条流线的间距愈大,则速度愈小;若间距愈小,则速度愈大。所以流网图形可以清晰地表示出速度分布的情况。

流场中的压强分布,可应用伯努利方程求得。恒定平面势流中任何两点之间都满足伯努利方程

$$z_1+\frac{p_1}{\rho g}+\frac{u_1^2}{2g}=z_2+\frac{p_2}{\rho g}+\frac{u_2^2}{2g}$$

当两点位置高度 z_1 和 z_2 为已知,速度 u_1 和 u_2 已通过流网求出,则两点的压强差为

$$\frac{p_1-p_2}{\rho g}=\frac{\Delta p}{\rho g}=z_2-z_1+\frac{u_2^2-u_1^2}{2g}$$

如有一点的压强为已知,就可按上式求得其他各点的压强。

由上可知,流网可解决恒定平面势流的问题。流网之所以能给出恒定平面

势流的流场情况，是因为流网就是拉普拉斯方程在一定边界条件下的图解。在特定的边界条件下，拉普拉斯方程只能有一个解。根据流网的性质和特定的边界条件，只能绘出一个流网，所以流网能给出唯一的近似的答案。

*2. 流网的绘制

在绘制流网时，首先要确定边界条件，一般有固体边界、自由表面、入流断面和出流断面的边界条件等。

固定的固体边界上的流动条件，是垂直于边界的速度分量应等于零。因为势流是理想流体运动，流体质点在固体边界上有相对速度，即允许有滑移，所以流体必然沿着固体边界运动。因此，固体边界是一流线，称为边界流线，等势线与它垂直。

自由表面上的流动条件与固体边界有相同的地方，即垂直于自由表面的速度分量应等于零，所以自由表面亦是一边界流线，等势线与它垂直；不同的是自由表面的压强必等于大气压强，这是它的动力条件。固体边界的位置、形状是已知的，而自由表面的位置、形状是未知的，需要根据自由表面的动力条件在绘制流网的过程中加以确定。因此，绘制有自由表面的流网比较复杂。

入流断面和出流断面的部分流动条件应该是已知的，根据已知条件可以确定这些断面上的等势线和流线的位置。如这些断面位于速度均匀分布的流段，因在绘制流网时常规定任意两条相邻流线间的单宽流量 Δq 是一常数，所以流线的间距应相等。入流断面和出流断面与平行平面的交线是等势线，称为边界等势线。

在绘制流网时，一般的步骤可以如下。

(1) 先用铅笔在图纸上按一定的比例绘出流动边界，根据边界条件定出边界流线和边界等势线。如图 4-14 中所示的有压平面势流的流区 $ABDC$，固体边界 AB 和 CD 是边界流线，入流断面 AC 和出流断面 BD 是边界等势线，垂直于固体边界。

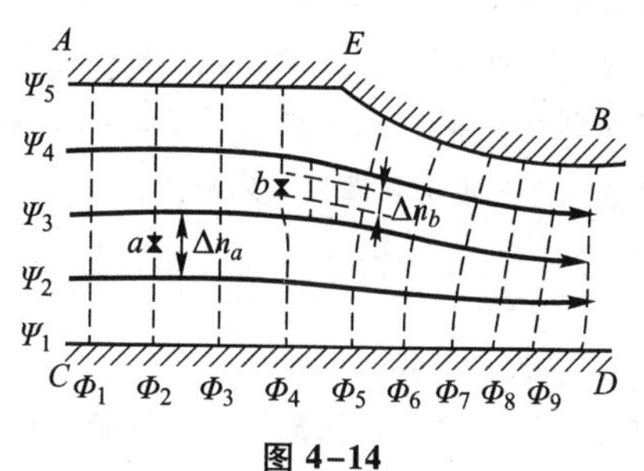

图 4-14

若流体运动方向是由左向右，根据茹科夫斯基法则，速度势的增值方向为自左向右，流函数的增值方向为自下向上。

(2) 先绘流线，再绘等势线。一般从入流断面边界等势线着手绘流线，如将上图中的边界等势线 AC 分成 n 个等分，如四个等分。因为在绘制流网时常规定任意两条相邻流线间的单宽流量 Δq 是一常数，所以流线的间距应相等，因此将 AC 等分。显然，n 值越大，流网越密，它所反映的速度分布就越准确，但绘制工作量也越大，所以 n 值需视准确度的要求而定。然后，沿流动的大致趋势绘 $n-1$ 条流线及与其垂直的等势线，力求两族曲线组成方格，并且互相垂直。因流线不能转折，如图中的 E 点为停滞点(驻点)，此处网格并非方格，绘等势线时，应先绘 E 点两侧的等势线，然后再分别向左、右描绘其他等势线。

(3) 初次绘出流网后，检查不符合流网性质的地方，进行修改。这样逐步修改数次，直到达到要求为止。每个网格都成为正方形是理论上应该做到的，在实际绘制流网时，因为网格不可能绘成无穷小，所以随着边界形状的变化，在某些地方的网格常不能组成正方形。实践证明，这对流网整体的准确度影响不大。为了验证网格是否是正方形，可在流网网格上绘出对角线，如对角线成正方形，则原来的流网是满足要求的；否则，说明有误差，需进行修改。

流网绘出后，可应用式(4-37)求得任意点的速度。如图 4-14 中 a 点的速度 u_a 为

$$u_a=\frac{\Delta\Psi_a}{\Delta n_a}=\frac{\Delta q}{\Delta n_a}=\frac{q}{4\Delta n_a}$$

式中：q 为单宽总流量，Δn_a 可由流网图中量出。

又如欲求图中 b 点的速度，只要在 b 点所在的网格中绘制更小的网格，如图中虚线所示，b 点的速度 u_b 为

$$u_b=\frac{\Delta\Psi_b}{\Delta n_b}=\frac{q}{12\Delta n_b}$$

这样，就可求得速度场，应用伯努利方程可求得压强场，即可解整个平面势流问题。

如果边界条件中有自由表面，如图 4-15 所示的二维矩形薄壁堰流。因为自由表面形状是未知的，所以常先假定一个自由表面的位置并绘制其流网。然后检查其是否符合流网性质和满足自由表面上的压强等于大气压强这个动力条件。后者的这种检查可应用伯努利方程来进行，因大气压强 $p_a=0$，即自由表面上各点必须满足下列条件：

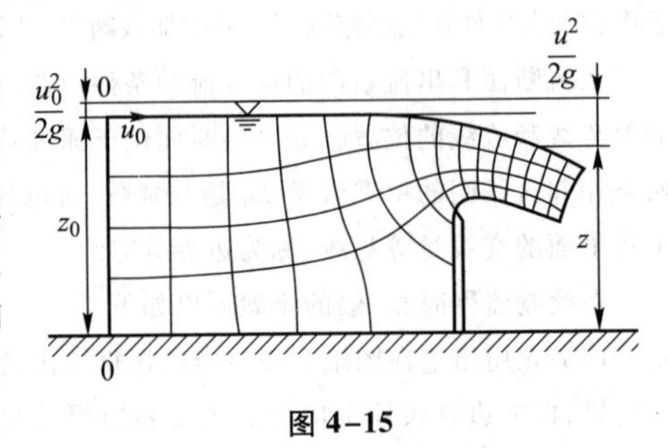

图 4-15

$$z+\frac{u^2}{2g}=H$$

式中：H 为总水头。

如图 4-15 中入流断面 0-0 取在速度均匀分布的流段，该断面自由表面上一点速度为 u_0；在自由表面上其他任意一点的速度为 u，则由伯努利方程可得

$$z_0+\frac{u_0^2}{2g}=z+\frac{u^2}{2g}$$

式中的 z_0、z 可从初次绘出的自由表面量得；u_0、u 可从初次绘出的流网，按 $u=\frac{\Delta q}{\Delta n}$ 求得。因此可检验自由表面上各点的总水头 H 是否相等。若不相等，则逐步修改自由表面各点的位置，同时也修改整个流网，直到流网和自由表面都符合各自所需满足的条件为止。流网绘出后，如前所述，即可求得速度场和压强场。

上述网格的修正过程，是一种基本上按固定程式用人工方法不断松弛的过程，相当于用松弛法解一组与拉普拉斯方程相对应的线性代数方程组，其修正过程以图像映示了数学上收敛过程的概貌。

4-3-5　简单平面势流

拉普拉斯方程在复杂的边界条件下不易求解，但一些简单平面势流的速度势和流函数是不难求得的。在实际工程问题中的势流是比较复杂的，研究简单平面势流的意义，主要还在于通过把已知的简单势流恰当地叠加，组合成符合给定边界条件的实际工程中的、较复杂的势流，使问题能够得到解决。下面介绍几个基本的简单平面势流及其可能存在的例子。

1. 均匀直线流

设流场中的速度分布为 $u_x=u=$常数，$u_y=0$。现讨论其运动。由例 3-7 知，该流动为有势流。

因$\dfrac{\partial \Psi}{\partial y}=u_x=u$，$\dfrac{\partial \Psi}{\partial x}=-u_y=0$，所以

$$\mathrm{d}\Psi=\frac{\partial \Psi}{\partial x}\mathrm{d}x+\frac{\partial \Psi}{\partial y}\mathrm{d}y=u\mathrm{d}y$$

积分得

$$\Psi=uy+C_1$$

因$\dfrac{\partial \Phi}{\partial x}=u_x=u$，$\dfrac{\partial \Phi}{\partial y}=u_y=0$，所以

$$\mathrm{d}\Phi=\frac{\partial \Phi}{\partial x}\mathrm{d}x+\frac{\partial \Phi}{\partial y}\mathrm{d}y=u\mathrm{d}x$$

积分得

$$\Phi=ux+C_2$$

因为积分常数 C_1、C_2 不影响速度场，令它们等于零，则得

$$\Psi=uy \tag{4-39}$$

$$\Phi=ux \tag{4-40}$$

上述的流函数 Ψ 和速度势 Φ 都是单值函数，且都满足拉普拉斯方程。

等流函数线和等势线的分布图，如图 4-16 所示。

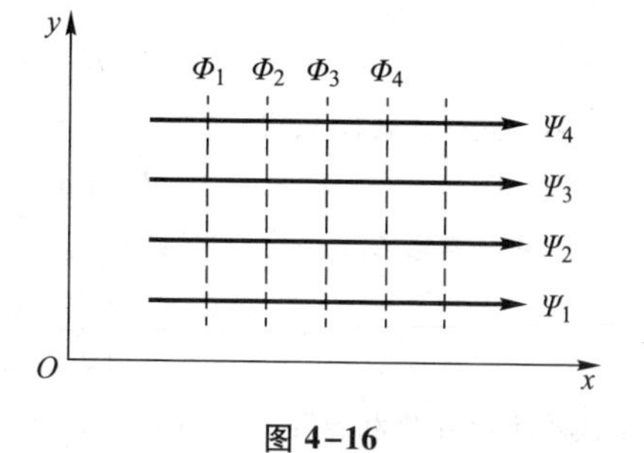

图 4-16

由于流场中各点的速度都相同，根据伯努利方程式(4-10)可得 $z+\dfrac{p}{\rho g}=$常数。如果均匀直线流是在水平面内，或者重力的影响可以忽略不计(如气体)，则 $p=$常

数，即在流场中压强值处处都相等。

在前面介绍流网的绘制时，曾提及固体边界是边界流线，所以均匀直线流绕过顺流放置的无限薄平板时，将具有上述流函数和速度势。

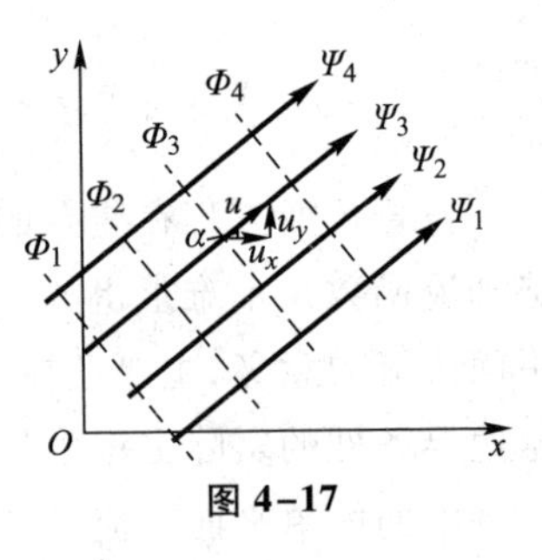

图 4-17

例 4-4 设平面均匀流场的速度为 u，均匀流与 x 轴的夹角为 α，如图 4-17 所示。试求流函数 Ψ 和速度势 Φ 及压强场。

解：速度 u 在 x、y 轴方向的速度分量分别为 $u_x=u\cos\alpha$，$u_y=u\sin\alpha$。

因

$$\frac{\partial\Psi}{\partial y}=u_x=u\cos\alpha \tag{1}$$

对 y 积分，得

$$\Psi=uy\cos\alpha+f(x) \tag{2}$$

上式对 x 取偏导数，则

$$\frac{\partial\Psi}{\partial x}=f'(x)=-u_y=-u\sin\alpha \tag{3}$$

所以

$$f(x)=-ux\sin\alpha+C_1 \tag{4}$$

将上式代入式(2)，得

$$\Psi=u\cos\alpha\cdot y-u\sin\alpha\cdot x+C_1 \tag{5}$$

因

$$\frac{\partial\Phi}{\partial x}=u_x=u\cos\alpha \tag{6}$$

对 x 积分，得

$$\Phi=u\cos\alpha\cdot x+f(y) \tag{7}$$

上式对 y 取偏导数，则

$$\frac{\partial\Phi}{\partial y}=f'(y)=u_y=u\sin\alpha \tag{8}$$

所以

$$f(y)=u\sin\alpha\cdot y+C_2 \tag{9}$$

将上式代入式(7)，得

$$\Phi=u\cos\alpha\cdot x+u\sin\alpha\cdot y+C_2 \tag{10}$$

令积分常数 C_1、C_2 均为零，则得

$$\begin{cases}\Psi=u(y\cos\alpha-x\sin\alpha)\\ \Phi=u(x\cos\alpha+y\sin\alpha)\end{cases}$$

上述的流函数 Ψ 和速度势 Φ 都是单值函数，且都满足拉普拉斯方程。

等流函数线和等势线的分布图,如图 4-17 所示。

由伯努利方程式(4-10)可知:如果均匀流是在水平面内,或者重力的影响可以忽略不计(如气体),则 $p=$常数,即在流场中压强值处处都相等。

当均匀流与 x 轴的夹角 $\alpha=0$ 时,即为均匀直线流。

2. 源流和汇流

设在水平的无限平面内,流体从某一点 O 沿径向直线均匀地向各方流出,如图 4-18 所示,这种流动称为源流,O 点称为源点。例如泉眼向各方的流动可作为源流的例子,又如,离心式水泵,在某种情况下,叶轮内的流体运动可视为源流,等等。现讨论源流运动。

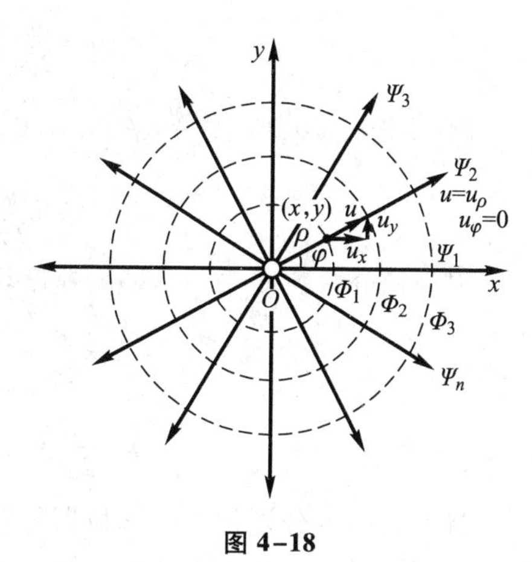

图 4-18

将坐标原点作为源点,因为在源流中只有径向速度 u_ρ,所以

$$u_\rho=\frac{q}{2\pi\rho},\quad u_\varphi=0 \tag{4-41}$$

$$u_x=u_\rho\cos\varphi=\frac{q}{2\pi\rho}\cdot\frac{x}{\rho}=\frac{qx}{2\pi\rho^2}=\frac{qx}{2\pi(x^2+y^2)} \tag{4-42}$$

$$u_y=u_\rho\sin\varphi=\frac{q}{2\pi\rho}\cdot\frac{y}{\rho}=\frac{qy}{2\pi\rho^2}=\frac{qy}{2\pi(x^2+y^2)} \tag{4-43}$$

式中:q 为沿 z 轴方向的单位长度上所流出的流量,称为源流强度。

因

$$\frac{\partial\Psi}{\rho\partial\varphi}=u_\rho=\frac{q}{2\pi\rho}$$

积分得

$$\Psi=\frac{q}{2\pi}\varphi+f(\rho) \tag{1}$$

因 $\frac{\partial\Psi}{\partial\rho}=f'(\rho)=-u_\varphi=0$,所以 $f(\rho)=C_1$。将它代入式(1)得

$$\Psi=\frac{q}{2\pi}\varphi+C_1 \tag{2}$$

因

$$\frac{\partial \Phi}{\partial \rho}=u_{\rho}=\frac{q}{2\pi\rho}$$

积分得

$$\Phi=\frac{q}{2\pi}\ln\rho+f(\varphi) \tag{3}$$

因$\frac{\partial \Phi}{\rho\partial \varphi}=u_{\varphi}=0$，所以$\frac{\partial \Phi}{\partial \varphi}=f'(\varphi)=0$，$f(\varphi)=C_2$。将它代入式(3)得

$$\Phi=\frac{q}{2\pi}\ln\rho+C_2 \tag{4}$$

因为积分常数 C_1、C_2 不影响速度场，令它们等于零，则得

$$\Psi=\frac{q}{2\pi}\varphi=\frac{q}{2\pi}\arctan\frac{y}{x} \tag{4-44}$$

$$\Phi=\frac{q}{2\pi}\ln\rho=\frac{q}{2\pi}\ln\sqrt{x^2+y^2} \tag{4-45}$$

将上述两式分别代入拉普拉斯算符，得

$$\frac{\partial^2 \Psi}{\partial \rho^2}+\frac{\partial \Psi}{\rho\partial \rho}+\frac{\partial^2 \Psi}{\rho^2\partial \varphi^2}=0+0+0=0$$

$$\frac{\partial^2 \Phi}{\partial \rho^2}+\frac{\partial \Phi}{\rho\partial \rho}+\frac{\partial^2 \Phi}{\rho^2\partial \varphi^2}=-\frac{q}{2\pi\rho^2}+\frac{q}{2\pi\rho^2}=0$$

这说明源流的流函数 Ψ 和速度势 Φ，都满足拉普拉斯方程。由式(4-44)、式(4-45)可知，等流函数线是一族从原点出发的径向射线；等势线是一族圆心位于坐标原点的不同半径的同心圆，分别如图 4-18 所示。

下面讨论汇流运动。流体沿径向直线均匀地向某一点 O 流入，如图 4-19 所示，这种流动称为汇流，O 点称为汇点。例如地下水向井中的流动可作为汇流的例子。汇流的径向速度 u_{ρ}、流函数 Ψ、速度势 Φ 的表示式和源流的相同，只是符号相反，即

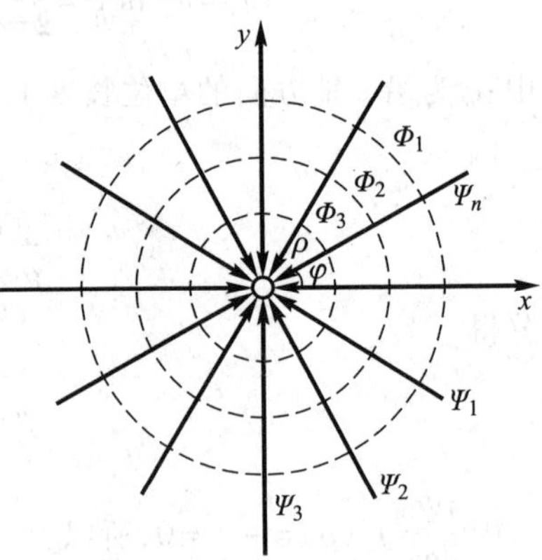

图 4-19

$$u_{\rho}=-\frac{q}{2\pi\rho},\quad u_{\varphi}=0 \tag{4-46}$$

$$\Psi=-\frac{q}{2\pi}\varphi=-\frac{q}{2\pi}\arctan\frac{y}{x} \tag{4-47}$$

$$\Phi=-\frac{q}{2\pi}\ln\rho=-\frac{q}{2\pi}\ln\sqrt{x^2+y^2} \tag{4-48}$$

式中：q 为沿 z 轴方向的单位长度上所流入的流量，称为汇流强度。

由上两式可知，等流函数线和等势线分别如图 4-19 所示。

源流和汇流的流函数 Ψ 并不是单值的，因为从 $\varphi=0$ 出发回转一圈到起始点，这时的 φ 值并不等于零而是等于 2π，因此流经包围源(或汇)点的任何封闭曲线上的流量并不等于零。因为当 $\rho=0$ 时，源流或汇流的速度势 Φ 和速度 u_ρ 均为正无穷大或负无穷大，源点或汇点是奇点，所以速度势和速度的表示式只有在源点或汇点以外才能使用。由于源点或汇点是速度不连续的点，所以流经包围源点或汇点的任何封闭曲线上的流量都等于 q。

源流或汇流的压强分布，因是有势流，理想流体恒定流伯努利方程式适用于整个有势流；又因在同一水平面内，所以除原点($\rho=0$)外，压强 p 为

$$\frac{p}{\rho_F g}+\frac{u_\rho^2}{2g}=\frac{p_\infty}{\rho_F g} \tag{4-49}$$

式中：p_∞ 为 $\rho=\infty$、$u_\rho=\dfrac{q}{2\pi\rho}=0$ 处的流体压强，ρ_F 为流体密度。

将式(4-41)或式(4-46)代入上式，得

$$p=p_\infty-\frac{q^2\rho_F}{8\pi^2}\frac{1}{\rho^2} \tag{4-50}$$

由上式可知，压强 p 随半径 ρ 的减小而降低；当

$$\rho=\rho_0=\left(\frac{q^2\rho_F}{8\pi^2 p_\infty}\right)^{1/2}$$

时，$p=0$。当 $\rho_0<\rho<\infty$ 和 $-\infty<\rho<-\rho_0$ 时的压强分布，如图 4-20 所示。当 $\rho=0$ 时，$p=-\infty$，这是不可能的，这亦说明源点或汇点是奇点。

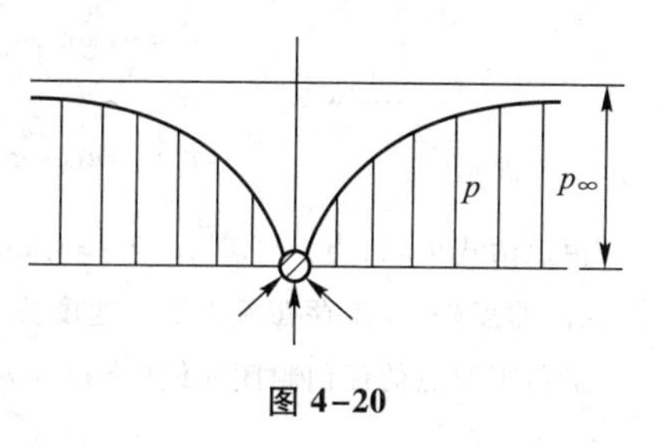

图 4-20

例 4-5 设源流强度 $q=30\ \mathrm{m^2/s}$，直角坐标原点与源点重合，试求通过点(0,3)的流线的流函数值和该点的速度 u_x、u_y。

解：由式(4-44)知，流函数 Ψ 为 $\Psi=\dfrac{q}{2\pi}\arctan\dfrac{y}{x}$。通过点(0,3)的流函数 Ψ 值为

$$\Psi=\frac{30}{2\pi}\arctan\frac{3}{0}\ \mathrm{m^2/s}=7.5\ \mathrm{m^2/s}$$

由式(4-42)、式(4-43)知，通过点(0,3)的速度为

$$u_x=\frac{q}{2\pi}\cdot\frac{x}{x^2+y^2}=0$$

$$u_y=\frac{q}{2\pi}\cdot\frac{y}{x^2+y^2}=\frac{30}{2\pi}\cdot\frac{3}{3^2}\ \text{m/s}=1.6\ \text{m/s}$$

从这例题可以看出,如能求出流函数,即可求得任一点的两个速度分量,简化了分析的过程。

*3. 环流

设在流场中,有一半径为 r_0、沿 z 轴方向为无限长的固体圆柱体,绕其中心轴以等角速度 ω 旋转。由于柱体的旋转,使柱体外的流体也绕柱体中心轴作旋转运动。实验与分析都可证明,流体质点运动速度的大小与半径成反比,流线是以柱体中心轴为中心的同心圆,如图 4-21 所示,这种平面流动称为环流(注:可与例 3-6 的情况比较)。在一些工业设备装置,如离心式水泵、离心式除尘器等,在某种情况下,部分流体运动可视为环流。现讨论环流运动。

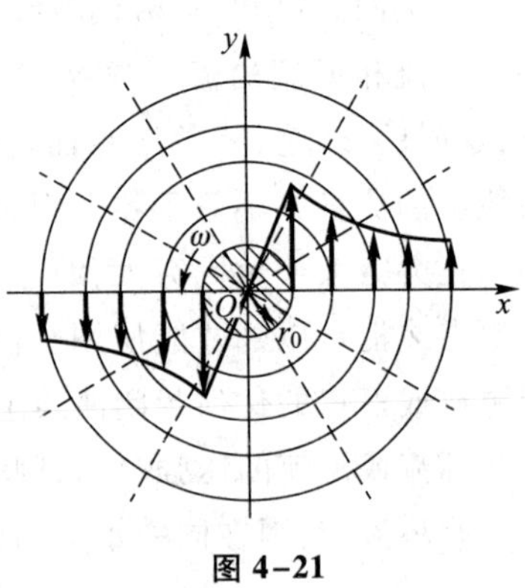

图 4-21

任意流体质点 M 的速度

$$u=u_\varphi=\frac{k}{\rho},\quad u_\rho=0 \tag{4-51}$$

式中:k 是不为零的常数。当 $\rho=r_0$ 时,$u=\omega r_0$,则 $k=\omega r_0^2$,或

$$u=\frac{\omega r_0^2}{\rho}$$

$$u_x=-u\sin\varphi=-\frac{\omega r_0^2}{\rho}\sin\varphi=-\frac{\omega r_0^2 y}{x^2+y^2} \tag{4-52}$$

$$u_y=u\cos\varphi=\frac{\omega r_0^2}{\rho}\cos\varphi=\frac{\omega r_0^2 x}{x^2+y^2} \tag{4-53}$$

由上两式可知,当 $\rho=0$ 时,$u_x=-\infty$,$u_y=\infty$,坐标原点是奇点,是速度不连续的点。不难证明,除原点外,环流存在流函数和速度势。

沿包围原点的任何封闭曲线(半径为 ρ 的流线)的速度环量 Γ 为

$$\Gamma=\oint_L u\cdot\mathrm{d}s=\int_0^{2\pi}\frac{\omega r_0^2}{\rho}\rho\mathrm{d}\varphi=2\pi\omega r_0^2 \tag{4-54}$$

上式表明速度环量 Γ 与 ρ 无关,为一常数。速度环量不为零,是由于线积分曲线包围奇点在内的原因,所以除原点外,环流才是势流。

由式(4-52)、式(4-53)、式(4-54)可得

$$u_x=-\frac{\Gamma}{2\pi}\frac{y}{(x^2+y^2)} \tag{4-55}$$

$$u_y=\frac{\Gamma}{2\pi}\frac{x}{(x^2+y^2)} \tag{4-56}$$

$$u_\varphi=\Gamma/2\pi\rho \tag{4-57}$$

式中：Γ 为沿环流流线的速度环量，称为环流强度。

因

$$\mathrm{d}\Psi=-u_y\mathrm{d}x+u_x\mathrm{d}y=-\frac{\Gamma}{2\pi}\frac{x}{(x^2+y^2)}\mathrm{d}x-\frac{\Gamma y}{2\pi(x^2+y^2)}\mathrm{d}y$$

$$=-\frac{\Gamma}{2\pi}\frac{(x\mathrm{d}x+y\mathrm{d}y)}{(x^2+y^2)}=-\frac{\Gamma}{4\pi}\frac{\mathrm{d}(x^2+y^2)}{(x^2+y^2)}$$

积分得

$$\Psi=-\frac{\Gamma}{4\pi}\ln(x^2+y^2)+C_1=-\frac{\Gamma}{2\pi}\ln\rho+C_1 \tag{1}$$

因

$$\mathrm{d}\Phi=u_x\mathrm{d}x+u_y\mathrm{d}y=-\frac{\Gamma}{2\pi}\frac{y}{(x^2+y^2)}\mathrm{d}x+\frac{\Gamma}{2\pi}\frac{x}{(x^2+y^2)}\mathrm{d}y$$

$$=\frac{\Gamma}{2\pi}\frac{(-y\mathrm{d}x+x\mathrm{d}y)}{(x^2+y^2)}=\frac{\Gamma}{2\pi}\frac{\mathrm{d}\left(\frac{y}{x}\right)}{1+\left(\frac{y}{x}\right)^2}$$

积分得

$$\Phi=\frac{\Gamma}{2\pi}\arctan\frac{y}{x}+C_2=\frac{\Gamma}{2\pi}\varphi+C_2 \tag{2}$$

令积分常数 C_1、C_2 等于零，则得

$$\Psi=-\frac{\Gamma}{2\pi}\ln\rho \tag{4-58}$$

$$\Phi=\frac{\Gamma}{2\pi}\varphi \tag{4-59}$$

当 $\Gamma>0$ 时，环流按逆时针方向运动。等流函数线（流线）是一族以原点为中心的同心圆，等势线是一族从原点出发的径向射线，分别如图 4-21 所示。

将上两式与式(4-44)、式(4-45)比较，可以看出，只要将源流的流函数与速度势互换，并因 q 已不具有流量的意义，把 q 换成 Γ，即为环流的流函数和速度势的表示式。

环流的压强分布可应用伯努利方程求得，当流动是在水平面内进行时，则

$$\frac{p}{\rho_F g}+\frac{u_\varphi^2}{2g}=\frac{p_\infty}{\rho_F g} \tag{4-60}$$

式中：p_∞ 为 $\rho=\infty$、$u_\varphi=\frac{\Gamma}{2\pi\rho}=0$ 处的流体压强。

将式(4-57)代入上式，得

$$p=p_\infty-\frac{\Gamma^2\rho_F}{8\pi^2}\frac{1}{\rho^2} \tag{4-61}$$

将上式与式(4-50)比较，可以看出，环流的压强分布与源流或汇流的性质是相同的，所不同的是上式中为 Γ 而不是 q。

如果将一直线涡束替换固体圆柱体,涡束内的流体如同固体一样绕原中心轴旋转,所有流体质点的角速度均相同为ω,是有涡流,运动速度的大小则与半径成正比,$u=u_\varphi=\omega\rho$。涡束内的区域称为涡核区,涡束外的区域为势流旋转区。涡束边缘的速度为$u_0=\dfrac{\Gamma}{2\pi r_0}$,压强为$p_0=p_\infty-\dfrac{u_0^2\rho_F}{2}$,涡束半径$r_0$则为

$$r_0=\sqrt{\frac{\Gamma^2\rho_F}{8\pi^2}\frac{1}{(p_\infty-p_0)}} \tag{4-62}$$

涡核区内的压强分布可根据欧拉运动微分方程求得。

对于水平面内的恒定流来讲,欧拉运动微分方程为

$$\begin{cases} u_x\dfrac{\partial u_x}{\partial x}+u_y\dfrac{\partial u_x}{\partial y}=-\dfrac{1}{\rho_F}\dfrac{\partial p}{\partial x} \\ u_x\dfrac{\partial u_y}{\partial x}+u_y\dfrac{\partial u_y}{\partial y}=-\dfrac{1}{\rho_F}\dfrac{\partial p}{\partial y} \end{cases}$$

将涡核区内任一点的速度$u_x=-\omega y$和$u_y=\omega x$代入上式,得

$$\begin{cases} \omega^2x=\dfrac{1}{\rho_F}\dfrac{\partial p}{\partial x} \\ \omega^2y=\dfrac{1}{\rho_F}\dfrac{\partial p}{\partial y} \end{cases}$$

上两式分别乘以$\mathrm{d}x$和$\mathrm{d}y$,然后相加,得

$$\omega^2(x\mathrm{d}x+y\mathrm{d}y)=\frac{1}{\rho_F}\left(\frac{\partial p}{\partial x}\mathrm{d}x+\frac{\partial p}{\partial y}\mathrm{d}y\right)$$

或

$$\frac{\omega^2}{2}\mathrm{d}(x^2+y^2)=\frac{1}{\rho_F}\mathrm{d}p$$

积分得

$$p=\frac{\rho_F\omega^2}{2}(x^2+y^2)+C=\frac{\rho_F\omega^2}{2}\rho^2+C=\frac{\rho_F u_\varphi^2}{2}+C$$

积分常数C由边界条件确定。当$\rho=r_0$时,$p=p_0$,$u_\varphi=u_0$,代入上式得$C=p_0-\dfrac{\rho_F}{2}u_0^2=p_0+\dfrac{\rho_F}{2}u_0^2-\rho_F u_0^2=p_\infty-\rho_F u_0^2$。将$C$值代入上式得涡核区的压强分布为

$$p=p_\infty+\frac{1}{2}\rho_F u_\varphi^2-\rho_F u_0^2 \tag{4-63}$$

或

$$p=p_\infty-\rho_F\omega^2r_0^2+\frac{\rho_F}{2}\omega^2\rho^2 \tag{4-64}$$

涡核区中心的压强p_C为

$$p_C = p_\infty - \rho_F u_0^2 \tag{4-65}$$

因为涡核区边缘的压强 p_0 为 $p_0 = p_\infty - \frac{1}{2}\rho_F u_0^2$，所以

$$p_\infty - p_0 = p_0 - p_C = \frac{1}{2}(p_\infty - p_C) = \frac{1}{2}\rho_F u_0^2 \tag{4-66}$$

由上式可知，涡核区内、外的压强差值相等。涡核区内、外的压强分布如图 4-22 所示。由于涡核区内的压强比涡核区外势流旋转区的压强低，所以环流有抽吸作用，能把势流旋转区内的部分流体抽吸到涡核区内。自然界中龙卷风的中心具有真空吸力，能把尘土等物吸入龙卷风的中心；以及一些工业设备装置，如离心式旋风除尘器中的某些气流现象，就是由于抽吸作用的原因。

例 4-6 设有一立式离心式旋风除尘器，如图 4-23 所示。已知除尘器内筒半径 $r_1 = 0.4$ m，外筒半径 $r_2 = 1.0$ m，长方形切向引入管道的宽度 $b = 0.6$ m，高度 $h = 1$ m。气流沿管道流入除尘器，旋转后经内筒上部流出。管道内气流的平均速度 $v = 10$ m/s。试估计旋转气流中切向速度 u_φ 的分布。

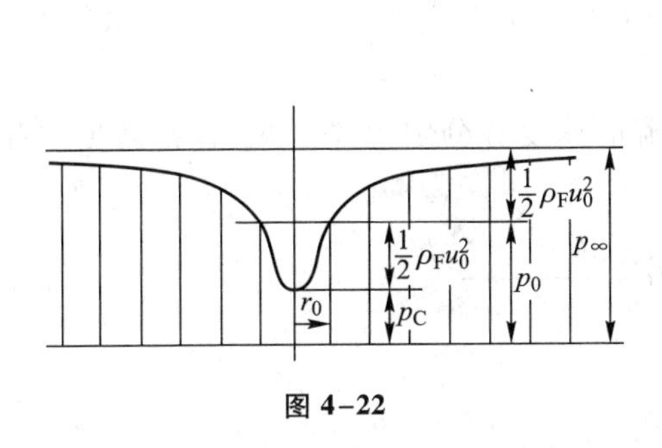

图 4-22

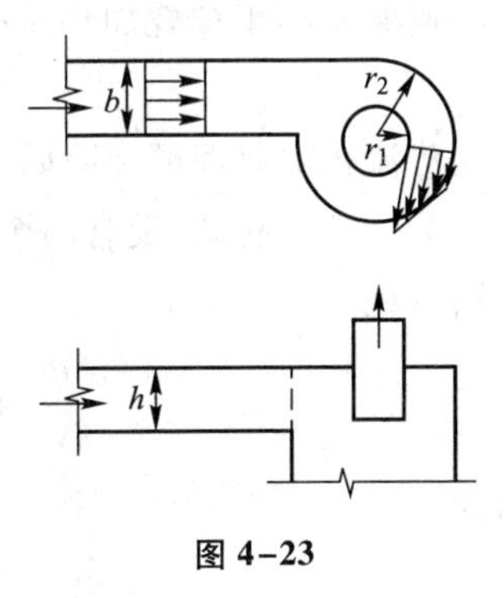

图 4-23

解：根据实际观察和实验资料表明，除尘器内旋转气流沿圆柱体半径方向上的切向速度 u_φ，相当于环流中的势流旋转区的速度分布规律。由式(4-51)知 $u_\varphi = \frac{k}{\rho}$，式中 k 是不为零的常数。k 值可由连续性方程确定，即

$$vb = \int_{r_1}^{r_2} u_\varphi \mathrm{d}\rho = \int_{r_1}^{r_2} \frac{k}{\rho}\mathrm{d}\rho = k\ln\frac{r_2}{r_1}$$

$$k = \frac{vb}{\ln\frac{r_2}{r_1}} = \frac{10\times0.6}{\ln\frac{1}{0.4}} \text{ m}^2/\text{s} = 6.55 \text{ m}^2/\text{s}$$

所以切向速度 u_φ 的分布为

$$u_\varphi = \frac{6.55 \text{ m}^2/\text{s}}{\rho}$$

内筒外壁处

$$u_{\varphi_1}=\frac{6.55\ \mathrm{m^2/s}}{r_1}=\frac{6.55\ \mathrm{m^2/s}}{0.4\ \mathrm{m}}=16.38\ \mathrm{m/s}$$

外筒内壁处

$$u_{\varphi_2}=\frac{6.55\ \mathrm{m^2/s}}{r_2}=\frac{6.55\ \mathrm{m^2/s}}{1.0\ \mathrm{m}}=6.55\ \mathrm{m/s}$$

4-3-6　势流的叠加原理和举例

势流的一个重要特性是可叠加性。几个简单势流叠加组合成的较为复杂的流动仍为势流(复合势流)，它的速度势 $\boldsymbol{\Phi}$ 和流函数 $\boldsymbol{\Psi}$ 分别等于被叠加势流的速度势 $\boldsymbol{\Phi}_1$、$\boldsymbol{\Phi}_2$、…、$\boldsymbol{\Phi}_k$ 和流函数 $\boldsymbol{\Psi}_1$、$\boldsymbol{\Psi}_2$、…、$\boldsymbol{\Psi}_k$ 的代数和，且满足拉普拉斯方程，即

$$\boldsymbol{\Phi}=\boldsymbol{\Phi}_1+\boldsymbol{\Phi}_2+\cdots+\boldsymbol{\Phi}_k \tag{4-67}$$

$$\boldsymbol{\Psi}=\boldsymbol{\Psi}_1+\boldsymbol{\Psi}_2+\cdots+\boldsymbol{\Psi}_k \tag{4-68}$$

它的速度 $\boldsymbol{u}$ 等于被叠加势流的速度 $\boldsymbol{u}_1$、$\boldsymbol{u}_2$、…、$\boldsymbol{u}_k$ 的矢量和，即

$$\boldsymbol{u}=\boldsymbol{u}_1+\boldsymbol{u}_2+\cdots+\boldsymbol{u}_k \tag{4-69}$$

上述势流叠加原理可证明如下。

为了简单起见，设有两个简单势流的速度势分别为 $\boldsymbol{\Phi}_1$、$\boldsymbol{\Phi}_2$，且都满足拉普拉斯方程

$$\frac{\partial^2\boldsymbol{\Phi}_1}{\partial x^2}+\frac{\partial^2\boldsymbol{\Phi}_1}{\partial y^2}=0,\quad \frac{\partial^2\boldsymbol{\Phi}_2}{\partial x^2}+\frac{\partial^2\boldsymbol{\Phi}_2}{\partial y^2}=0$$

因为

$$\begin{aligned}\frac{\partial^2\boldsymbol{\Phi}}{\partial x^2}+\frac{\partial^2\boldsymbol{\Phi}}{\partial y^2}&=\frac{\partial^2(\boldsymbol{\Phi}_1+\boldsymbol{\Phi}_2)}{\partial x^2}+\frac{\partial^2(\boldsymbol{\Phi}_1+\boldsymbol{\Phi}_2)}{\partial y^2}\\&=\left(\frac{\partial^2\boldsymbol{\Phi}_1}{\partial x^2}+\frac{\partial^2\boldsymbol{\Phi}_1}{\partial y^2}\right)+\left(\frac{\partial^2\boldsymbol{\Phi}_2}{\partial x^2}+\frac{\partial^2\boldsymbol{\Phi}_2}{\partial y^2}\right)=0\end{aligned}$$

所以叠加后的速度势 $\boldsymbol{\Phi}$ 仍然满足拉普拉斯方程。

同理，可证明叠加后所得复合势流的流函数 $\boldsymbol{\Psi}$ 等于被叠加势流的流函数 $\boldsymbol{\Psi}_1$、$\boldsymbol{\Psi}_2$ 的代数和。

势流的叠加，意味着速度场的几何相加，亦就是说叠加后所得复合势流任一点的速度矢量等于被叠加势流在该点速度矢量之和。因为

$$\frac{\partial\boldsymbol{\Phi}}{\partial x}=\frac{\partial(\boldsymbol{\Phi}_1+\boldsymbol{\Phi}_2)}{\partial x}=\frac{\partial\boldsymbol{\Phi}_1}{\partial x}+\frac{\partial\boldsymbol{\Phi}_2}{\partial x}$$

所以 $u_x=u_{x1}+u_{x2}$；同理 $u_y=u_{y1}+u_{y2}$。所以 $\boldsymbol{u}=\boldsymbol{u}_1+\boldsymbol{u}_2$。

上述证明可推广到两个以上势流的叠加。在工程实际中常利用势流叠加原理来解决一些较为复杂的势流问题。下面举几个例子。

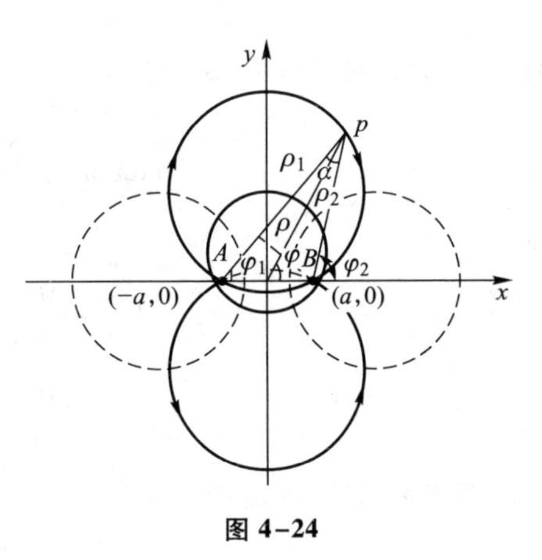

图 4-24

1. 等强度源流和汇流的组合——偶极流

设有等强度 q 的源和汇分别位于 A 点$(-a,0)$和 B 点$(a,0)$，如图 4-24 所示。上述两个势流组合成的复合势流的流函数和速度势分别为

$$\Psi=\frac{q}{2\pi}\varphi_1-\frac{q}{2\pi}\varphi_2=\frac{q}{2\pi}(\varphi_1-\varphi_2) \tag{4-70}$$

$$\Phi=\frac{q}{2\pi}\ln\rho_1-\frac{q}{2\pi}\ln\rho_2=\frac{q}{2\pi}\ln\frac{\rho_1}{\rho_2} \tag{4-71}$$

等流函数线(流线)上的 $\Psi=$常数，即 $\varphi_1-\varphi_2=$常数。由几何学知，这是圆心在 y 轴上的一族共弦圆，如图 4-24 中实线；等势线则为与它们正交的另一族圆，如图 4-24 中虚线所示。

现考虑源和汇之间的距离趋于零的极限情况，即 $a\to0$ 时所得的复合势流，称为偶极流。在这种情况下，流函数和速度势不能由位于同一点处的源和汇所对应的函数单纯地相加而得。因为这些函数在所研究的情况下，只差一个符号，它们的和为零。因此，下面将研究的源和汇，是它们的强度与彼此间的距离的乘积 $2aq=$常数$=M$ 的情况。当 $2a$ 减小到零时，q 应增加到无穷大，以使这两个量的乘积保持不变，且等于 M。M 称为偶极强度，它是一矢量，它的方向是由源流到汇流的方向。

偶极流的流函数 Ψ 为

$$\Psi=\frac{q}{2\pi}(\varphi_1-\varphi_2)=\frac{q}{2\pi}\left(\arctan\frac{y}{x+a}-\arctan\frac{y}{x-a}\right)$$

$$=\frac{q}{2\pi}\arctan\frac{\dfrac{y}{x+a}-\dfrac{y}{x-a}}{1+\dfrac{y}{x+a}\dfrac{y}{x-a}}=\frac{q}{2\pi}\arctan\frac{-2ay}{x^2+y^2-a^2}$$

因 $\rho_1-\rho_2\approx2a\cos\varphi_1$，当 $2a\to0,q\to\infty,2aq\to M,\rho_1\to\rho_2\to\rho,\varphi_1\to\varphi_2\to\varphi$。又 $\arctan z$

展开成级数，即 $\arctan z=z-\dfrac{z^3}{3}+\dfrac{z^5}{5}-\cdots$，取极限时只取第一项，则上式为

$$\Psi=\frac{q}{2\pi}\arctan\frac{-2ay}{x^2+y^2-a^2}\approx-\frac{q}{2\pi}\frac{2ay}{x^2+y^2-a^2}$$

即

$$\begin{aligned}\Psi&=-\frac{M}{2\pi}\frac{y}{x^2+y^2}=-\frac{M}{2\pi}\frac{y}{\rho^2}\\&=-\frac{M}{2\pi}\frac{\rho\sin\varphi}{\rho^2}=-\frac{M}{2\pi}\frac{\sin\varphi}{\rho}\end{aligned}\tag{4-72}$$

等流函数线，即流线方程为

$$-\frac{M}{2\pi}\frac{y}{x^2+y^2}=C_1(\text{常数})$$

改写成

$$x^2+\left(y+\frac{M}{4\pi C_1}\right)^2=\left(\frac{M}{4\pi C_1}\right)^2\tag{4-73}$$

上式表明流线是一族圆心在 y 轴上$\left(0,-\dfrac{M}{4\pi C_1}\right)$，半径为$\dfrac{M}{4\pi C_1}$的圆周族，并在坐标原点与 x 轴相切，如图 4-25 中实线所示。流体由坐标原点流出，沿着上述圆周，重新又流入原点。因为这里讨论的源在汇的左边，即在 x 轴负方向上，汇在 x 轴的正方向上，所以在 x 轴上半部平面内的流动是顺时针方向，在 x 轴下半部平面内的流动是逆时针方向。显然，流经任何包围偶极点的封闭曲线的合流量等于零。

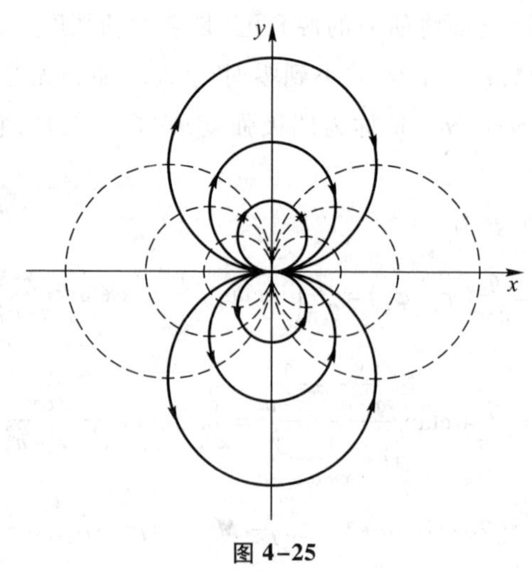

图 4-25

偶极流的速度势 Φ 为

$$\Phi=\frac{q}{2\pi}\ln\frac{\rho_1}{\rho_2}=\frac{q}{2\pi}\ln\left(1+\frac{\rho_1-\rho_2}{\rho_2}\right)$$

将 $\ln(1+z)$ 展开成级数，即 $\ln(1+z)=z-\frac{z^2}{2}+\frac{z^3}{3}-\frac{z^4}{4}+\cdots$，取极限时只取第一项，则上式为

$$\Phi=\frac{q}{2\pi}\ln\left(1+\frac{2a\cos\varphi_1}{\rho_2}\right)\approx\frac{q}{2\pi}\frac{2a\cos\varphi_1}{\rho_2}$$

即

$$\Phi=\frac{M\cos\varphi}{2\pi\rho}=\frac{M}{2\pi}\frac{\rho\cos\varphi}{\rho^2}=\frac{M}{2\pi}\frac{x}{\rho^2}=\frac{M}{2\pi}\frac{x}{x^2+y^2} \tag{4-74}$$

等势线方程为

$$\frac{M}{2\pi}\frac{x}{x^2+y^2}=C_2(\text{常数})$$

改写成

$$\left(x-\frac{M}{4\pi C_2}\right)^2+y^2=\left(\frac{M}{4\pi C_2}\right)^2 \tag{4-75}$$

上式表明，等势线是一族圆心在 x 轴上$\left(\frac{M}{4\pi C_2},0\right)$，半径为$\frac{M}{4\pi C_2}$的圆周族，并在坐标原点与 y 轴相切，如图 4-25 中虚线所示。

偶极流的速度分布不难由式(4-72)和式(4-74)求得。

$$u_x=\frac{M}{2\pi}\frac{y^2-x^2}{(x^2+y^2)^2} \tag{4-76}$$

$$u_y=-\frac{M}{2\pi}\frac{2xy}{(x^2+y^2)^2} \tag{4-77}$$

$$u_\rho=-\frac{M}{2\pi}\frac{1}{\rho^2}\cos\varphi \tag{4-78}$$

$$u_\varphi=-\frac{M}{2\pi}\frac{1}{\rho^2}\sin\varphi \tag{4-79}$$

当 $\rho\to0$ 时，$u\to\infty$，因此原点是偶极流场的奇点。

单独的偶极流没有什么实际意义，但是它与均匀直线流组合成的复合势流是很有用的。

2. 均匀直线流和偶极流的组合——圆柱绕流

设均匀直线流沿 x 轴方向，速度为 $u_x=u$；偶极流的偶极点置于坐标原点，如图 4-26 所示。上述两个势流组合成的复合势流的流函数和速度势分别为

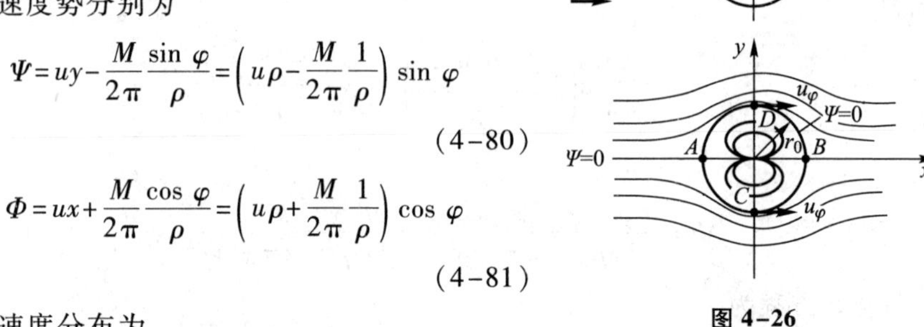

图 4-26

$$\Psi=uy-\frac{M}{2\pi}\frac{\sin\varphi}{\rho}=\left(u\rho-\frac{M}{2\pi}\frac{1}{\rho}\right)\sin\varphi \tag{4-80}$$

$$\Phi=ux+\frac{M}{2\pi}\frac{\cos\varphi}{\rho}=\left(u\rho+\frac{M}{2\pi}\frac{1}{\rho}\right)\cos\varphi \tag{4-81}$$

速度分布为

$$u_\rho=\frac{\partial\Phi}{\partial\rho}=u\cos\varphi-\frac{M}{2\pi}\frac{1}{\rho^2}\cos\varphi=\left(u-\frac{M}{2\pi\rho^2}\right)\cos\varphi \tag{4-82}$$

$$u_\varphi=\frac{\partial\Phi}{\rho\partial\varphi}=-u\sin\varphi-\frac{M}{2\pi}\frac{1}{\rho^2}\sin\varphi=-\left(u+\frac{M}{2\pi\rho^2}\right)\sin\varphi \tag{4-83}$$

因为驻点速度为零，即 $u_\rho=0, u_\varphi=0$，解上两式可得驻点位置为 B 点$\left(\sqrt{\frac{M}{2\pi u}},0\right)$和 A 点$\left(\sqrt{\frac{M}{2\pi u}},\pi\right)$，如图 4-26 所示。

通过驻点的流线的流函数 Ψ_s，对于 $\varphi=\pi$，$\sin\varphi=\sin\pi=0$，则由式(4-80)得

$$\Psi_s=\left(u\rho-\frac{M}{2\pi}\frac{1}{\rho}\right)\sin\pi=0$$

所以 $\Psi=0$ 的流线方程为

$$\left(u\rho-\frac{M}{2\pi}\frac{1}{\rho}\right)\sin\varphi=0 \tag{4-84}$$

上式的解是：$\sin\varphi=0$，$\varphi=0$ 及 $\varphi=\pi$，即 x 轴为流线；$u\rho-\frac{M}{2\pi}\frac{1}{\rho}=0$，则 $\rho^2=\frac{M}{2\pi u}$。$\rho=r_0$，即半径为 $r_0=\sqrt{\frac{M}{2\pi u}}$ 的圆也是流线。所以 $\Psi=0$ 的零流线乃是圆心位于坐标原点的圆，以及与此圆相连的 Ox 轴的两枝，如图所示。在这流线上的 A 点和 B 点是驻点，流线在 A 点分开后又在 B 点合在一起。在这种情况下，偶极流附近

的所有流线都位于圆内。如果用固体边界来替换这个圆，并不影响界线外的流动。所以 $\Psi=0$ 的零流线可视为是绕经固体圆柱体的势流的边界流线，偶极流附近的流线可不予考虑。所以，均匀直线流和偶极流叠加组合得到的复合势流，相当于均匀直线流绕过一圆柱体壁面的势流，反映了一个圆柱体的绕流流场，该流场的流函数 Ψ 和速度势 Φ 即为式(4-80)和式(4-81)。若以 $\frac{M}{2\pi}=r_0^2u$ 代入上两式，得均匀直线流绕经半径为 r_0 的圆柱的绕流流场的流函数和速度势分别为

$$\Psi=u\rho\sin\varphi\left(1-\frac{r_0^2}{\rho^2}\right) \tag{4-85}$$

$$\Phi=u\rho\cos\varphi\left(1+\frac{r_0^2}{\rho^2}\right) \tag{4-86}$$

速度分布为

$$u_\rho=\frac{\partial\Phi}{\partial\rho}=u\cos\varphi\left(1-\frac{r_0^2}{\rho^2}\right) \tag{4-87}$$

$$u_\varphi=\frac{\partial\Phi}{\rho\partial\varphi}=-u\sin\varphi\left(1+\frac{r_0^2}{\rho^2}\right) \tag{4-88}$$

圆柱表面上的速度分布，即 $\rho=r_0$ 时，可由上两式得

$$u_\rho=0,\quad u_\varphi=-2u\sin\varphi \tag{4-89}$$

上式说明圆柱表面上的速度分布沿圆周的切线方向，因为圆周即为一流线，式中的负号表示流动是沿与 φ 轴相反的方向；大小等于 $2u\sin\varphi$。由式(4-87)、式(4-88)可知，当 $\rho=r_0$ 和 $\varphi=0$、$\varphi=\pi$ 时，$u_\rho=0$，$u_\varphi=0$，即为驻点 A 点和 B 点的位置；当 $\rho=r_0$ 和 $\varphi=\pm\frac{\pi}{2}$时，$\sin\varphi=\pm1$，速度的绝对值达到最大，即 $|u_{\varphi_{\max}}|=2u$。

圆柱表面上的压强分布可应用伯努利方程求得，当流动是在水平面内进行时，则

$$\frac{p}{\rho_{\mathrm{F}}g}+\frac{u_\varphi^2}{2g}=\frac{p_\infty}{\rho_{\mathrm{F}}g}+\frac{u^2}{2g}$$

或

$$p=p_\infty+\frac{\rho_{\mathrm{F}}}{2}(u^2-u_\varphi^2) \tag{4-90}$$

式中：p_∞ 为均匀直线流中的压强。将式(4-89)代入上式，得

$$p=p_\infty+\frac{\rho_{\mathrm{F}}u^2}{2}(1-4\sin^2\varphi) \tag{4-91}$$

在工程上常用压强系数 c_p 来表示圆柱表面上任一点处的压强，它定义为

$$c_p=\frac{p-p_\infty}{\frac{1}{2}\rho_F u^2}=1-\left(\frac{u_\varphi}{u}\right)^2 \tag{4-92}$$

将式(4-91)代入上式得

$$c_p=1-4\sin^2\varphi \tag{4-93}$$

由上式可知，c_p 既与圆柱的半径无关，也与均匀直线流的速度和压强无关，研究绕流圆柱表面上的压强时，使用它就比较方便。根据上式计算的理论的压强系数 c_p 值沿圆柱表面的变化规律如图 4-27 中实线所示，它是以圆柱的上游驻点 $A(\varphi=0)$ 起(参见图 4-26)，按顺时针方向为正绘出的。在驻点 A、B 处，$\varphi=0$ 及 $\varphi=\pi$，$\sin\varphi=0$，$c_p=1$，压强最大，即 p_A、$p_B=p_\infty+\frac{1}{2}\rho_F u^2$；在点 C、D 处，$\varphi=\pm\frac{\pi}{2}$，$\sin\varphi=\pm1$，$c_p=-3$，压强最小，即 p_C、$p_D=p_\infty-\frac{3}{2}\rho_F u^2$。将 $0<\varphi<\pi$ 及其对应的 $\pi+\varphi$，分别代入上式(4-93)所得的压强系数值大小相等，如图所示，即压强分布对称于 x 轴也对称于 y 轴，所以作用于圆柱表面上的压强在 x 轴及 y 轴方向的合力都等于零，即 $F_{Px}=0$，$F_{Py}=0$。这个结论亦表示圆柱体在静止流体中作等速前进运动时没有阻力(著名的达朗贝尔佯谬)。它与实际流体绕圆柱体流动的实验结果是不一致的，主要是由于实际流体黏性的作用，上、下游圆柱表面上的压强分布不对称，因而 $F_{Px}\neq0$，这将在第八章中加以阐述。在工程实践中常遇流体绕经圆柱体的流动，例如各种冷却及加热设备中都采用这种流动方式；在工程流体力学测试技术中使用的圆柱体测速管，也是根据流体绕圆柱体流动原理来测量流体运动速度和方向的。

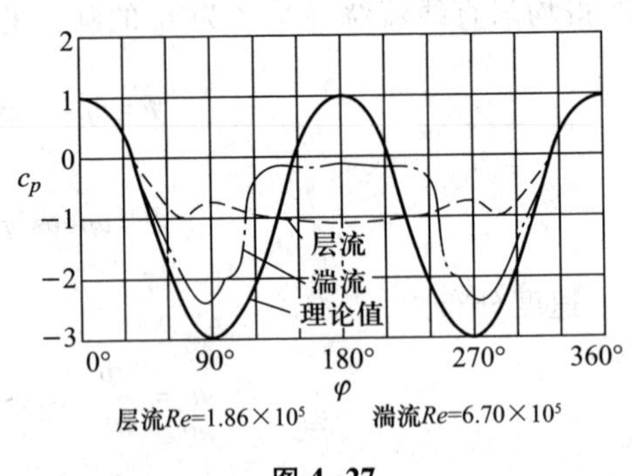

图 4-27

例 4-7　设有一圆柱体测定水流速度的装置，如图 4-28 所示。圆柱体上(在同一水平面)开三个小孔 A、B、C，分别与测压管 a、b、c 相连通，$\angle AOB=\angle AOC=30°$，如图所示。测速时将圆柱体放置于水流中，使 A 孔正对水流，其方法是旋转圆柱体使测压管 b、c 中的水面在同一水平面。现测得 a 管中水面与 b、c 管中水面的高差 $\Delta h=0.03$ m，试求水流速度 u。

解：由式(4-87)、式(4-88)知，A 点的速度 $u_A=0$，B、C 点速度的绝对值 $|u_B|=|u_C|=$

$2u\sin 30°=u$。设水的密度为 ρ_F。

由伯努利方程得

$$\frac{p_A}{\rho_F g}=\frac{p_B}{\rho_F g}+\frac{u_B^2}{2g}=\frac{p_B}{\rho_F g}+\frac{u^2}{2g} \tag{1}$$

由测压管水面的高差得

$$\frac{p_A-p_B}{\rho_F g}=\Delta h=0.03\ \text{m} \tag{2}$$

联立解式(1)、(2)得

$$u=\sqrt{2g\left(\frac{p_A-p_B}{\rho_F g}\right)}=\sqrt{2\times9.8\times0.03}\ \text{m/s}=0.767\ \text{m/s}$$

*3. 源流或汇流和环流的组合——源环流或汇环流

设有一源流和环流，它们的中心均位于坐标原点(0,0)，环流按逆时针方向运动。上述两个势流组合成的复合势流称为源环流，它的流函数和速度势分别为

$$\Psi=\frac{q}{2\pi}\varphi-\frac{\Gamma}{2\pi}\ln\rho \tag{4-94}$$

$$\Phi=\frac{q}{2\pi}\ln\rho+\frac{\Gamma}{2\pi}\varphi \tag{4-95}$$

等流函数线，即流线方程为

$$\frac{q}{2\pi}\varphi-\frac{\Gamma}{2\pi}\ln\rho=C(\text{常数})$$

所以得

$$\rho=C_1\exp\frac{q}{\Gamma}\varphi \tag{4-96}$$

式中：C_1 为一常数。上式表明流线是一族对数螺旋线，如图 4-29 中实线所示。

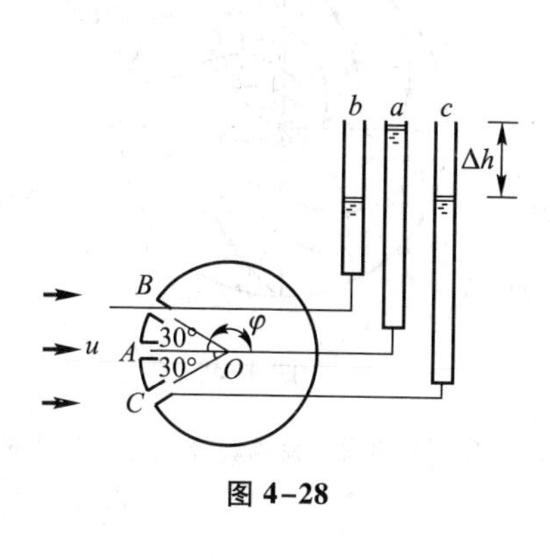

图 4-28

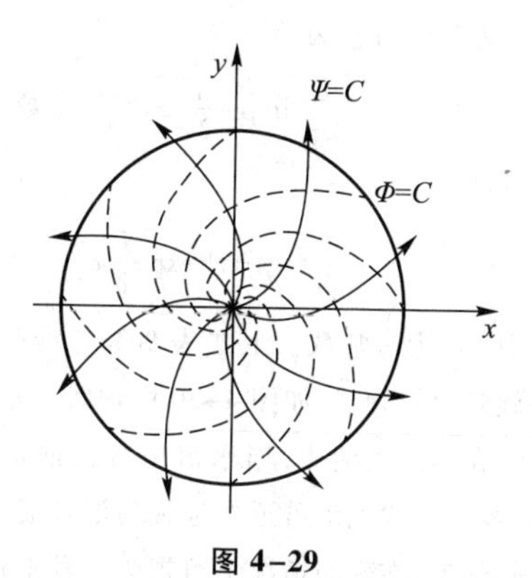

图 4-29

等势线方程为

$$\frac{q}{2\pi}\ln \rho+\frac{\Gamma}{2\pi}\varphi=C'(\text{常数})$$

所以得

$$\rho=C_2 \exp \frac{-\Gamma}{q}\varphi \tag{4-97}$$

式中:C_2 为一常数。上式表明等势线是与流线正交的一族对数螺旋线,如图 4-29 中虚线所示。

离心式水泵叶轮内流体的流动是符合式(4-96)的规律。当叶轮不转,供水管供水时,叶轮内的流体运动可视为源流;当叶轮转动,供水管不供水时,叶轮内的流体运动可视为环流;当叶轮转动,供水管供水时,叶轮内的流体运动可视为源流和环流的叠加组合。为了避免流体在叶轮内流动时与叶轮发生碰撞,离心式水泵的叶轮,理论上应做成式(4-96)所示的流线的形状;水泵的机壳做成螺旋线状的箱体。

若将源环流中的源流换成汇流,组合成称为汇环流的流函数和速度势分别为

$$\Psi=-\frac{q}{2\pi}\varphi-\frac{\Gamma}{2\pi}\ln \rho \tag{4-98}$$

$$\Phi=-\frac{q}{2\pi}\ln \rho+\frac{\Gamma}{2\pi}\varphi \tag{4-99}$$

等流函数线,即流线方程为

$$-\frac{q}{2\pi}\varphi-\frac{\Gamma}{2\pi}\ln \rho=C(\text{常数})$$

所以得

$$\rho=C_1 \exp \frac{-q}{\Gamma}\varphi \tag{4-100}$$

式中:C_1 为一常数。上式表明流线是一族对数螺旋线,如图 4-30 中实线所示。

等势线方程为

$$-\frac{q}{2\pi}\ln \rho+\frac{\Gamma}{2\pi}\varphi=C'(\text{常数})$$

所以得

$$\rho=C_2 \exp \frac{\Gamma}{q}\varphi \tag{4-101}$$

式中:C_2 为一常数。上式表明等势线是与流线正交的一族对数螺旋线,如图 4-30 中虚线所示。

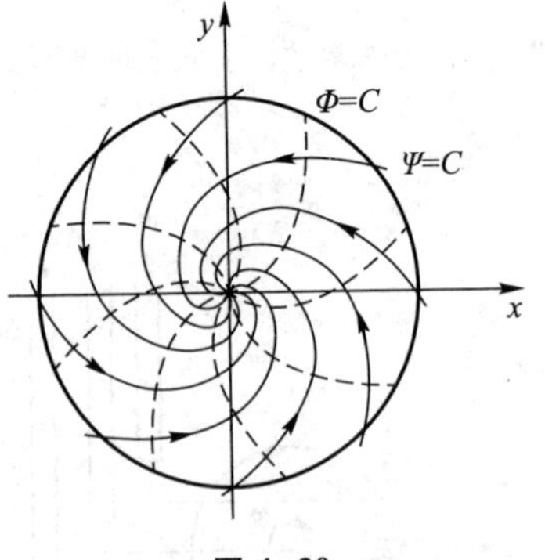

图 4-30

在实际生活中,当水流由容器底部小孔旋转流出时,容器内的流动可近似地视为汇环流。在实际工程中,旋风除尘器、旋风燃烧室等设备中的旋转气流,在理想情况下可视为一种汇环流。

例 4-8 设有一源流和环流，它们的中心均位于坐标原点。已知源流强度 $q=0.2\ \mathrm{m^2/s}$，环流强度 $\Gamma=1\ \mathrm{m^2/s}$。试求上述源环流的流函数和速度势函数方程，以及在 $x=1\ \mathrm{m}$、$y=0.5\ \mathrm{m}$ 处的速度分量。

解：由式(4-94)、式(4-95)知，上述源环流的流函数 Ψ 和速度势 Φ 分别为

$$\Psi=\frac{q}{2\pi}\varphi-\frac{\Gamma}{2\pi}\ln\rho=\frac{0.2}{2\pi}\varphi-\frac{1}{2\pi}\ln\rho=\frac{1}{\pi}\left(0.1\varphi-\frac{\ln\rho}{2}\right)$$

$$\Phi=\frac{q}{2\pi}\ln\rho+\frac{\Gamma}{2\pi}\varphi=\frac{0.2}{2\pi}\ln\rho+\frac{1}{2\pi}\varphi=\frac{1}{\pi}\left(0.1\ln\rho+\frac{\varphi}{2}\right)$$

径向速度 u_ρ 和切向速度 u_φ 分别为

$$u_\rho=\frac{\partial\Psi}{\rho\partial\varphi}=\frac{1}{10\pi\rho},\quad u_\varphi=-\frac{\partial\Psi}{\partial\rho}=\frac{1}{2\pi\rho}$$

在(1,0.5)点，$\rho=\sqrt{1^2+0.5^2}\ \mathrm{m}=1.118\ \mathrm{m}$。所以

$$u_\rho=\frac{1}{10\pi\times1.118}\ \mathrm{m/s}=0.0285\ \mathrm{m/s},\quad u_\varphi=\frac{1}{2\pi\times1.118}\ \mathrm{m/s}=0.142\ \mathrm{m/s}$$

思考题

4-1 理想流体动压强的概念是什么？它有哪两个特性？

4-2 理想流体(欧拉)运动微分方程的形式是怎样的，它表示了什么关系？它能适用于哪些流体流动？

4-3 葛罗米柯(兰姆)运动微分方程和欧拉运动微分方程有什么异同？

4-4 理想流体恒定流的运动方程(伯努利方程)形式是怎样的，它说明了什么？它的应用条件是什么？

4-5 理想流体恒定流的绝对运动的伯努利方程和相对运动的伯努利方程的概念是什么？

4-6 理想流体恒定元流的伯努利方程的物理意义和几何意义是什么？

4-7 速度势存在的条件是什么？它有哪些性质？

4-8 流函数存在的条件是什么？它有哪些性质？它和速度势有什么关系？

4-9 流网的概念是什么？它有哪两个性质？它为什么能给出恒定平面势流的流场情况？

4-10 源流、汇流和环流的概念是什么？试举例说明哪些实际流体运动可视为上述流动？

4-11 势流叠加原理是什么？它说明哪些性质？

4-12 源环流和汇环流的概念是什么？试举例说明哪些实际流体运动可视为上述流动。

习题

4-1 设有一理想流体的恒定有压管流,如图所示。已知管径 $d_1=\frac{1}{2}d_2$,$d_2=\frac{1}{2}D$,过流断面 1-1 处压强 $p_1>$大气压强 p_a。试按大致比例定性绘出过流断面 1-1、2-2 间的总水头线和测压管水头线。

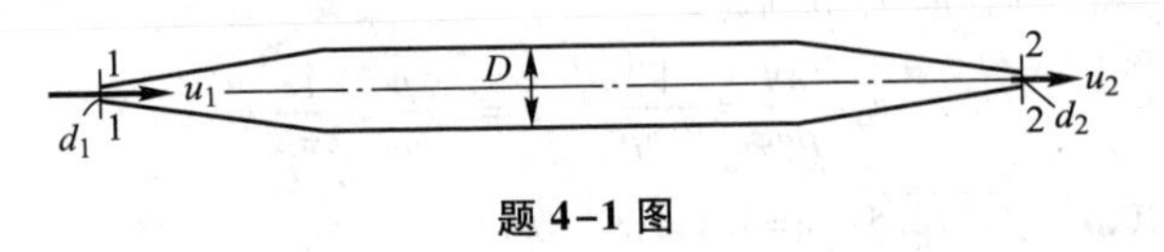

题 4-1 图

4-2 设用一附有液体压差计的皮托管测定某风管中的空气流速,如图所示。已知压差计的读数 $h=150\ \text{mmH}_2\text{O}$,空气的密度 $\rho_a=1.20\ \text{kg/m}^3$,水的密度 $\rho=1\ 000\ \text{kg/m}^3$。若不计能量损失,即皮托管校正系数 $c=1$,试求空气流速 u_0。

4-3 设用一装有煤油(密度 $\rho_s=820\ \text{kg/m}^3$)的压差计测定宽渠道水流中 A 点和 B 点的流速,如图所示。已知 $h_1=1\ \text{m}$,$h_2=0.6\ \text{m}$,不计能量损失,试求 A 点流速 u_A 和 B 点流速 u_B。水的密度 $\rho=1\ 000\ \text{kg/m}^3$。

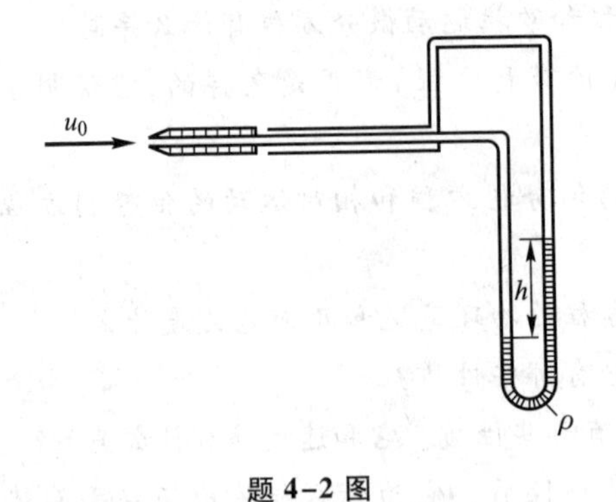

题 4-2 图

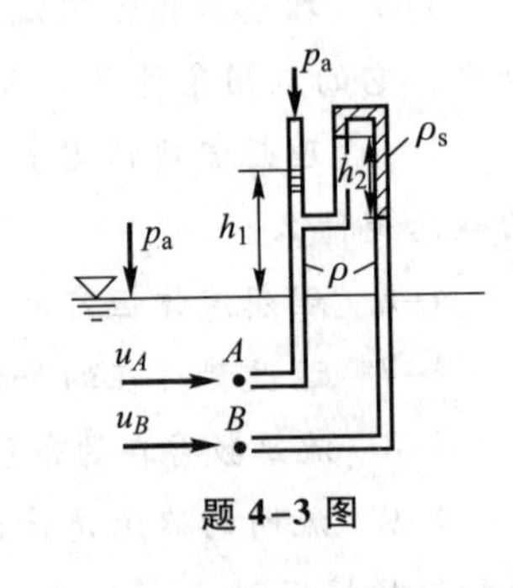

题 4-3 图

4-4 设用一附有空气—水倒 U 形压差计装置的皮托管,来测定管流过流断面上若干点的流速,如图所示。已知管径 $d=0.2\ \text{m}$,各测点距管壁的距离 y 及其相应的压差计读数 h 分别为

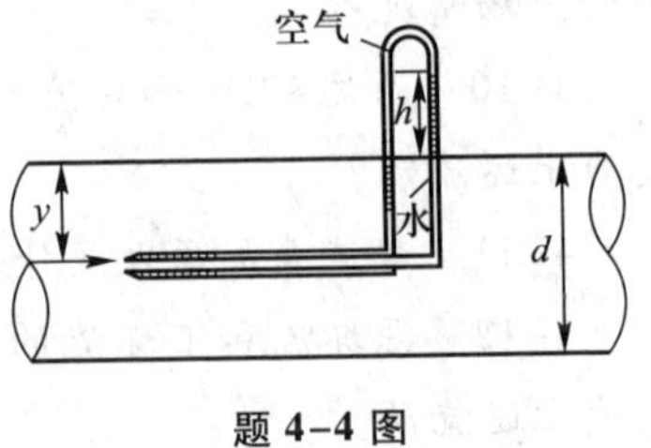

题 4-4 图

$$y=0.025\ \text{m},\quad h=0.05\ \text{m}$$
$$y=0.05\ \text{m},\quad h=0.08\ \text{m}$$
$$y=0.10\ \text{m},\quad h=0.10\ \text{m}$$

皮托管校正系数 $c=1.0$，试求各测点流速，并绘出过流断面上流速分布图。

4-5　已知 $u_x=\dfrac{-y}{x^2+y^2}$，$u_y=\dfrac{x}{x^2+y^2}$，$u_z=0$，试求该流动的速度势函数，并检查速度势函数是否满足拉普拉斯方程。

4-6　已知 $u_x=\dfrac{-y}{x^2+y^2}$，$u_y=\dfrac{x}{x^2+y^2}$，$u_z=0$，试求该流动的流函数 Ψ 和流线方程、迹线方程。

4-7　已知 $u_x=-ky$，$u_y=kx$，$u_z=0$，试求该流动的流函数 Ψ 和流线方程、迹线方程及其形状（k 是不为零的常数）。

4-8　已知 $u_x=4x$，$u_y=-4y$，试求该流动的速度势函数和流函数，并绘出流动图形。

4-9　已知 $\Phi=a(x^2-y^2)$，式中 a 为实数且大于零。试求该流动的流函数 Ψ。

4-10　已知速度势函数 $\Phi=\dfrac{M}{2\pi\rho}\cos\varphi$，式中 M 是不为零的常数。试求该流动的流函数，并绘出流动图形。

4-11　已知流函数 $\Psi=3x^2y-y^3$，试判别是有势流还是有涡流。证明任一点的流速大小仅取决于它与坐标原点的距离 ρ。

4-12　设水平面流场中的速度分布为 $u=u_\varphi=\dfrac{k}{\rho}$，$u_\rho=0$，$k$ 是不为零的常数，如例3-6中图 3-19 所示。试求流场中压强 p 的分布。设 $\rho=\infty$，$u_\varphi=0$ 处的压强为 p_∞；水的密度为 ρ_F。

4-13　水桶中水从桶底中心小孔流出时，常在孔口上面形成旋转流动，水面成一漏斗形，如图 a 所示。流速场在平面内，如图 b 所示，可表达为 $u=u_\varphi=\dfrac{k}{\rho}$，$u_\rho=0$，$k$ 是不为零的常数。试求自由水面曲线的方程式。注：可参阅例 3-6。

4-14　直角（90°）弯头中的流动，设为平面势流，如例 4-6 中图 4-23 所示。已知弯头内、外侧壁的曲率半径 r_1、r_2 分别为 0.4 m 和 1.4 m，直段中均匀来流的流速为 10 m/s，流体密度为 1.2 kg/m^3。试求弯头内外侧壁处的流速和内外侧壁的压强差。

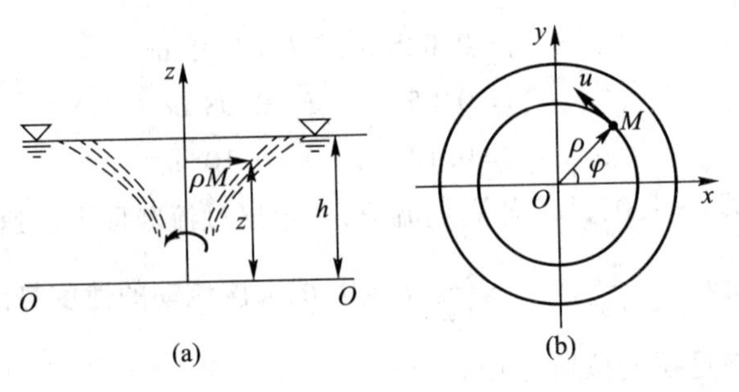

题 4-13 图

4-15 已知:(1) $u_\rho=0, u_\varphi=\dfrac{k}{\rho}$,$k$ 是不为零的常数;(2) $u_\rho=0, u_\varphi=\omega^2\rho$,$\omega$ 为常数。试求上述两流场中半径为 ρ_1 和 ρ_2 的两条流线间流量的表示式。

4-16 直角内流动。已知平面流动的速度势 $\Phi=a(x^2-y^2)$,流函数 $\Psi=2axy$,式中 a 为实数且大于零。等流函数、等势线,如图所示;当 $\Psi=0$ 时的流线称为零流线,与两轴线重合。如果将 x、y 轴的正轴部分,用固体壁面来替换,即得直角内流动。试分析该流动沿壁面流动时,壁面上的压强分布。设静止处(坐标原点)的相对压强为零,流体密度为 ρ_F。

4-17 兰金(Rankine)椭圆。均匀直线流沿 x 轴方向的速度为 u;源流强度与汇流强度均为 q,汇点置于 x 轴上,位于源点的右边,它们与坐标原点 O 的距离均为 a。如果将上述组合成的复合势流的流函数 $\Psi=0$ 时的流线方程,用固体边界来代替,这个轮廓线称为兰金椭圆,如图所示。试求该椭圆长半轴 l、短半轴 b 的方程。

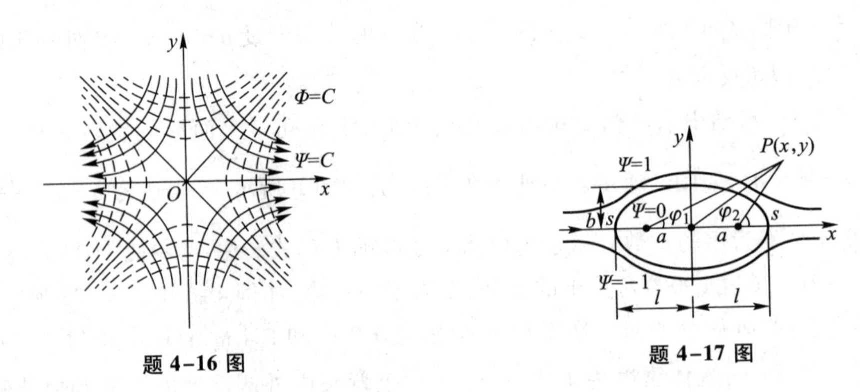

题 4-16 图

题 4-17 图

4-18 源流和汇流的强度 q 均为 60 m^2/s,分别位于 x 轴上的$(-a,0)$、$(a,0)$点,a 为 3 m。计算通过(0,4 m)点的流线的流函数值,并求该点的流速。

4-19 向右的水平均匀直线流和顺时针的环流及源流(均在原点)相叠加,如图所示。试求用直角坐标形式来表示的流速分量和驻点位置。

4-20 设一均匀直线流绕经一圆柱体,如图所示。已知圆柱体中心位于坐标原点(0,0),半径为 $r_0=1$ m;均匀直线流速度 $u=3$ m/s。试求 $x=-2$ m,$y=1.5$ m 点处的速度分量(u_ρ, u_φ)和(u_x, u_y)。

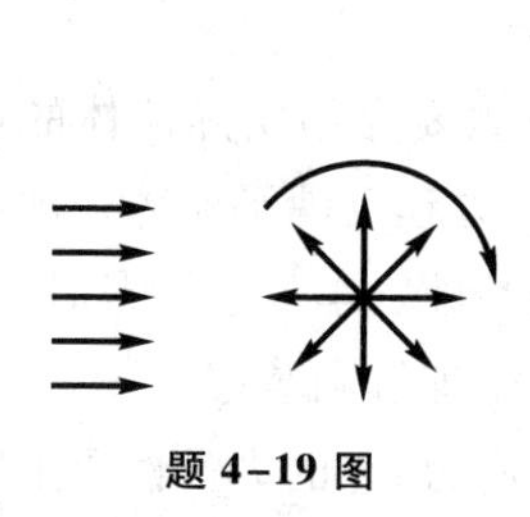

题 4-19 图

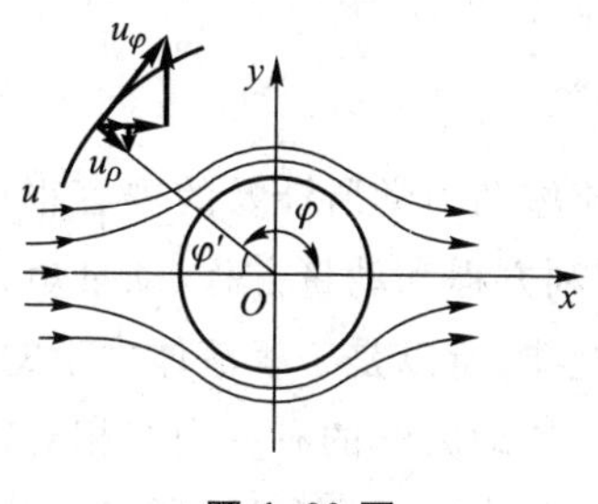

题 4-20 图

4-21 设一均匀直线流绕经一圆柱体,如图所示。已知圆柱表面上的流速分布为 $u_\varphi=-2u\sin\varphi$,$u_\rho=0$,u 是均匀直线流速度。试证明作用于圆柱表面上的压强在 x 轴及 y 轴方向的合力都等于零。

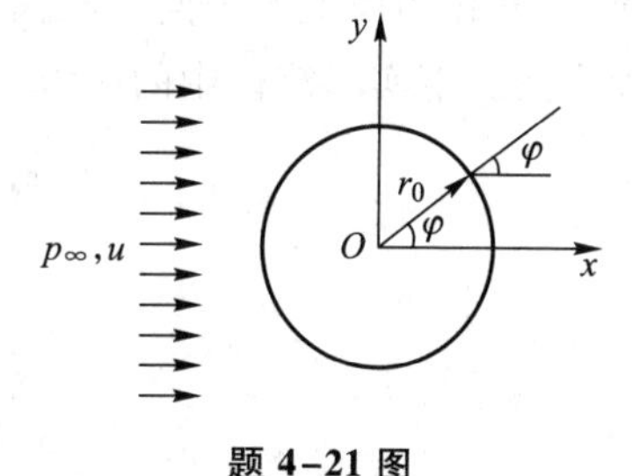

题 4-21 图

A4 习题答案

第五章 实际流体动力学基础

实际流体动力学所涉及的内容很广,这一章主要介绍实际流体的运动微分方程、伯努利方程和动量方程、动量矩方程。这些方程反映了流体运动所共同遵循的普遍规律,所以是工程流体力学的重要理论基础。学习这一章时,可以和前一章理想流体动力学的有关内容相对比,将有助于理解和掌握。

因为实际流体具有黏性,所以运动时产生切应力,它的力学性质不同于理想流体,在作用面上的表面力不仅有压应力即动压强,还有切应力。因此,先简单地介绍一下实际流体中的应力。

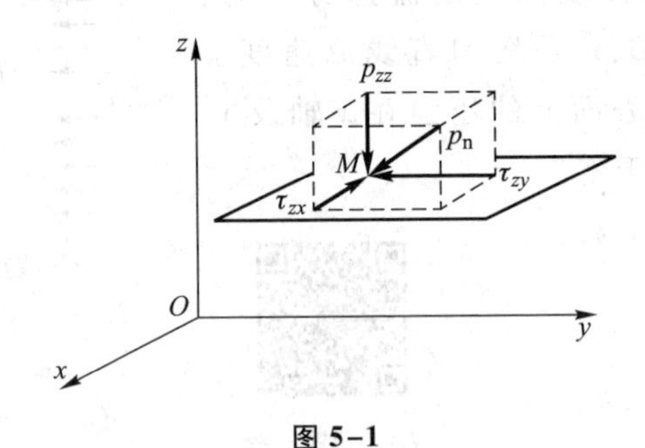

图 5-1

设在实际流体的流场中取一任意点 M,通过该点作一垂直于 z 轴的水平面,如图 5-1 所示。作用在该平面上 M 点的表面应力 p_n 在 x、y、z 三个轴向都有分量:一个与平面成法向的压应力 p_{zz} 即动压强;另两个与平面成切向的切应力 τ_{zx} 和 τ_{zy}。压应力和切应力的第一个下标,表示作用面的法线方向,即表示应力的作用面与那一个轴相垂直;第二个下标,表示应力的作用方向,即表示应力作用方向与那一个轴相平行。根据压强总是沿作用面内法线方向作用的特性,p_{zz} 亦可写成 p_z。显然,通过任一点在三个互相垂直的作用面上的表面应力共有九个分量,其中三个是压应力 p_x、p_y、p_z,六个是切应力 τ_{xy}、τ_{xz}、τ_{yx}、τ_{yz}、τ_{zx}、τ_{zy},它们的特性和大小在以后还要进一步介绍。

§5-1　实际流体的运动微分方程——纳维-斯托克斯方程

在简单介绍了实际流体内部的应力后，下面开始介绍用微元分析法着手建立运动微分方程。

5-1-1　以应力表示的实际流体的运动微分方程

设在实际流体的流场中，取一以任意点 M 为中心的微小平行六面体，如图 5-2 所示。六面体的各边分别与直角坐标轴平行，边长分别为 dx、dy、dz。设 M 点的坐标为 (x,y,z)，速度、压应力、切应力、单位质量力分别为 u_x、u_y、u_z，p_x、p_y、p_z，τ_{xy}、τ_{xz}、τ_{yx}、τ_{yz}、τ_{zx}、τ_{zy}，f_x、f_y、f_z。根据泰勒级数展开，并略去级数中二阶以上的各项，则六面体各表面上的应力如图 5-2 所示。各表面上的压应力和切应力可认为是均匀分布的，各表面力通过相应面的中心。先讨论这一六面体内流体，在 x 轴方向受力和运动的情况。

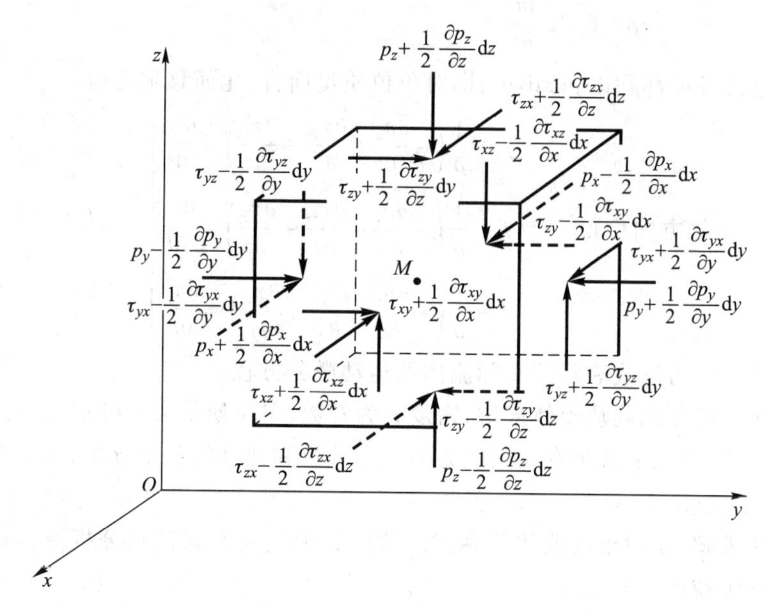

图 5-2

作用于六面体的力有两种：表面力和质量力。表面力中有作用于六面体前、

后面上的压力和左、右面及上下面的切力，分别为

$$\left(p_x-\frac{1}{2}\frac{\partial p_x}{\partial x}\mathrm{d}x\right)\mathrm{d}y\mathrm{d}z-\left(p_x+\frac{1}{2}\frac{\partial p_x}{\partial x}\mathrm{d}x\right)\mathrm{d}y\mathrm{d}z$$

$$\left(\tau_{yx}+\frac{1}{2}\frac{\partial \tau_{yx}}{\partial y}\mathrm{d}y\right)\mathrm{d}x\mathrm{d}z-\left(\tau_{yx}-\frac{1}{2}\frac{\partial \tau_{yx}}{\partial y}\mathrm{d}y\right)\mathrm{d}x\mathrm{d}z$$

$$\left(\tau_{zx}+\frac{1}{2}\frac{\partial \tau_{zx}}{\partial z}\mathrm{d}z\right)\mathrm{d}x\mathrm{d}y-\left(\tau_{zx}-\frac{1}{2}\frac{\partial \tau_{zx}}{\partial z}\mathrm{d}z\right)\mathrm{d}x\mathrm{d}y$$

将上述三式相加，得

$$-\frac{\partial p_x}{\partial x}\mathrm{d}x\mathrm{d}y\mathrm{d}z+\frac{\partial \tau_{yx}}{\partial y}\mathrm{d}x\mathrm{d}y\mathrm{d}z+\frac{\partial \tau_{zx}}{\partial z}\mathrm{d}x\mathrm{d}y\mathrm{d}z$$

设作用于六面体的单位质量力在 x 轴上的分量为 f_x，则作用于六面体的质量力为 $f_x\rho\mathrm{d}x\mathrm{d}y\mathrm{d}z$。

根据牛顿第二定律，设点 M 的速度 $\boldsymbol{u}$ 在 x 坐标轴上的分量为 u_x，则沿 x 轴方向可得

$$-\frac{\partial p_x}{\partial x}\mathrm{d}x\mathrm{d}y\mathrm{d}z+\frac{\partial \tau_{yx}}{\partial y}\mathrm{d}x\mathrm{d}y\mathrm{d}z+\frac{\partial \tau_{zx}}{\partial z}\mathrm{d}x\mathrm{d}y\mathrm{d}z+f_x\rho\mathrm{d}x\mathrm{d}y\mathrm{d}z$$
$$=\rho\mathrm{d}x\mathrm{d}y\mathrm{d}z\frac{\mathrm{d}u_x}{\mathrm{d}t}$$

将上式各项都除以 $\rho\mathrm{d}x\mathrm{d}y\mathrm{d}z$，即对单位质量而言，化简移项后得

同理，在 y、z 轴方向可得

$$\left.\begin{aligned}f_x+\frac{1}{\rho}\left(-\frac{\partial p_x}{\partial x}+\frac{\partial \tau_{yx}}{\partial y}+\frac{\partial \tau_{zx}}{\partial z}\right)=\frac{\mathrm{d}u_x}{\mathrm{d}t}\\ f_y+\frac{1}{\rho}\left(-\frac{\partial p_y}{\partial y}+\frac{\partial \tau_{xy}}{\partial x}+\frac{\partial \tau_{zy}}{\partial z}\right)=\frac{\mathrm{d}u_y}{\mathrm{d}t}\\ f_z+\frac{1}{\rho}\left(-\frac{\partial p_z}{\partial z}+\frac{\partial \tau_{xz}}{\partial x}+\frac{\partial \tau_{yz}}{\partial y}\right)=\frac{\mathrm{d}u_z}{\mathrm{d}t}\end{aligned}\right\}\tag{5-1}$$

上式即为以应力形式表示的实际流体的运动微分方程。

对于不可压缩均质流体来讲，密度 ρ 为常数，单位质量力的分量 f_x、f_y、f_z 通常是已知的，所以上式中有表面应力的九个分量和速度的三个分量，共十二个未知量，而上式(5-1)只有三个方程式，加上连续性微分方程也只有四个方程式，所以无法求解，需找出其他的关系式。这些其他的关系式需从分析流体质点的应力状态中获得。

5-1-2 流体质点的应力状态

现分析实际流体质点的应力状态，分别讨论切应力和压应力的特性和大小。

1. 切应力的特性和大小

根据切应力互等定律,可得 $\tau_{xy}=\tau_{yx}$、$\tau_{yz}=\tau_{zy}$、$\tau_{zx}=\tau_{xz}$。这可证明如下。

设在实际流体的流场中,取一以任意点 M 为中心的微小六面体,各表面上的应力,如图 5-2 所示。现对通过六面体中心 M 点,且平行于 z 轴的轴线取力矩。

表面力中所有通过轴线或沿 z 轴方向的各力都不产生力矩。表面力的力矩之和为

$$\left(\tau_{xy}+\frac{1}{2}\frac{\partial\tau_{xy}}{\partial x}\mathrm{d}x\right)\mathrm{d}y\mathrm{d}z\cdot\frac{1}{2}\mathrm{d}x+\left(\tau_{xy}-\frac{1}{2}\frac{\partial\tau_{xy}}{\partial x}\mathrm{d}x\right)\mathrm{d}y\mathrm{d}z\cdot\frac{1}{2}\mathrm{d}x-$$

$$\left(\tau_{yx}-\frac{1}{2}\frac{\partial\tau_{yx}}{\partial y}\mathrm{d}y\right)\mathrm{d}x\mathrm{d}z\cdot\frac{1}{2}\mathrm{d}y-\left(\tau_{yx}+\frac{1}{2}\frac{\partial\tau_{yx}}{\partial y}\mathrm{d}y\right)\mathrm{d}x\mathrm{d}z\cdot\frac{1}{2}\mathrm{d}y$$

$$=(\tau_{xy}-\tau_{yx})\mathrm{d}x\mathrm{d}y\mathrm{d}z$$

质量力通过中心 M 点,不产生力矩。所以力矩的总和 $\sum M$ 即为上式。

根据转动定律:$\sum M=I\alpha$,式中 I 为物体的转动惯量,α 为转动加速度(角加速度)。六面体的转动惯量 $I=\rho\mathrm{d}x\mathrm{d}y\mathrm{d}z\cdot r^2$,$r$ 为回转半径(指质点系内各点到某已知轴的距离)。因此,可得

$$(\tau_{xy}-\tau_{yx})\mathrm{d}x\mathrm{d}y\mathrm{d}z=\rho\mathrm{d}x\mathrm{d}y\mathrm{d}z\cdot r^2\alpha$$

略去上式中的三阶以上微量,得

$$(\tau_{xy}-\tau_{yx})\mathrm{d}x\mathrm{d}y\mathrm{d}z=0$$

所以

同理可证明

$$\left.\begin{aligned}\tau_{xy}&=\tau_{yx}\\\tau_{yz}&=\tau_{zy}\\\tau_{zx}&=\tau_{xz}\end{aligned}\right\}\tag{5-2}$$

由上式可知,作用在两互相垂直的平面上,且与该两平面的交线相垂直的切应力大小都是相等的。因此,在九个表面应力分量中,实际上只有六个是独立的,即为 p_x、p_y、p_z、τ_{xy}、τ_{yz}、τ_{zx}。

再来分析流体中的切应力和它的应变(变形)之间的关系。因变形和速度的变化有关,所以也就是要找出切应力与速度变化之间的关系,从而可以减少式(5-1)中的未知量。由 §1-2 中介绍的牛顿内摩擦定律知,在二维平行直线流中的切应力与剪切变形角速度(角变率)之间的关系为

$$\tau_{yx}=\mu\frac{\mathrm{d}u_x}{\mathrm{d}y}=\mu\frac{\mathrm{d}\theta}{\mathrm{d}t}$$

这个结论可推广到三维流的情况。根据§3-5中介绍的流体微元运动的基本形式知,角变率

$$\varepsilon_{xy}=\varepsilon_{yx}=\frac{1}{2}\left(\frac{\partial u_y}{\partial x}+\frac{\partial u_x}{\partial y}\right)$$

这是对于习惯上的角变形而言的。实际上的角变形是两倍习惯上的角变形,$\mathrm{d}\theta=2\mathrm{d}\phi$所以

$$\tau_{yx}=\mu\left(\frac{\partial u_y}{\partial x}+\frac{\partial u_x}{\partial y}\right)$$

因此,对三个互相垂直的平面来讲,可得

$$\left.\begin{aligned}\tau_{xy}=\tau_{yx}=\mu\left(\frac{\partial u_y}{\partial x}+\frac{\partial u_x}{\partial y}\right)\\ \tau_{yz}=\tau_{zy}=\mu\left(\frac{\partial u_z}{\partial y}+\frac{\partial u_y}{\partial z}\right)\\ \tau_{zx}=\tau_{xz}=\mu\left(\frac{\partial u_x}{\partial z}+\frac{\partial u_z}{\partial x}\right)\end{aligned}\right\}\tag{5-3}$$

上式为实际流体中切应力的普遍表示式,称为广义的牛顿内摩擦定律。它说明切应力等于流体的动力黏度与角变形速度的乘积。不难看出,上式可减少式(5-1)中的未知量。

2. 压应力的特性和大小

因为在实际流体运动时存在切应力,所以压应力的大小与其作用的方位有关,三个相互垂直方向的压应力一般是不相等的,即 $p_x\neq p_y\neq p_z$。但在理论流体力学中可以证明和下面可以验证:同一点上三个正交方向的压应力的平均值 p 是单值,它与方位无关。在实际问题中,某点压应力的各向差异并不很大,在实用上平均值 p 作为该点的压应力是允许的,即 $p=\frac{1}{3}(p_x+p_y+p_z)$。这样,实际流体的压应力也只是位置坐标和时间的函数,即 $p=p(x,y,z,t)$。各个方向的压应力可认为等于这个平均值加上一个附加压应力,即 $p_x=p+p_x'$、$p_y=p+p_y'$、$p_z=p+p_z'$。这些附加压应力可认为是由于黏性所引起的相应结果,因而与流体的变形有关。因为黏性的作用,流体微元除了发生角变形外,同时也发生线变形,即在流体微元的法线方向上有相对的线变形速度$\frac{\partial u_x}{\partial x}$、$\frac{\partial u_y}{\partial y}$、$\frac{\partial u_z}{\partial z}$,使法向应力(压应力)的大小与理想流体相比有所改变,产生附加压应力。在理论流体力学中可以证明,对于不可压缩均质流体来讲,附加压应力与线变率之间有类似于式(5-3)的关

系。将切应力的广义牛顿内摩擦定律推广应用，可得附加压应力等于流体的动力黏度与两倍的线变形速度的乘积，即得

$$\left.\begin{aligned}p'_x&=-\mu\cdot 2\varepsilon_{xx}=-2\mu\frac{\partial u_x}{\partial x}\\p'_y&=-\mu\cdot 2\varepsilon_{yy}=-2\mu\frac{\partial u_y}{\partial y}\\p'_z&=-\mu\cdot 2\varepsilon_{zz}=-2\mu\frac{\partial u_z}{\partial z}\end{aligned}\right\}\tag{5-4}$$

式中负号是因为当$\frac{\partial u_x}{\partial x}$为正值时，流体微元系伸长变形，周围流体对它作用的是拉力，p'_x应为负值；反之，当$\frac{\partial u_x}{\partial x}$为负值时，流体微元系压缩变形，周围流体对它作用的是压力，p'_x应为正值。所以，在$\frac{\partial u_x}{\partial x}$或$\frac{\partial u_y}{\partial y}$或$\frac{\partial u_z}{\partial z}$的前面须加负号，与流体微元的拉伸和压缩相适应。因此，压应力与线变率的关系为

$$\left.\begin{aligned}p_x&=p-2\mu\frac{\partial u_x}{\partial x}\\p_y&=p-2\mu\frac{\partial u_y}{\partial y}\\p_z&=p-2\mu\frac{\partial u_z}{\partial z}\end{aligned}\right\}\tag{5-5}$$

对于理想流体来讲，$\mu=0$，$p_x=p_y=p_z=p$。实际上，还有两个特例：在实际流体的均匀直线流中 $u_x=a$（不为零的常数），$u_y=0$，$u_z=0$ 和固体边壁处 $u_x=0$，$u_y=0$，$u_z=0$；亦是 $p_x=p_y=p_z=p$。对于实际不可压缩均质流体来讲，因为连续性方程为

$$\frac{\partial u_x}{\partial x}+\frac{\partial u_y}{\partial y}+\frac{\partial u_z}{\partial z}=0$$

则将上式表示的三个压应力相加后平均，得

$$\frac{1}{3}(p_x+p_y+p_z)=\frac{1}{3}\left[3p-2\mu\left(\frac{\partial u_x}{\partial x}+\frac{\partial u_y}{\partial y}+\frac{\partial u_z}{\partial z}\right)\right]=p$$

上式正好验证了前述 $p=\frac{1}{3}(p_x+p_y+p_z)$ 的关系。

根据以上的分析，在实际流体中任一点的应力状态就可由一个压应力（即动压强）p 和三个切应力 τ_{xy}、τ_{yz}、τ_{zx} 来表示。

5-1-3 实际流体的运动微分方程——纳维-斯托克斯方程

将式(5-3)和式(5-5)代入以应力形式表示的实际流体的运动微分方程式(5-1),写出 x 轴方向的方程式为

$$f_x+\frac{1}{\rho}\left[\frac{-\partial}{\partial x}\left(p-2\mu\frac{\partial u_x}{\partial x}\right)+\mu\frac{\partial}{\partial y}\left(\frac{\partial u_y}{\partial x}+\frac{\partial u_x}{\partial y}\right)+\mu\frac{\partial}{\partial z}\left(\frac{\partial u_x}{\partial z}+\frac{\partial u_z}{\partial x}\right)\right]=\frac{\mathrm{d}u_x}{\mathrm{d}t}$$

整理后得

$$f_x-\frac{1}{\rho}\frac{\partial p}{\partial x}+\frac{\mu}{\rho}\left(\frac{\partial^2 u_x}{\partial x^2}+\frac{\partial^2 u_x}{\partial y^2}+\frac{\partial^2 u_x}{\partial z^2}\right)+\frac{\mu}{\rho}\frac{\partial}{\partial x}\left(\frac{\partial u_x}{\partial x}+\frac{\partial u_y}{\partial y}+\frac{\partial u_z}{\partial z}\right)=\frac{\mathrm{d}u_x}{\mathrm{d}t}$$

因不可压缩均质流体的连续性方程为

$$\frac{\partial u_x}{\partial x}+\frac{\partial u_y}{\partial y}+\frac{\partial u_z}{\partial z}=0$$

拉普拉斯算符

$$\nabla^2=\frac{\partial^2}{\partial x^2}+\frac{\partial^2}{\partial y^2}+\frac{\partial^2}{\partial z^2}$$

代入上式,并将加速度项展开,得

$$\left.\begin{aligned}
f_x-\frac{1}{\rho}\frac{\partial p}{\partial x}+\frac{\mu}{\rho}\nabla^2 u_x&=\frac{\partial u_x}{\partial t}+u_x\frac{\partial u_x}{\partial x}+u_y\frac{\partial u_x}{\partial y}+u_z\frac{\partial u_x}{\partial z}\\
f_y-\frac{1}{\rho}\frac{\partial p}{\partial y}+\frac{\mu}{\rho}\nabla^2 u_y&=\frac{\partial u_y}{\partial t}+u_x\frac{\partial u_y}{\partial x}+u_y\frac{\partial u_y}{\partial y}+u_z\frac{\partial u_y}{\partial z}\\
f_z-\frac{1}{\rho}\frac{\partial p}{\partial z}+\frac{\mu}{\rho}\nabla^2 u_z&=\frac{\partial u_z}{\partial t}+u_x\frac{\partial u_z}{\partial x}+u_y\frac{\partial u_z}{\partial y}+u_z\frac{\partial u_z}{\partial z}
\end{aligned}\right\}\tag{5-6}$$

上式即为不可压缩均质实际流体的运动微分方程,称为纳维-斯托克斯(Navier-stokes)方程,简称 N-S 方程。如果流体为理想流体,上式即成为理想流体的运动微分方程;如果流体为静止或相对平衡流体,上式即成为流体的平衡微分方程。所以,N-S 方程是不可压缩均质流体的普遍方程。

N-S 方程中有四个未知数 p、u_x、u_y、u_z,因 N-S 方程组和连续性方程共有四个方程式,所以从理论上讲,在一定的初始条件和边界条件下,任何一个不可压缩均质实际流体的运动问题,是可以求解的。如同前面第四章中对理想流体运动微分方程的讨论,初始条件,对于非恒定流须给出,在起始时刻各处的流速应等于给定值;对于恒定流,则不存在此条件。边界条件,一般包括固体边界和自由表面等处的运动要素情况,固体边界上的流速分量都应等于零,即 $u_x=0$,$u_y=0$,$u_z=0$,不允许流体在边界上有滑移,因实际流体具有黏性,它和理想流体不同。

自由表面上的压强 p 等于大气压强 p_a，切应力 $\tau=0$，在理想流体中，因为没有黏性，所以不存在切应力。但是，实际上求解N-S方程的普遍解（通解）和精确（解析）解是很困难的，因为它是二阶非线性偏微分方程，只有在某些简单的或特殊的情况下，才能求得精确解。另外，在第四章中介绍和讨论欧拉运动微分方程求解时，曾提及在理想流体中，有相当一部分实际问题是有势流，可以使它的问题归结为求解拉普拉斯方程，且压强可以应用伯努利方程求得，从而使问题能得到解决。但是，实际流体的运动是有旋的，不能采用上述处理问题的方法，须从力学观点来考虑，使方程简化或近似，以便求得有一定准确度的近似解。在工程流体力学中，解决上述非线性偏微分方程的常用途径和方法，在讨论欧拉运动微分方程时，已经有所提及，除了使问题归结为求解拉普拉斯方程不可能外，其他的考虑还是有效的。通常有以下三种途径和方法，一是，在一些简单的问题中，由于问题的特点，非线性项等于零，或设法使方程化为线性方程，从而求得精确解，下面将举例说明。二是，根据问题的物理特性，略去方程中某些次要项，从而得到近似方程，在某些情况下可以求得近似解。例如，部分地略去惯性项或黏性项等，方程简化为稍简单的非线性方程，如将在§8-2中介绍的边界层微分方程，然后再设法求得近似解。三是，在惯性项或黏性项均不能略去时，则需通过其他途径简化问题或利用计算机用数值计算方法来求解 N-S 方程，得到近似的数值解。

N-S 方程的精确解，虽然为数不多，但能揭示实际流体的一些本质特征，其中有些还有重要的实用意义。它可以作为检验和校核其他近似方法的依据，和探讨复杂问题和新的理论问题的参照点和出发点。在使用和发展新的数值计算方法时，可取有精确解的情况作为数值计算的算例，通过比较其结果，可以判断数值计算方法的可靠性和精度。在一些复杂的实际流体运动的问题中，有时还可以近似地用情况相近的精确解做初步的估计。在探索一些复杂问题和新的理论问题时，也可从有精确解的特殊情况出发，考虑原方程会引起什么变动等。所以，对于精确解的分析和研究，还是需要给予足够的重视，有其重要的理论和实践意义。

例 5-1　设实际流体在无限长的水平固定平板间恒定（层流）流动，如图 5-3 所示。已知速度 $u_x=u$，两板间距为 h，质量力可略去不计，试求两平板间的速度分布和压强分布及过流断面平均流速。这种流动称为泊肃叶（Posieuille）流动。

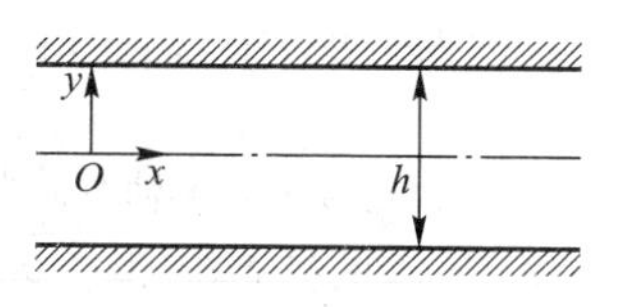

图 5-3

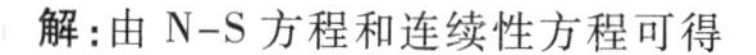
解：由 N-S 方程和连续性方程可得

$$-\frac{1}{\rho}\frac{\partial p}{\partial x}+\frac{\mu}{\rho}\left(\frac{\partial^2 u_x}{\partial x^2}+\frac{\partial^2 u_x}{\partial y^2}\right)=u_x\frac{\partial u_x}{\partial x}+u_y\frac{\partial u_x}{\partial y} \quad (1)$$

$$-\frac{1}{\rho}\frac{\partial p}{\partial y}+\frac{\mu}{\rho}\left(\frac{\partial^2 u_y}{\partial x^2}+\frac{\partial^2 u_y}{\partial y^2}\right)=u_x\frac{\partial u_y}{\partial x}+u_y\frac{\partial u_y}{\partial y} \quad (2)$$

$$\frac{\partial u_x}{\partial x}+\frac{\partial u_y}{\partial y}=0 \quad (3)$$

因为取流动方向为 x 轴方向,所以

$$u_x=u,\quad u_y=0 \quad (4)$$

将式(4)代入式(3)得

$$\frac{\partial u_x}{\partial x}+\frac{\partial u_y}{\partial y}=\frac{\partial u}{\partial x}=0,\quad u=u(y) \quad (5)$$

将式(4)代入式(2)得

$$\frac{\partial p}{\partial y}=0,\quad p=p(x) \quad (6)$$

将式(4)、(5)代入式(1)得

$$\frac{1}{\rho}\frac{\partial p}{\partial x}=\frac{\mu}{\rho}\frac{\partial^2 u}{\partial y^2} \quad (7)$$

即

$$\frac{\mathrm{d}p}{\mathrm{d}x}=\mu\frac{\partial^2 u}{\partial y^2} \quad (8)$$

上式只有在等式两边均为常数时才能成立,因此

$$\frac{\mathrm{d}p}{\mathrm{d}x}=C(\text{常数}) \quad (9)$$

上式说明压强分布沿 x 方向是线性变化。

对式(8)dy 积分得

$$\frac{\mathrm{d}p}{\mathrm{d}x}y=\mu\frac{\mathrm{d}u}{\mathrm{d}y}+C_1 \quad (10)$$

再对 dy 积分得

$$\frac{\mathrm{d}p}{\mathrm{d}x}\frac{y^2}{2}=\mu u+C_1 y+C_2 \quad (11)$$

根据边界条件,确定积分常数 C_1、C_2。当 $y=\pm\frac{h}{2}$时,$u=0$,得 $C_1=0$,$C_2=\frac{1}{2}\frac{\mathrm{d}p}{\mathrm{d}x}\frac{h^2}{4}$,因此,得

$$u=-\frac{1}{2\mu}\frac{\mathrm{d}p}{\mathrm{d}x}\left(\frac{h^2}{4}-y^2\right) \quad (12)$$

上式说明速度 u 在 y 轴方向为一抛物线分布。

当 $y=0$,得 x 轴上最大速度 $u_{\max}$ 为

$$u_{\max}=-\frac{h^2}{8\mu}\frac{\mathrm{d}p}{\mathrm{d}x} \quad (13)$$

或
$$\frac{\mathrm{d}p}{\mathrm{d}x}=-\frac{8\mu u_{\max}}{h^2} \tag{14}$$

或
$$u=u_{\max}\left(1-\frac{4y^2}{h^2}\right) \tag{15}$$

上述流动是压力梯度引起的,称为泊肃叶流动。

单宽流量
$$q=\int_{-\frac{h}{2}}^{\frac{h}{2}}u\mathrm{d}y=\int_{-\frac{h}{2}}^{\frac{h}{2}}u_{\max}\left(1-\frac{4y^2}{h^2}\right)\mathrm{d}y=\frac{2}{3}u_{\max}h \tag{16}$$

断面平均流速
$$v=\frac{q}{h}=\frac{2}{3}u_{\max} \tag{17}$$

5-1-4 实际流体运动微分方程的积分

实际流体的运动微分方程只有在一定条件下才能积分。若作用于流体上单位质量力 f_x、f_y、f_z 是有势的,考虑到§4-1 中葛罗米柯运动微分方程式(4-5),则可将 N-S 方程改写为

$$\left.\begin{aligned}
\frac{\partial}{\partial x}\left(W-\frac{p}{\rho}-\frac{u^2}{2}\right)+\nu\nabla^2u_x-\frac{\partial u_x}{\partial t}=2(u_z\omega_y-u_y\omega_z)\\
\frac{\partial}{\partial y}\left(W-\frac{p}{\rho}-\frac{u^2}{2}\right)+\nu\nabla^2u_y-\frac{\partial u_y}{\partial t}=2(u_x\omega_z-u_z\omega_x)\\
\frac{\partial}{\partial z}\left(W-\frac{p}{\rho}-\frac{u^2}{2}\right)+\nu\nabla^2u_z-\frac{\partial u_z}{\partial t}=2(u_y\omega_x-u_x\omega_y)
\end{aligned}\right\} \tag{5-7}$$

若为恒定流,上式可简化为

$$\left.\begin{aligned}
\frac{\partial}{\partial x}\left(W-\frac{p}{\rho}-\frac{u^2}{2}\right)+\nu\nabla^2u_x=2(u_z\omega_y-u_y\omega_z)\\
\frac{\partial}{\partial y}\left(W-\frac{p}{\rho}-\frac{u^2}{2}\right)+\nu\nabla^2u_y=2(u_x\omega_z-u_z\omega_x)\\
\frac{\partial}{\partial z}\left(W-\frac{p}{\rho}-\frac{u^2}{2}\right)+\nu\nabla^2u_z=2(u_y\omega_x-u_x\omega_y)
\end{aligned}\right\} \tag{5-8}$$

将上式沿流线积分。因为是恒定流,流线与流线上流体质点的迹线重合,在流线上坐标的增量用 $\mathrm{d}x$、$\mathrm{d}y$、$\mathrm{d}z$ 来表示,它们相应的值为 $\mathrm{d}x=u_x\mathrm{d}t$、$\mathrm{d}y=u_y\mathrm{d}t$、$\mathrm{d}z=u_z\mathrm{d}t$。在式(5-8)的等号左边分别乘以 $\mathrm{d}x$、$\mathrm{d}y$、$\mathrm{d}z$,而在等号右边分别乘以 $u_x\mathrm{d}t$、$u_y\mathrm{d}t$、$u_z\mathrm{d}t$,并把所得各式相加在一起。这样,等号右边恰好为零,因而得

$$\mathrm{d}\left(W-\frac{p}{\rho}-\frac{u^2}{2}\right)+\nu(\nabla^2u_x\mathrm{d}x+\nabla^2u_y\mathrm{d}y+\nabla^2u_z\mathrm{d}z)=0 \tag{5-9}$$

或

$$d\left(-W+\frac{p}{\rho}+\frac{u^2}{2}\right)=\nu(\nabla^2u_x dx+\nabla^2u_y dy+\nabla^2u_z dz) \qquad (5-10)$$

从 N-S 方程的推导过程中可知，$\nu\nabla^2u_x$、$\nu\nabla^2u_y$、$\nu\nabla^2u_z$ 诸项是对单位质量而言的应力（包括切应力和附加压应力）在相应坐标轴上的投影，因此上式等号右边表示单位质量流体沿流线（在现在的情况下是迹线）作微小位移时应力（主要是切应力）所作的微功。液体在作这些功时所消耗的机械能，就是流体的能量损失。

若作用于流体上的质量力只有重力，$W=-gz$。因此式(5-10)可写为

$$d\left(gz+\frac{p}{\rho}+\frac{u^2}{2}\right)-\nu(\nabla^2u_x dx+\nabla^2u_y dy+\nabla^2u_z dz)=0$$

或

$$d\left(z+\frac{p}{\rho g}+\frac{u^2}{2g}\right)-\frac{\nu}{g}(\nabla^2u_x dx+\nabla^2u_y dy+\nabla^2u_z dz)=0 \qquad (5-11)$$

式中：$-\frac{\nu}{g}(\nabla^2u_x dx+\nabla^2u_y dy+\nabla^2u_z dz)$是对单位重量而言的应力所作的微功，以 dh'_w 表示。因此上式(5-11)可写为

$$d\left(z+\frac{p}{\rho g}+\frac{u^2}{2g}\right)+dh'_w=0 \qquad (5-12)$$

对上式沿流线由点 1 到点 2 积分，得

$$\left(z_2+\frac{p_2}{\rho g}+\frac{u_2^2}{2g}\right)-\left(z_1+\frac{p_1}{\rho g}+\frac{u_1^2}{2g}\right)+\int_1^2 dh'_w=0$$

令$\int_1^2 dh'_w=h'_w$，则上式可写为

$$z_1+\frac{p_1}{\rho g}+\frac{u_1^2}{2g}=z_2+\frac{p_2}{\rho g}+\frac{u_2^2}{2g}+h'_w \qquad (5-13)$$

上式称为不可压缩均质实际流体恒定流的伯努利方程式。它和理想流体伯努利方程式一样，在流体力学中是一个很重要的方程式。它的应用条件：

(1) 流体是不可压缩均质的实际流体，密度 ρ=常数；

(2) 作用于流体上的质量力是有势的；

(3) 流体运动是恒定流；

(4) 限于同一条流线上各点的总机械能保持不变，这和理想流体伯努利方程在有势流的应用条件不同。

下面举例说明实际流体伯努利方程的应用。

例 5-2 设有一水位保持不变的很大的水箱，在其侧壁开一小圆孔口，水从小孔口流入

大气,如图 5-4 所示。已知水箱内自由表面到小孔口中心的水深为 H,小孔口直径 $d<\frac{H}{10}$。试求水从小孔口出口收缩断面 $c-c$ 处水流的速度 v_C。

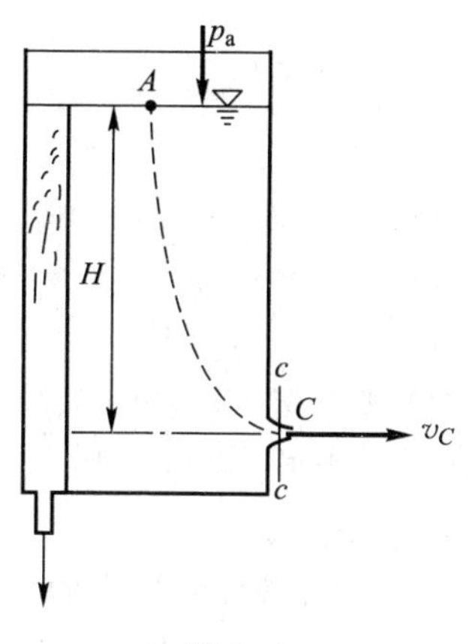

图 5-4

解:在应用实际流体伯努利方程时,首先要分析流动现象,判断是否能应用伯努利方程。根据题意,流体是不可压缩均质的实际流体,密度 ρ = 常数;作用于流体上的质量力是有势的,因为水箱水位保持不变,是恒定流;从孔口出口断面 $c-c$ 处追溯容器中的流线,可以发现它们都通过水箱内的自由表面,图中绘出其中的一条流线。根据题意分析,可以应用实际流体伯努利方程。求解时,选取流线上的计算点和基准面,要考虑计算的简单和方便,尽可能使所取的点,有较多的已知条件和较少的未知值,包括待求值。现取同一流线上的在自由表面上的 A 点和孔口出口断面 $c-c$ 处中心的 C 点;取通过小孔口中心的水平面为基准面。这样,A、C 两点的位置高差已知为 H,自由表面上 A 点的压强为已知的大气压强 p_a,孔口出口断面上 C 点的压强一般认为近似等于大气压强 p_a。A、C 两点的速度,均假设以断面平均速度 v_A、v_C 来表示,因水箱自由表面面积很大,流速水头 $\frac{v_A^2}{2g}$ 可略去不计,v_C 为待求值。能量损失先略去不计。根据伯努利方程,可得

$$z_A+\frac{p_a}{\rho g}+\frac{v_A^2}{2g}=z_C+\frac{p_a}{\rho g}+\frac{v_C^2}{2g}$$

$$v_C=\sqrt{2gH}$$

上式是 1644 年由托里拆利(Torricelli)提出,常称为托里拆利公式。它表示小孔出口处流速与质点自液面 A 点自由下落到达小孔口中心时的速度相同;自由表面上的流体质点的势能全部转化为流体质点流出小孔口中心处的动能。考虑到实际流体的点流速与断面平均流速的差别和有能量损失等,所以小孔口出口处的实际流速要小于按上式计算的流速,在实际工程中常引入修正系数 φ,该值一般由实验确定。因此,实际上小孔口出口处的流速 $v_C=\varphi\sqrt{2gH}$。上述孔口出流的问题,在§9-7 中将详细地介绍和讨论。

例 5-3 设有一水位保持不变的很大的水箱,用一虹吸管将水从水箱中吸出,排入大气,如图5-5所示。虹吸管顶部水平管轴中心处高于水箱自由表面为 h_1,虹吸管出口处低于水箱自由表面为 h_2。(1) 试求虹吸管出口处(B 点)的流速 v_B;(2) 由(1)的解可知,流速 v_B 随 h_2 的增大而增大,试问为了使出口流速 v_B 增大,是否可以无限制地增大 h_2 值?(3) h_1 的高度是否有限制,h_1 最大高度为多少?

解:(1) 类似于上例 5-2 的讨论,能量损失亦先略去不计,对图中同一流线上的 A、B 两点,根据伯努利方程,可得

$$z_A+\frac{p_a}{\rho g}+\frac{v_A^2}{2g}=z_B+\frac{p_a}{\rho g}+\frac{v_B^2}{2g}$$

$$v_B=\sqrt{2gh_2}$$

上式结果形式和上例 5-2 相同，它表示自由表面上的流体质点的势能全部转化为流体质点流出虹吸管出口处的动能。实际上出口处流速要小于按上式计算的流速，在实际工程中常引入修正系数 φ，该值一般由实验确定。因此，实际上虹吸管出口处流速 $v_B=\varphi\sqrt{2gh_2}$。

图 5-5

（2）为了探讨 h_2 值是否可以无限制地增大，选取虹吸管内同一流线上的 B、C 两点，列伯努利方程

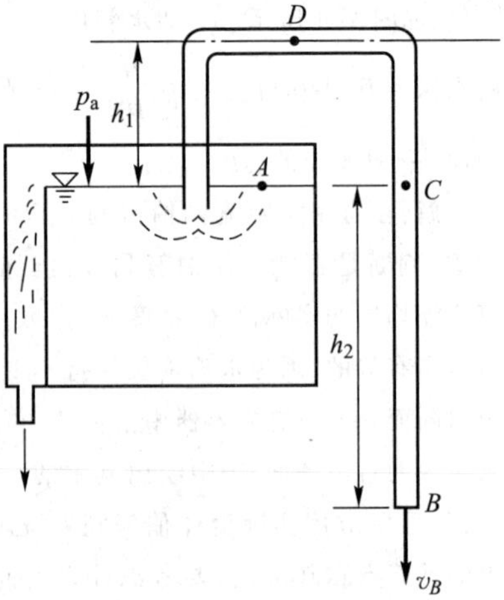

$$z_C+\frac{p_C}{\rho g}+\frac{v_C^2}{2g}=z_B+\frac{p_a}{\rho g}+\frac{v_B^2}{2g}$$

因为 $v_B=v_C$，所以可得

$$h_2=\frac{p_a}{\rho g}-\frac{p_C}{\rho g}$$

因为 $h_2>0$，由上式可知，p_C 值小于大气压强 p_a 值，流体中出现真空。h_2 值越大，p_C 值越小；因为 $\frac{p_a}{\rho g}=10\ \text{m}$，如果 $h_2=10\ \text{m}$，则 $p_C=0$，即点 C 的压强为绝对真空，这是不可能的。在第一章绪论中曾提及，液体中某处的绝对压强，低于当地的汽化压强 p_v 时，在该处将发生汽化，形成空化现象，对液体的运动和液体与固体相接触的壁面产生不良影响，在工程中应尽量避免。所以，h_2 值不可能无限制地增大。

（3）从虹吸管中水流流动的情况看，虹吸管顶部水平管中心点 D 的压强比管中点 C 的压强还要小，所以要限制 h_1 值。现对 A、D 两点列伯努利方程

$$z_A+\frac{p_a}{\rho g}+\frac{v_A^2}{2g}=z_D+\frac{p_D}{\rho g}+\frac{v_D^2}{2g}$$

因为 $z_D-z_A=h_1$，$\frac{p_a}{\rho g}=10\ \text{m}$，$\frac{v_A^2}{2g}\approx 0$，$v_D=\sqrt{2gh_2}$，代入上式，可得

$$h_2=10\ \text{m}-h_2-\frac{p_D}{\rho g}$$

为了不发生汽化，h_1 最大的可能值是在 $h_2=0$，$p_D=p_v$ 的情况，由表 1-1 查得水温 40 ℃时的 $p_v=7.38\ \text{kPa}$；代入上式，得

$$h_1=10\ \text{m}-\frac{7.38\times 1\ 000}{1\ 000\times 9.8}\ \text{m}=9.25\ \text{m}$$

上述计算忽略了很多影响因素，包括能量损失略去不计、$h_2=0$ 等。在工程中一般限制 h_1 值在 7 m 以下。

§5-2 实际流体元流的伯努利方程

下面介绍用元流分析法，根据动能定理来推导出不可压缩均质实际流体恒定元流的伯努利方程。

5-2-1 实际流体元流伯努利方程

根据动能定理来推导实际流体元流的伯努利方程，基本上与§4-2介绍的推导理想流体元流的伯努利方程相同，所不同的是由于实际流体具有黏性，运动时产生的应力(阻力)亦作功。对于如图4-4所取的过流断面1-1、2-2间的元流段来讲，阻力(主要是切应力)所作的功，实际上是在dt时段内元流段的各微小分段(如图所示的1-1′段)流体所受的阻力所作功的总和(逐段所作功的叠加)；相当于在dt时段内微小分段1-1′段流体移到2-2′处，该微小分段流体所受阻力所作的功。显然是负功，或称能量损失。令h'_w为单位重量流体由过流断面1-1移动到过流断面2-2时克服阻力所作的功。因此，根据动能定理可得

$$\rho \mathrm{d}Q\mathrm{d}t\left(\frac{u_2^2}{2}-\frac{u_1^2}{2}\right)=\rho g\mathrm{d}Q\mathrm{d}t(z_1-z_2)+\mathrm{d}Q\mathrm{d}t(p_1-p_2)-\rho g\mathrm{d}Q\mathrm{d}th'_w$$

对于单位重量流体来讲

$$z_1+\frac{p_1}{\rho g}+\frac{u_1^2}{2g}=z_2+\frac{p_2}{\rho g}+\frac{u_2^2}{2g}+h'_w \tag{5-14}$$

上式即为不可压缩均质实际流体恒定元流的伯努利方程(能量方程)。上式与式(5-13)可看作是等价的。

5-2-2 实际流体元流伯努利方程的物理意义和几何意义

方程式(5-14)中的z、$\frac{p}{\rho g}$、$z+\frac{p}{\rho g}$、$\frac{u^2}{2g}$各项的物理意义在§4-2中均已讨论。h'_w项是单位重量流体由过流断面1-1移动到过流断面2-2时的能量损失。因此，方程的物理意义是：元流各过流断面上单位重量流体所具有的总机械能沿流程减小，部分机械能转化为热能或声能等而损失；同时，亦表示了各项能量之间可以相互转化的关系。

方程式中 z、$\frac{p}{\rho g}$、$z+\frac{p}{\rho g}$、$\frac{u^2}{2g}$各项的几何意义在§4-2 中亦均已讨论。h_w' 项是能量损失,在水力学中习惯上称为水头损失或损失水头。因此,方程的几何意义是:对于液体来讲,元流各过流断面上总水头 H 沿流程减小;同时,亦表示了各项水头之间可以相互转化的关系。这可以形象地表示为如图 5-6 所示。它与图 4-6 所不同的,主要是总水头线(能线)aa'不是一水平线,而是沿流程下降。

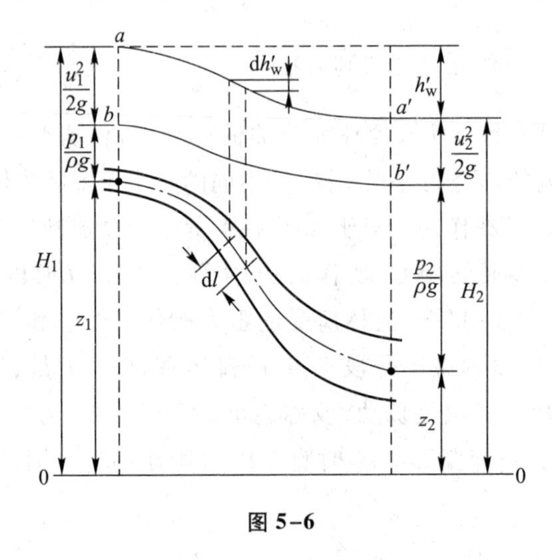

图 5-6

取一元流段长度为 $\mathrm{d}l$,相应于这段的水头损失为 $\mathrm{d}h_w'$,如图 5-6 所示。单位长度上的水头损失称为能线坡度或水力坡度 J,即

$$J=\frac{\mathrm{d}h_w'}{\mathrm{d}l}=-\frac{\mathrm{d}H}{\mathrm{d}l} \tag{5-15}$$

因为在工程流体力学中将顺流程向下的 J 视为正值,而$\frac{\mathrm{d}H}{\mathrm{d}l}$总是负值,所以在上式中加负号,使 J 为正值。

单位长度上测压管水头的降低或升高,称为测压管水头线坡度 J_p,即

$$J_p=-\frac{\mathrm{d}\left(z+\frac{p}{\rho g}\right)}{\mathrm{d}l} \tag{5-16}$$

因为将顺流程向下的 J_p 视为正值,而$\frac{\mathrm{d}\left(z+\frac{p}{\rho g}\right)}{\mathrm{d}l}$不总是负值,所以在上式中加负号,使 J_p 可正、可负或为零。

元流的伯努利方程一般只是在需要求解流体内部或边界上各点的速度和压强时才应用。许多实际问题只要知道总流过流断面上的平均速度或压强,因此需要把元流的伯努利方程推广到总流,以便应用。

§5-3 实际流体总流的伯努利方程

总流可以看成是由流动边界内无数元流所组成。下面开始着手建立总流的伯努利方程。

5-3-1 实际流体总流的伯努利方程

单位时间通过元流过流断面的流体重量为 $\rho g\mathrm{d}Q$,且

$$\mathrm{d}Q=u_1\mathrm{d}A_1=u_2\mathrm{d}A_2$$

所以实际流体元流的总能量方程为

$$\left(z_1+\frac{p_1}{\rho g}+\frac{u_1^2}{2g}\right)\rho g u_1\mathrm{d}A_1=\left(z_2+\frac{p_2}{\rho g}+\frac{u_2^2}{2g}\right)\rho g u_2\mathrm{d}A_2+h_w'\rho g\mathrm{d}Q \tag{5-17}$$

设总流过流断面 1-1、2-2 的面积分别为 A_1、A_2,将上式对总流过流断面面积积分,得总流的总能量方程为

$$\int_{A_1}\left(z_1+\frac{p_1}{\rho g}+\frac{u_1^2}{2g}\right)\rho g u_1\mathrm{d}A_1=\int_{A_2}\left(z_2+\frac{p_2}{\rho g}+\frac{u_2^2}{2g}\right)\rho g u_2\mathrm{d}A_2+\int_Q h_w'\rho g\mathrm{d}Q \tag{5-18}$$

或

$$\begin{aligned}&\int_{A_1}\left(z_1+\frac{p_1}{\rho g}\right)\rho g u_1\mathrm{d}A_1+\int_{A_1}\frac{u_1^2}{2g}\rho g u_1\mathrm{d}A_1\\&=\int_{A_2}\left(z_2+\frac{p_2}{\rho g}\right)\rho g u_2\mathrm{d}A_2+\int_{A_2}\frac{u_2^2}{2g}\rho g u_2\mathrm{d}A_2+\int_Q h_w'\rho g\mathrm{d}Q\end{aligned} \tag{5-19}$$

在积分上式时,需知总流过流断面上压强和速度的分布规律。但是,在一般情况下,这些事先是不知道的。所以,目前只能对某些流体运动类型在一定条件下进行积分,现分别讨论上式中三种积分式的积分。

1. $\int_A\left(z+\frac{p}{\rho g}\right)\rho g u\mathrm{d}A$ 的积分

如果总流的过流断面取在渐变流区域,那么,在一定的边界条件下,同一过

流断面上的压强分布近似地按静压强规律分布，$z+\dfrac{p}{\rho g}$可视为常数。这可证明如下。

设有一恒定渐变明渠流（层流），如图 5-7 所示。沿水流方向取作为 x 轴，因为渐变流的所有流线是一组几乎平行的直线，所以各流线之间的夹角 β 很小，曲率半径 r 很大，$u_x\approx u(y,z)$，$u_y\approx 0$，$u_{z1}\approx 0$。由连续性方程和 N-S 方程可得

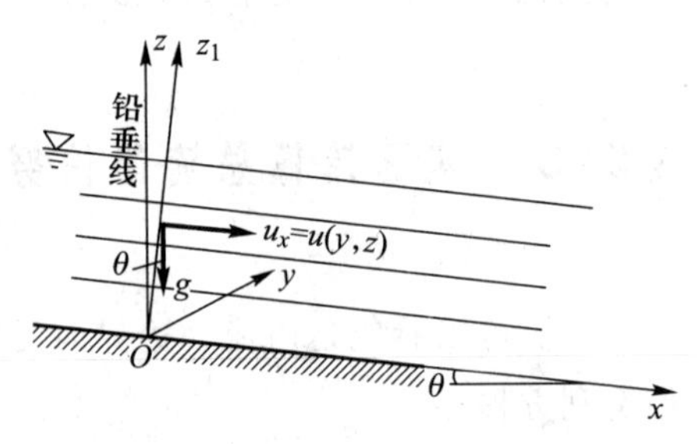

图 5-7

$$\frac{\partial u_x}{\partial x}=\frac{\partial u}{\partial x}=0$$

$$f_x-\frac{1}{\rho}\frac{\partial p}{\partial x}+\nu\nabla^2 u=0 \tag{1}$$

$$f_y-\frac{1}{\rho}\frac{\partial p}{\partial y}=0 \tag{2}$$

$$f_{z1}-\frac{1}{\rho}\frac{\partial p}{\partial z_1}=0 \tag{3}$$

现讨论同一过流断面 Oyz_1 上的压强分布规律。在一般情况下，f_y、f_{z1} 由重力和离心惯性力组成。当 r 很大时，离心惯性力可略去不计，即 $f_y=0$，$f_{z1}=-g\cos\theta$，分别代入式(2)、式(3)得

$$-\frac{1}{\rho}\frac{\partial p}{\partial y}=0 \tag{4}$$

$$-g\cos\theta-\frac{1}{\rho}\frac{\partial p}{\partial z_1}=0 \tag{5}$$

将式(4)乘以 $\mathrm{d}y$，式(5)乘以 $\mathrm{d}z_1$，并相加后得

$$-\rho g\cos\theta\mathrm{d}z_1-\left(\frac{\partial p}{\partial z_1}\mathrm{d}z_1+\frac{\partial p}{\partial y}\mathrm{d}y\right)=0$$

或

$$\rho g\cos\theta\mathrm{d}z_1+\mathrm{d}p=0$$

积分得

$$\rho g\cos\theta z_1+p=C_1$$

因为 $z=z_1\cos\theta$，所以

$$\rho gz+p=C_1$$

或

$$z+\frac{p}{\rho g}=C=常数$$

上式即表明渐变流(层流)同一过流断面上的压强分布近似地按静压强规律分布。对于湍流来讲,同一过流断面上的压强分布,应从§7-4中介绍的湍流基本方程(雷诺方程)来讨论,其结果与按静压强规律分布相差不大。所以,在实用上,上式亦可用于湍流进行计算。

在这里需指出,渐变流不同过流断面的$z+\frac{p}{\rho g}$值是不同的。另外,渐变流同一过流断面上动压强按静压强分布的特性是在一定边界条件下的结果,并不是所有的恒定渐变流都是这样的。例如,从圆管末端或器壁孔口流入大气的液体射流,它的过流断面如果在渐变流区域,但由于射流四周都是大气,一般认为同一过流断面上的各点压强都近似地等于大气压强,而不是$z+\frac{p}{\rho g}=$常数。因此,渐变流同一过流断面上的压强分布,还需结合边界条件来确定。

显然,均匀流亦具有渐变流的上述特性。

如果我们选取的总流过流断面系在渐变流或均匀流区域,且边界条件使过流断面上的压强按静压强分布,则同一过流断面上的$z+\frac{p}{\rho g}$可视为常数。这样,就可将$z+\frac{p}{\rho g}$从积分符号中提出,且可完成这一种积分式的积分,即

$$\int_A\left(z+\frac{p}{\rho g}\right)\rho gu\mathrm{d}A=\left(z+\frac{p}{\rho g}\right)\rho gQ \tag{5-20}$$

2. $\int_A\frac{u^2}{2g}\rho gu\mathrm{d}A$ 的积分

因为总流的过流断面取在渐变流区域,所以同一过流断面上各点速度和断面平均速度的方向可认为相同,且垂直于过流断面。这样,在积分上式时就可以不考虑速度方向。但是,总流同一过流断面上各点速度大小的分布一般是不均匀的,且是不易知道的。因此,在未得悉速度大小的分布规律之前,这一种积分式就无法准确地求出。在实际工程中,我们感兴趣的和可以知道的是断面的平均速度v。显然

$$\int_A u^3\mathrm{d}A\neq v^3A$$

所以须引入一个修正系数 α,以便能用断面平均速度来表示上述积分的结果。

设总流同一过流断面上各点速度 u 与该断面平均速度 v 的差值 $\Delta u = u - v$(Δu 有正有负)。因为流量

$$Q = \int_A u\mathrm{d}A = \int_A (v + \Delta u)\,\mathrm{d}A = \int_A v\mathrm{d}A + \int_A \Delta u\mathrm{d}A = Q + \int_A \Delta u\mathrm{d}A$$

所以

$$\int_A \Delta u\mathrm{d}A = 0$$

$$\int_A u^3\mathrm{d}A = \int_A (v + \Delta u)^3\mathrm{d}A = \int_A (v^3 + 3v^2\Delta u + 3v\Delta u^2 + \Delta u^3)\,\mathrm{d}A$$

$$= v^3A + 3v^2\int_A \Delta u\mathrm{d}A + 3v\int_A \Delta u^2\mathrm{d}A + \int_A \Delta u^3\mathrm{d}A$$

因为

$$\int_A \Delta u\mathrm{d}A = 0$$

若略去$\int_A \Delta u^3\mathrm{d}A$,则可得

$$\int_A u^3\mathrm{d}A = v^3A + 3v\int_A \Delta u^2\mathrm{d}A = \alpha v^3 A \tag{5-21}$$

或

$$\alpha = \frac{\int_A u^3\mathrm{d}A}{v^3A} = \frac{\int_A u^3\mathrm{d}A}{Qv^2} \tag{5-22}$$

式中:α 称为动能修正系数,它可理解为是同一过流断面上各点速度不等时的实际动能与假设该过流断面上各点速度均为断面平均速度时的动能的比值。由式(5-21)知,α 值永远大于 1.0,它与同一过流断面上速度大小分布的均匀程度有关。速度分布越不均匀,α 值越大于 1.0。对于湍流(在第七章中将介绍)来讲,一般可取 α 值为 1.05~1.10,有时为了简化计算,常取 $\alpha=1.0$;对于有压圆管中的层流来讲,α 值为 2.0。因为在工程中大多数流体流态为湍流,所以没有特别说明,一般就取 $\alpha=1.0$。

根据上面的讨论,可完成这一种积分式的积分,即

$$\int_A \frac{u^2}{2g}\rho g u\mathrm{d}A = \frac{\alpha v^2}{2g}\rho g Q \tag{5-23}$$

3. $\int_Q h'_{\mathrm{w}}\rho g\mathrm{d}Q$ 的积分

这一种积分式的积分,与上述两种积分式的积分不同,它不是沿同一过流断

面积分的量,而是沿流程积分的量。它的直接积分是很困难的。各单位重量流体沿流程的能量损失是不相等的,我们令 h_w 为单位重量流体由过流断面 1-1 移动到过流断面 2-2 能量损失的平均值,因此可得

$$\int_Q h'_w \rho g \mathrm{d}Q = h_w \rho g Q \tag{5-24}$$

根据上述三种积分式的积分,由式(5-19)可得

$$\left(z_1+\frac{p_1}{\rho g}\right)\rho g Q+\frac{\alpha_1 v_1^2}{2g}\rho g Q=\left(z_2+\frac{p_2}{\rho g}\right)\rho g Q+\frac{\alpha_2 v_2^2}{2g}\rho g Q+h_w \rho g Q \tag{5-25}$$

上式即为实际流体总流的总能量方程。

对于单位重量流体来讲,即将上式各项除以 $\rho g Q$,得

$$z_1+\frac{p_1}{\rho g}+\frac{\alpha_1 v_1^2}{2g}=z_2+\frac{p_2}{\rho g}+\frac{\alpha_2 v_2^2}{2g}+h_w \tag{5-26}$$

上式即为实际流体总流的伯努利方程(能量方程)。

方程式(5-26)中各项的物理意义和几何意义类似于实际流体元流的伯努利方程式中的对应项,所不同的是指平均值。总流伯努利方程的物理意义是:总流各过流断面上单位重量流体所具有的势能平均值与动能平均值之和,亦即总机械能的平均值沿流程减小,部分机械能转化为热能等而损失;同时,亦表示了各项能量之间可以相互转化的关系。总流伯努利方程的几何意义是:对于液体来讲,总流各过流断面上平均总水头沿流程减小,所减小的高度即为两过流断面间的平均水头损失;同时,亦表示了各项水头之间可以相互转化的关系。平均总水头线沿流程下降,平均测压管水头线可以上升,也可下降。因为水头线能比较形象地表示各项水头之间的相互转化情况,对分析流动现象是很有帮助的。

5-3-2　总流伯努利方程的应用条件和应用方法

实际流体总流的伯努利方程是工程流体力学中应用最广的一个基本关系式,必须很好地掌握,对它的应用条件需加以小结。以下的可供参考。

应用总流伯努利方程必须满足下列条件:

(1) 流体运动是恒定流;

(2) 流体运动符合连续原理;

(3) 作用于流体上的质量力只有重力;

(4) 所取过流断面 1-1、2-2 在渐变流或均匀流区域,但两断面间不必都是渐变流或均匀流;

(5) 所取两过流断面间没有流量汇入(汇流)或流量分出(分流),亦没有能量输入或输出。

应用总流伯努利方程的步骤、方法,以下几点可供参考。

(1) 分析流动现象。首先要弄清楚流体运动的类型,建立流体运动的流线几何图形(流谱),判断是否能应用总流的伯努利方程。

(2) 选取好过流断面。所取断面须在渐变流或均匀流区域,且要垂直于流线;根据已知条件和求解的问题,尽可能使所取断面有较多的已知值和较少的未知值(包括待求值);对两断面上运动要素值进行分析,考虑哪些可忽略不计,例如有时速度 v 值较小,致使速度水头$\frac{\alpha v^2}{2g}$相对于方程中其他各项为很小时,则可忽略不计。这样可易于求得方程的解答。

(3) 选择好计算点和基准面。因为渐变流同一过流断面上的 $z+\frac{p}{\rho g}=$常数,所以 $z+\frac{p}{\rho g}$在断面上的平均值就等于过流断面上任一点的 $z+\frac{p}{\rho g}$值;另外,同一过流断面上任一点的$\frac{\alpha v^2}{2g}$值是相等的。因此,同一过流断面上任一点的$z+\frac{p}{\rho g}+\frac{\alpha v^2}{2g}$值都是相等的。所以,在选择计算点和基准面时,要考虑计算时的简单和方便;例如计算点的选择,一般在有压管流时取在管轴线上,明渠流时取在自由表面上(因压强为大气压强,可作为已知值);基准面的选择,一般使 z 值为正值。

(4) 压强的表示方法,一般是以相对压强计,亦可用绝对压强计,但在同一方程中必须一致;所取单位要一致。

(5) 全面分析和考虑所取两过流断面间的能量损失。为了便于分析,一般将流动阻力和由于克服阻力而消耗的能量损失,按决定其分布性质的边界几何条件而分为两类。一是沿程阻力和沿程损失。均匀分布在某一流段全部流程上的流动阻力称为沿程阻力;克服沿程阻力而消耗的能量损失称为沿程损失。单位重量流体沿程损失的平均值以 h_f 表示。一般在均匀流、渐变流区域,如在图 5-8 中所示的离进口、阀门等处一定距离的直管段区域,沿程阻力和损失占主要部分。二是局部阻力和局部损失。集中(分布)在某一局部流段,由于边界几何条件的急剧改变而引起对流体运动的阻力称为局部阻力;克服局部阻力而消耗的能量损失称为局部损失。单位重量流体局部损失的平均值以 h_j 表示。一般在急变流区域,如在图 5-8 中所示的进口、阀门等处,局部阻力和损失占主要部分。上述两种阻力和损失不是截然分开和孤立存在的,

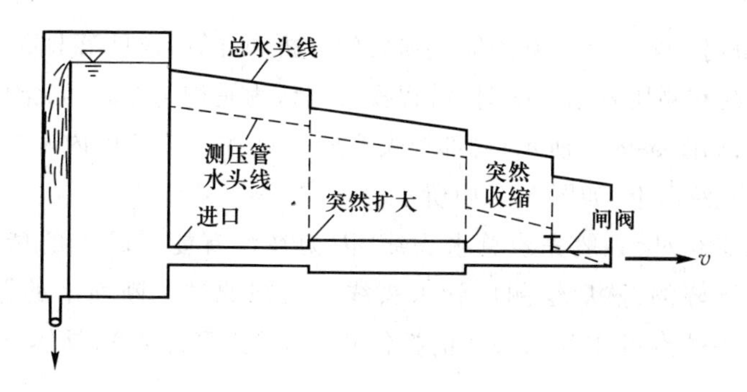

图 5-8

这样的分类只是为了便于分析,而不应把这种分类绝对化。例如,在发生局部损失的流段内,同时存在沿程损失,这种综合的损失过程很复杂。实验指出,同时发生在一个流段内的两种能量损失的综合作用,一般比两者单独作用然后叠加要小一些。在工程计算中,为了简化、方便,一般都假定两个损失是单独发生的,互不影响,可以叠加;且认为局部损失就集中发生在几何条件急剧改变的断面(障碍)处,沿程损失就均匀分布在该流段内。同样的,如果引起两个局部阻力的障碍物很接近,损失相互有影响;除了干扰影响特别严重的,一般亦按上述方法处理,认为互不影响,可以叠加。这样,任何两过流断面间的能量损失 h_w,在假设各损失是单独发生,且又互不干扰、影响的情况下,可视为是每个个别能量损失的简单总和,即能量损失的叠加原理为

$$h_w=\sum h_f+\sum h_j \tag{5-27}$$

一般将 h_w 写成与单位动能(速度水头)关系的形式,即

$$h_w=\zeta\frac{v^2}{2g} \tag{5-28}$$

式中:ζ 称为损失系数,一般由实验测定,说明能量损失究竟消耗了多少单位动能(速度水头)。因此

$$h_f=\zeta_f\frac{v^2}{2g} \tag{5-29}$$

式中:ζ_f 为沿程损失系数。

$$h_j=\zeta_j\frac{v^2}{2g} \tag{5-30}$$

式中:ζ_j 为局部损失系数。

在列总流伯努利方程式和进行计算时,要全面考虑所选取两过流断面间的

能量损失，做到一个不漏。有关能量损失的分析和计算，详见第七章。在按比例绘制总水头线和测压管水头线时，沿程损失则认为是均匀分布的，常画在两边界突变断面间，如图 5-8 中所示；局部损失实际上是在一定长度内发生的，但常集中地画在突变断面上，如图 5-8 中所示。

绘制水头线时，一般先绘总水头线，因为在没有能量输入的情况下，它一定是沿流程下降的；然后绘测压管水头线。已知的过流断面上的总水头端点和测压管水头端点可作为水头线的控制点（如始点和终点），具体见例 5-5、例 5-6 等。

5-3-3 文丘里管

测量流体流量的方法、仪器种类很多，下面介绍应用总流伯努利方程制备的文丘里（Venturi）管及其原理。

测量恒定有压管流（例如水流）的流量常用文丘里管，它由渐缩段、喉道和渐扩段三部分所组成，如图 5-9 所示。喉道管径一般为渐缩段进口管径的 1/4 ~ 1/2，喉道长度等于其直径，渐扩段的锥角为 8° ~ 15°。在渐缩段前的断面 1-1 及断面最小的喉道断面 2-2 处布置测压孔，并接上测压装置（压差计），如图所示。根据已知的文丘里管直径尺寸，通过测量压差计的读数，即可求得管内的流量。取断面 1-1、2-2 在渐变流区域，为过流断面；计算点取在管轴处，以通过管轴线的水平面为基准面。对断面 1-1、2-2 写总流伯努利方程，如略去两断面间的能量损失，得

$$z_1+\frac{p_1}{\rho g}+\frac{\alpha_1 v_1^2}{2g}=z_2+\frac{p_2}{\rho g}+\frac{\alpha_2 v_2^2}{2g} \tag{1}$$

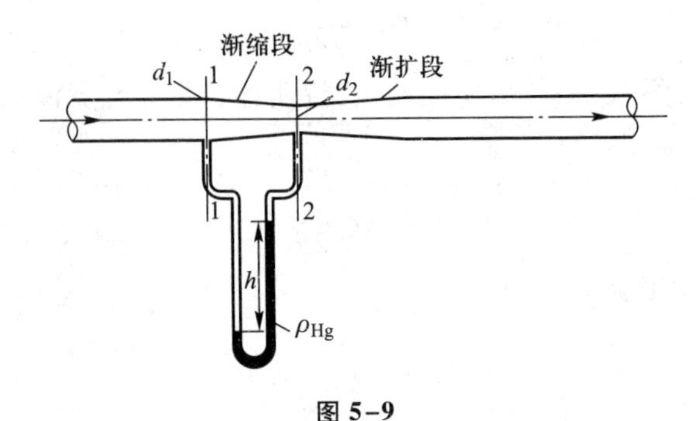

图 5-9

由水银压差计读数可得

$$\frac{p_1-p_2}{\rho g}=\frac{(\rho_{\mathrm{Hg}}g-\rho g)h}{\rho g}=\frac{(13.6\times10^3\times9.8-10^3\times9.8)h}{10^3\times9.8}=12.6\ h \tag{2}$$

根据总流连续性方程可得

$$v_1=\frac{A_2v_2}{A_1}=\frac{d_2^2}{d_1^2}v_2 \tag{3}$$

联立解式(1)、式(2)、式(3),因为 $z_1=z_2=0$,取 $\alpha_1=\alpha_2=1.0$,所以得

$$v_2=\frac{1}{\sqrt{1-\left(\frac{d_2}{d_1}\right)^4}}\sqrt{2g\times12.6h}$$

因为流量 $Q'=A_2v_2=\frac{\pi}{4}d_2^2v_2$,所以

$$Q'=\frac{\pi d_2^2d_1^2}{4\sqrt{d_1^4-d_2^4}}\sqrt{2g\times12.6h}$$

实际上水流从断面 1-1 流到断面 2-2 总会有些能量损失,所以实际水流速度和流量都会比用上述各式计算所得值为小。因此,在应用上式计算流量时,需加一校正系数 μ,即

$$Q=\mu\frac{\pi d_2^2d_1^2}{4\sqrt{d_1^4-d_2^4}}\sqrt{2g\times12.6h}$$

式中:μ 称为流量系数,它不是一常数,随水流情况和文丘里管的材料性质、尺寸等而变化,需对各文丘里管进行专门率定才能确定,一般 $\mu\approx0.95\sim0.98$。上式等号右边的各有关项都是可以测得的,所以即可求得管内流量。

例 5-4 设用一附有水银压差计的文丘里管测定水平管内恒定水流的流量,如图 5-9 所示。已知文丘里管渐缩段前的圆管断面直径 $d_1=0.10$ m,喉道圆管断面直径 $d_2=0.05$ m,压差计读数 $h=0.04$ m,文丘里管流量系数 $\mu=0.98$,试求通过水平管内的水流流量 Q。

解:根据题意,$\mu=0.98$,所以流量 Q 为

$$\begin{aligned}Q&=0.98\times\frac{3.14\times(0.05)^2\times(0.10)^2}{4\sqrt{(0.10)^4-(0.05)^4}}\sqrt{2\times9.8\times12.6\times0.04}\ \mathrm{m^3/s}\\&=6.24\times10^{-3}\ \mathrm{m^3/s}\end{aligned}$$

又,如果用上面的文丘里管装置测定斜管或铅垂管内水流的流量,分别如习题 5-6、习题 5-7 中的图所示,已知的数据 d_1、d_2、h、μ 值都不改变。试问斜管、铅垂管内的流量和水平管内的流量是否相同,有否变化?亦就是测得的水流流量和圆管、文丘里管的倾斜角是否有关?

例 5-5 设路堤左侧渠道(水池)中的水流,经过虹吸管输流入路堤右侧渠道(水池),如

图 5-10 所示。已知管径 $d=0.2\ \text{m}, l_1=8\ \text{m}, l_2=4\ \text{m}, l_3=12\ \text{m}$；各管段的沿程损失分别为

$$h_{f1}=0.8\frac{v^2}{2g}$$

$$h_{f2}=0.4\frac{v^2}{2g}$$

$$h_{f3}=1.2\frac{v^2}{2g}$$

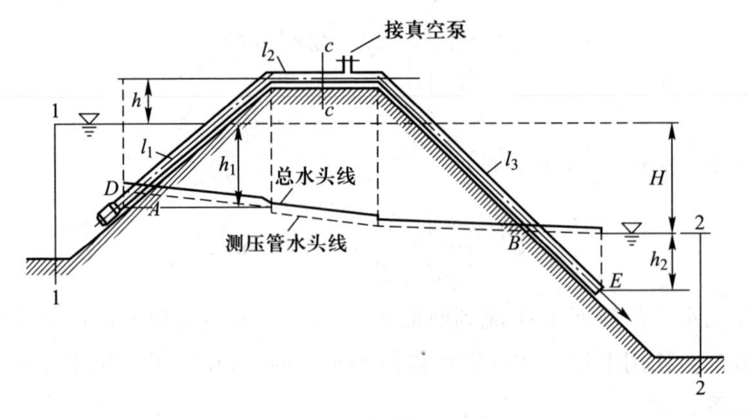

图 5-10

管路进水阀、两折管、出口的局部损失分别为

$$h_{j1}=5.2\frac{v^2}{2g}$$

$$h_{j2}=h_{j3}=0.3\frac{v^2}{2g}$$

$$h_{j4}=\frac{v^2}{2g}$$

管路顶端水平段的管轴处高出左侧渠道水面 $h=1.7\ \text{m}$，进水阀后管内点 D 处低于左侧渠道水面 $h_1=3\ \text{m}$，左、右侧两渠道水面高差 $H=4\ \text{m}$，管路出口端 E 点低于右侧渠道水面 $h_2=2\ \text{m}$。渠道中速度水头可略去不计，试求：(1) 通过虹吸管的速度 v 和流量 Q；(2) 管路顶端水平段中一半长度处过流断面 $c-c$ 管轴处的真空度 h_{cv}，(3) 按比例绘制总水头线和测压管水头线，并指出管路中出现负压（真空）的管段。

解：取左侧、右侧渠道（水池）中的断面为过流断面，计算点取在两渠道的自由表面上，以通过右侧渠道水面的水平面为基准面，对断面 1-1、2-2 写总流伯努利方程，如略去两断面上的速度水头，得

$$H=h_w=\sum h_f+\sum h_j=(h_{f1}+h_{f2}+h_{f3}+h_{j1}+h_{j2}+h_{j3}+h_{j4})$$

$$4\ \text{m}=(0.8+0.4+1.2+5.2+0.3+0.3+1)\frac{v^2}{2g}$$

$$v=\sqrt{\frac{2\times9.8\times4}{9.2}}\ \text{m/s}=2.92\ \text{m/s}$$

$$Q=Av=\frac{\pi}{4}d^2v=\left[\frac{\pi}{4}\times(0.2)^2\times2.92\right]\ \text{m}^3/\text{s}=0.092\ \text{m}^3/\text{s}$$

对断面1-1、$c-c$ 写总流伯努利方程，如略去断面1-1上的速度水头，得

$$0=h+\frac{p_c}{\rho g}+\frac{\alpha_c v_c^2}{2g}+\left(h_{f1}+\frac{1}{2}h_{f2}+h_{j1}+h_{j2}\right)$$

$$=\left[1.7+\frac{p_c}{\rho g}+\frac{1\times(2.92)^2}{2\times9.8}+\left(0.8+\frac{0.4}{2}+5.2+0.3\right)\frac{(2.92)^2}{2\times9.8}\right]\ \text{m}$$

$$\frac{p_c}{\rho g}=-4.96\ \text{m}$$

$$h_{cv}=\frac{p_{cv}}{\rho g}=4.96\ \text{m}$$

因要绘制水头线，需计算管内速度水头和各部分的水头损失。速度水头

$$\frac{\alpha v^2}{2g}=\frac{1\times(2.92)^2}{2\times9.8}\ \text{m}=0.44\ \text{m}$$

各部分的水头损失

$$h_{f1}=0.8\times\frac{(2.92)^2}{2\times9.8}\ \text{m}=0.35\ \text{m}$$

$$h_{f2}=0.4\times\frac{(2.92)^2}{2\times9.8}\ \text{m}=0.17\ \text{m}$$

$$h_{f3}=1.2\times\frac{(2.92)^2}{2\times9.8}\ \text{m}=0.52\ \text{m}$$

$$h_{j1}=5.2\times\frac{(2.92)^2}{2\times9.8}\ \text{m}=2.26\ \text{m}$$

$$h_{j2}=0.3\times\frac{(2.92)^2}{2\times9.8}\ \text{m}=0.13\ \text{m}$$

$$h_{j3}=0.3\times\frac{(2.92)^2}{2\times9.8}\ \text{m}=0.13\ \text{m}$$

$$h_{j4}=1\times\frac{(2.92)^2}{2\times9.8}\ \text{m}=0.44\ \text{m}$$

校核：

$$H=h_w=(0.35+0.17+0.52+2.26+0.13+0.13+0.44)\ \text{m}=4\ \text{m}$$

总水头线和测压管水头线分别如图5-10中实线和虚线所示。AB 管段内出现负压（真空），因为该管段的测压管水头线在虹吸管轴线下。

例5-6 设水流从水塔经铅垂圆管由管嘴流入大气，如图5-11所示。已知水塔储水深度由水位调节器控制为 $h=4$ m，管径 $d_1=75$ mm，管长 $l=20$ m，管嘴出口处直径 $d_4=60$ mm，水塔水面面积很大，能量损失都略去不计。试求管嘴出口处、管内水流的速度和管道进口（$h_1=$

20 m)处、一半长度($h_2=10$ m)处、管嘴进口($h_3=0.1$ m)处的压强,并绘出压强分布规律(测压管水头线)和总水头线。

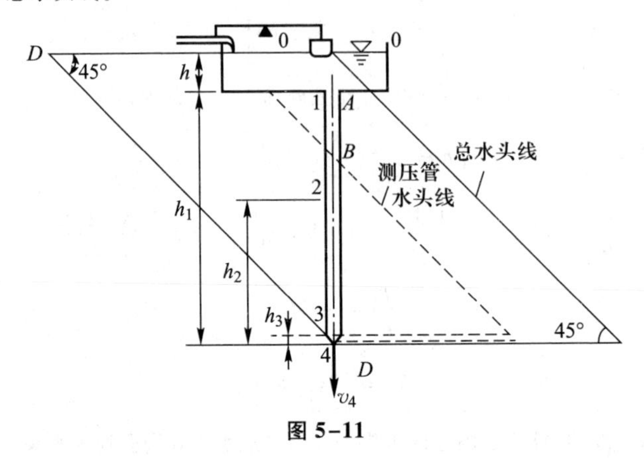

图 5-11

解:取过流断面 0-0、4-4,以通过管嘴出口处的水平面为基准面,且取 $\alpha_0=\alpha_4=1.0$,$\frac{v_0^2}{2g}$略去不计,对断面 0-0、4-4 写总流伯努利方程,可得

$$h+h_1=\frac{v_4^2}{2g}$$

管嘴出口处水流速度

$$v_4=\sqrt{2g(h+h_1)}=\sqrt{2\times 9.8(4+20)}\ \text{m/s}=21.69\ \text{m/s}$$

管内水流速度

$$v_1=v_2=v_3=v_4\left(\frac{d_4}{d_1}\right)^2=21.69\left(\frac{0.06}{0.075}\right)^2\ \text{m/s}=13.88\ \text{m/s}$$

对断面 0-0、1-1 写总流伯努利方程,可得

$$\frac{p_1}{\rho g}=h-\frac{v_1^2}{2g}=\left[4-\frac{(13.88)^2}{2\times 9.8}\right]\ \text{m}=-5.83\ \text{m}$$

管道进口处压强

$$p_1=-5.83\times 9.8\times 10^3\ \text{Pa}=-5.71\times 10^4\ \text{Pa}$$

对断面 0-0、2-2 写总流伯努利方程,可得

$$\frac{p_2}{\rho g}=(h+h_1-h_2)-\frac{v_2^2}{2g}=\left[(4+20-10)-\frac{(13.88)^2}{2\times 9.8}\right]\ \text{m}=4.17\ \text{m}$$

管道一半长度处压强

$$p_2=4.17\times 10^3\times 9.8\ \text{Pa}=4.09\times 10^4\ \text{Pa}$$

对断面 0-0、3-3 写总流伯努利方程,可得

$$\frac{p_3}{\rho g}=(h+h_1-h_3)-\frac{v_3^2}{2g}=\left[(4+20-0.1)-\frac{(13.88)^2}{2\times 9.8}\right]\ \text{m}=14.07\ \text{m}$$

管嘴进口处压强

$$p_3=14.07\times10^3\times9.8\ \text{Pa}=1.38\times10^5\ \text{Pa}$$

在绘制铅垂管道水头线时，可改沿水平方向布置，如图 5-11 所示。为使位置水头线恰好与管轴线重合，基准线可采用与水平线成 45°角度的斜线，如图中 *D-D* 线。管道各断面上的水头都从左向右量取，总水头线、测压管水头线分别如图中实线、虚线所示。*AB* 管段内出现负压（真空），因为该管段的测压管水头线在管轴线的左边。

5-3-4　汇流或分流的伯努利方程·有能量输入或输出的伯努利方程

设有一恒定汇流，如图 5-12a 所示。设想在汇流处作一汇流面 *ab*，将汇流划分为两支总流，如图 5-12a 所示。汇流的每一支总流的流量是沿程不变的。根据总能量守恒和转化的观点，可对每支总流建立伯努利方程为

$$\left.\begin{aligned}z_1+\frac{p_1}{\rho g}+\frac{\alpha_1 v_1^2}{2g}=z_3+\frac{p_3}{\rho g}+\frac{\alpha_3 v_3^2}{2g}+h_{\mathrm{w1-3}}\\ z_2+\frac{p_2}{\rho g}+\frac{\alpha_2 v_2^2}{2g}=z_3+\frac{p_3}{\rho g}+\frac{\alpha_3 v_3^2}{2g}+h_{\mathrm{w2-3}}\end{aligned}\right\}\tag{5-31}$$

式中的 $h_{\mathrm{w1-3}}$ 或 $h_{\mathrm{w2-3}}$ 有可能出现一个负值，负值的出现表明经过汇流点后有一支总流的流体能量将发生增值。这种能量的增值是两支总流的流体能量交换的结果，并不意味着汇流全部流体总机械能可能沿程不断地增加。

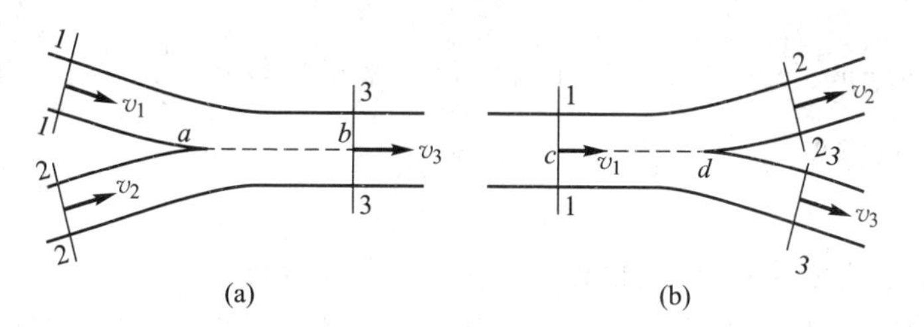

图 5-12

同样，设有一恒定分流，如图 5-12b 所示。设想在分流处作一分流面 *cd*，将分流划分为两支总流，如图 5-12b 所示。对每支总流建立伯努利方程为

$$\left.\begin{aligned}z_1+\frac{p_1}{\rho g}+\frac{\alpha_1 v_1^2}{2g}=z_2+\frac{p_2}{\rho g}+\frac{\alpha_2 v_2^2}{2g}+h_{\mathrm{w1-2}}\\ z_1+\frac{p_1}{\rho g}+\frac{\alpha_1 v_1^2}{2g}=z_3+\frac{p_3}{\rho g}+\frac{\alpha_3 v_3^2}{2g}+h_{\mathrm{w1-3}}\end{aligned}\right\}\tag{5-32}$$

下面介绍有能量输入或输出的伯努利方程。

设在管路中有一水泵，如图 5-13 所示。水泵对水流作功，使水流能量增加。对于单位重量的水流来讲，如果这种能量的加入为 H_m，则总流伯努利方程式(5-26)应改写为

$$z_1+\frac{p_1}{\rho g}+\frac{\alpha_1 v_1^2}{2g}+H_m=z_2+\frac{p_2}{\rho g}+\frac{\alpha_2 v_2^2}{2g}+h_{w1-2} \tag{5-33}$$

式中：H_m 为单位重量的水流通过水泵后增加的能量，也称管路所需的水泵扬程；h_{w1-2} 为全部管路中的水头损失，但不包括水泵内的损失。

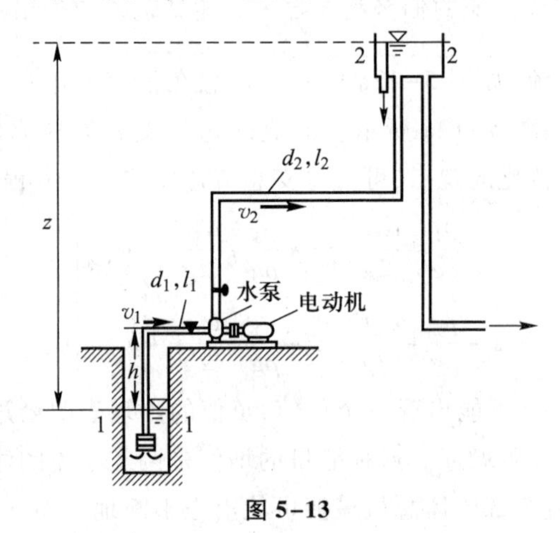

图 5-13

因为 $p_1=p_2=p_a$；v_1、v_2 相对于管内流速来讲均较小，$\frac{\alpha_1 v_1^2}{2g}$、$\frac{\alpha_2 v_2^2}{2g}$ 均可略去不计，则上式可写为

$$H_m=z+h_{w1-2} \tag{5-34}$$

式中：z 为上、下游水面高差，也称提水高度或扬水高度。

单位时间内原动机给予水泵的功称为水泵的轴功率 P。单位时间内通过水泵的水流重量为 ρgQ，所以单位时间内水流从泵中实际获得的总能量为 ρgQH_m，称为水泵的有效功率 P_e。因为泵内有各种损失，如漏损、水头损失、机械摩擦损失等，所以有效功率小于轴功率，即 $P_e<P$。有效功率与轴功率的比值称为水泵效率 η，以%计，即

$$\eta=\frac{P_e}{P}=\frac{\rho gQH_m}{P} \tag{5-35}$$

式中：ρ 的单位是 kg/m^3，g 的单位是 m/s^2，Q 的单位是 m^3/s，H_m 的单位是 m，则 P 的

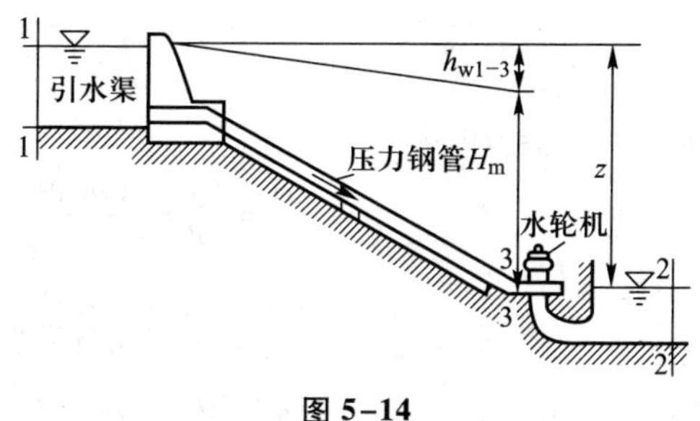

图 5-14

单位是 N · m/s(牛 · 米/秒)= J/s(焦耳/秒)= W(瓦特)。

若在管路系统中有一水轮机,如图 5-14 所示。由于水流要使水轮机转动,对水轮机作功,水流能量减少。对于单位重量的水流来讲,如果这种能量的支出为 H_m,则总流伯努利方程式(5-26)应改写为

$$z_1+\frac{p_1}{\rho g}+\frac{\alpha_1 v_1^2}{2g}-H_m=z_2+\frac{p_2}{\rho g}+\frac{\alpha_2 v_2^2}{2g}+h_{w1-2} \tag{5-36}$$

式中:H_m 为单位重量的水流给予水轮机的能量,也称水轮机的作用水头;h_{w1-2} 为全部管路系统中的水头损失,不包括水轮机系统内的损失,可认为就是上游水面到水轮机进口(如图中断面 3-3)这一段管路的水头损失,可以写成 h_{w1-3}。另外,因

$$\left(z_1+\frac{p_1}{\rho g}+\frac{\alpha_1 v_1^2}{2g}\right)-\left(z_2+\frac{p_2}{\rho g}+\frac{\alpha_2 v_2^2}{2g}\right)=z$$

所以

$$H_m=z-h_{w1-3} \tag{5-37}$$

根据已知条件即可由上式求得 H_m。

例 5-7 测定水泵扬程的装置如图 5-15 所示。已知水泵进口吸水管直径 $d_1=200$ mm,出口压水管直径 $d_2=150$ mm,测得流量 $Q=0.06\ \mathrm{m^3/s}$,水泵进口真空表读数为4 $\mathrm{mH_2O}$,水泵出口压力表读数为 2 at(工程大气压),水管与两表连接的测压孔位置之间的高差$h=0.5$ m。试求此时的水泵扬程 H_m。若同时测得水泵的轴功率 $P=18.375$ kW,试求水泵的效率 η。

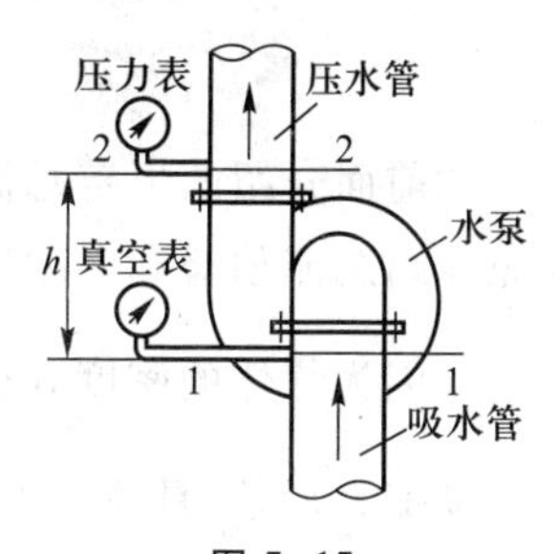

图 5-15

解:选取与真空表连接处的圆管断面 1-1、与压力表连接处的圆管断面 2-2 为过流断面,以通过断面 1-1 的水平面为基准面,对断面 1-1、2-2 写总流伯努利方程,得

$$z_1+\frac{p_1}{\rho g}+\frac{\alpha_1 v_1^2}{2g}+H_m=z_2+\frac{p_2}{\rho g}+\frac{\alpha_2 v_2^2}{2g}+h_{w1-2} \tag{1}$$

因为断面 1-1、2-2 位于水泵进、出口处,它们之间的能量损失,只是流经水泵内的损失,已考虑在水泵效率之内,所以 $h_{w1-2}=0$;另外,根据已给条件,知

$$z_2-z_1=h=0.5\ \mathrm{m}$$

$$\frac{p_1}{\rho g}=-4\ \mathrm{m}$$

$$\frac{p_2}{\rho g}=20\ \text{m}$$

取 $\alpha_1=1.0$、$\alpha_2=1.0$，则

$$v_1=\frac{Q}{A_1}=\frac{4Q}{\pi d_1^2}=\frac{4\times0.06}{\pi\times(0.2)^2}\ \text{m/s}=1.91\ \text{m/s}$$

$$\frac{\alpha_1 v_1^2}{2g}=\frac{1\times(1.91)^2}{2\times9.8}\ \text{m}=0.186\ \text{m}$$

$$v_2=\frac{Q}{A_2}=\frac{4Q}{\pi d_2^2}=\frac{4\times0.06}{\pi\times(0.15)^2}\ \text{m/s}=3.40\ \text{m/s}$$

$$\frac{\alpha_2 v_2^2}{2g}=\frac{1\times(3.4)^2}{2\times9.8}\ \text{m}=0.590\ \text{m}$$

将上述已知值代入式(1)，得

$$H_\text{m}=z_2+\frac{p_2}{\rho g}+\frac{\alpha_2 v_2^2}{2g}-z_1-\frac{p_1}{\rho g}-\frac{\alpha_1 v_1^2}{2g}=[0.5+20+0.59-(-4)-0.186]\ \text{m}$$

$$=24.9\ \text{m}$$

已知 $P=18.375\ \text{kW}=18.375\ \text{kN}\cdot\text{m/s}$，$\rho g=9.8\ \text{kN/m}^2$，将已知值代入式(5-35)得

$$\eta=\frac{\rho gQH_\text{m}}{P}=\frac{9.8\times0.06\times24.9}{18.375}=0.797=79.7\%$$

§5-4 不可压缩气体的伯努利方程

前面介绍的恒定总流伯努利方程亦适用于不可压缩气体的流动。在这里补充介绍总流伯努利方程应用于气体流动时不同于液体流动的情况。

因为气体的密度 ρ 很小，$\frac{p}{\rho g}$ 项很大，且水头的概念对气体来讲，不像对液体流动那么形象、具体。所以将总流伯努利方程式(5-26)各项都乘以气体的密度 ρ 和重力加速度 g，使转换为压强的量纲，且取 $\alpha_1=\alpha_2=1.0$，则得对于单位体积气体而言的伯努利方程为

$$\rho g z_1+p_1'+\rho\frac{v_1^2}{2}=\rho g z_2+p_2'+\rho\frac{v_2^2}{2}+p_{\text{w}1-2} \tag{5-38}$$

式中：p_1'、p_2'为两过流断面上的绝对压强；$p_{\text{w}1-2}=\rho g h_{\text{w}1-2}=\rho g\zeta\frac{v_2^2}{2g}=\zeta\rho\frac{v^2}{2}$，为两过流断面间的压强损失。上式即为用绝对压强表示的不可压缩气体的伯努利方程。

在实际工程中，常用相对压强计算，所以需将上式改为以相对压强表示的形式。因为相对压强是以同一高程的大气压强值作为零来计算的，而不同高程的大气压强值是不同的，因此在不同高程处所取两断面的相对压强的计算零值就不相同，从而导致两断面间的相对压强差值不等于绝对压强差值，也就不等于实际的压强差值。所以，不能简单地将上式等号两边的绝对压强值减去同一大小的大气压强值即可，而需考虑大气压强随高程的变化。设有一管流如图 5-16 所示，高程 z_1 处的大气压强为 p'_{a1}(以绝对压强计)，高程 z_2 处的大气压强为 p'_{a2}(以绝对压强计)，$p'_{a1} \neq p'_{a2}$。假设大气压强沿高程的分布规律按静压强分布，则可得

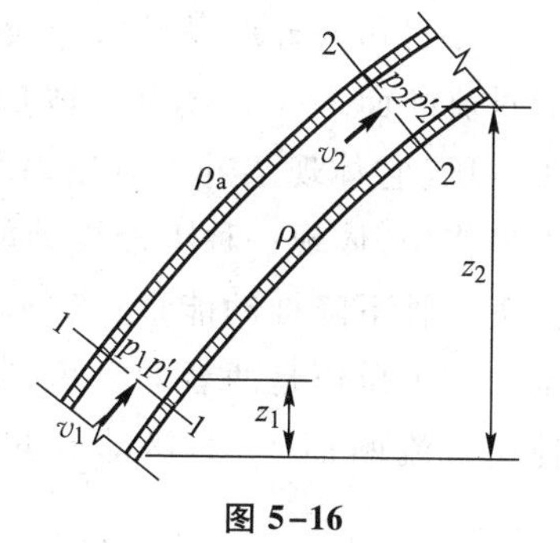

图 5-16

$$p'_{a1} = p'_{a2} + \rho_a g(z_2 - z_1) \tag{1}$$

或

$$p'_{a2} = p'_{a1} - \rho_a g(z_2 - z_1) \tag{2}$$

式中：ρ_a 为大气密度。

管流中过流断面 1-1、2-2 上的相对压强 p_1、p_2 分别为

$$p_1 = p'_1 - p'_{a1} \tag{3}$$

$$p_2 = p'_2 - p'_{a2} = p'_2 - [p'_{a1} - \rho_a g(z_2 - z_1)] \tag{4}$$

所以

$$p_1 - p_2 = p'_1 - p'_2 - \rho_a g(z_2 - z_1) \tag{5}$$

由上式可知，两断面间的相对压强差值不等于绝对压强差值，多了式中的最后一项。

将式(3)、式(4)代入式(5-38)，即可得以相对压强表示的不可压缩气体的伯努利方程为

$$p_1 + \frac{\rho v_1^2}{2} + (\rho_a g - \rho g)(z_2 - z_1) = p_2 + \rho\frac{v_2^2}{2} + p_{w1-2} \tag{5-39}$$

上式中各项的物理意义，类似于总流伯努利方程式(5-26)中的对应项，所不同的是对单位体积气体而言。式中 p、$\frac{\rho v^2}{2}$ 项，分别表示某一过流断面上单位体积气体所具有的压能平均值、动能平均值；在专业中，习惯上分别称为静压(注意不是静止流体中的静压)、动压(它反映断面流速无能量损失地降低

到零后所转化的压强值)。式中$(\rho_a g-\rho g)(z_2-z_1)$项,因为$(\rho_a g-\rho g)$为单位体积气体所承受的有效浮力,气体顺浮力方向上升(z_2-z_1)时损失的位能为$(\rho_a g-\rho g)(z_2-z_1)$。所以,$(\rho_a g-\rho g)(z_2-z_1)$表示以过流断面 2-2 为基准量度的过流断面 1-1 上的单位体积气体所具有位能的平均值;在专业中,习惯上称为位压(它体现浮升力对流动所起的作用)。当$(\rho_a g-\rho g)$为正时,表征有效浮力的作用,体现一种上浮推动能量;当$(\rho_a g-\rho g)$为负时,表征有效重力的作用,体现一种下降推动能量;当(z_2-z_1)为正或负时,分别表征气体向上或向下流动。因为位压是两者的乘积,所以是可正可负。式中p_{w1-2}项,表示单位体积气体由过流断面 1-1 移动到过流断面 2-2 时的能量损失的平均值,$p_{w1-2}=\rho g h_{w1-2}=\rho g\zeta\dfrac{v_2^2}{2g}=\zeta\rho\dfrac{v^2}{2}$;在专业中,称为压强损失。静压与位压之和,称为势压;静压与动压之和,称为全压;静压、动压与位压三项之和,称为总压。

式(5-39)中各项的量纲是压强,所以沿气体管流可绘出各种压强线,如总压线、全压线、势压线、静压线、位压线等,形象地表示各种能量沿程的变化。各种压强线,一般可在选定零压线(即过流断面 2-2 相对压强为零的线)的基础上,对应于气体管流各断面进行绘制。

在许多气体流动问题中,若气体的密度与大气的密度相差很小,或两过流断面的高程差甚小,则式(5-39)中的$(\rho_a g-\rho g)(z_2-z_1)$项可略去不计,可简化为

$$p_1+\rho\frac{v_1^2}{2}=p_2+\rho\frac{v_2^2}{2}+p_{w1-2} \tag{5-40}$$

例 5-8 集流器。在风机实验中,测量流量常用集流器,它为一圆弧形或圆锥形入口,长度约为$\dfrac{d}{2}$,d为风筒直径,如图 5-17 所示。接在集流器上的为一直径与风机入口直径相当的等直风筒。在风筒内,离入口$\dfrac{d}{2}$处,将筒周四等分,安置四个静压测压孔,并将它们连在一起接到 U 形测压计上。在测压孔后约$\dfrac{d}{2}$处安置有整流网,

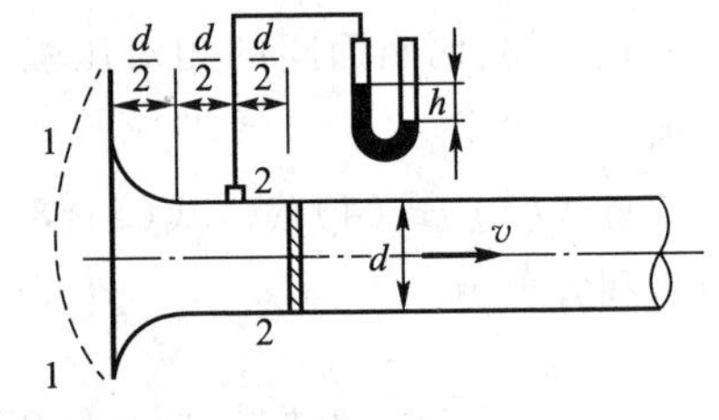

图 5-17

如图所示。实验时,风机将大气吸入风筒。取集流器前相当远处的断面 1-1 和静压测压孔处断面 2-2 为过流断面。断面 1-1 上的大气速度可视为零、压强为大气压强;断面 2-2 上的压强 p 可由 U 形测压计测得,速度 v 则待求。假设集流器的局部损失系数为 ζ_1,风筒入口到静压测压孔管段的沿程损失系数为 ζ_2。对断面1-1、2-2 写伯努利方程,可得

$$0=-\frac{p}{\rho_a g}+\frac{v^2}{2g}+(\zeta_1+\zeta_2)\frac{v^2}{2g}$$

$$v=\frac{1}{\sqrt{1+\zeta_1+\zeta_2}}\sqrt{\frac{2p}{\rho_a}}=\phi\sqrt{\frac{2p}{\rho_a}}$$

式中

$$\phi=\frac{1}{\sqrt{1+\zeta_1+\zeta_2}}$$

称为集流器的速度系数,可以通过实验由上式求得。对于圆弧形集流器,$\phi=0.99$;圆锥形集流器,当锥顶角为60°时,$\phi=0.98$。知道了ϕ值,即可从实测的静压值和气体温度,按上式求得速度和通过风筒的流量。现已知集流器为圆锥形(锥顶角为60°),风筒直径$d=400$ mm,测压计读数$h=6$ mm,气体温度$t=20$ ℃($\rho_a=1.206$ kg/m^3)。试求通过风筒的气体速度v和体积流量Q。测压计中水的密度为$\rho=1\ 000$ kg/m^3。

解:

$$v=\phi\sqrt{\frac{2p}{\rho_a}}=0.98\sqrt{\frac{2\times0.006\times10^3\times9.8}{1.206}}\ \text{m/s}=9.68\ \text{m/s}$$

$$Q=Av=\frac{1}{4}d^2v=\frac{\pi}{4}\times(0.4)^2\times9.63\ \text{m}^3/\text{s}=1.22\ \text{m}^3/\text{s}$$

例5-9　气体由相对压强为12 mmH$_2$O的静压箱A,经过直径$d=0.10$ m、长度$l=100$ m的管道流入大气,管道进口和出口的高程差$h=40$ m,如图5-18a所示。管道沿程压强损失

$$p_{w1-2}=9\rho g\frac{v^2}{2g}=9\rho\frac{v^2}{2}$$

局部损失不计。试分别求解下列两种情况下通过管内气体的速度v和流量Q,并绘出它们的各种压强线。两种情况:(1)气体为与大气温度相同、密度相同,即$\rho=\rho_a=1.20$ kg/m^{3}的空气;(2)气体为$\rho=0.80$ kg/m^{3}的煤气。

解:(1)气体为空气时,取静压箱A中的断面1-1和管道出口断面2-2为过流断面。按式(5-40)可得

$$0.012\times10^3\times9.8\ \text{Pa}=1.20\ \text{kg/m}^3\times\frac{v^2}{2}+9\times1.20\ \text{kg/m}^3\times\frac{v^2}{2}$$

$$v=\sqrt{\frac{117.6}{6}}\ \text{m/s}=4.43\ \text{m/s}$$

$$Q=\frac{\pi}{4}d^2v=\frac{\pi}{4}\times(0.1)^2\times4.43\ \text{m}^3/\text{s}=0.035\ \text{m}^3/\text{s}$$

断面1-1的全压为$0.012\times10^3\times9.8$ Pa $=117.6$ Pa;管道入口处的动压为$1.20\times\frac{(4.43)^2}{2}$ Pa$=11.78$ Pa,静压为$(117.6-11.78)$ Pa $=105.82$ Pa;断面2-2的静压为零,动压为11.78 Pa。在管段下方选取零压线AC,如图5-18b所示,并令它的上方为正。全压线和静压线,分别如图5-18b中实线和虚线所示。

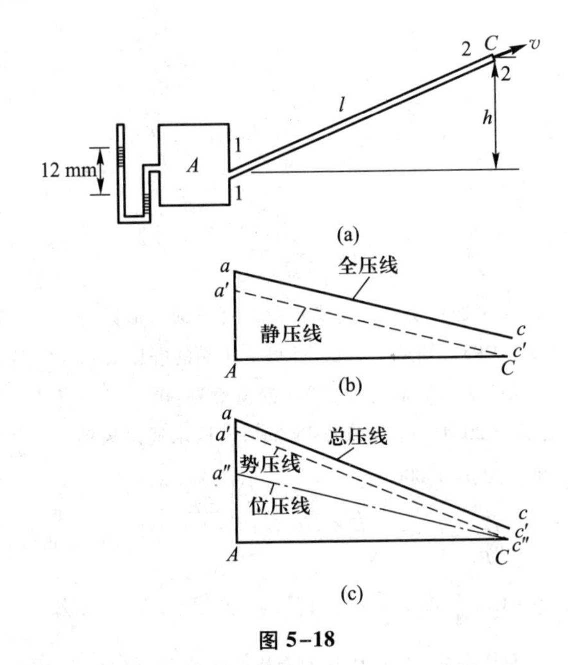

图 5-18

(2) 气体为煤气时,按式(5-39)可得

$$[0.012\times10^{3}\times9.8+(1.20\times9.8-0.8\times9.8)\times40]\ \mathrm{Pa}$$

$$=0.8\ \mathrm{kg/m^{3}}\times\frac{v^{2}}{2}+9\times0.8\ \mathrm{kg/m^{3}}\times\frac{v^{2}}{2}$$

$$v=\sqrt{\frac{117.6+156.8}{4}}\ \mathrm{m/s}=8.28\ \mathrm{m/s}$$

$$Q=\frac{\pi}{4}d^{2}v=\frac{\pi}{4}\times(0.1)^{2}\times8.28\ \mathrm{m^{3}/s}=0.065\ \mathrm{m^{3}/s}$$

断面 1-1 的总压为

$$[0.012\times10^{3}\times9.8+(1.20\times9.8-0.8\times9.8)\times40]\ \mathrm{Pa}=274.4\ \mathrm{Pa}$$

其中静压为 117.6 Pa,位压为 156.8 Pa;管道入口处的动压为 $0.8\times\frac{(8.28)^{2}}{2}$ Pa = 27.42 Pa,位压为 156.8 Pa;断面 2-2 的静压和位压为零。总压线、势压线和位压线,分别如图5-18c 中的实线、虚线和点画线所示。

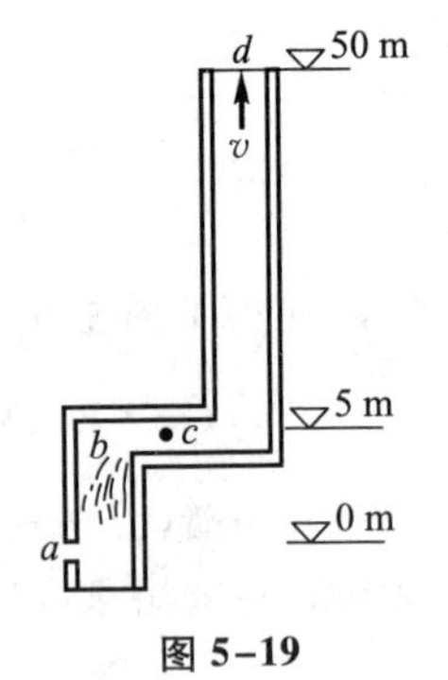

图 5-19

例 5-10 设空气由炉口 a(高程为零)流入,通过燃烧后,废气经 b、c(高程为 5 m)、d(高程为 50 m),由烟囱流入大气,如图 5-19 所示。已知空气密度 $\rho_a=1.20\ \mathrm{kg/m^3}$,烟气密度 $\rho=0.60\ \mathrm{kg/m^3}$,由 a 到 c 的压强损失为 $9\rho\frac{v^2}{2}$,c 到 d 的压强损失为 $20\rho\frac{v^2}{2}$。试求烟囱出

口处烟气速度 v 和 c 处静压 p_c。

解:取炉口前一断面和烟囱出口断面为过流断面,按式(5-39)可得

$$(1.20\times9.8-0.60\times9.8)\times50\ \text{Pa}=0.60\ \text{kg/m}^3\times\frac{v^2}{2}+$$

$$9\times0.60\ \text{kg/m}^3\times\frac{v^2}{2}+20\times0.60\ \text{kg/m}^3\times\frac{v^2}{2}$$

$$v=\sqrt{\frac{294}{9}}\ \text{m/s}=5.72\ \text{m/s}$$

取经过 c 的断面和烟囱出口断面为过流断面,按式(5-39)可得

$$p_c+0.60\frac{(5.72)^2}{2}\ \text{Pa}+(1.20\times9.8-0.60\times9.8)(50-5)\ \text{Pa}$$

$$=\left[0.60\frac{(5.72)^2}{2}+20\times0.60\frac{(5.72)^2}{2}\right]\ \text{Pa}$$

$$p_c=-68.29\ \text{Pa}$$

§5-5 总流的动量方程

由物理学知,动量定理是:物体在运动过程中,动量对时间的变化率,等于作用在物体上各外力的合力矢量,即$\frac{\mathrm{d}\boldsymbol{p}}{\mathrm{d}t}=\frac{\mathrm{d}(\sum m\boldsymbol{u})}{\mathrm{d}t}=\sum\boldsymbol{F}$。作用在物体上各外力的合力矢量和作用时间的乘积称为冲量,所以动量定理又可表述为冲量定理,即作用在物体上的冲量,等于物体的动量的增量。流体运动亦必须遵循动量定理,上述定理应用于流体运动,它的数学表示式在工程流体力学中称为动量方程。动量方程、连续性方程和伯努利方程是工程流体力学中应用最广的三个主要方程。下面介绍用有限体分析法(元流分析法),根据动量(冲量)定理来推导出不可压缩均质实际流体恒定总流的动量方程。

5-5-1 总流的动量方程

类似于推导连续性方程和伯努利方程的讨论,设有一恒定总流,取过流断面1-1、2-2为控制面,如图5-20实线所示。为方便起见,过流断面1-1、2-2取在渐变流区域,面积分别为 A_1、A_2,流体由断面1-1流向断面2-2,两断面间没有汇流或分流。我们从分析元流开始。在上述总流段内任取一元流段,如图中虚线所示。元流过流断面1-1、2-2的面积、速度、密度分别为 $\mathrm{d}A_1$、$\mathrm{d}A_2$,u_1、u_2,ρ_1、ρ_2。因为是恒定流,且没有汇流和分流,所以经过 $\mathrm{d}t$ 时段后,元流段的动量增量即为

1-1′段和2-2′段流体动量之差，即

$$\mathrm{d}\boldsymbol{p}=\rho \mathrm{d}s_2 \mathrm{d}A_2 \boldsymbol{u}_2-\rho \mathrm{d}s_1 \mathrm{d}A_1 \boldsymbol{u}_1=\rho \mathrm{d}Q \mathrm{d}t(\boldsymbol{u}_2-\boldsymbol{u}_1)$$

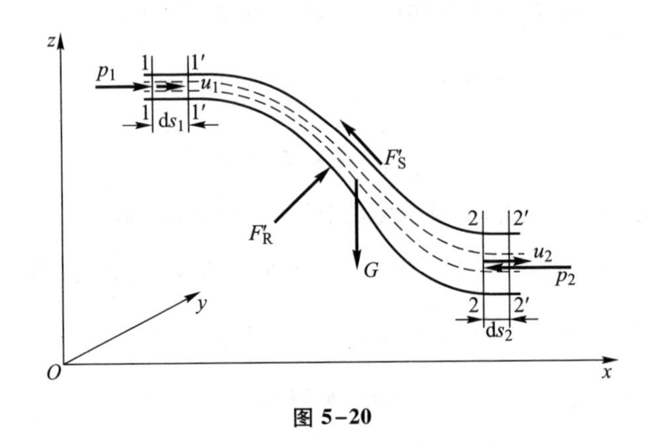

图 5-20

设 $\boldsymbol{F}_\mathrm{e}$ 为 $\mathrm{d}t$ 时段内作用在所取元流段上所有外力（包括质量力和表面力）的合力矢量。

根据动量（冲量）定理，得

$$\rho \mathrm{d}Q(\boldsymbol{u}_2-\boldsymbol{u}_1)=\boldsymbol{F}_\mathrm{e}$$

上式即为不可压缩均质实际流体恒定元流的动量方程。

总流可以看成是由流动边界内无数元流所组成，将上式对总流过流断面面积积分，即可得总流的动量关系为

$$\int_{A_2}\rho \boldsymbol{u}_2 u_2 \mathrm{d}A_2-\int_{A_1}\rho \boldsymbol{u}_1 u_1 \mathrm{d}A_1=\sum \boldsymbol{F}_\mathrm{e}$$

现在分别讨论上式中的各项。先讨论 $\int_A \rho \boldsymbol{u} u \mathrm{d}A$ 的积分。因为总流过流断面取在渐变流区域，所以同一过流断面上各点速度和断面平均流速的方向可认为相同，且垂直于过流断面。总流同一过流断面上各点速度大小的分布一般是不均匀的，且是不易知道的。因此，在未得悉速度大小的分布规律之前，这个积分式就无法准确地求出。在实际工程中，我们感兴趣的和可以知道的是断面平均速度 v。显然，$\int_A u^2 \mathrm{d}A \neq v^2 A$，所以需引入一个修正系数 β，以便能用断面平均速度来表示上述积分的结果。

设总流同一过流断面上各点速度 u 与该断面平均速度 v 的差值 $\Delta u=u-v$（Δu 有正有负），则

$$\int_A u^2 \mathrm{d}A = \int_A (v+\Delta u)^2 \mathrm{d}A = \int_A (v^2 + 2v\Delta u + \Delta u^2)\,\mathrm{d}A$$

$$= v^2 A + \int_A \Delta u^2 \mathrm{d}A = \beta v^2 A \tag{5-41}$$

因此

$$\beta = \frac{\int_A u^2 \mathrm{d}A}{v^2 A} = \frac{\int_A u^2 \mathrm{d}A}{Qv} \tag{5-42}$$

式中β称为动量修正系数,它可理解为是同一过流断面上各点速度不等时的实际动量与假设该过流断面上各点速度均为断面平均速度时的动量的比值。由式(5-41)知,β值永远大于1.0。对于湍流来讲,β值为1.02~1.05,为简化计算,常取$\beta=1.0$;对于有压圆管中的层流来讲,β值为1.33。因为在工程中大多数为湍流,所以没有特别说明,一般就取$\beta=1.0$。

根据上面的讨论,可得

$$\int_{A_2} \rho \boldsymbol{u}_2 u_2 \mathrm{d}A_2 = \beta_2 \rho \boldsymbol{v}_2 v_2 A_2 = \beta_2 \rho Q \boldsymbol{v}_2$$

$$\int_{A_1} \rho \boldsymbol{u}_1 u_1 \mathrm{d}A_1 = \beta_1 \rho \boldsymbol{v}_1 v_1 A_1 = \beta_1 \rho Q \boldsymbol{v}_1$$

现讨论$\sum \boldsymbol{F}_e$项。表面力中,因为流体内部质点间相互作用的力(内力),如压应力、切应力总是成对出现,其大小相等而方向相反,所以这些力就相互抵消了。剩下的只有作用在所取总流段流体的外力,如过流断面1-1、2-2上的动压力F_{P1}、F_{P2},以及固体边界给予总流段的摩擦切力F'_S和约束力F'_R;质量力仅有重力G,如图所示。这些外力的合力以$\sum \boldsymbol{F}$表示。因此,实际流体总流的动量方程为

$$\rho Q(\beta_2 \boldsymbol{v}_2 - \beta_1 \boldsymbol{v}_1) = \sum \boldsymbol{F} \tag{5-43}$$

上式表明,单位时间内流出控制面(过流断面2-2)和流入控制面(过流断面1-1)的动量矢量差,等于作用在所取控制体内流体(总流段)上的各外力的合力矢量。

总流的动量方程式是一个矢量方程式,为了计算方便,常将它投影在三个坐标轴上分别计算,即

$$\left.\begin{aligned} \rho Q(\beta_2 v_{2x} - \beta_1 v_{1x}) &= \sum F_x \\ \rho Q(\beta_2 v_{2y} - \beta_1 v_{1y}) &= \sum F_y \\ \rho Q(\beta_2 v_{2z} - \beta_1 v_{1z}) &= \sum F_z \end{aligned}\right\} \tag{5-44}$$

式中:v_{1x}、v_{1y}、v_{1z}和v_{2x}、v_{2y}、v_{2z}分别为断面1-1和断面2-2的平均流速在x、y、z轴方向的分量。

总流的动量方程,不需要知道所取总流段流体内部的内力(如摩擦阻力)的数据,而这些数据往往是不易知道的。解决这类工程流体力学问题时,常用总流的动量方程较为方便。

5-5-2 总流动量方程的应用条件和应用方法

实际流体总流动量方程亦是工程流体力学中广泛应用的一个基本关系式,它的应用条件,基本上与总流伯努利方程的应用条件是一样的,现请自行加以小结。希注意,我们在推导恒定总流动量方程时,所取过流断面为控制面间没有分流或汇流;如果在控制面间有分流或汇流,总流动量方程仍适用。另外,总流动量方程适用于恒定流,对于非恒定流来讲,只要控制面内流体的总动量不随时间而改变,亦可应用。

应用总流动量方程的步骤和方法,以下几点可供参考。

(1) 分析流动现象。首先要弄清楚流体运动的类型,建立流线几何图形(流谱),判断是否能应用总流的动量方程。

(2) 选取好控制面和控制体。为计算方便,过流断面取在渐变流区域。

(3) 全面分析和考虑作用在控制体内流体系统(隔离体)上的外力。既要做到所有外力一个不漏,又要考虑哪些外力可以忽略不计。若所选封闭控制面中,有为流体(水)所环绕的不动固体时,固体表面亦是控制面的组成部分,固体对于环绕它的流体的反作用力,亦须包括在作用于控制面内流体的表面力之内。

(4) 压强的表示方法。由于在一般情况下,控制面常处于大气压强作用下,计算作用于控制面的压强时,宜采用相对压强。

(5) 方程式中的动量矢量差是指流出的动量减去流入的动量,两者切不可颠倒。

(6) 正确取好外力和流速的正负号。对于已知的外力和流速的方向,凡是与选定的坐标轴方向相同者取正号;与坐标轴方向相反者取负号。对于未知待求的,则可先假定为某一方向,并按上述原则取好正负号,代入总流动量方程中的有关项。如果最后求得的结果为正值,说明假定的方向即为实际的方向;如果为负值,则说明假定的方向为实际的相反方向。

例 5-11 设:有一水平射流(水流)冲击一铅垂固定平板,如图 5-21a 所示;若射流冲击的是一倾斜固定平板,它与 x 轴成 θ 角,如图 5-21b 所示;若射流冲击的是一固定凹面板,如图 5-21c 所示。已知射流流量 Q 和水平(x 轴)方向流速 v,不计摩擦阻力和能量损失,试求作用在上述三块固定光滑板上的冲击力 F_R。

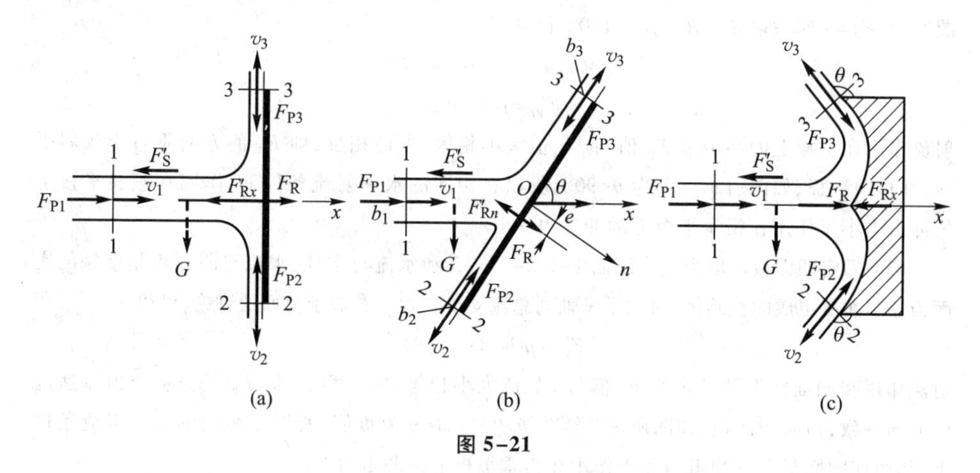

图 5-21

又,如果上述三块光滑板分别以已知的水平直线等速 $u(<v)$ 沿 x 轴向右移动,即与射流流速 v 方向一致的移动,试求作用在上述三块移动光滑板上的冲击力 F_R。

解:一般来讲,射流冲击平板多为轴对称问题,由于轴对称问题比较难处理,所以近似按平面问题来讨论,即认为当平板离射流很近时,可不考虑水流冲击平板后向四周的扩展,近似按平面问题处理。

(1) 铅垂固定平板。取由过流断面 1-1、2-2、3-3 和水流与空气、水流与平板相接触的表面为控制面所组成的控制体,对水平 x 轴列总流动量方程为

$$\rho Q_2\beta_2 v_{2x}+\rho Q_3\beta_3 v_{3x}-\rho Q_1\beta_1 v_{1x}=F_{P1x}+F_{P2x}+F_{P3x}-F'_{Sx}+G_x-F'_{Rx}$$

式中:v_{1x}、v_{2x}、v_{3x} 分别为流速 v_1、v_2、v_3 在 x 轴的分量,$v_{1x}=v$,$v_{2x}=v_{3x}=0$;F_{P1x}、F_{P2x}、F_{P3x} 分别为 F_{P1}、F_{P2}、F_{P3} 在 x 轴的分量,以相对压强计,$F_{P1x}=F_{P2x}=F_{P3x}=0$;$F'_{Sx}$ 为水流与空气、水流与光滑平板间的摩擦阻力在 x 轴的分量,都略去不计;G_x 为控制体内水流的重力在 x 轴的分量,$G_x=0$;F'_{Rx} 为平板作用于控制体内水流的力在 x 轴上的分量,方向垂直于平板并假定指向水流,如图所示,$F_R=F_{Rx}=-F'_{Rx}$;β_1、β_2、β_3 分别为动量修正系数,取 $\beta_1=\beta_2=\beta_3=1.0$。因此,可得

$$F'_{Rx}=\rho Qv$$

因为求得的 F'_{Rx} 为正值,说明假定的方向即为实际方向;射流作用在平板上的冲击力 F_R 值与 F'_{Rx} 值大小相等,方向相反,即 F_R 的方向与射流速度的方向一致,指向铅垂平板,如图所示。在工程中,如需保持平板固定不移动,平板须有一支撑力大于水流冲击力,方向与冲击力相反,作用点与冲击力位于同一水平线上。

(2) 倾斜固定平板。取由过流断面 1-1、2-2、3-3 和水流与空气、水流与倾斜平板相接触的表面为控制面所组成的控制体,对 n 轴列总流动量方程。因不计能量损失,由伯努利方程可得 $v=v_1=v_2=v_3$;因压强以大气压强计,$F_{P1n}=F_{P2n}=F_{P3n}=0$;因摩擦阻力都略去不计,$F'_{Sn}=0$;控制体内水流的重力在 n 轴的分量等于零,$G_n=0$;F'_{Rn} 为平板作用于水流的力在 n 轴的分

量，方向垂直于倾斜平板（因水流与光滑平板之间的摩擦阻力略去不计）并假定指向水流，如图所示，$F_R=-F'_{Rn}$；取 $\beta_1=\beta_2=\beta_3=1.0$。因此可得

$$-\rho Qv\cos(90°-\theta)=-F'_{Rn}$$

$$F'_{Rn}=\rho Qv\sin\theta$$

射流作用在平板上的冲击力 F_R 值与 F'_{Rn} 值大小相等，方向相反，即 F_R 的方向垂直于倾斜平板，并指向平板，如图所示。因为 $\theta<90°$，所以在相同的水平射流条件下，作用在倾斜平板上的冲击力小于作用在铅垂平板上的冲击力。

(3) 固定凹面板。取由过流断面 1-1、2-2、3-3 和水流与空气、水流与凹面板相接触的表面为控制面所组成的控制体，对水平 x 轴列总流动量方程。类似于前面的讨论，可得

$$F'_{Rx}=\rho Qv(1-\cos\theta)$$

射流作用在凹面板上的冲击力 F_R 值与 F'_{Rx} 值大小相等，方向相反，即 F_R 的方向与射流速度的方向一致，指向凹面板，如图所示。因为 $\theta>90°$，$\cos\theta$ 为负值，所以在相同的水平射流条件下，作用在凹面板上的冲击力大于作用在铅垂平板上的冲击力。

又，如果上述三块板，分别以水平直线等速 $u(<v)$ 沿 x 轴向右运动，将坐标系分别取在上述三块移动板上，在此动坐标中的流动是恒定的，且是一惯性系，仍可应用总流动量方程；流速以相对速度 $(v-u)$ 计，冲击在板上的流量以相对流速 $(v-u)$ 乘以射流过流断面 $A_1=A$。这样，作用在铅垂平板上的冲击力 $F_R=\rho(v-u)A(v-u)=\rho(v-u)^2A$，方向与射流速度方向一致，指向平板；作用在倾斜平板上的冲击力 $F_R=\rho(v-u)A(v-u)\sin\theta=\rho(v-u)^2A\sin\theta$，方向与射流速度方向一致，指向平板；作用在凹面板上的冲击力 $F_R=\rho(v-u)A(v-u)(1-\cos\theta)=\rho(v-u)^2A(1-\cos\theta)$，方向与射流方向一致，指向凹面板。

例 5-12 设有一水平放置的双嘴喷管，射出的水流流入大气，如图 5-22 所示。已知 $d_1=0.15$ m，$d_2=0.10$ m，$d_3=0.075$ m，$v_2=v_3=12$ m/s，$\theta_1=15°$，$\theta_2=30°$。若不计能量损失（摩擦阻力），水的密度 $\rho=1\ 000$ kg/m³。试求作用在双嘴管上的力 F_R。

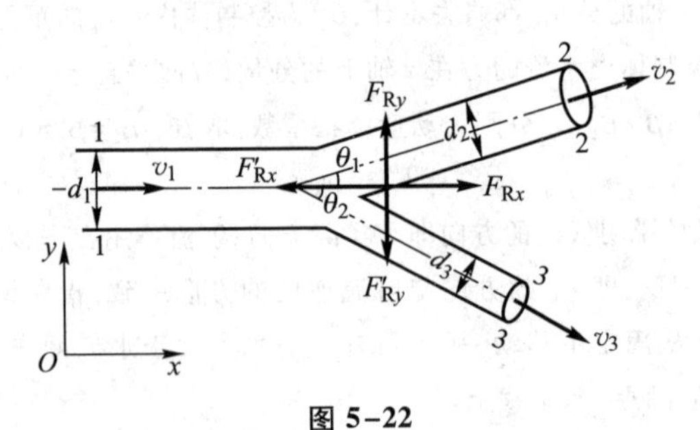

图 5-22

解：取由过流断面 1-1、2-2、3-3 和水流与管壁相接触的表面为控制面所组成的控制体，对 x 轴和 y 轴写总流的动量方程。

由连续性方程可得

$$A_1v_1=A_2v_2+A_3v_3$$

$$v_1=\left(\frac{A_2}{A_1}\right)v_2+\left(\frac{A_3}{A_1}\right)v_3=\left(\frac{d_2}{d_1}\right)^2v_2+\left(\frac{d_3}{d_1}\right)^2v_3$$

$$=\left[\left(\frac{0.1}{0.15}\right)^2\times12+\left(\frac{0.075}{0.15}\right)^2\times12\right]\ \mathrm{m/s}=8.33\ \mathrm{m/s}$$

$$Q_1=A_1v_1=\frac{\pi d_1^2}{4}\times v_1=\frac{\pi}{4}\times(0.15)^2\times8.33\ \mathrm{m^3/s}=0.147\ \mathrm{m^3/s}$$

$$Q_2=A_2v_2=\frac{\pi}{4}d_2^2\times v_2=\frac{\pi}{4}\times(0.1)^2\times12\ \mathrm{m^3/s}=0.094\ \mathrm{m^3/s}$$

$$Q_3=A_3v_3=\frac{\pi}{4}d_3^2\,v_3=\frac{\pi}{4}\times(0.075)^2\times12\ \mathrm{m^3/s}=0.053\ \mathrm{m^3/s}$$

对断面1-1、2-2写伯努利方程，取$\alpha_1=\alpha_2=1.0$，可得

$$\frac{p_1}{\rho g}+\frac{(8.33)^2}{2\times9.8}\ \mathrm{m}=\left[0+\frac{(12)^2}{2\times9.8}\right]\ \mathrm{m}$$

$$p_1=37.34\ \mathrm{kPa}$$

对x轴写总流的动量方程为

$$(\rho Q_2v_{2x}+\rho Q_3v_{3x})-\rho Q_1v_{1x}=p_1A-F'_{Rx}$$

$$\rho(Q_2v_2\cos\theta_1+Q_3v_3\cos\theta_2-Q_1v_1)=p_1\frac{\pi}{4}d_1^2-F'_{Rx}$$

$$10^3\times(0.094\times12\cos15^\circ+0.053\times12\cos30^\circ-0.147\times8.33)\ \mathrm{N}$$

$$=37.34\times10^3\times\frac{\pi\times(0.15)^2}{4}\ \mathrm{N}-F'_{Rx}$$

$$F'_{Rx}=0.25\ \mathrm{kN}$$

因为求得的F'_{Rx}为正值，说明假定向左的方向即为实际方向，如图所示。

对y轴写总流的动量方程为

$$(\rho Q_2v_{2y}+\rho Q_3v_{3y})-\rho Q_1v_{1y}=F'_{Ry}$$

$$10^3\times(0.094\times12\sin15^\circ-0.053\times12\sin30^\circ)\ \mathrm{N}=F'_{Ry}$$

$$F'_{Ry}=-0.03\ \mathrm{kN}$$

因为是负值，说明假定向上的方向为实际的相反方向，即实为向下，如图所示。F_{Rx}值与F'_{Rx}值大小相等，方向相反，即F_{Rx}的方向沿x轴方向向右，如图所示；F_{Ry}值与F'_{Ry}值大小相等，方向相反，即F_{Ry}的方向沿y轴方向向上，如图所示。

$$F_R=\sqrt{F_{Rx}^2+F_{Ry}^2}=\sqrt{(0.25)^2+(0.03)^2}\ \mathrm{kN}=0.252\ \mathrm{kN}$$

$$\tan\theta=\frac{F_{Ry}}{F_{Rx}}=\frac{0.03}{0.25}=0.12,\quad \theta\approx6^\circ51'$$

在设计较大的引水等管道时，要考虑到这种作用力，并设法平衡；如用混凝土块和地面间的摩擦力等来平衡这种作用力，否则可能会发生管道的破坏。

例5-13 设有一水位保持不变的很大水箱，其中的水流经铅垂等径圆管流入大气，如

图 5-23 所示。已知$H=4$ m,$d=0.2$ m,断面 1-1、2-2 间的能量损失 $h_{w1-2}=0.6\dfrac{v^2}{2g}$,断面 2-2 与断面 3-3 间的高差 $h=2$ m,能量损失 $h_{2-3}=0.2\dfrac{v^2}{2g}$,$v$ 为管流断面平均流速。试求断面2-2和断面 3-3 间管壁所受的水流总作用力 F_R。

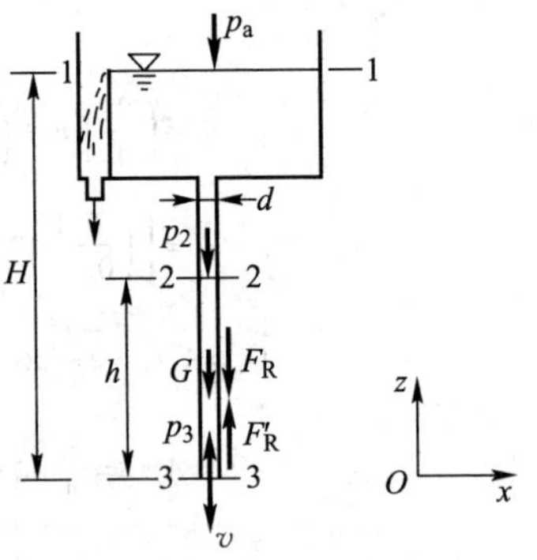

图 5-23

解:对过流断面 1-1、3-3 列总流伯努利方程,动能修正系数 $\alpha_1=\alpha_2=\alpha_3=1.0$,则可得

$$H=\frac{v^2}{2g}+(0.6+0.2)\frac{v^2}{2g}=\frac{1.8v^2}{2g}$$

$$v=\sqrt{\frac{2\times 9.8\times 4}{1.8}}\ \text{m/s}=6.6\ \text{m/s}$$

对过流断面 2-2、3-3 列总流伯努利方程为

$$h+\frac{p_2}{\rho g}+\frac{v^2}{2g}=\frac{v^2}{2g}+0.2\frac{v^2}{2g}$$

$$\frac{p_2}{\rho g}=\left[\frac{0.2\times(6.6)^2}{2\times 9.8}-2\right]\ \text{m}=-1.55\ \text{m}$$

$$p_2=-1.55\times 10^3\times 9.8\ \text{Pa}=-15.19\times 10^3\ \text{Pa}$$

取由过流断面 2-2、3-3 和水流与管壁相接触的表面为控制面所组成的控制体,对铅垂 z 轴列总流动量方程,动量修正系数 $\beta_2=\beta_3=1.0$,得

$$\rho Q[-v_3-(-v_2)]=-p_2A_2+p_3A_3-\frac{\pi d^2}{4}\times h\times\rho g+F'_R$$

$$F'_R=\left[\left(-15.19\times 10^3\times\frac{\pi}{4}\times 0.2^2\right)+\frac{\pi}{4}\times 0.2^2\times 2\times 10^3\times 9.8\right]\ \text{N}$$
$$=138.54\ \text{N}$$

F_R 值与 F'_R 值大小相等,而方向相反,即 F_R 的方向铅垂向下。

* §5-6　总流的动量矩方程

由物理学知,动量矩定理是:物体的动量对某轴的动量矩(矢量)对时间的变化率,等于作用于此物体上所有外力对同一轴的力矩(矢量)之和。下面介绍根据动量矩定理来推导出不可压缩均质实际流体恒定总流的动量矩方程。

类似于推导总流动量方程的讨论,设有一恒定总流,取过流断面 1-1、2-2,如图 2-20 实线所示。我们从分析元流开始,在总流段内任取一元流段,如图中虚线所示。由前面的推导,可得恒定元流的动量方程为 $\rho\,\mathrm{d}Q(\boldsymbol{u}_2-\boldsymbol{u}_1)=\boldsymbol{F}_e$。现对某轴取矩,可得恒定元流的动量矩方程为

$$\rho \mathrm{d}Q(\boldsymbol{u}_2\boldsymbol{r}_2-\boldsymbol{u}_1\boldsymbol{r}_1)=\boldsymbol{F}_\mathrm{e}\boldsymbol{r}$$

式中:$\boldsymbol{r}_2$、$\boldsymbol{r}_1$、$\boldsymbol{r}$ 分别为流速矢量 $\boldsymbol{u}_2$、$\boldsymbol{u}_1$ 和外力合力矢量 $\boldsymbol{F}_\mathrm{e}$ 到某轴之(矢)矩。最后,矢量的指向服从右手定则,即人们卷曲右手四指,伸直的拇指的指向就是矢量方向。

将上式对总流过流断面面积积分,得总流的动量矩方程为

$$\int_{A_2}\rho\boldsymbol{u}_2\boldsymbol{u}_2\mathrm{d}A_2\boldsymbol{r}_2-\int_{A_1}\rho\boldsymbol{u}_1\boldsymbol{u}_1\mathrm{d}A_1\boldsymbol{r}_1=\sum\boldsymbol{F}_\mathrm{e}\boldsymbol{r}$$

$$\rho Q(\beta_2 v_2\boldsymbol{r}_2-\beta_1 v_1\boldsymbol{r}_1)=\sum \boldsymbol{F}\boldsymbol{r} \tag{5-45}$$

式中:β_1 和 v_1、β_2 和 v_2,分别为过流断面 1-1、2-2 的动量修正系数和断面平均流速;$\sum F$ 为作用在所取总流段的各外力的合力。上式表明,单位时间内流出控制面(过流断面 2-2)和流入控制面(过流断面 1-1)的动量矩矢量差,等于作用在所取控制体内流体(总流段)上的各外力的合力矩矢量。

例 5－14　试求例 5-11 中,水平射流冲击倾斜固定平板的冲击力在平板上的作用点。

解:设冲击力 F_R 的作用点距 O 点(轴)的距离为 e,如图 5-21b 所示。类似于例 5-11 中的讨论,取由过流断面 1-1、2-2、3-3 和水流与空气、水流与倾斜平板相接触的表面为控制面所组成的控制体,对 O 点列总流动量矩方程为

$$\rho Q_2 v_2\frac{b_2}{2}-\rho Q_3 v_3\frac{b_3}{2}=-F'_{\mathrm{R}n}\cdot e=F_\mathrm{R}\cdot e \tag{1}$$

对垂直于倾斜平板(向右)的方向和平行于倾斜平板(向上)的方向,分别列总流动量方程为

$$F'_{\mathrm{R}n}=\rho Qv\sin\theta \tag{2}$$

$$-\rho Q_2 v_2+\rho Q_3 v_3-\rho Q_1 v_1\cos\theta=0 \tag{3}$$

由伯努利方程得

$$v_1=v_2=v_3=v \tag{4}$$

由连续性方程得

$$Q_1=Q_2+Q_3=Q \tag{5}$$

$$Q=Q_1=v_1 b_1,\quad Q_2=v_2 b_2,\quad Q_3=v_3 b_3 \tag{6}$$

联立解式(3)、式(4)、式(5)得

$$Q_2=\frac{Q_1}{2}(1-\cos\theta) \tag{7}$$

$$Q_3=\frac{Q_1}{2}(1+\cos\theta) \tag{8}$$

将式(2)、式(6)、式(7)、式(8)代入式(1),可得

$$e=\frac{b_1}{2}\cot\theta$$

水平射流冲击力在倾斜平板上的作用点位置 e,如图所示。上式说明,作用点的位置 e 和射流宽度 b_1 及平板倾斜的角度 θ(射流与平板的夹角)有关。若 O 点(轴)是固定倾斜平板的

铰链,上述冲击力将使倾斜平板逆时针向铅垂位置转动。当 $\theta=90°$ 时,即平板为铅垂平板时,$e=0$,冲击力作用点即为 O 点。

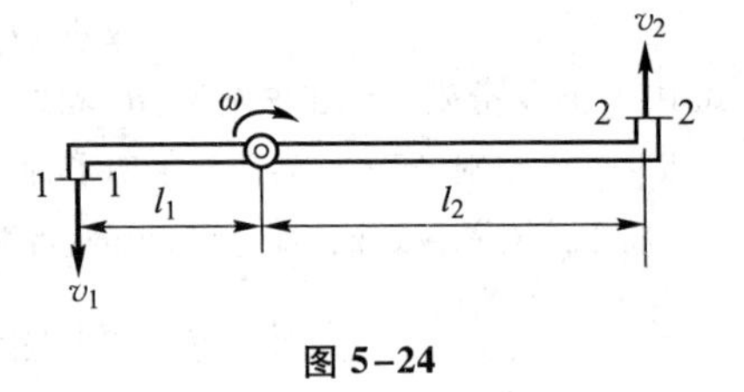

图 5-24

例 5-15 设有一水管中心装有枢轴的旋转洒水器,水平放置,如图 5-24 所示。水管两端有方向相反的喷管,喷射水流垂直于水管出流。已知水管两臂不等,分别为 $l_1=1$ m,$l_2=1.5$ m;喷管管径 $d=25$ mm,每个喷口的流量 $Q_1=Q_2=0.003$ m^3/s,不计阻力,试求洒水器的转速 n。

解:因进入洒水器的水流没有动量矩,亦无作用于装置的外力矩,所以出口水流的动量矩为零。设等角速度为 ω,由总流动量矩方程得

$$\rho Q_1 v_1' l_1+\rho Q_2 v_2' l_2=0 \tag{1}$$

式中:v_1'、v_2'为绝对速度,为

$$v_1'=v_1-\omega l_1 \tag{2}$$

$$v_2'=v_2-\omega l_2 \tag{3}$$

式中:$v_1=\dfrac{4Q_1}{\pi d^2}=\dfrac{4\times 0.003}{3.141\ 6\times 0.025^2}$ m/s$=6.11$ m/s$=v_2$,分别代入上两式,得

$$v_1'=6.11\ \text{m/s}-1\ \text{m}\times\omega$$

$$v_2'=6.11\ \text{m/s}-1.5\ \text{m}\times\omega$$

将上述两式代入式(1)得

$$\rho\times 0.003\ \text{m}^3/\text{s}\times(6.11\ \text{m/s}-1\ \text{m}\times\omega)\times 1\ \text{m}+\rho\times 0.003\ \text{m}^3/\text{s}\times(6.11\ \text{m/s}-1.5\ \text{m}\times\omega)\times 1.5\ \text{m}=0$$

$$\omega=4.7\ \text{rad/s}$$

$$n=\frac{60\times\omega}{2\pi}=\frac{60\times 4.7}{2\times 3.141\ 6}\ \text{r/min}=44.88\ \text{r/min}$$

思考题

5-1 实际流体切应力和压应力(动压强)的特性是什么?动压强和静压强有什么异同?广义的牛顿内摩擦定律的物理意义是什么?

5-2 不可压缩均质实际流体运动微分方程(纳维-斯托克斯方程)物理意义是什么?如果是理想流体或静止流体,它分别成为什么方程?N-S 方程的求解常遇什么问题?目前如何解决?

5-3 不可压缩实际流体恒定元流伯努利方程的物理意义是什么?它的应用条件是什么?

5-4 恒定渐变流同一过流断面上的压强分布规律是怎样的?

5-5 动能修正系数的概念是什么?为什么要引入这一概念?

5-6 实际流体恒定总流伯努利方程的物理意义和几何意义是什么?它的应用必须满足什么条件?它的应用步骤和方法一般是怎样的?

5-7 文丘里管流量计的原理是怎样的?

5-8　恒定汇流或分流的伯努利方程和有能量输入或输出的伯努利方程，它们是如何考虑的？

5-9　不可压缩气体的伯努利方程的形式是怎样的？用绝对压强和用相对压强表示有什么不同？用相对压强表示的伯努利方程各项的物理意义和几何意义是什么？

5-10　动量修正系数的概念是什么？为什么要引入这一概念？

5-11　实际流体恒定总流动量方程的物理意义是什么？它的应用条件是什么？它的应用步骤和方法一般是怎样的？

5-12　实际流体恒定总流动量矩方程的物理意义是什么？

习题

5-1　设在流场中的速度分布为 $u_x=2ax, u_y=-2ay$，a 为实数，且 $a>0$。试求切应力 τ_{xy}、τ_{yx} 和附加压应力 p'_x、p'_y，以及压应力 p_x、p_y。

5-2　设例 5-1 中的下平板固定不动，上平板以速度 v 沿 x 轴方向作等速运动（如图所示），由于上平板运动而引起的这种流动，称为库埃特（Couette）流动。试求在这种流动情况下，两平板间的速度分布。（请将 $\frac{dp}{dx}=0$ 时的这一流动与在第一章中讨论流体黏性时的流动相比较）

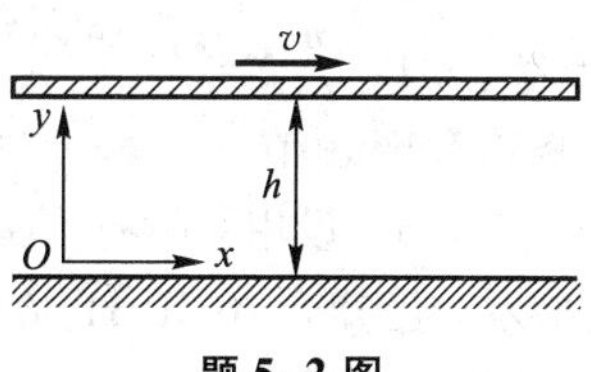

题 5-2 图

5-3　设明渠二维均匀（层流）流动，如图所示。若忽略空气阻力，试用纳维-斯托克斯方程和连续性方程，证明过流断面上的速度分布为 $u_x=\frac{\rho g}{2\mu}\sin\theta(2zh-z^2)$，单宽流量 $q=\frac{\rho g h^3}{3\mu}\sin\theta$。

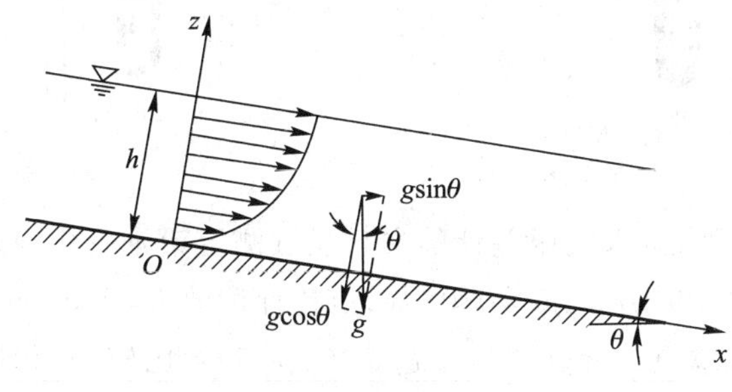

题 5-3 图

5-4　设有两艘靠得很近的小船，在河流中等速并列向前行驶，其平面位置，如图 a 所示。(1) 试问两小船是越行越靠近，甚至相碰撞，还是越行越分离，为什么？若可能要相碰撞，则应注意，并事先设法避免。(2) 设小船靠岸时，等速沿直线岸平行行驶，试问小船是越行越靠岸，还是越离岸，为什么？(3) 设有一圆筒在水流中，其平面位置如图 b 所示。当圆筒按图中所示方向(即顺时针方向)作等角速度旋转，试问圆筒越流越靠近 D 侧，还是 C 侧，为什么？

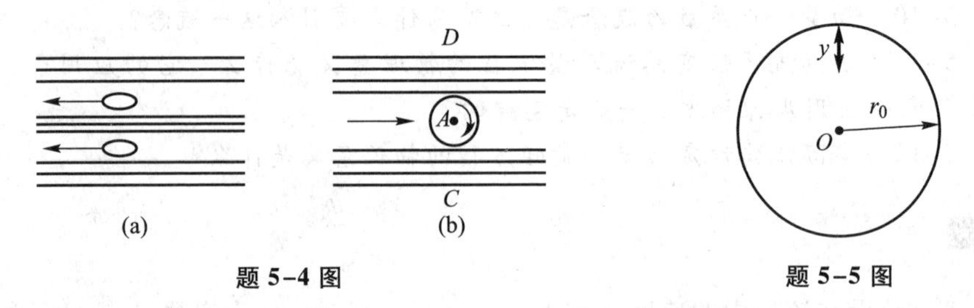

题 5-4 图　　　　题 5-5 图

5-5　设有压圆管流(湍流)，如图所示，已知过流断面上的流速分布为 $u=u_{\max}\left(\frac{y}{r_0}\right)^{\frac{1}{7}}$，$u_{\max}$ 为管轴处的最大流速。试求断面平均流速 v(以 $u_{\max}$ 表示)和动能修正系数 α 值。

5-6　设用一附有水银压差计的文丘里管测定倾斜管内恒定水流的流量，如图所示。已知 $d_1=0.10$ m，$d_2=0.05$ m，压差计读数 $h=0.04$ m，文丘里管流量系数 $\mu=0.98$，试求流量 Q。

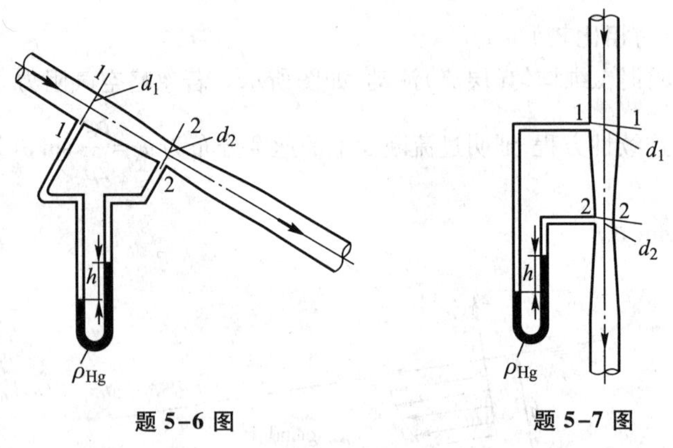

题 5-6 图　　　　题 5-7 图

5-7　设用一附有水银压差计的文丘里管测定铅垂管内恒定水流流量，如图所示。已知 $d_1=0.10$ m，$d_2=0.05$ m，压差计读数 $h=0.04$ m，文丘里管流量系数 $\mu=0.98$，试求流量 Q。请与习题 5-6、例 5-4 比较，在相同的条件下，流量 Q 与文丘里管倾斜角是否有关。

5-8　利用文丘里管的喉道负压抽吸基坑中的积水，如图所示。已知 $d_1=$

50 mm, $d_2 = 100$ mm, $h = 2$ m，能量损失略去不计，试求管道中的流量至少应为多大，才能抽出基坑中的积水。

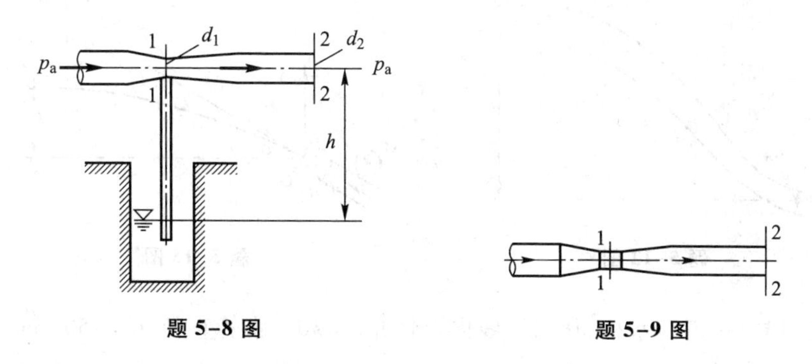

题 5-8 图　　　　题 5-9 图

5-9　密度为 860 kg/m^3 的液体，通过一喉道直径 $d_1 = 250$ mm 的短渐扩管排入大气中，如图所示。已知渐扩管排出口直径 $d_2 = 750$ mm，当地大气压强为 92 kPa，液体的汽化压强（绝对压强）为 5 kPa，能量损失略去不计，试求管中流量达到多大时，将在喉道发生液体的汽化。

5-10　设一虹吸管布置，如图所示。已知虹吸管直径 $d = 150$ mm，喷嘴出口直径 $d_2 = 50$ mm，水池水面面积很大，能量损失略去不计。试求通过虹吸管的流量 Q 和管内 A、B、C、D 各点的压强值。

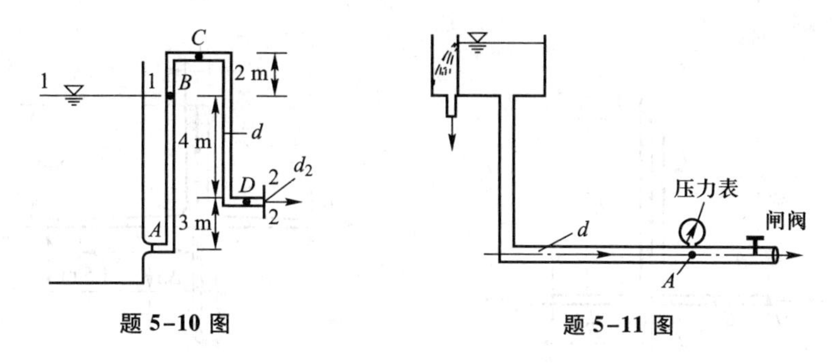

题 5-10 图　　　　题 5-11 图

5-11　设有一实验装置，如图所示。已知当闸阀关闭时，点 A 处的压力表读数为 27.44×10^4 Pa（相对压强）；闸阀开启后，压力表读数为 5.88×10^4 Pa；水管直径 $d = 0.012$ m，水箱水面面积很大，能量损失略去不计，试求通过圆管的流量 Q。

5-12　设有一管路，如图所示。已知 A 点处的管径 $d_A = 0.2$ m，压强 $p_A = 70$ kPa；B 点处的管径 $d_B = 0.4$ m，压强 $p_B = 40$ kPa，流速 $v_B = 1$ m/s；A、B 两点间的

高程差 $\Delta z=1$ m。试判别 A、B 两点间的水流方向，并求出其间的能量损失 h_{wAB}。

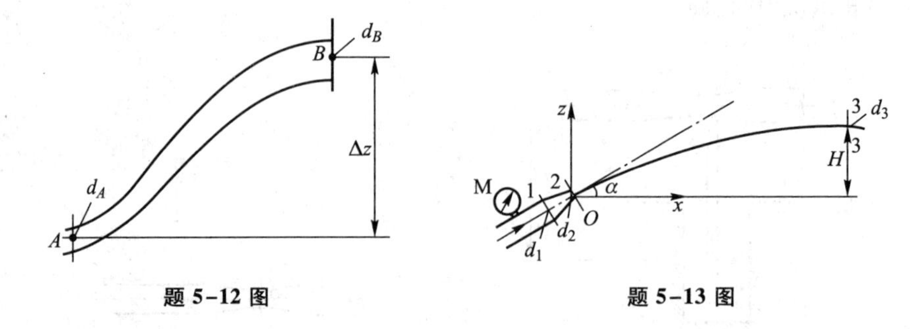

题 5-12 图　　题 5-13 图

5-13　一消防水枪，从水平线向上倾角 $\alpha=30°$，水管直径 $d_1=150$ mm，喷嘴直径 $d_2=75$ mm，压力表 M 读数为 $0.3\times1.013\times10^5$ Pa，能量损失略去不计，且射流不裂碎分散。试求射流喷出流速 v_2 和喷至最高点的高度 H 及其在最高点的射流直径 d_3。（断面 1-1、2-2 间的高程差略去不计，如图所示。）

5-14　一铅垂立管，下端平顺地与两水平的平行圆盘间的通道相接，如图所示。已知立管直径 $d=50$ mm，圆盘的半径 $R=0.3$ m，两圆盘之间的间隙 $\delta=1.6$ mm，立管中的平均流速 $v=3$ m/s，A 点到下圆盘顶面的高度 $H=1$ m。试求 A、B、C、D 各点的压强值。能量损失都略去不计，且假定各断面流速均匀分布。

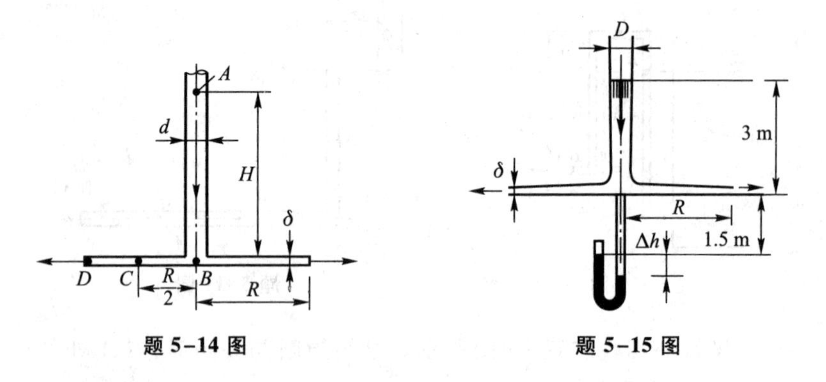

题 5-14 图　　题 5-15 图

5-15　水从铅垂立管下端射出，射流冲击一水平放置的圆盘，如图所示。已知立管直径 $D=50$ mm，圆盘半径 $R=150$ mm，水流离开圆盘边缘的厚度 $\delta=1$ mm，试求流量 Q 和水银压差计中的读数 Δh。能量损失略去不计，且假定各断面流速分布均匀。

5-16　设水流从左水箱经过水平串联管路流出，在第二段管道有一半开的闸阀,管路末端为收缩的圆锥形管嘴,如图所示。已知通过管道的流量 $Q=0.025\ m^3/s$,第一、二段管道的直径、长度分别为 $d_1=0.15\ m$、$l_1=25\ m$ 和 $d_2=0.125\ m$、$l_2=10\ m$,管嘴直径 $d_3=0.1\ m$,水流由水箱进入管道的进口局部损失系数 $\zeta_{j1}=0.5$,第一管段的沿程损失系数 $\zeta_{f1}=6.1$,第一管道进入第二管道的突然收缩局部损失系数 $\zeta_{j2}=0.15$,第二管段的沿程损失系数 $\zeta_{f2}=3.12$,闸阀的局部损失系数 $\zeta_{j3}=2.0$,管嘴的局部损失系数 $\zeta_{j4}=0.1$(所给局部损失系数都是对局部损失后的断面平均速度而言)。试求水箱中所需水头 H,并绘出总水头线和测压管水头线。

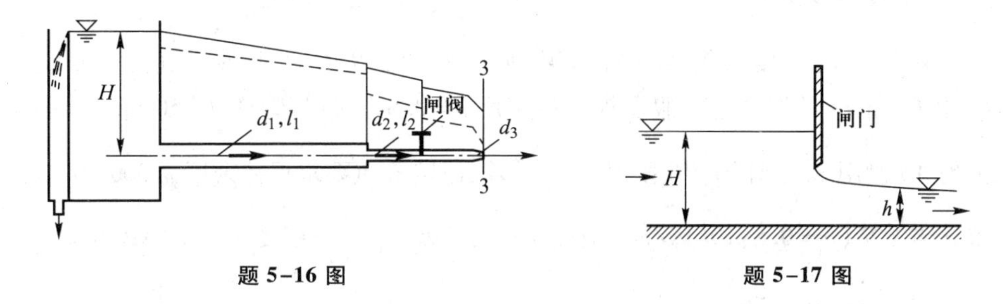

题 5-16 图　　　　题 5-17 图

5-17　设水流在宽明渠中流过闸门(二维流动),如图所示。已知 $H=2\ m$,$h=0.8\ m$,若不计能量损失,试求单宽($b=1\ m$)流量 q,并绘出总水头线和测压管水头线。

5-18　水箱中的水通过一铅垂渐扩管满流向下泄去,如图所示。已知高程 $\nabla_3=0$,$\nabla_2=0.4\ m$,$\nabla_1=0.7\ m$,直径 $d_2=50\ mm$,$d_3=80\ mm$,水箱水面面积很大,能量损失略去不计,试求真空表 M 的读数。若 d_3 不变,为使真空表读数为零,试求 d_2 应为多大。真空表装在 $\nabla=0.4\ m$ 断面处。

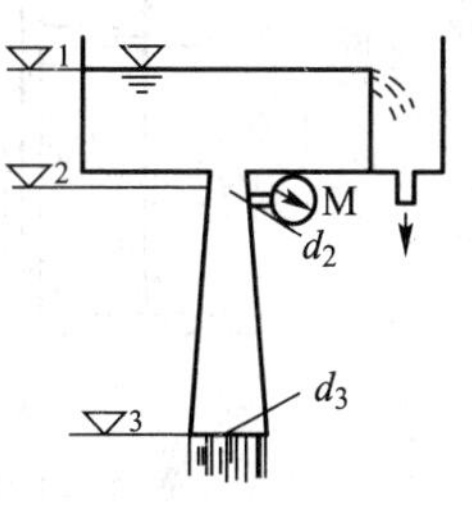

题 5-18 图

5-19　设水流从水箱经过铅垂圆管流入大气,如图所示。已知管径 $d=$常数,$H=$常数$<10\ m$,水箱水面面积很大,能量损失略去不计,试求管内不同 h 处的流速和压强变化情况,绘出总水头线和测压管水头线,并指出管中出现负压(真空)的管段。

5-20　设有一水泵管路系统,如图所示。已知流量 $Q=101\ m^3/h$,管径 $d=150\ mm$,管路的总水头损失 $h_{w1-2}=25.4\ mH_2O$,水泵效率 $\eta=75.5\ \%$,上下两水面高度差 $h=102\ m$,试求水泵的扬程 H_m 和功率 P。

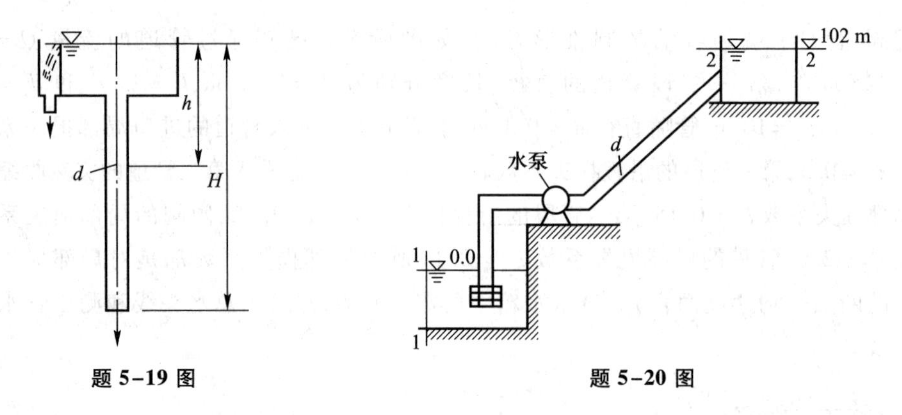

题 5-19 图　　　　题 5-20 图

5-21　高层楼房煤气立管布置，如图所示。B、C 两个供煤气点各供应 $Q=0.02\ m^3/s$ 的煤气量。假设煤气的密度 $\rho=0.6\ kg/m^3$，管径 $d=50\ mm$，压强损失 AB 段用 $3\rho\dfrac{v_1^2}{2}$ 计算，BC 段用 $4\rho\dfrac{v_2^2}{2}$ 计算，假定 C 点要求保持余压为 300 Pa，试求 A 点酒精（$\rho_s=0.8\times10^3\ kg/m^3$）液面应有的高差 h。空气密度 $\rho_a=1.2\ kg/m^3$。

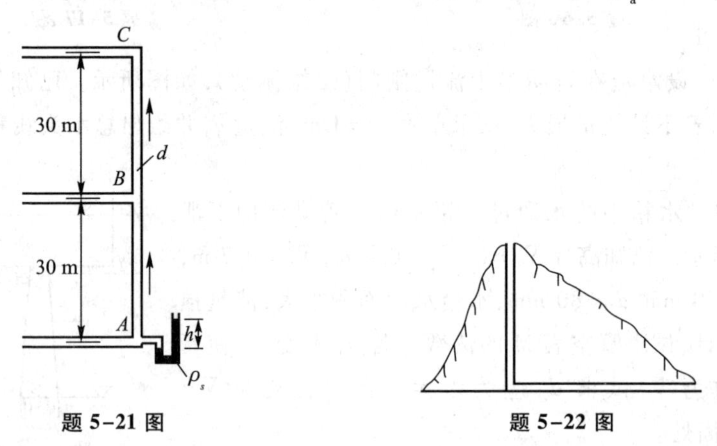

题 5-21 图　　　　题 5-22 图

5-22　矿井竖井和横向坑道相连，如图所示。竖井高为 200 m，坑道长为 300 m，坑道和竖井内气温保持恒定（$t=15\ ℃$），密度 $\rho=1.18\ kg/m^3$。坑外气温在早晨为 5 ℃，$\rho_a=1.29\ kg/m^3$，中午为 20 ℃，$\rho_a=1.16\ kg/m^3$。试问早晨、中午的气流方向和气流速度 v 的大小。假定总的损失为 $9\rho g\dfrac{v^2}{2g}=9\rho\dfrac{v^2}{2}$。

5-23　锅炉省煤器的进口处测得烟气负压 $h_1=10.5\ mmH_2O$，出口负压 $h_2=20\ mmH_2O$，如图所示。如炉外空气密度 $\rho_a=1.2\ kg/m^3$，烟气的平均密度 $\rho=0.6\ kg/m^3$，两测压断面高差 $H=5\ m$，试求烟气通过省煤器的压强损失。

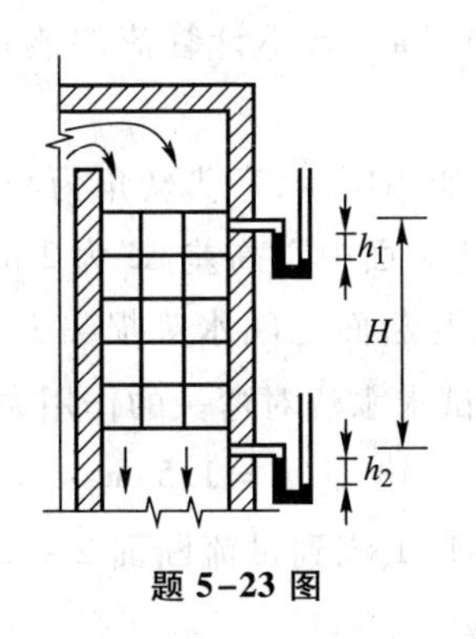

题 5-23 图

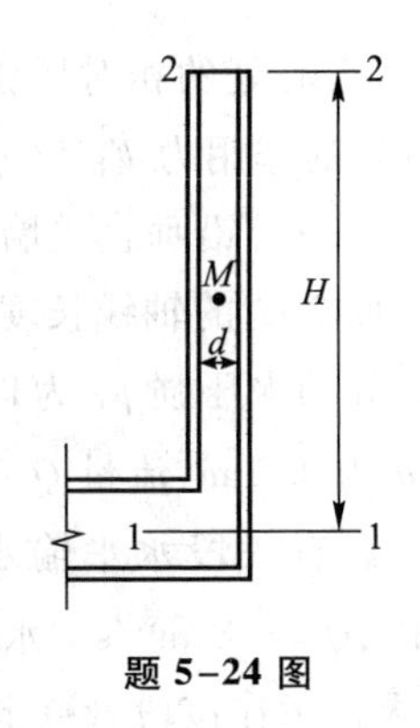

题 5-24 图

5-24　设烟囱直径 $d=1$ m，通过烟气量 $Q=176.2$ kN/h，烟气密度 $\rho=0.7$ kg/m^3，周围气体的密度 $\rho_a=1.2$ kg/m^3，烟囱压强损失用

$$p_w=0.035\frac{H}{d}\frac{v^2}{2}\rho$$

计算，烟囱高度 H，如图所示。若要保证底部（断面 1-1）负压不小于10 mmH$_2$O，烟囱高度至少应为多少？试求$\frac{H}{2}$高度上的压强。v 为烟囱内烟气速度。

5-25　设绘制例 5-10 气流经过烟囱的总压线、势压线和位压线。

5-26　设有压圆管流（湍流）（参阅习题 5-5 图），已知过流断面上的流速分布为 $u=u_{max}\left(\frac{y}{r_0}\right)^{1/7}$，式中 r_0 为圆管半径，y 为管壁到流速是 u 的点的径向距离。u_{max}为管轴处的最大流速。试求动量修正系数 β 值。

5-27　设水由水箱经管嘴射出，如图所示。已知水头为 H（恒定不变），管嘴截面面积为 A，水箱水面面积很大。若不计能量损失，试求作用于水箱的水平分力 F_R。

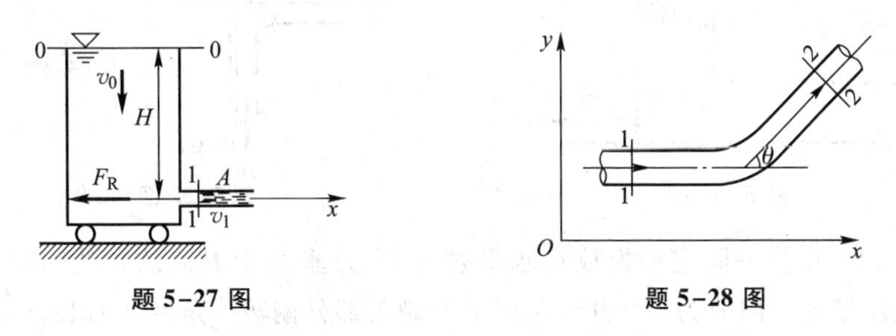

题 5-27 图　　题 5-28 图

5-28　设管路中有一段水平（Oxy 平面内）放置的等管径弯管，如图所示。已知管径$d=0.2$ m，弯管与 x 轴的夹角 $\theta=45°$，管中过流断面 1-1 的平均流速

$v_1=4\ m/s$，其形心处的相对压强 $p_1=9.81\times10^4\ Pa$。若不计管流的能量损失，试求水流对弯管的作用力 F_R。

5-29 有一沿铅垂直立墙壁敷设的弯管如图所示，弯头转角为90°，起始断面1-1到断面2-2的轴线长度 l 为3.14 m，两断面中心高差 Δz 为2 m。已知断面1-1中心处动水压强 p_1 为11.76×10^4 Pa，两断面之间水头损失 h_w 为0.1 m H_2O，管径 d 为0.2 m，流量 Q 为$0.06\ m^3/s$。试求水流对弯头的作用力 F_R。

5-30 设有一段水平输水管，如图所示。已知 $d_1=1.5\ m$，$d_2=1\ m$，$p_1=39.2\times10^4$ Pa，$Q=1.8\ m^3/s$。水流由过流断面1-1流到过流断面2-2，若不计能量损失，试求作用在该段管壁上的轴向力 F_R。

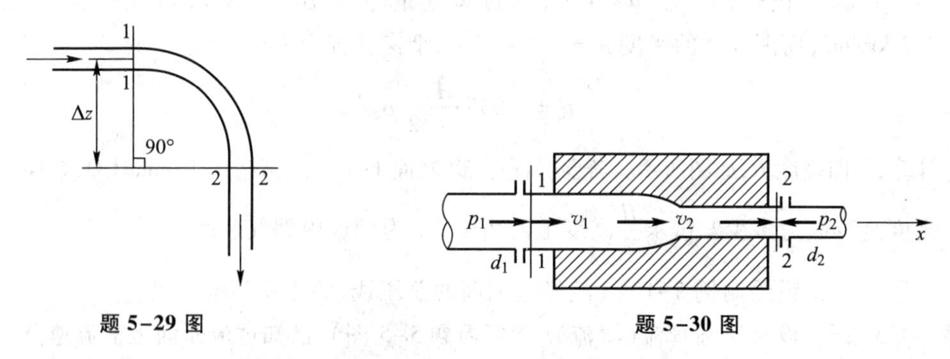

题5-29图　　题5-30图

5-31 设水流在宽明渠中流过闸门(二维流动)，如图所示。已知 $H=2$ m，$h=0.8$ m。若不计能量损失(摩擦阻力)，试求作用于单宽($b=1$ m)闸门上的力 F_R。

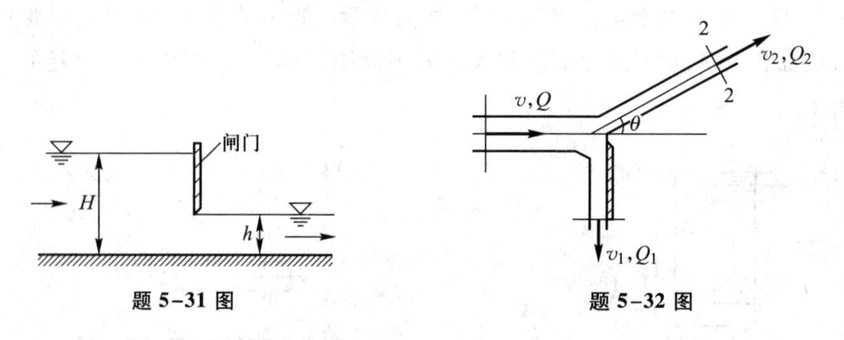

题5-31图　　题5-32图

5-32 设将一固定平板放在水平射流中，并垂直于射流的轴线，该平板截取射流流量的一部分为 Q_1，并引起射流的剩余部分偏转一角度 θ，如图所示。已知 $v=30$ m/s，$Q=0.036\ m^3/s$，$Q_1=0.012\ m^3/s$。若不计能量损失(摩擦阻力)和液体重量的影响，试求作用在固定平板上的冲击力 F_R。

5-33　水流经180°弯管自喷嘴流出，如图所示。已知管径 $D=75$ mm，喷嘴直径 $d=25$ mm，管端前端的测压表 M 读数为 60 kPa，假定螺栓上下前后共安装四个，上下螺栓中心距离为150 mm，弯管喷嘴和水重 G 为 100 N，它的作用位置如图所示。不计能量损失（摩擦阻力），求法兰盘接头 A 处，上、下螺栓的受力情况。

5-34　一装有水泵的机动船逆水航行，如图所示。已知水速 v 为 1.5 m/s，船相对于陆地的航速 v_0 为 9 m/s，相对于船身水泵向船尾喷出的水射流的喷速 v_r 为 18 m/s，水是从船首沿吸水管进入的。当水泵输出功率（即水从水泵获得的功率）为 21 000 W，流量为 0.15 m^3/s 时，求射流对船身的反推力和喷射推进系统的效率。

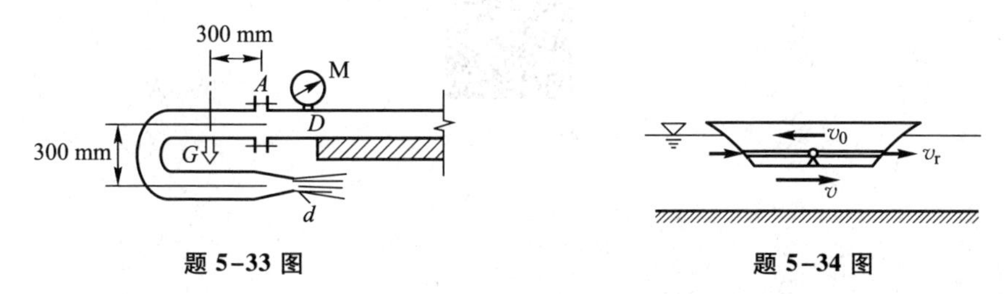

题 5-33 图　　题 5-34 图

5-35　设一水平射流冲击一固定装置在小车上的光滑叶片，如图所示。已知射流密度 $\rho=1\ 030.8$ kg/m^3，速度 $v_0=30.48$ m/s，过流断面面积 $A_0=18.58$ cm^2，叶片角度 $\theta=180°$，车的重力 $G=889.5$ N，能量损失和射流重力作用，以及小车沿水平方向的摩擦阻力都略去不计。试求射流喷射 10 s 后，小车的速度 v_1 和移动的距离 l。

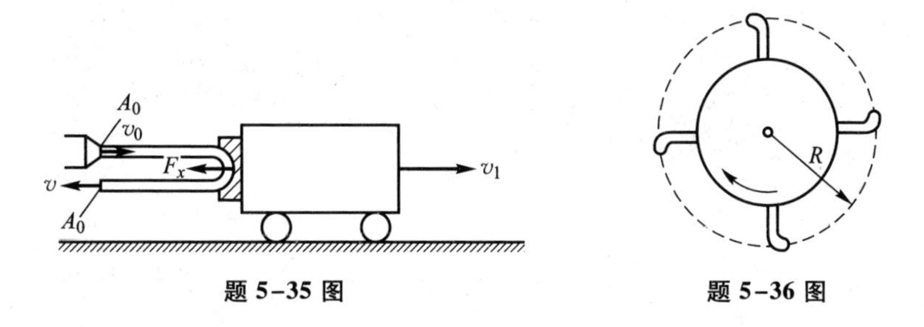

题 5-35 图　　题 5-36 图

5-36　设涡轮如图所示，旋转半径 R 为 0.6 m，喷嘴直径为 25 mm，每个喷嘴喷出流量为 0.007 m^3/s，若涡轮以 100 r/min 旋转，试求它的功率。

5-37　设有一水管中心装有枢轴的旋转洒水器，水平放置，如图所示。水管两端有方向相反的喷嘴，喷射水流垂直于水管出流。已知旋转半径$R=0.3$ m，相对于喷嘴的出流速度 $v=6\ \mathrm{m/s}$，喷嘴直径 $d=12.5\ \mathrm{mm}$。试求：(1) 当水管臂静止时，作用在转轴上的力矩 M；(2) 当水管臂以等角速度旋转，圆周速度为 u 时，该装置每秒所作的功和效率的表示式。

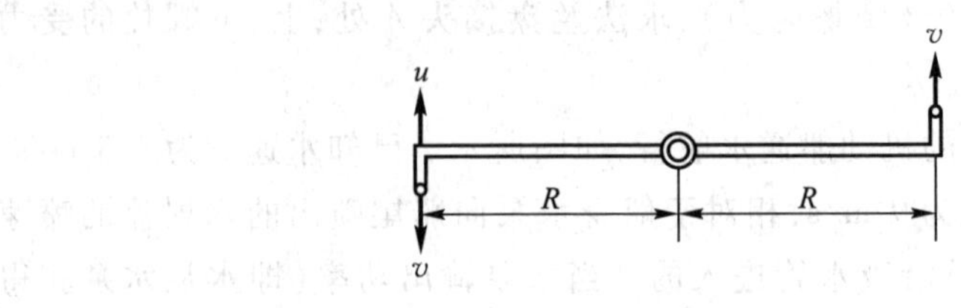

题 5-37 图

A5 习题答案

第六章 量纲分析和相似原理

前面几章应用理论分析方法建立了流体运动的基本方程,这些运动方程如纳维-斯托克斯方程,只有在一些比较简单的情况下才可以求解,其结果还需与观察或实验资料进行比较,以确定解的准确度和适用范围。对于一些复杂的流体流动问题,完全采用理论分析方法解决至今仍有困难。有的对流动过程的全部现象了解不够,难于用数学方程来表述;有的是由于边界条件复杂使得求解在数学上存在困难,因而不得不借助于其他分析途径和实验方法来解答这些问题。量纲分析和相似原理是实验和分析的理论基础,为科学地组织和设计实验、选择实验参数、整理实验成果提供了理论指导;另外,对于复杂的流动问题,还可借助量纲分析和相似原理来建立物理量之间的关系。量纲分析和相似原理是发展流体力学理论,解决实际工程问题的有力工具。

§6-1 量纲分析

6-1-1 量纲和单位

描述流体运动的物理量如长度、时间、质量、速度、加速度、密度、压强等,都可按其性质不同而加以分类。表征各种物理量性质和类别的标志称为物理量的量纲(或称因次),常用 dim 表示物理量的量纲。例如长度、时间、质量是三个性质完全不同的物理量,因而具有三种不同的量纲,分别用 L、T、M 来表示,即长度 $\dim l=\mathrm{L}$,时间 $\dim t=\mathrm{T}$,质量 $\dim m=\mathrm{M}$。

为了比较同一类物理量的大小,可以选择与其同类的标准量加以比较,此标准量称为单位。例如比较长度的大小,可以选择 m、cm、… 作为单位。但由于选择单位的不同,同一长度可以用不同的数值表示,可以是 1(以 m 为标准量),也可以是 100(以 cm 为标准量)。可见,它的数值大小是不确定的,是随所选用的单位不同而变化的。但是,它们的量纲都是一样的,是长度的量纲。

量纲分基本量纲和导出量纲。基本量纲必须具有独立性,不能从其他量纲推导出来,即不依赖于其他量纲,对于力学问题,通常将长度的量纲 L、质量的量纲 M 和时间的量纲 T 作为基本量纲。由基本量纲推导出来的量纲称为导出量纲,例如速度量纲就是导出量纲,因为速度量纲 $\dim v=LT^{-1}$。导出量纲一般可用基本量纲的指数乘积形式来表示,如以 $\dim \chi$ 表示任一物理量的导出量纲,则

$$\dim \chi = L^a T^b M^c \tag{6-1}$$

例如力 F 的量纲为 $\dim F=LT^{-2}M$,则其量纲指数 $a=1,b=-2,c=1$;又如当$a=1$,$b=-1,c=0$ 时,则为速度的量纲。变换基本量纲的指数 a、b、c 的值,就可表示出不同性质的导出量纲 $\dim \chi$。工程流体力学中常见的量纲列于表 6-1 中。

表 6-1 工程流体力学中常用的量纲

物理量			量纲		单位(SI)
			LTM 制	LTF 制	
几何学的量	长度	L	L	L	m
	面积	A	L^2	L^2	m^2
	体积	V	L^3	L^3	m^3
	水头	H	L	L	m
	惯性矩	I	L^4	L^4	m^4
运动学的量	时间	t	T	T	s
	流速	v	LT^{-1}	LT^{-1}	m/s
	加速度	a	LT^{-2}	LT^{-2}	m/s^2
	重力加速度	g	LT^{-2}	LT^{-2}	m/s^2
	角速度	ω	T^{-1}	T^{-1}	rad/s
	流量	Q	L^3T^{-1}	L^3T^{-1}	m^3/s
	单宽流量	q	L^2T^{-1}	L^2T^{-1}	m^2/s
	环量	Γ	L^2T^{-1}	L^2T^{-1}	m^2/s
	流函数	Ψ	L^2T^{-1}	L^2T^{-1}	m^2/s
	速度势	Φ	L^2T^{-1}	L^2T^{-1}	m^2/s
	运动黏度	ν	L^2T^{-1}	L^2T^{-1}	m^2/s

续表

物理量			量纲		单位(SI)
			LTM 制	LTF 制	
动力学的量	质量	m	M	FT^2L^{-1}	kg
	力	F	MLT^{-2}	F	N
	密度	ρ	ML^{-3}	FT^2L^{-4}	kg/m^3
	动力黏度	μ	$ML^{-1}T^{-1}$	FTL^{-2}	Pa · s
	压强	p	$ML^{-1}T^{-2}$	FL^{-2}	= Pa
	切应力	τ	$ML^{-1}T^{-2}$	FL^{-2}	= Pa
	弹性模量	E	$ML^{-1}T^{-2}$	FL^{-2}	= Pa
	表面张力	σ	MT^{-2}	FL^{-1}	N/m
	动量	$\boldsymbol{p}$	MLT^{-1}	FT	kg · m/s
	功、能	W	ML^2T^{-2}	FL	J = N · m
	功率	P	ML^2T^{-3}	FLT^{-1}	W

表 6-1 中的物理量,根据式(6-1),按照基本量纲的指数 a、b、c 的值,可分为以下三类(有几个例外):

(1) 如果 $a \neq 0, b=0, c=0$ 为几何学的量;

(2) 如果 $b \neq 0, c=0$ 为运动学的量;

(3) 如果 $c \neq 0$ 为动力学的量。

以上讨论是以选择基本量纲 L、T、M 为基础的。这种选择与现在广泛采用的国际单位制(SI)相对应,因而是常被采用的。过去曾被工程界广泛采用过的工程单位制,其基本量纲的选择为长度 L、时间 T、力 F,与其相应的导出量纲也列于表 6-1 中。

当式(6-1)中的指数 $a=b=c=0$ 时,则

$$\dim \chi = L^0T^0M^0 = 1 \qquad (6-2)$$

上式中的 χ 称为量纲一的量(数),也称纯数。它的数值大小与所选用的单位无关,并可进行超越函数的计算。例如水力坡度 $J=h_w/l$,其量纲式 $\dim J = L/L = 1$,就是一个量纲一的量,它反映流体的总水头沿流程减少的情况。不论所选用的长度单位是 m 还是 ft,只要形成该水力坡度的条件不变,其值也不变。量纲一的量,不仅可用同类量的比值组成,也可用几个有量纲量通过乘除组合而成。例如判别流动状态的雷诺数 $Re=\dfrac{vd}{\nu}$,其量纲式为

$$\dim Re=\frac{LT^{-1}L}{L^{2}T^{-1}}=L^{0}T^{0}M^{0}=1$$

Re 为量纲一的量。在 §7-1 中将指出恒定有压圆管流雷诺数的下临界值 $Re_{cr}=2\ 000$,就是判别流态普遍适用的标准。

用量纲一的量组成的准数方程式,既可以避免因选用的单位不同而引起数值的不同,又可使方程的参变量减少,从而减少实验工作量。

6-1-2 量纲和谐原理

一个正确、完整的反映客观规律的物理方程式中,各项的量纲是一致的,这就是量纲一致性原理,或称量纲和谐原理。这一原理为无数事实所证明。现以流体动力学中伯努利方程来验证。

伯努利方程

$$z_1+p_1/(\rho g)+\alpha_1 v_1^2/(2g)=z_2+p_2/(\rho g)+\alpha_2 v_2^2/(2g)+h_w$$

每一项的量纲皆为 L,即各项皆为长度的量纲,量纲是和谐的。

当发现经验公式中的量纲不一致时,必须根据量纲和谐原理,定出式中各项所应采用的单位,在应用这类公式时需注意采用所规定的单位。

量纲和谐原理最重要的用途还在于能确定方程式中物理量的指数,从而找到物理量间的函数关系,以建立结构合理的物理、力学方程式。这种应用量纲和谐原理来探求物理量之间的函数关系的方法称为量纲分析法。量纲分析法有两种:一种适用于影响因素间的关系为单项指数形式的场合,称为瑞利法;另一种具有普遍性的方法,称为 π 定理。

6-1-3 瑞利法

如果对某一物理现象经过大量的观察、实验、分析,找出影响该物理现象的主要因素为 $y,x_1,x_2,\cdots,x_n$,它们之间待定的函数关系为

$$y=f(x_1,x_2,\cdots,x_n)$$

对上式进行量纲分析,以找出诸因素之间的数学表示式。由于所有物理量的量纲只能由基本量纲的积和商导出,而不能相加减,因此上式可以写成指数乘积的形式为

$$y=kx_1^{\alpha_1}x_2^{\alpha_2}\cdots x_n^{\alpha_n} \tag{6-3}$$

式中:k 为量纲一的量,$\alpha_1,\alpha_2,\cdots,\alpha_n$ 为待定指数。根据式(6-1),任一物理量的量纲皆可表示为基本量纲指数乘积的形式,则可写出式(6-3)的量纲表示式为

$$\dim \mathrm{L}^{a}\mathrm{T}^{b}\mathrm{M}^{c}=(\mathrm{L}^{a_1}\mathrm{T}^{b_1}\mathrm{M}^{c_1})^{\alpha_1}(\mathrm{L}^{a_2}\mathrm{T}^{b_2}\mathrm{M}^{c_2})^{\alpha_2}\cdots(\mathrm{L}^{a_n}\mathrm{T}^{b_n}\mathrm{M}^{c_n})^{\alpha_n}$$

由量纲和谐原理可知,等号左右两边的基本量纲的指数必须一致,所以有

$$\left.\begin{aligned}&\mathrm{L}: && a=a_1\alpha_1+a_2\alpha_2+\cdots+a_n\alpha_n\\&\mathrm{T}: && b=b_1\alpha_1+b_2\alpha_2+\cdots+b_n\alpha_n\\&\mathrm{M}: && c=c_1\alpha_1+c_2\alpha_2+\cdots+c_n\alpha_n\end{aligned}\right\}\tag{6-4}$$

解上式,即可求出待定指数 $\alpha_1,\alpha_2,\cdots,\alpha_n$。但因方程组中的方程数只有三个,当待定指数 α_n 中的指数个数 $n>3$ 时,则有$(n-3)$个指数需用其他指数值的函数来表示。当将所求得的指数值代回式(6-3)时,即可得到表示诸因素间的函数关系的方程式。

例 6-1 实验揭示,流动有两种状态:层流和湍流(详见 §7-1),流态相互转变时的流速称为临界流速。实验指出,恒定有压管流的下临界流速 v_{cr} 与管径 d、流体密度 ρ、流体动力黏度 μ 有关。试用量纲分析法求出它们的函数关系。

解:按瑞利法解本题,首先写出待定函数形式为

$$v_{cr}=f(d,\rho,\mu)$$

将上式写成指数乘积的形式为

$$v_{cr}=kd^{\alpha_1}\rho^{\alpha_2}\mu^{\alpha_3}$$

再写成量纲方程为

$$\dim v_{cr}=\mathrm{LT}^{-1}\mathrm{M}^{0}=(\mathrm{LT}^{0}\mathrm{M}^{0})^{\alpha_1}(\mathrm{L}^{-3}\mathrm{T}^{0}\mathrm{M})^{\alpha_2}(\mathrm{L}^{-1}\mathrm{T}^{-1}\mathrm{M})^{\alpha_3}$$

有

$$\begin{cases}\mathrm{L}: & 1=\alpha_1-3\alpha_2-\alpha_3\\\mathrm{T}: & -1=-\alpha_3\\\mathrm{M}: & 0=\alpha_2+\alpha_3\end{cases}$$

解得 $\alpha_3=1,\alpha_2=-1,\alpha_1=-1$。将这些指数值代入指数乘积函数关系式得

$$v_{cr}=k\frac{\mu}{\rho d}=k\frac{\nu}{d}$$

将上式化为量纲一的形式后,有

$$k=\frac{v_{cr}d}{\nu}$$

式中:k 称为临界雷诺数,以 Re_{cr} 表示。根据雷诺实验,该值在恒定有压圆管流动中为2 000,可以用来判别层流与湍流。

6-1-4 π 定理

π 定理可以表述如下:设有 n 个变量的物理方程式为

$$f(x_1,x_2,x_3,\cdots,x_n)=0$$

其中可选出 m 个变量在量纲上是互相独立的，其余 $(n-m)$ 个变量是非独立的；那么，此物理方程，必然可以表示为 $(n-m)$ 个量纲一的量的物理方程式，即

$$F(\pi_1, \pi_2, \cdots, \pi_{n-m}) = 0 \tag{6-5}$$

式中，$\pi_1, \pi_2, \cdots, \pi_{n-m}$ 为 $(n-m)$ 个量纲一的量，因为这些量纲一的量是用 π 来表示的，所以称此定理为 π 定理。π 定理在 1915 年由白金汉（E. Buckingham）首先提出，所以又称为白金汉定理。

在应用 π 定理时要注意所选取的 m 个量纲独立的物理量，应使它们不能组合成一个量纲一的量。设所选择的物理量为 x_1, x_2, x_3，则由式（6-1）知，它们的量纲式可用基本量纲表示为

$$\left.\begin{aligned} \dim x_1 &= \mathrm{L}^{a_1}\mathrm{T}^{b_1}\mathrm{M}^{c_1} \\ \dim x_2 &= \mathrm{L}^{a_2}\mathrm{T}^{b_2}\mathrm{M}^{c_2} \\ \dim x_3 &= \mathrm{L}^{a_3}\mathrm{T}^{b_3}\mathrm{M}^{c_3} \end{aligned}\right\} \tag{6-6}$$

为使 x_1, x_2, x_3 互相独立、不能组合成量纲一的量，就要使它们的指数乘积不能为零，也就要求式（6-6）中的指数行列式不等于零，即

$$\begin{vmatrix} a_1 & b_1 & c_1 \\ a_2 & b_2 & c_2 \\ a_3 & b_3 & c_3 \end{vmatrix} \neq 0 \tag{6-7}$$

判别物理量是否互相独立、不能组合成量纲一的量的条件式（6-7），可以用反证法证明如下。若要 x_1, x_2, x_3 不是独立的，而是互相依赖的，则必须使它们的指数乘积为零的条件满足才行。设它们的幂乘积为 D，则其量纲式为

$$\begin{aligned} \dim D &= \mathrm{L}^0\mathrm{T}^0\mathrm{M}^0 = (\dim x_1)^x(\dim x_2)^y(\dim x_3)^z \\ &= (\mathrm{L}^{a_1}\mathrm{T}^{b_1}\mathrm{M}^{c_1})^x(\mathrm{L}^{a_2}\mathrm{T}^{b_2}\mathrm{M}^{c_2})^y(\mathrm{L}^{a_3}\mathrm{T}^{b_3}\mathrm{M}^{c_3})^z \end{aligned}$$

由量纲和谐原理知，等号两边的基本量纲的指数相等，即

$$\left.\begin{aligned} a_1x + a_2y + a_3z = 0 \\ b_1x + b_2y + b_3z = 0 \\ c_1x + c_2y + c_3z = 0 \end{aligned}\right\} \tag{6-8}$$

上式为线性齐次方程组，要使该方程组有解，才能满足 D 为量纲一的量的条件。由线性齐次方程组的性质可知，只有当它的系数行列式 $\Delta = 0$ 时，式（6-8）才有非零解。反之，如系数行列式 $\Delta \neq 0$，即

$$\begin{vmatrix} a_1 & a_2 & a_3 \\ b_1 & b_2 & b_3 \\ c_1 & c_2 & c_3 \end{vmatrix} \neq 0 \tag{6-9}$$

则式(6-8)无解,即 x_1、x_2、x_3 不能组合成量纲一的量,也就证明了 x_1,x_2,x_3 是互不依赖的独立变量。由行列式的性质知,式(6-9)与式(6-7)等价,即式(6-7)可用来判断变量的量纲是否是独立的。

现以 x_1 为长度,x_2 为时间,x_3 为质量,即 $a_1=1,b_2=1,c_3=1$,代入式(6-7)有

$$\begin{vmatrix} 1 & 0 & 0 \\ 0 & 1 & 0 \\ 0 & 0 & 1 \end{vmatrix} = 1 \neq 0$$

所以上述这三个基本物理量的量纲是互相独立的。如果我们所选择的物理量的量纲分别属于此三种类型,则容易满足相互独立的条件。在实践中常分别选几何学的量(管径 d,水头 H 等)、运动学的量(速度 v,加速度 g 等)和动力学的量(密度 ρ,动力黏度 μ 等)各一个,作为相互独立的变量。

量纲一的 π 项的组成,可以从所选用的独立变量之外的其余变量中,每次轮取一个,与所选用的独立变量一起组合而成,即

$$\left.\begin{aligned} \pi_1 &= x_1^{\alpha_1} x_2^{\beta_1} x_3^{\gamma_1} x_4 \\ \pi_2 &= x_1^{\alpha_2} x_2^{\beta_2} x_3^{\gamma_2} x_5 \\ &\cdots\cdots\cdots\cdots \\ \pi_{n-m} &= x_1^{\alpha_{n-m}} x_2^{\beta_{n-m}} x_3^{\gamma_{n-m}} x_n \end{aligned}\right\} \tag{6-10}$$

式中:α_i、β_i、γ_i($i=1,2,3,\cdots,n-m$),是各 π 项的待定指数。根据量纲和谐原理,可以求出式(6-10)中的指数 α_i、β_i、γ_i。重复变量 m 个数的选择,要使 m 个变量总体包含的基本量纲个数与 n 个物理量所包含的基本量纲相同,不一定是 3 个,下面举例说明 π 定理的应用。

例 6-2 由实验及观测分析得知,污染物(瞬时平面源)在静止流体中的一维扩散浓度 c 与污染物的单位面积上质量 m,距投放点的距离 x,扩散时间 t,扩散系数 D 有关。使用 π 定理分析污染物扩散浓度 c 与各有关参变量的关系。

解:选几何学的量 x,运动学的量 t,动力学的量 m,作为相互独立的物理量。其指数行列式 $\Delta\neq 0$,前已证明。π 项有 $n-m=5$ 个-3 个$=2$ 个,即

$$\pi_1 = x^{\alpha_1} t^{\beta_1} m^{\gamma_1} c$$

$$\pi_2 = x^{\alpha_2} t^{\beta_2} m^{\gamma_2} D$$

先求 π_1,其量纲式为

$$\dim\pi_1 = \mathrm{L}^0\mathrm{T}^0\mathrm{M}^0 = \mathrm{L}^{\alpha_1}\cdot\mathrm{T}^{\beta_1}\cdot\mathrm{M}^{\gamma_1}\cdot\mathrm{ML}^{-1}$$

$$\begin{cases} \mathrm{L}: & 0=\alpha_1-1 \\ \mathrm{T}: & 0=\beta_1 \\ \mathrm{M}: & 0=\gamma_1+1 \end{cases}$$

解得 $\alpha_1=1,\beta_1=0,\gamma_1=-1$，则可得

$$\pi_1=\frac{cx}{m}$$

$$\dim \pi_2=L^0T^0M^0=L^{\alpha_2}\cdot T^{\beta_2}\cdot M^{\gamma_2}\cdot L^2T^{-1}$$

$$\begin{cases}L: & 0=\alpha_2+2\\ T: & 0=\beta_2-1\\ M: & 0=\gamma_2\end{cases}$$

解得 $\alpha_2=-2,\beta_2=1,\gamma_2=0$。所以

$$\pi_2=\frac{Dt}{x^2}$$

根据式(6-5)有

$$F\left(\frac{cx}{m},\frac{Dt}{x^2}\right)=0$$

或

$$\frac{cx}{m}=F_1\left(\frac{Dt}{x^2}\right)=f\left(\frac{x^2}{4Dt}\right)$$

由

$$\pi_2=\frac{Dt}{x^2}$$

可知，距离 x 亦可写成 $x=k\sqrt{Dt}$，式中 k 为量纲一的系数。将此值代入上式得浓度公式为

$$c=\frac{m}{k\sqrt{Dt}}f\left(\frac{x^2}{4Dt}\right)$$

上式与第十二章用理论分析法积分扩散方程的结果是一致的，结构合理。

例 6-3 实验观察与理论分析指出，恒定有压管流的压强损失 Δp 与管长 l、直径 d、管壁粗糙度 Δ、运动黏度 ν、密度 ρ、流速 v 等因素有关。试用 π 定理求出计算压强损失 Δp 的公式及沿程损失 h_f 的公式。

解：写出函数关系式 $f(\Delta p,l,d,\Delta,\nu,\rho,v)=0$，选取 d、v、ρ 作为独立的变量，它们的指数行列式：

$$\begin{vmatrix}1 & 0 & 0\\ 1 & -1 & 0\\ -3 & 0 & 1\end{vmatrix}\neq 0$$

符合独立变量的条件。π 项应该有 $n-m=7$ 个-3 个$=4$ 个。即

$$\pi_1=d^{\alpha_1}v^{\beta_1}\rho^{\gamma_1}\nu$$

$$\pi_2=d^{\alpha_2}v^{\beta_2}\rho^{\gamma_2}l$$

$$\pi_3=d^{\alpha_3}v^{\beta_3}\rho^{\gamma_3}\Delta$$

$$\pi_4=d^{\alpha_4}v^{\beta_4}\rho^{\gamma_4}\Delta p$$

$$\dim \pi_1 = L^{\alpha_1} \cdot (LT^{-1})^{\beta_1} \cdot (L^{-3}M)^{\gamma_1} \cdot L^2T^{-1}$$

$$\begin{cases} L: & 0=\alpha_1+\beta_1-3\gamma_1+2 \\ T: & 0=-\beta_1-1 \\ M: & 0=\gamma_1 \end{cases}$$

解得 $\alpha_1=-1,\beta_1=-1,\gamma_1=0$。所以

$$\pi_1=\frac{\nu}{vd}=\frac{1}{Re}$$

同理可得 $\alpha_2=-1,\beta_2=0,\gamma_2=0$。所以

$$\pi_2=\frac{l}{d}$$

其他两个 π 项以同样方法求得,分别为

$$\pi_3=\frac{\Delta}{d} \qquad (相对粗糙度)$$

$$\pi_4=\frac{\Delta p}{\rho v^2}=Eu \qquad (欧拉数)$$

根据式(6-5)有

$$F\left(\frac{1}{Re},\frac{l}{d},\frac{\Delta}{d},\frac{\Delta p}{\rho v^2}\right)=0$$

或

$$\frac{\Delta p}{\rho v^2}=F_1\left(Re,\frac{l}{d},\frac{\Delta}{d}\right)$$

或

$$\Delta p=F_2\left(Re,\frac{\Delta}{d}\right)\frac{l}{d}\rho v^2=F_3\left(Re,\frac{\Delta}{d}\right)\frac{l}{d}\frac{\rho v^2}{2}$$

令量纲一的数 $\lambda=F_3\left(Re,\frac{\Delta}{d}\right)$,则可得

$$\Delta p=\lambda\frac{l}{d}\frac{\rho v^2}{2}$$

上式即为有压管流中计算压强损失的公式。如以沿程水头损失 h_f 表示,则可改写成为

$$\frac{\Delta p}{\rho g}=h_f=\lambda\frac{l}{d}\frac{v^2}{2g}$$

上式即为广泛应用的计算沿程损失的公式(详见§7-2),式中 λ 称为沿程阻力系数,与雷诺数 Re 及相对粗糙度$\frac{\Delta}{d}$有关,可由实验确定。

由例 6-3 可以看出,原本欲研究压强损失 Δp 与其余六个变量之间的函数关系,经过量纲分析后,归结为研究沿程阻力系数 λ 与两个量纲一的量 Re(雷诺数)及$\frac{\Delta}{d}$(相对粗糙度)之间的关系,即 $\lambda=F_3\left(Re,\frac{\Delta}{d}\right)$。实验参数的选择由六个

减少为两个，这样就使实验工作量大为减少，并且使实验装置设计的难度和测试仪器的种类也随之降低和减少。在原先的变量中，有一些变量例如流体的黏度和密度的变换与量测均很不容易。而现在只需变更雷诺数 Re 就可综合反映 d、μ、ρ 三者的变化。

其次，由于所选择的实验参数 Re、$\dfrac{\Delta}{d}$，均为量纲一的量。这样，实验所得到的成果与所选择的单位制无关，且可进行超越函数的计算，这将有利于实验成果的广泛应用和实验数据的处理。德国科学家尼古拉兹在用人工粗糙管研究沿程阻力系数 λ 变化规律的实验中，就是选择 Re 为自变量，$\dfrac{\Delta}{d}$ 为参变量，由实验法求出在某一固定的 $\dfrac{\Delta}{d}$，当 Re 变化时，阻力系数 λ 的变化曲线（共变更了六种 $\dfrac{\Delta}{d}$，得到了六条阻力曲线），并且用对数将实验数据加以处理，以 $\lg(100\lambda)$ 为纵坐标，$\lg Re$ 为横坐标绘制阻力曲线图。他用实验数据总结出的半经验公式也包含了对数的运算（详见 §7-5）。量纲分析对实验方法的指导意义，于此可见一斑。

量纲分析法的前提是要确知影响物理过程的主要参数而不能遗漏，也不要将无关的多余参数加入。否则，将使最终的结果大为改变。这就要求对物理过程作详细的观察、实验和分析，并与富有经验的研究者讨论作出判断。这也就是量纲分析法应用的局限性。

§6-2　流动相似原理

模型实验方法，是研究流体运动的重要手段之一。为了经济地制造、安装模型，以及观测的方便，往往在实验室内缩小（或放大）尺度后，复制原型结构及其流场。缩小（或放大）尺度后模拟原型的流动称为模型流。为了能用模型实验的结果去预测原型流将要发生的情况，必须使模型流动与原型流动满足力学相似条件，所谓力学相似包括几何相似、运动相似、动力相似和边界条件、初始条件相似几个方面。在下面的讨论中，原型中的物理量标以下标 p，模型中的物理量标以下标 m。

6-2-1　几何相似

几何相似是指两个流动的几何形状相似，即对应的线段长度成比例，对应角

度相等,$\theta_p=\theta_m$。两个流动的长度比尺可表示为

$$\lambda_l=\frac{l_p}{l_m} \tag{6-11}$$

面积比尺和体积比尺可分别表示为

$$\lambda_A=\frac{A_p}{A_m}=\lambda_l^2 \tag{6-12}$$

$$\lambda_V=\frac{V_p}{V_m}=\lambda_l^3 \tag{6-13}$$

由上式可知,长度比尺 λ_l 是几何相似的基本比尺,其他比尺均可通过长度比尺 λ_l 来表示。λ_l 视实验场地与实验要求不同而取不同的值,在水工模型试验中,通常 λ_l 在 10~100 范围内取值。当长、宽、高三个方向的长度比尺相同时称为正态模型。如果有一个方向的长度比尺不相等,则为变态模型。例如天然河道长度远远超过水深,如按同一比尺缩小,可能造成水深太小,改变了模型中的流动性质,这就要求采用各向长度比尺不等的变态模型。本书只介绍正态模型。模型和原型表面粗糙度的相似,亦是属于几何相似的范畴。严格讲,要实现这种相似是很困难的,只能近似地做到这点。几何相似是力学相似的前提,只有在几何相似的流动中,才能找到对应点,才能进一步探讨对应点上其他物理量的相似问题。

6-2-2 运动相似

运动相似是指两个流场对应点上同名的运动学的量大小成比例,方向相同,主要是指两个流动的流速场和加速度场相似。由于两个流动的运动相似,对应质点的运动轨迹也达成几何相似,而且流过对应线段的时间也成比例;另外,各对应点上各物理量的比与各对应截面上物理量的平均值的比是相等的。所以,时间比尺、流速比尺、加速度比尺可分别表示为

$$\lambda_t=\frac{t_p}{t_m} \tag{6-14}$$

$$\lambda_u=\frac{u_p}{u_m}=\frac{\lambda_l}{\lambda_t}=\lambda_v=\frac{v_p}{v_m}=\frac{\lambda_l}{\lambda_t} \tag{6-15}$$

$$\lambda_a=\frac{a_p}{a_m}=\frac{\lambda_l}{\lambda_t^2} \tag{6-16}$$

作为加速度的特例,我们举出重力加速度 g,其比尺为

$$\lambda_g=\frac{g_p}{g_m} \tag{6-17}$$

如果原型流与模型流均在同一星球的同一经、纬度上,则 $\lambda_g=1$。在实际工作中,这就减少了我们对模型比尺的选择范围。

6-2-3 动力相似

动力相似是指两个流场对应点上同名的动力学的量大小成比例,方向相同,主要是指两个流动的力场相似。密度比尺、动力黏度比尺、作用力比尺可分别表示为

$$\lambda_\rho=\frac{\rho_p}{\rho_m} \tag{6-18}$$

$$\lambda_\mu=\frac{\mu_p}{\mu_m} \tag{6-19}$$

$$\lambda_F=\frac{F_p}{F_m} \tag{6-20}$$

动力相似是力学相似的主导因素,运动相似是动力相似的表征。两者之间通过速度、加速度、质量及力这几个物理量,在牛顿第二定律的基础上统一起来。作用在流体上的外力通常有重力 $\boldsymbol{G}$、黏滞力 $\boldsymbol{F}_s$、压力 $\boldsymbol{F}_p$、弹性力 $\boldsymbol{F}_E$、表面张力 $\boldsymbol{F}_T$ 等。根据动力相似的要求,力的比尺 λ_F 可表示为

$$\lambda_F=\frac{F_p}{F_m}=\frac{G_p}{G_m}=\frac{(F_s)_p}{(F_s)_m}=\frac{(F_p)_p}{(F_p)_m}=\frac{(F_E)_p}{(F_E)_m}=\frac{(F_T)_p}{(F_T)_m} \tag{6-21}$$

6-2-4 初始条件与边界条件相似

任何流动过程的发展都受到初始状态的影响。如初始时刻的流速、加速度、密度、温度等物理参数是否随时间变化对其后的流动发展与变化会有重要的作用,因此要使两个流动相似,应使其初始状态的物理参数相似,所以对于运动要素随时间而变的非恒定流,必须满足初始条件相似。对于恒定流,则无此必要。

边界条件同样是影响流动过程的重要因素,要使两个流动力学相似,则应使其对应的边界的性质相同,几何尺度成比例。如原型中是固体壁面,则模型中对应部分也应是固体壁面,原型中是自由液面,则模型中对应的部分也应是自由液面。

6-2-5 牛顿一般相似原理

设作用在流体上的外力合力为 $\boldsymbol{F}$,使流体产生的加速度为 $\boldsymbol{a}$,流体质量为 m,则由牛顿第二定律 $\boldsymbol{F}=m\boldsymbol{a}$ 可知,力的比尺 λ_F 也可表示为

$$\lambda_F=\frac{F_p}{F_m}=\frac{m_p a_p}{m_m a_m}=\frac{\rho_p l_p^3 l_p/t_p^2}{\rho_m l_m^3 l_m/t_m^2}=\frac{\rho_p l_p^2 v_p^2}{\rho_m l_m^2 v_m^2}$$

或

$$\lambda_F=\frac{F_p}{F_m}=\frac{\rho_p l_p^2 v_p^2}{\rho_m l_m^2 v_m^2} \tag{6-22}$$

也可写为

$$\frac{F_p}{\rho_p l_p^2 v_p^2}=\frac{F_m}{\rho_m l_m^2 v_m^2} \tag{6-23}$$

式中:$\frac{F}{\rho l^2 v^2}$为量纲一的数,称为牛顿数。以 Ne 表示,即

$$Ne=\frac{F}{\rho l^2 v^2} \tag{6-24}$$

式(6-23)可用牛顿数表示为

$$(Ne)_p=(Ne)_m \tag{6-25}$$

上式表明,两个流动的动力相似,归结为牛顿数相等。如以比尺形式表示式(6-23),则

$$\frac{\lambda_F}{\lambda_\rho \lambda_l^2 \lambda_v^2}=\frac{\lambda_F \lambda_l/\lambda_v}{\lambda_\rho \lambda_l^3 \lambda_v}=\frac{\lambda_F \lambda_t}{\lambda_m \lambda_v}=1 \tag{6-26}$$

上式中$\frac{\lambda_F \lambda_t}{\lambda_m \lambda_v}$称为相似判据。对动力相似的流动,其相似判据为 1,或相似流动的牛顿数相等,这就是牛顿一般相似原理。在相似原理中,两个动力相似的流动中的量纲一的数,如牛顿数,称为相似准数;动力相似条件(相似准数相等)称为相似准则,作为判断流动是否相似的根据。所以,牛顿一般相似原理又称为牛顿相似准则。

§6-3 相似准则

要使流动完全满足牛顿一般相似原理——两个流动的牛顿数相等,就要求

作用在相应点上各种同名力均有同一力的比尺。但由于各种力的性质不同,影响它们的物理因素不同,实际上很难做到这一点。在某一具体流动中占主导地位的力往往只有一种,因此在模型实验中只要让这种力满足相似条件即可。这种相似虽是近似的,但实践证明,这将得到令人满意的结果。下面分别介绍只考虑一种主要作用力的相似准则。

6-3-1 重力相似准则

当作用在流体上的力,主要为重力时,如明渠水流、堰流及闸孔出流等,根据式(6-22),力的比尺 λ_F 可写为

$$\lambda_F=\frac{G_p}{G_m}=\frac{\rho_p l_p^3 g_p}{\rho_m l_m^3 g_m}=\frac{\rho_p l_p^2 v_p^2}{\rho_m l_m^2 v_m^2}$$

化简后得

$$\frac{v_p^2}{v_m^2}=\frac{g_p l_p}{g_m l_m}$$

或

$$\frac{v_p^2}{g_p l_p}=\frac{v_m^2}{g_m l_m}$$

开方后有

$$\frac{v_p}{\sqrt{g_p l_p}}=\frac{v_m}{\sqrt{g_m l_m}} \tag{6-27}$$

式中:$v/\sqrt{gl}$ 为量纲一的数,称为弗劳德数,以 Fr 表示,即

$$Fr=\frac{v}{\sqrt{gl}} \tag{6-28}$$

式(6-27)可用弗劳德数表示为

$$(Fr)_p=(Fr)_m \tag{6-29}$$

上式表明,若作用在流体上的力以重力为主,两个流动动力相似,它们的弗劳德数应相等;反之亦然。这就是重力相似准则或称弗劳德相似准则。

将式(6-27)写成比尺的形式可得

$$\frac{\lambda_v^2}{\lambda_g \lambda_l}=1 \tag{6-30}$$

若以 $F=G=\rho l^3 g$ 代入式(6-23)的左端,可看出重力与惯性力之比为

$$\sqrt{\frac{\rho l^3 g}{\rho l^2 v^2}}=\frac{\sqrt{gl}}{v}=\frac{1}{Fr}$$

因此，弗劳德数表征惯性力与重力之比。

6-3-2 黏滞力相似准则

当作用力主要为黏滞力时，如管道流动、孔口出流、水力机械等，根据式(6-22)，力的比尺 λ_F 可写为

$$\lambda_F=\frac{(F_s)_p}{(F_s)_m}=\frac{\mu_p l_p v_p}{\mu_m l_m v_m}=\frac{\rho_p l_p^2 v_p^2}{\rho_m l_m^2 v_m^2}$$

化简后得

$$\frac{v_p l_p}{\nu_p}=\frac{v_m l_m}{\nu_m} \tag{6-31}$$

式中：vl/ν 为量纲一的数，即前已介绍过的雷诺数 Re，式中 l 为断面的特性几何尺寸，常用管径 d 及水力半径 R(见§7-1)。式(6-31)可用雷诺数表示为

$$(Re)_p=(Re)_m \tag{6-32}$$

上式表明，若作用在流体上的力以黏滞力为主，两个流动动力相似，它们的雷诺数应相等；反之亦然。这就是黏滞力相似准则或称雷诺相似准则。

将式(6-31)写成比尺的形式可得

$$\frac{\lambda_v\lambda_l}{\lambda_\nu}=1 \tag{6-33}$$

若以 $F=F_s=\mu lv$ 代入式(6-23)的左端，得到

$$\frac{\rho l^2 v^2}{\mu lv}=\frac{vl}{\nu}=Re$$

因此，雷诺数表征惯性力与黏滞力之比。

6-3-3 压力相似准则

当作用力主要为压力时，根据式(6-22)，力的比尺 λ_F 可写为

$$\lambda_F=\frac{(F_p)_p}{(F_p)_m}=\frac{p_p l_p^2}{p_m l_m^2}=\frac{\rho_p l_p^2 v_p^2}{\rho_m l_m^2 v_m^2}$$

化简后得

$$\frac{p_p}{\rho_p v_p^2}=\frac{p_m}{\rho_m v_m^2} \tag{6-34}$$

式中：$\frac{p}{\rho v^2}$为量纲一的数，称为欧拉数，以 Eu 表示，即

$$Eu=\frac{p}{\rho v^2} \tag{6-35}$$

式(6-34)可用欧拉数表示为

$$(Eu)_p=(Eu)_m \tag{6-36}$$

上式表明,若作用在流体上的力以压力为主,两个流动动力相似,它们的欧拉数应相等;反之亦然。这就是压力相似准则或称欧拉相似准则。欧拉数为压力与惯性力之比。

将式(6-34)写成比尺的形式可得

$$\frac{\lambda_p}{\lambda_\rho \lambda_v^2}=1 \tag{6-37}$$

在有压流动中,起作用的是压差 Δp,而不是压强的绝对值。所以欧拉数也可表示为

$$Eu=\frac{\Delta p}{\rho v^2} \tag{6-38}$$

因此,欧拉数表征压强差与惯性力之比。

上面分别导出了重力、黏滞力、压力相似准则。若作用在流体上的力,同时有重力、黏滞力、压力,两个流动动力相似,它们的上述三个准则应同时得到满足。动力相似是对应点上上述三个力与惯性力构成的封闭的力多边形相似,所以,只要惯性力及其他任意两个同名力相似(方向对应一致,大小成比例),另一个同名力必将相似。由于流体压强差的出现是流体运动的结果,并不决定流动相似,因此只要对应点的重力、黏滞力和惯性力相似,压强差将会自行相似。所以,通常称弗劳德相似准则和雷诺相似准则为独立准则,而称欧拉相似准则为导出准则。

6-3-4 弹性力相似准则

当作用力主要为弹性力 F_E 时,根据式(6-22),力的比尺 λ_F 可写为

$$\lambda_F=\frac{(F_E)_p}{(F_E)_m}=\frac{E_p l_p^2}{E_m l_m^2}=\frac{\rho_p l_p^2 v_p^2}{\rho_m l_m^2 v_m^2}$$

式中:E 为弹性模量。将上式化简后可得

$$\frac{\rho_p v_p^2}{E_p}=\frac{\rho_m v_m^2}{E_m} \tag{6-39}$$

式中:$\rho v^2/E$ 为量纲一的数,称为柯西(Cauchy)数,以 Ca 表示,柯西数表征惯性

力与弹性力之比，即

$$Ca=\frac{\rho v^2}{E} \tag{6-40}$$

式(6-39)可用柯西数表示为

$$(Ca)_p=(Ca)_m \tag{6-41}$$

上式称为柯西准则。对于液体来讲，柯西准则只应用在压缩性显著起作用的流动中，例如水击现象中。

对于气体来说，可压缩气体的弹性模量

$$E=\frac{dp}{d\rho}\rho=c^2\rho$$

c 为气体介质的声速。因此式(6-39)可写为

$$\frac{v_p^2}{c_p^2}=\frac{v_m^2}{c_m^2} \tag{6-42}$$

或

$$\frac{v_p}{c_p}=\frac{v_m}{c_m} \tag{6-43}$$

式中：v/c 为量纲一的数，称为马赫数，以 Ma 表示，即

$$Ma=\frac{v}{c} \tag{6-44}$$

式(6-39)可表示为

$$(Ma)_p=(Ma)_m \tag{6-45}$$

上式为气流弹性力相似准则，称为马赫准则。在研究气流速度很大、气体压缩性影响显著的情况下，要满足马赫准则。

6-3-5 表面张力相似准则

当作用力主要为表面张力时，根据式(6-22)，力的比尺 λ_F 可写为

$$\lambda_F=\frac{(F_T)_p}{(F_T)_m}=\frac{\sigma_p l_p}{\sigma_m l_m}=\frac{\rho_p l_p^2 v_p^2}{\rho_m l_m^2 v_m^2}$$

式中：F_T 为表面张力，σ 为单位长度上所受的表面张力，化简上式得

$$\frac{\rho_p v_p^2 l_p}{\sigma_p}=\frac{\rho_m v_m^2 l_m}{\sigma_m} \tag{6-46}$$

式中：$\frac{\rho v^2 l}{\sigma}$为量纲一的数，称为韦伯(Weber)数，以 We 表示，韦伯数表征惯性力与

表面张力之比，即

$$We=\frac{\rho v^2 l}{\sigma} \tag{6-47}$$

式(6-46)可用韦伯数改写为

$$(We)_p=(We)_m \tag{6-48}$$

上式称为韦伯准则。只有在流动规模甚小，表面张力作用显著时，才会用到。

以上五个准则中，以弗劳德准则与雷诺准则应用最广泛，是指导模型实验的重要准则。

* §6-4 准则方程

上节介绍的相似准则，也可以用描述流体运动的微分方程推导出来。不可压缩实际流体的运动，可用纳维-斯托克斯方程来描述。如果原型与模型中的流动是力学相似的，则它们可用同一微分方程来描述。把描述相似流动的微分方程改写成量纲一的准数之间的关系式，称为准则方程（又称准数方程）。现以纳维-斯托克斯方程为例，推出不可压缩实际流体的准则方程。模型与原型中的纳维-斯托克斯方程分别标以下标 m 与 p，并且均以 z 轴向为例来写。对模型来说，为

$$\left(f_z-\frac{1}{\rho}\frac{\partial p}{\partial z}+\nu\nabla^2 u_z\right)_m=\left(\frac{\partial u_z}{\partial t}+u_x\frac{\partial u_z}{\partial x}+u_y\frac{\partial u_z}{\partial y}+u_z\frac{\partial u_z}{\partial z}\right)_m \tag{6-49}$$

对原型来讲，为

$$\left(f_z-\frac{1}{\rho}\frac{\partial p}{\partial z}+\nu\nabla^2 u_z\right)_p=\left(\frac{\partial u_z}{\partial t}+u_x\frac{\partial u_z}{\partial x}+u_y\frac{\partial u_z}{\partial y}+u_z\frac{\partial u_z}{\partial z}\right)_p \tag{6-50}$$

在原型方程式(6-50)中，代入比尺关系，并假定质量力仅为重力，可写出

$$\frac{f_{zp}}{f_{zm}}=\frac{-g_p}{-g_m}=\lambda_g$$

则可得

$$\lambda_g f_{zm}-\left(\frac{\lambda_p}{\lambda_\rho\lambda_l}\right)\frac{1}{\rho_m}\frac{\partial p_m}{\partial z_m}+\left(\frac{\lambda_\nu\lambda_u}{\lambda_l^2}\right)\nu_m\nabla^2 u_{zm}$$

$$=\left(\frac{\lambda_u}{\lambda_t}\right)\frac{\partial u_{zm}}{\partial t_m}+\left(\frac{\lambda_u^2}{\lambda_l}\right)\left(u_{xm}\frac{\partial u_{zm}}{\partial x_m}+u_{ym}\frac{\partial u_{zm}}{\partial y_m}+u_{zm}\frac{\partial u_{zm}}{\partial z_m}\right) \tag{6-51}$$

若两个流动相似，则式(6-51)与式(6-49)恒等。两式恒等的条件是式(6-51)中各项量纲一的系数互等，即

$$\lambda_g=\frac{\lambda_p}{\lambda_\rho\lambda_l}=\frac{\lambda_\nu\lambda_u}{\lambda_l^2}=\frac{\lambda_u}{\lambda_t}=\frac{\lambda_u^2}{\lambda_l} \tag{6-52}$$

改写上式，用$\frac{\lambda_u^2}{\lambda_l}$遍除各项，得量纲一的数恒等于 1 的结果，即

$$\frac{\lambda_g\lambda_l}{\lambda_u^2}=\frac{\lambda_p}{\lambda_\rho\lambda_u^2}=\frac{\lambda_\nu}{\lambda_l\lambda_u}=\frac{\lambda_l}{\lambda_t\lambda_u}=1 \tag{6-53}$$

将各比尺关系代入上式，以平均流速 v 代替 u，则可写成以下形式：

$$\frac{v_p}{\sqrt{g_pl_p}}=\frac{v_m}{\sqrt{g_ml_m}},\quad \frac{p_p}{\rho_pv_p^2}=\frac{p_m}{\rho_mv_m^2}$$

$$\frac{v_pl_p}{\nu_p}=\frac{v_ml_m}{\nu_m},\quad \frac{v_pt_p}{l_p}=\frac{v_mt_m}{l_m}$$

上面四个量纲一的数分别为弗劳德数、欧拉数、雷诺数、斯特劳哈尔(Strouhal)数，其中斯特劳哈尔数以 St 表示，即

$$St=\frac{vt}{l} \tag{6-54}$$

它来源于当地加速度$\frac{\partial u_z}{\partial t}$所表示的惯性作用，是表示流动非恒定性的准数。对于恒定流，此准数不起作用。从以上讨论可知，对于不可压缩实际流体原型与模型两个流场相似的条件为四个准数相等。要求四个准数相等，即表明各准数间存在某种函数关系，可以写成

$$\Phi(Fr,Eu,Re,St)=0 \tag{6-55}$$

上式即为准则方程。如果把模型流动的试验结果整理成上述准则方程，则可将模型试验结果推广到所有与之相似的原型流动中去。

§6-5 模型实验

在实际工程中，例如环境工程、给水排水工程、水利工程、土建工程等，有些问题常需进行模型实验得到解决。模型实验研究通常是在一个和实际(原型)流动相似，而又缩小(或放大)了原型几何尺寸的模型中进行的。它所要解决的问题，一般为：

(1) 如何设计模型、选择模型中的流动介质，才能保证原型和模型中的流动相似；

(2) 实验过程中需要测量哪些物理量，实验数据如何综合整理，才能求出流动的规律性；

(3) 模型实验所得结果如何换算到原型，应用到实际问题中去。

模型的设计，首先要解决模型与原型各种比尺的选择问题，即所谓模型律的

问题。模型律的选择是选择合适的相似准则来设计模型，保证对流动起主要作用的力相似，而忽略次要力的作用。

模型律的选择是一个比较困难的问题。流体力学中，多数是要解决流速问题。这就首先要研究什么因素影响流速。如果影响流速的主要因素是重力，那么就要根据弗劳德准则设计模型，称为弗劳德模型。凡有自由液面，并允许液面上下自由变动的流动，如明渠流、堰流、孔口出流等，都是重力起主导作用的流动，在这类流动中要采用弗劳德模型。

当影响流速的因素主要为黏滞力时，例如有压管流，当其流速分布及沿程损失主要取决于流层间的黏滞力（黏性阻力）而与重力无关时，则采用雷诺相似准则设计模型，称为雷诺模型。在例6-3中，已用量纲分析法得出有压管流沿程阻力系数

$$\lambda = F\left(Re, \frac{\Delta}{d}\right)$$

即表明有压管流中如欲使沿程阻力相似，只要模型与原型雷诺数相等，以及满足管壁相对粗糙度的几何相似即可。当雷诺数小于2 000在层流区时，则只要雷诺数$(Re)_{\mathrm{p}}=(Re)_{\mathrm{m}}$即可，$\frac{\Delta}{d}$的作用可忽略不计。当雷诺数很大在湍流粗糙区（阻力平方区）时，由管壁相对粗糙度$\frac{\Delta}{d}$引起的阻力占主导地位，黏性阻力已退居次要地位，此时只要满足几何相似，特别是相对粗糙度相等，即

$$\left(\frac{\Delta}{d}\right)_{\mathrm{p}}=\left(\frac{\Delta}{d}\right)_{\mathrm{m}}$$

即可自动满足力学相似，而模型的雷诺数只要保持在阻力平方区的界限雷诺数之上即可（详见第七章），不必要求与原型雷诺数相等。这一区又称自动模型区，简称自模区。

在流体力学中，低速的有压管流、风洞实验等都是黏滞力起主导作用的流动，在这类流动中一般要采用雷诺模型。

在水面平稳，流动极慢，雷诺数处于层流区的明渠均匀流中，重力沿流向的分力与摩擦阻力平衡时，与管流层流区情况相似，则只要雷诺数相等，且满足几何相似，即达到力学相似。此时也采用雷诺模型。

当研究雷诺数处于自模区的黏性流动时，黏滞力的影响可以不必考虑，如果是有压管流或气体流动，重力也可以忽略不计。这时采用欧拉相似准则设计模

型，称为欧拉模型。欧拉模型用于自模区的有压管流、风洞实验和气体绕流等情况。

无论采用何种模型律，均需保证几何相似的前提，因此，长度比尺的选择是最基本的。在不损害试验结果正确性的前提下，模型宜做得小一些，即长度比尺要选择得大一些。因为这能降低模型的建造与运转费用，符合经济要求。当长度比尺确定以后，就要根据占主导地位的作用力选择相应的模型。下面分别介绍雷诺模型和弗劳德模型。

6-5-1 雷诺模型

在雷诺模型中，由于原型与模型的雷诺数相等，可以根据式(6-33)来确定长度比尺 λ_l 与其他比尺的关系。流速比尺由下式表示为

$$\lambda_v=\frac{\lambda_\nu}{\lambda_l} \tag{6-56}$$

当模型与原型中的流体为同类流体且温度亦相同时，运动黏度比尺 $\lambda_\nu=1$，则流速比尺与长度比尺之间为倒数关系，即

$$\lambda_v=\frac{1}{\lambda_l} \tag{6-57}$$

上式表明，雷诺模型尺度越小，模型中流速越快，即模型中流速将远大于原型中流速，这是雷诺模型的一个特点。雷诺模型的流量比尺 λ_Q，可用流速比尺 λ_v 与面积比尺 $\lambda_A=\lambda_l^2$ 导出为

$$\lambda_Q=\lambda_v\cdot\lambda_l^2=\lambda_l \tag{6-58}$$

时间比尺 λ_t 亦可导出为

$$\lambda_t=\lambda_l/\lambda_v=\lambda_l^2 \tag{6-59}$$

其他各种比尺与长度比尺 λ_l 的关系列于表 6-2 中(该表是在 $\lambda_\rho=1$ 的条件下得到的，若 $\lambda_\rho\neq1$，当涉及力的比例尺与 λ_ρ 有关时，则应考虑 λ_ρ 的影响)。

表 6-2 重力、黏滞力相似准则比尺关系表

名称	比尺		
	重力相似	黏滞力相似	
		$\lambda_\nu=1$	$\lambda_\nu\neq1$
长度比尺 λ_l	λ_l	λ_l	λ_l
流速比尺 λ_v	$\lambda_l^{1/2}$	λ_l^{-1}	$\lambda_\nu\lambda_l^{-1}$

续表

名称	比尺		
	重力相似	黏滞力相似	
		$\lambda_\nu=1$	$\lambda_\nu\neq1$
加速度比尺 λ_a	1	λ_l^{-3}	$\lambda_\nu^2\lambda_l^{-3}$
流量比尺 λ_Q	$\lambda_l^{5/2}$	λ_l	$\lambda_\nu\lambda_l$
时间比尺 λ_t	$\lambda_l^{1/2}$	λ_l^2	$\lambda_\nu^{-1}\lambda_l^2$
力的比尺 λ_F	λ_l^3	1	λ_ν^2
压强比尺 λ_p	λ_l	λ_l^{-2}	$\lambda_\nu^2\lambda_l^{-2}$
功、能比尺 λ_W	λ_l^4	λ_l	$\lambda_\nu^2\lambda_l$
功率比尺 λ_P	$\lambda_l^{7/2}$	λ_l^{-1}	$\lambda_\nu^3\lambda_l^{-1}$

例 6-4 设有一 $d_p=50$ cm 的输油管，管长 $l_p=100$ m，管中油的流量 $Q_p=0.1\ m^3/s$。现用 20 ℃的水作模型中流体，模型管径 $d_m=2.5$ cm。已知 20 ℃水的运动黏度 $\nu_m=1.003\times10^{-6}\ m^2/s$，20 ℃油的运动黏度 $\nu_p=150\times10^{-6}m^2/s$。试求模型中管长 l_m 和模型流量 Q_m。

解：长度比尺 $\lambda_l=\dfrac{d_p}{d_m}=\dfrac{50}{2.5}=20$，所以模型管长

$$l_m=\frac{l_p}{\lambda_l}=\frac{100}{20}\ m=5\ m$$

原型中的流速

$$v_p=\frac{4Q_p}{\pi(d_p)^2}=\frac{4\times0.1}{\pi(0.5)^2}\ m/s=0.509\ m/s$$

原型中的雷诺数

$$Re_p=\frac{v_p d_p}{\nu_p}=\frac{0.509\times0.5}{150\times10^{-6}}=1\ 697<2\ 000$$

为层流。黏滞力起主要作用，按雷诺准则设计模型。此时运动黏度比尺

$$\lambda_\nu=\frac{\nu_p}{\nu_m}=\frac{150\times10^{-6}}{1.003\times10^{-6}}=149.55$$

由表 6-2，查得流量比尺 $\lambda_Q=\lambda_\nu\lambda_l=149.55\times20=2\ 991$。模型流量

$$Q_m=\frac{Q_p}{\lambda_Q}=\frac{0.1}{2\ 991}\ m^3/s=3.343\times10^{-5}\ m^3/s$$

例 6-5 某铁丝网抹灰通风道，长度 $l_p=40$ m，方形断面尺寸为 1 m×1 m，查表 7-1 得其当量粗糙度 $\Delta_p=10$ mm，风道中气流速度 $v_p=20$ m/s，该流动进入自动模型区的界限雷诺数为

$$Re\geqslant\frac{vd}{\nu}=10^5$$

设长度比尺 $\lambda_l=10$，试求模型尺寸、气流流量，并选用模型的材料。模型与原型中流体相同，均为 20 ℃的空气。

解：由表 1-2 查得 20 ℃空气的运动黏度 $\nu=15.0\times10^{-6}\ \mathrm{m^2/s}$。原型风道的水力半径由式(7-3)知为

$$R_p=\frac{A_p}{\chi_p}=\frac{1\times1}{2(1+1)}\ \mathrm{m}=0.25\ \mathrm{m}$$

雷诺数 $Re_p=\frac{v_p\times d_p}{\nu_p}=\frac{v_p\times4R_p}{\nu_p}=\frac{20\times4\times0.25}{15.0\times10^{-6}}=1.333\times10^6>10^5$，已进入自模区。只要使模型中的雷诺数 $Re_m\geqslant10^5$，且模型与原型几何相似，包括绝对粗糙度也满足几何相似，则可满足力学相似，而不一定要求满足

$$Re_p=Re_m$$

所以模型长度

$$l_m=l_p/\lambda_l=40\ \mathrm{m}/10=4\ \mathrm{m}$$

模型断面宽度 b_m 与高度 h_m 分别为

$$b_m=h_m=b_p/\lambda_l=1\ \mathrm{m}/10=0.1\ \mathrm{m}$$

模型的当量粗糙度

$$\Delta_m=\Delta_p/\lambda_l=10\ \mathrm{mm}/10=1\ \mathrm{mm}$$

由表 7-1 可查得用胶合板风道作为模型风道。为使模型雷诺数也进入自模区，必须使

$$Re_m=\frac{v_m\times4R_m}{\nu_m}\geqslant10^5\quad（题设条件）$$

模型水力半径 R_m 可计算如下：

$$R_m=\frac{0.1\times0.1}{2(0.1+0.1)}\ \mathrm{m}=0.025\ \mathrm{m}$$

则模型雷诺数 Re_m 为

$$Re_m=\frac{v_m\times4\times0.025}{15.0\times10^{-6}}\geqslant10^5$$

所以

$$v_m=\frac{10^5\times15.0\times10^{-6}}{4\times0.025}\ \mathrm{m/s}=15\ \mathrm{m/s}$$

模型中的流量 Q_m 为

$$Q_m=v_mA_m=15\times0.1\times0.1\ \mathrm{m^3/s}=0.15\ \mathrm{m^3/s}$$

例 6-6　有一处理废水的稳定塘，塘的宽度为 $b_p=25$ m，塘长 $l_p=100$ m，水深 $h_p=2$ m，塘中水温为 20 ℃，水力停留时间 $t_p=15$ d（t_p 定义为塘的容积与流量之比），成缓慢的均匀流。设制作模型的长度比尺 $\lambda_l=20$，求模型尺寸及水在模型中的水力停留时间 t_m。

解：由表 1-1 查得 20 ℃水的运动黏度 $\nu=1.003\times10^{-6}\ \mathrm{m^2/s}$。原型中的水力半径

$$R_p=\frac{A_p}{\chi_p}=\frac{25\times2}{25+2\times2}\ \text{m}=1.724\ \text{m}$$

原型中的流速

$$v_p=\frac{Q_p}{A_p}=\frac{b_pl_ph_p/t_p}{b_ph_p}=\frac{l_p}{t_p}=\frac{100}{15\times24\times3\ 600}\ \text{m/s}=7.716\times10^{-5}\ \text{m/s}$$

即 $v_p=0.077\ 16\ \text{mm/s}$,为极慢流动。

原型中的雷诺数

$$Re_p=\frac{v_p\times4R_p}{\nu_p}=\frac{7.716\times10^{-5}\times4\times1.724}{1.003\times10^{-6}}=530.5<2\ 000$$

为层流,可按雷诺准则设计模型。

模型塘长 $l_m=l_p/\lambda_l=100\ \text{m}/20=5\ \text{m}$

模型塘宽 $b_m=b_p/\lambda_l=25\ \text{m}/20=1.25\ \text{m}$

模型塘深 $h_m=h_p/\lambda_l=2\ \text{m}/20=0.1\ \text{m}$

模型塘的水力半径 $R_m=R_p/\lambda_l=1.724\ \text{m}/20=0.086\ 2\ \text{m}$,按 $Re_p=Re_m$ 来设计模型中的流速。设 $\nu_p=\nu_m,\lambda_\nu=1$,由表 6-2 查得流速比尺为 $\lambda_v=\lambda_l^{-1}$,则模型中流速

$$v_m=v_p\cdot\lambda_l=0.077\ 16\ \text{mm/s}\times20=1.543\ \text{mm/s}$$

模型中水力停留时间 t_m

$$t_m=\frac{l_m}{v_m}=\frac{5\times1\ 000}{1.543}\ \text{s}=3\ 240\ \text{s}=0.9\ \text{h}$$

水力停留时间也可用雷诺模型的时间比尺来求解,由表 6-2 查得

$$\lambda_t=\lambda_l^2=20^2=400$$

所以

$$t_m=\frac{t_p}{\lambda_t}=\frac{15\times24}{400}\ \text{h}=0.9\ \text{h}$$

例 6-7 已知原型轿车高为 $h_p=1.5\ \text{m}$,速度为 $v_p=108\ \text{km/h}$,在风洞中测试模型轿车的迎面空气阻力,风洞中风速为 $v_m=45\ \text{m/s}$,测得模型轿车的迎面空气阻力为 $F_m=1\ 500\text{N}$,求原型轿车的迎面空气阻力。

解:模型实验在风洞中进行,轿车在地面行驶时,空气的黏性摩擦决定迎面阻力,而重力的作用则很小,所以采用雷诺模型,即 $(Re)_p=(Re)_m$ 或 $\frac{\lambda_v\lambda_l}{\lambda_\nu}=1$。

原型轿车速度为 $v_p=108\ \text{km/h}=30\ \text{m/s}$。

由于都是空气流,$\lambda_\nu=\frac{\nu_p}{\nu_m}=1$,则 $\lambda_l=\frac{1}{\lambda_v}=\frac{v_m}{v_p}=\frac{45}{30}=1.5$。

因此模型轿车高为 $h_m=l_m=\frac{l_p}{\lambda_l}=\frac{1.5}{1.5}\ \text{m}=1\ \text{m}$。

由雷诺模型 $\lambda_F=1$,故原型轿车的迎面空气阻力为 $F_p=F_m=1\ 500\ \text{N}$。

6-5-2 弗劳德模型

在弗劳德模型中，由于模型弗劳德数和原型弗劳德数相等，可根据式(6-30)来确定长度比尺 λ_l 与其他比尺的关系，当模型与原型流动均在地球上时，$\lambda_g=1$，所以流速比尺 λ_v 由下式表示为

$$\lambda_v=\lambda_l^{\frac{1}{2}} \tag{6-60}$$

弗劳德模型的流量比尺 λ_Q 与时间比尺 λ_t 分别为

$$\lambda_Q=\lambda_v\lambda_l^2=\lambda_l^{5/2} \tag{6-61}$$

$$\lambda_t=\lambda_l/\lambda_v=\lambda_l^{\frac{1}{2}} \tag{6-62}$$

其他各种比尺与长度比尺的关系列于表 6-2 中。

例 6-8 设一桥墩长度 $l_p=24$ m，桥墩宽度 $b_p=4.3$ m，两桥墩距离 $B_p=90$ m，水深 $h_p=8.2$ m，平均流速 $v_p=2.3$ m/s。设制作模型的长度比尺 $\lambda_l=50$，试求模型尺寸及其中的平均流速 v_m 和流量 Q_m。

解：

模型桥墩长

$$l_m=l_p/\lambda_l=24\ \text{m}/50=0.48\ \text{m}$$

模型桥墩宽

$$b_m=b_p/\lambda_l=4.3\ \text{m}/50=0.086\ \text{m}$$

桥墩间距

$$B_m=B_p/\lambda_l=90\ \text{m}/50=1.8\ \text{m}$$

水深 $\quad h_m=h_p/\lambda_l=8.2\ \text{m}/50=0.164\ \text{m}$

按弗劳德模型推求流速及流量。查表 6-2 得 $\lambda_v=\lambda_l^{\frac{1}{2}}$，$\lambda_Q=\lambda_l^{5/2}$，所以模型中流速及流量分别为

$$v_m=v_p/\lambda_v=v_p/\lambda_l^{\frac{1}{2}}=2.3\ \text{m/s}/\sqrt{50}=0.325\ \text{m/s}$$

$$Q_m=Q_p/\lambda_l^{5/2}=v_p(B_p-b_p)h_p/\lambda_l^{5/2}=\frac{2.3(90-4.3)8.2}{50^{2.5}}\ \text{m}^3/\text{s}=0.091\ \text{m}^3/\text{s}$$

例 6-9 设长度比尺 $\lambda_l=50$ 的船模型，在水池中以 1 m/s 的速度牵引前进时，测得波阻力为 0.02 N，假定摩擦阻力和形状阻力都较小，可忽略不计。试求原型中船所受到的波阻力是多少？船所需的克服阻力的功率 P_p 是多少？

解：由于水面波动主要受重力的影响，按弗劳德准则将实验结果换算到原型。由表 6-2 查得力的比尺 $\lambda_F=\lambda_l^3$，流速比尺 $\lambda_v=\lambda_l^{\frac{1}{2}}$，所以

原型所受的波阻力 $\quad F_p=(50)^3\times0.02\ \text{N}=2\ 500\ \text{N}$

原型航速 $v_p=(50)^{\frac{1}{2}}\times1\ m/s=7.071\ m/s$

所需的功率 $P_p=F_pv_p=2\ 500\times7.071\ N\cdot m/s=17\ 678\ N\cdot m/s$

$P_p=17.7\ kW$

以上各例,均是以某一准则来求解的。现在来讨论一下若要同时满足两个准则,例如雷诺准则和弗劳德准则,应该满足什么样的条件。要想同时满足两准则,必须使这两个准则等价,即

$$\frac{\lambda_v}{\sqrt{\lambda_g\lambda_l}}=\frac{\lambda_v\lambda_l}{\lambda_\nu} \tag{6-63}$$

因为模型与原型同在地球上 $\lambda_g=1$,如模型与原型采用同一种流体,$\lambda_\nu=1$,则式(6-63)化简为

$$\frac{\lambda_v}{\sqrt{\lambda_l}}=\lambda_v\lambda_l$$

要使上式成立,只有当 $\lambda_l=1$ 时才有可能,这就意味着模型与原型尺寸相同,这将使长度比尺的选择受到了限制,使尺度大的原型不能缩小。要使式(6-63)成立,还有一种可能,即模型采用与原型不同的流体,使 $\lambda_\nu\neq1$,这种流体与原型流体的运动黏度的比尺 λ_ν 应满足下式要求,即

$$\lambda_\nu=\lambda_l\sqrt{\lambda_l}=\lambda_l^{3/2}$$

要找到满足上式的流体,也是极其困难的。所以,用占主导地位的作用力的相似准则设计模型,还是切合实际的。

思考题

6-1 量纲的概念是什么?量纲和单位有什么不同?

6-2 基本量纲、导出量纲的概念是什么?在工程流体力学中常用的基本量纲是什么?

6-3 量纲一的数(量)是什么?它有什么特点?

6-4 量纲和谐原理是什么?它有什么重要意义?

6-5 量纲分析法有什么重要意义?瑞利法和 π 定理各适用于什么情况?如何使用它们建立新的物理方程?

6-6 运用 π 定理时判别所选的基本物理量不能组成量纲一的量的条件是什么?

6-7 流体流动相似的概念是什么?一般的两个流体流动的力学相似条件要包

括哪些相似?

6-8　相似准则的概念是什么? 模型试验时如何选择相似准则?

6-9　准则方程的概念是什么? 它有什么重要意义?

6-10　模型试验一般要考虑和解决哪些问题?

6-11　模型律的选择一般要遵循哪些原则?

习题

6-1　由实验观测得知,如图所示的三角形薄壁堰的流量 Q 与堰上水头 H、重力加速度 g、堰口角度 θ,以及反映水舌收缩和堰口阻力情况等的流量系数 m_0(量纲一的量)有关。试用 π 定理导出三角形堰的流量公式。

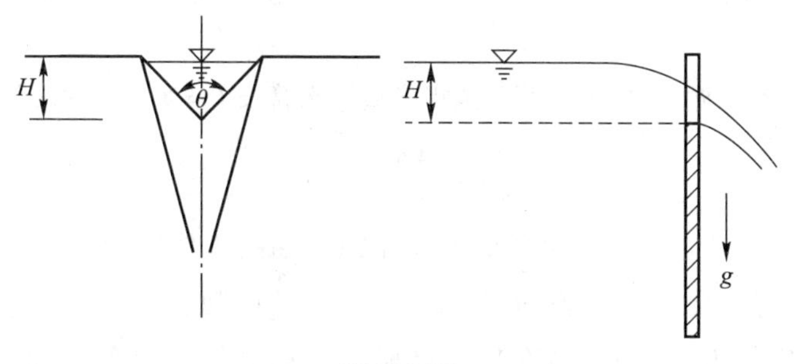

题 6-1 图

6-2　根据观察、实验与理论分析,认为总流边界单位面积上的切应力 τ_0,与流体的密度 ρ、动力黏度 μ、断面平均流速 v、断面特性几何尺寸(例如管径 d、水力半径 R)及壁面粗糙凸出高度 Δ 有关。试用瑞利法求 τ_0 的表示式,若令沿程阻力系数 $\lambda=8f\left(Re,\dfrac{\Delta}{d}\right)$,可得 $\tau_0=\dfrac{\lambda}{8}\rho v^2$。

6-3　试用 π 定理求习题 6-2 中 τ_0 的表示式。

6-4　文丘里管喉道处的流速 v_2(参阅图 5-9)与文丘里管进口断面直径 d_1、喉道直径 d_2、流体密度 ρ、动力黏度 μ 及两断面间压差 Δp 有关,试用 π 定理求文丘里管通过流量 Q 的表达式。

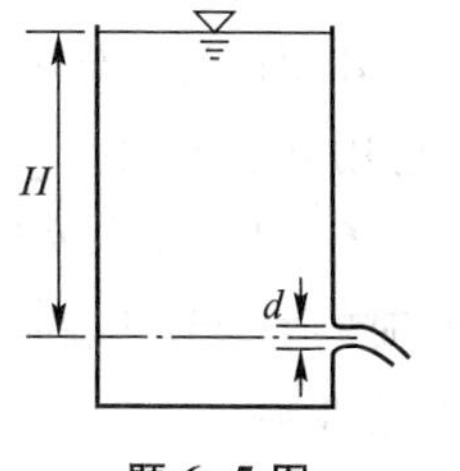

题 6-5 图

6-5　根据对圆形孔口恒定出流(如图所示)的分析,影响孔口出口流速的因素有:孔口的作用水头 H(由孔口中心到恒定自由液面处的水深)、孔口的直径 d、液体的密度 ρ、动力黏度 μ、重力加速度 g 及表面张力 σ。试用 π 定理求圆形孔口恒定出流流量表示式。

6-6　圆球在实际流体中作匀速直线运动所受阻力 F_D 与流体的密度 ρ、动力黏度 μ、圆球与流体的相对速度 u_0、圆球的直径 d 有关。试用 π 定理求阻力 F_D 的表示式。

6-7　用 20 ℃的水作模型试验,确定管径为 1.2 m 煤气管的压强损失。煤气的密度 ρ 为 40 kg/m^3,动力黏度 μ 为 0.000 2 Pa · s,流速 v 为 25 m/s。实验室供水能力是 0.075 m^3/s。问模型该用多大比尺?实验结果如何转换成原型的压强损失?

6-8　设有一管径 d_p=15 cm 的输油管,管长 l_p=5 m,管中通过的原油流量 Q_p 为 0.18 m^3/s。现用水来作模型试验,设模型与原型管径相同,且两者流体温度皆为 10 ℃(水的运动黏度 ν_m=0.013 1 cm^2/s,油的 ν_p=0.13 cm^2/s)。试求模型中通过流量 Q_m。

6-9　设在习题 6-8 的情况下,测得模型输水管长 l_m=5 m 的两端压强水头差

$$h_m=\frac{\Delta p_m}{\rho_m g}=3\ \text{cm}$$

试求原型输油管长 l_p=100 m 两端的压差高度(以油柱高度表示)。

6-10　有一直径 d_p=20 cm 的输油管,输送运动黏度 $\nu=40\times10^{-6}$ m^2/s 的油,其流量 Q=0.01 m^3/s。若在模型试验中采用直径 d_m=5 cm 的圆管,试求:(1) 模型中用 20 ℃的水($\nu_m=1.003\times10^{-6}$ m^2/s)作实验时的流量;(2) 模型中用运动黏度 $\nu_m=17\times10^{-6}$ m^2/s 的空气作实验时的流量。

6-11　一长为 3 m 的模型船以 2 m/s 的速度在淡水中拖曳时,测得阻力为 50 N,试求:(1) 若原型船长 45 m,以多大速度行驶才能与模型船动力相似;(2) 当原型船以上面(1)中求得速度在海中航行时,所需要的拖曳力(海水密度为淡水的 1.025 倍)。该流动雷诺数很大,不需考虑黏滞力相似,仅考虑重力相似。

6-12　一建筑物模型在风速为 10 m/s 时,迎风面压强为 50 Pa,背风面压强为-30 Pa;若气温不变,风速增至 15 m/s 时,试求建筑物迎风面与背风面压强。(可用欧拉准则。)

6-13　某水库以长度比尺 λ_l=100 做底孔放空模型试验,在模型上测得放空时间 t_m=12 h,试求原型上放空水库所需时间 t_p。(可用斯特劳哈尔准则和弗劳德准则。)

6-14　以 1∶15 的模型在风洞中测定气球的阻力,原型风速为 36 km/h,求

风洞中的风速应为多大？若在风洞中测得阻力为687 N，则原型中阻力为多少？

6-15　某废水稳定塘模型长10 m、宽2 m、深0.2 m，模型的水力停留时间为1 d，长度比尺 $\lambda_l=10$，试求原型塘的停留时间是多少天。塘中水的运动黏度 $\nu_p=\nu_m=1.003\times10^{-6}\ m^2/s$。

6-16　设某弧形闸门下出流，如图所示。现按 $\lambda_l=10$ 的比尺进行模型试验。试求：(1) 已知原型流量 $Q_p=30\ m^3/s$，计算模型流量 Q_m；(2) 在模型上测得水对闸门的作用力 $F_m=400$ N，计算原型上闸门所受作用力 F_p。

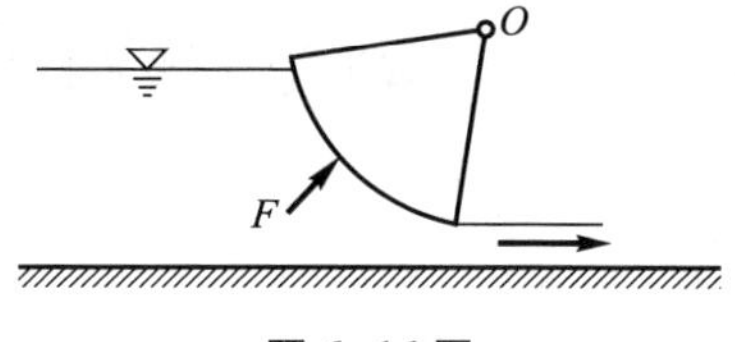

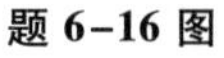
题 6-16 图

A6　习题答案

第七章 流动阻力和能量损失

在第五章,我们得到了实际流体运动的一些方程,如伯努利方程,它体现了流体运动时的能量守恒定律。在应用该方程时,必将面临方程中水头损失 h_w 的确定和计算问题。这一章将主要研究流体作恒定流动时的阻力和能量损失的规律及其计算方法,从而能应用伯努利方程等来解决实际工程问题。

能量损失一般有两种表示方法:对于液体,常用单位重量液体的能量损失(或称水头损失) h_w 来表示,它是用液柱高度来量度的;对于气体,则常用单位体积流体的能量损失(或称压强损失)p_w 来表示,它是用压强差来量度的。它们之间的关系是

$$p_w=\rho g h_w$$

在第五章介绍总流伯努利方程的应用方法时,曾提及为了便于分析和计算,将流动阻力和能量损失分为两类:沿程阻力和沿程损失 h_f,以及局部阻力和局部损失 h_j;任何两过流断面间的能量损失 h_w,在各损失互不影响、干扰的情况下,可视为

$$h_w=\sum h_f+\sum h_j$$

§7-1 流体的两种流动形态——层流和湍流

能量损失可以用实验方法来确定。例如,要确定如图 7-1 所示的某一水平放置的恒定均匀有压管流,它的单位重量液体由过流断面 1-1 流到过流断面 2-2 的沿程损失 h_f,可根据总流伯努利方程得

$$h_f=\frac{p_1-p_2}{\rho g}$$

上式等号右边的动压强,可用测压计或压差计测得,所以 h_f 亦就可确定。

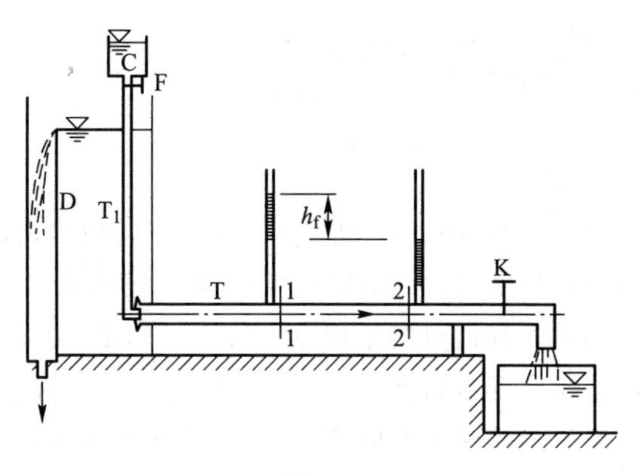

图 7-1

早在 19 世纪初,就有人发现在同样的边界条件下,能量损失和流体速度有一定的关系。流速很小时,能量损失与流速之间的规律,不同于流速较大时的规律;预料运动中的实际流体的内在结构,可能表现为两种不同的状态,从而有不同的规律。1880—1883 年,英国科学家雷诺进行了负有盛名的实验,使这一问题得到了科学的说明,不仅肯定了实际流体运动存在着两种流动形态——层流和湍流(又称紊流),而且提出了能量损失与这两种流态的关系。

7-1-1 雷诺实验·层流和湍流

雷诺实验装置如图 7-1 所示。实验时,水箱 D 内充满水,并始终保持自由表面稳定,使玻璃管 T 内的水流为恒定流。先稍微开启阀门 K,使管内水流速度(断面平均速度)十分缓慢。然后再开启盛有色液体(密度接近于水的密度)容器 C 下的阀门 F,有色液体经由细玻璃管 T_1 注入玻璃管 T 内。这时,用眼睛可见玻璃管内,离注入处一定距离后的有色液体,只是由于分子的扩散作用,粗细沿程略有增大外,呈现一股细直的流束,显示着水流质点互不混掺的特征,如图 7-2a所示。逐渐开大阀门 K,当管内水流速度增大到某一数值时,有色流束出现弯曲、波动,如图 7-2b 所示,这种现象只能是由于各点流速矢量随时间连续变化(脉动)的结果。随着水流速度的进一步增大,有色流束分裂形成小的涡体与周围水流发生混掺。最后有色液体向外扩散,使管内全部水流着色,显示着水流质点互相混掺的特征,如图 7-2c 所示。流体质点作有条不紊的线状运动,彼此互不混掺的流动称为层流;流体质点在流动过程中彼此互相混掺的流动称为湍流。

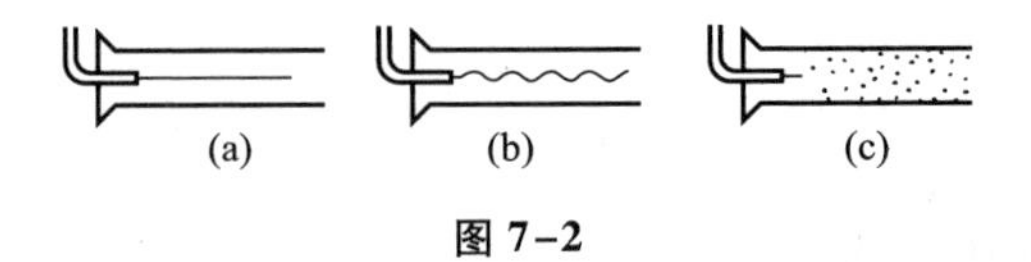

图 7-2

上述实验,若按相反的程序进行,即先开大阀门 K,使管内流动处于湍流状态;然后再逐渐关小阀门,使管内流速逐渐减小,则上述现象以相反的过程重演;当管内水流速度减到某一数值时则呈层流。所不同的是:由湍流转变为层流时的管内流速小于由层流转变为湍流时的管内流速。

为了分析沿程损失与流速之间的变化规律,常在上述雷诺实验装置中的管段上,选取两过流断面 1-1、2-2,并接测压管,如图 7-1 所示。在一定管径大小,一定流体(水流)和保持水流一定温度的情况下,如前所述,根据伯努利方程,两断面的测压管水头差即为该两断面间流段的沿程损失 h_f;管内水流的断面平均速度 v,可由所测得的流量求出;由此可求得管内不同流速情况下的沿程损失。为了更清楚地显示函数关系,分析实验数据时,将 h_f 和 v 分别取对数,并绘制在对数坐标纸上,即得 $\lg h_f-\lg v$ 关系曲线,如图 7-3 中实线所示。从图中可以看出,当流速由小变大时,实验点由 A 点沿线段 $ABCD$ 移动;在由 A 点向 B 点移动,当流速增大到 B 点时的流速,从实验过程中可观察得到,有色流束开始出现弯曲、波动,随后与周围的水流混掺,相应于从层流转变为湍流。当流速由大变小时,实验点则由 D 点沿线段 $DCEA$ 移动,其中 CE 部分和 CBE 部分不重合;在由 D 点向 C 点移动,当流速减小到 C 点时的流速,观察可见,有色流束开始出现弯曲、波动,由湍流向层流过渡,只有到达 E 点的流速时才完全变为层流,相应于从湍流转变为层流。如果把流态转变时的断面平均速度称为临界流速,那么,从层流转变为湍流的临界流速,称为上临界流速 v'_{cr};从湍流转变为层流的临界流速,称为下临界流速 v_{cr},$v_{cr}<v'_{cr}$。另外,还可以看出,图中曲线明显地分为三段:

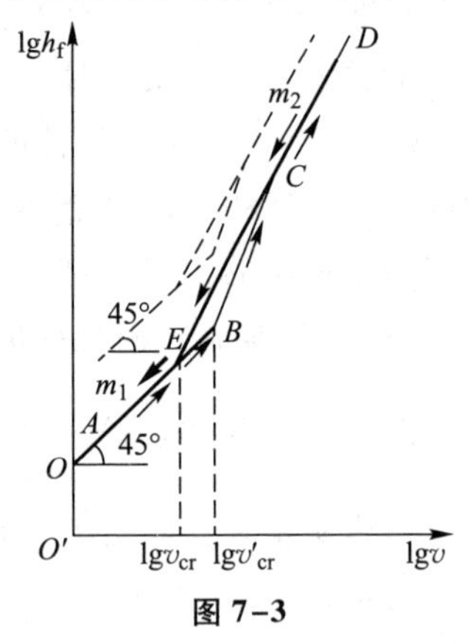

图 7-3

(1) AE 段。当 $v<v_{cr}$时,流动为层流。实验点都分布在与横轴成 45°角的直线 AE 上,其斜率 $m_1=1.0$,说明沿程损失与断面平均速度的一次方成比例。

(2) CD 段。当 $v>v'_{cr}$时,流动为湍流。实验点都分布在 CD 线上,其斜率 $m_2=1.75\sim2.0$,说明沿程损失与断面平均速度的 1.75 ~ 2.0 次方成比例,其值视边界条件而定,这将在§7-5中说明。

(3) *EBC* 段。当 $v_{cr}<v<v'_{cr}$时,流动可能为层流或湍流,取决于水流的原来状态。当流速由小变大时,实验点分布在 *EBC* 线上;当流速由大变小时,则实验点分布在 *CE* 线上。实验点分布比较散乱。

对另一管径略大的同样的玻璃管,进行上述实验;同样可以观察到上述水流现象,并得到另一 $\lg h_f-\lg v$ 关系曲线,如图7-3中虚线所示。从图中亦可得到上、下临界流速和层流、湍流如上所述的沿程损失与断面平均流速的关系。

雷诺实验揭示了流体运动确实存在两种性质不同的流态:层流和湍流;这两种流态不仅流体质点运动的轨迹不同,其内部结构也完全不同,因而反映在能量损失或扩散的规律上也各不相同。雷诺以后其他人的实验,包括对其他边界条件的(如明渠流)和其他流体(如气流)的实验,亦都证实了这一点,得到同样的结论。所以,分析实际流体运动,例如计算能量损失时,首先必须判别流动的形态。

7-1-2 流态的判别准则——临界雷诺数

从雷诺实验看,临界流速可以判别层流和湍流两种流态。但是不同的管径大小、流体种类和流体温度,得到的临界流速是不同的。如图7-3中所示,两不同管径大小,分别获得不同的 $\lg h_f-\lg v$ 曲线,就说明了这一点。实际工程中所遇到的管径等的情况和条件是多种多样的,要根据工程中某一具体条件下的流体运动速度和它的尚未知道的临界流速来比较,是不可能的;如果要想办法用临界流速来判别流态,亦很不方便;所以需用其他方法来判别流态。

为此,雷诺等人曾对不同直径的圆管和多种流体进行实验,发现临界流速与过流断面的特性几何尺寸(管径)d、流体的动力黏度 μ 和密度 ρ 有关,即 $v_{cr}=f(d,\mu,\rho)$。在第六章,已经用量纲分析法证明,由这四个量可以组成一个特征数(量纲一的数或无量纲数)称为雷诺数 *Re*,即

$$Re=\frac{vd\rho}{\mu}=\frac{vd}{\nu} \tag{7-1}$$

一定温度的流体在一定的圆管内以一定速度流动,就可以计算出相应的 *Re* 值。显然,*Re* 越大,流动就越容易成湍流;*Re* 越小越不容易成湍流。对应于下临界流速 v_{cr}的雷诺数称为下临界雷诺数 Re_{cr}。实验表明,尽管不同条件下的下临界流速 v_{cr}不同,但对于通常所使用的管壁粗糙情况下的平直圆管均匀流来讲,任何管径大小和任何牛顿流体,它们的下临界雷诺数都是相同的,其值为

$Re_{cr}=\frac{vd}{\nu}=2\ 000\sim2\ 320$,取2 000。对应于上临界流速的雷诺数称为上临界雷诺数 Re'_{cr},其值要比下临界雷诺数大很多,且不固定,其原因是与实验时流体是否受到扰动的情况有关,视实验的具体条件而不同。如实验时能保持高度的平稳条件,使流体不从外界得到微小扰动振荡,则 Re'_{cr}值可以提高;反之,则较低。另外,实验还表明,在上述情况下,流体流动只要稍受扰动,若原为层流将迅速转变为湍流。由于实际流体运动中,扰动总是存在的,所以Re'_{cr}值对于判别流态没有实际意义。这样,在确定某一具体流动的流态时,就可用它的雷诺数与下临界雷诺数来比较。

当 $Re<Re_{cr}$——层流;

当 $Re>Re_{cr}$——湍流。

从以上的讨论,可知临界雷诺数是判别流态的准则。目前,一般认为雷诺数可以用来判别流态,是因为雷诺数等号右边的分子、分母部分分别反映了流动流体的惯性力和黏滞力的大小,是惯性力对黏滞力的比值。雷诺数小,反映了黏滞力作用大,对流体质点运动起约束作用,到一定程度,质点互不混渗,呈层流;反之,则呈湍流。由于雷诺数表征流体流动状态的特征,所以可用来判别流态。

以上结论,虽然是以有压圆管流为对象,但所讨论的亦适用于其他边界条件下的流动,如在明渠流中亦有层流和湍流,各种流动又都有自己的临界雷诺数,其大小由实验确定。

对于明渠均匀流来讲,它的雷诺数 Re 为

$$Re=\frac{vR}{\nu} \tag{7-2}$$

式中:R 是明渠流过流断面的特性几何尺寸,称为水力半径。

水力半径的定义为

$$R=\frac{A}{\chi} \tag{7-3}$$

式中:A 为过流断面面积,χ 为过流断面与边界(如固体)表面相接触的周界,称为湿周。湿周具有长度的量纲。水力半径是一个很重要的概念,在面积相等的情况下,它越大,湿周越小,水流所受的阻力越小,越有利于过流。有压圆管流的水力半径$R=\frac{d}{4}$,d 为管径。在计算沿程损失的公式中,亦常用水力半径来表示。

明渠均匀流的下临界雷诺数 $Re_{cr}=\frac{vR}{\nu}=500\sim580$,取 500。

例 7-1　设有一室内上水管,已知管径 $d=25$ mm,水流在管中作恒定均匀流动,速度 $v=1.0$ m/s,水温 $t=10$ ℃。试判别管中水流的流态。若管中为层流,试求管中水流的最大流速。

解:由表 1-1 查得 $t=10$ ℃时的水的运动黏度 $\nu=1.306\times10^{-6}$ m²/s。

$Re=\dfrac{vd}{\nu}=\dfrac{1\times0.025}{1.306\times10^{-6}}=19\ 142>2\ 000$,为湍流。

管中水流若为层流时的最大流速即为下临界流速 v_{cr}。

$$v_{cr}=\frac{Re_{cr}\nu}{d}=\frac{2\ 000\times1.306\times10^{-6}}{0.025}\ \text{m/s}=0.10\ \text{m/s}$$

例 7-2　设空气在圆管中作恒定均匀流动,已知管径 $d=300$ mm,输送的空气温度 $t=20$ ℃。试求气流保持层流时的最大流量 Q_{max}。若输送的空气流量 $Q=200$ kg/h,试判别气流是层流还是湍流。

解:(1) 由表 1-2 查得 $t=20$ ℃时的空气运动黏度 $\nu=1.50\times10^{-5}$ m²/s。

$$Re_{cr}=\frac{v_{cr}d}{\nu}$$

则

$$v_{cr}=\frac{Re_{cr}\nu}{d}=\frac{2\ 000\times1.5\times10^{-5}}{0.3}\ \text{m/s}=0.1\ \text{m/s}$$

$$Q_{max}=Av_{cr}=\frac{\pi}{4}\times0.3^2\times0.1\ \text{m}^3/\text{s}=7.07\times10^{-3}\ \text{m}^3/\text{s}$$

(2) 由表 1-2 查得 $t=20$ ℃时的空气密度 $\rho=1.205$ kg/m³。

$$Q=\frac{200}{1.205\times60\times60}\ \text{m}^3/\text{s}=0.046\ \text{m}^3/\text{s}$$

$$v=\frac{Q}{A}=\frac{4\times0.046}{\pi\times0.3^2}\ \text{m/s}=0.651\ \text{m/s}$$

$Re=\dfrac{vd}{\nu}=\dfrac{0.651\times0.3}{1.50\times10^{-5}}=13\ 020>2\ 000$,为湍流。

§7-2　恒定均匀流基本方程·沿程损失的表示式

在实际工程中应用伯努利方程,能量损失的计算是一个关键。因为沿程损失是由于克服沿程阻力而消耗的能量,所以计算沿程损失,需要建立它与切应力的关系。因为克服阻力消耗能量是个复杂的过程,所以它们之间的关系,只有在简单的恒定均匀流的情况下才能建立。现以它为例,进行分析。

7-2-1　沿程损失与切应力的关系式——均匀流基本方程

设取一段恒定均匀有压圆管流和明渠流,如图 7-4a、b 所示。对总流过流断面 1-1、2-2写伯努利方程，因是均匀流$\frac{\alpha_1 v_1^2}{2g}=\frac{\alpha_2 v_2^2}{2g}$，对于明渠流来讲，$p_1=p_2$，所以对有压圆管流和明渠流可分别得

$$h_f=\left(z_1+\frac{p_1}{\rho g}\right)-\left(z_2+\frac{p_2}{\rho g}\right) \tag{1}$$

$$h_f=z_1-z_2 \tag{2}$$

为了得到沿程损失与切应力之间的关系，现来分析作用于所取两过流断面间总流流段上的外力平衡条件。因为是均匀流，所以过流断面面积相等，即 $A_1=A_2=A$；总流边界单位面积上的平均切应力 τ_0 值沿程不变；明渠流则忽略自由表面上的空气阻力；所取总流流段处于动平衡状态，对它列沿流动（管轴）方向的力的平衡方程为

$$p_1A-p_2A-\tau_0\chi l+\rho gAl\sin\theta=0$$

式中χ为湿周。上式各项都除以 ρgA，且考虑到 $\sin\theta=\frac{z_1-z_2}{l}$，$\chi=\frac{A}{R}$，$R$ 为水力半径，分离移项后可得

$$\left(z_1+\frac{p_1}{\rho g}\right)-\left(z_2+\frac{p_2}{\rho g}\right)=\frac{\tau_0 l}{\rho gR} \tag{3}$$

由式（1）、式（3）和式（2）、式（3）得

$$h_f=\frac{\tau_0 l}{\rho gR} \tag{7-4}$$

因水力坡度 $J=\frac{h_f}{l}$，所以由上式可得

$$\tau_0=\rho gRJ \tag{7-5}$$

上两式即为沿程损失与切应力的关系式，称为（恒定）均匀流基本方程。它们适用于恒定均匀有压圆管流和明渠流。一般称为均匀流基本方程，是指 $\tau_0=\rho gRJ$。

上面的分析，适用于任何大小的流束。对于有压管流半径为 r 的流束来讲，按类似上述的步骤，可得流束边界单位面积上的切应力 τ 与沿程损失的关系式为

$$\tau=\rho g\frac{r}{2}J \tag{7-6}$$

由式（7-5）、式（7-6）得

$$\frac{\tau}{\tau_0}=\frac{r}{r_0} \tag{7-7}$$

上式表明,在有压圆管均匀流的过流断面上,切应力呈直线分布,如图 7-4a 所示,管壁处切应力最大,其值为 τ_0,管轴处切应力为零。

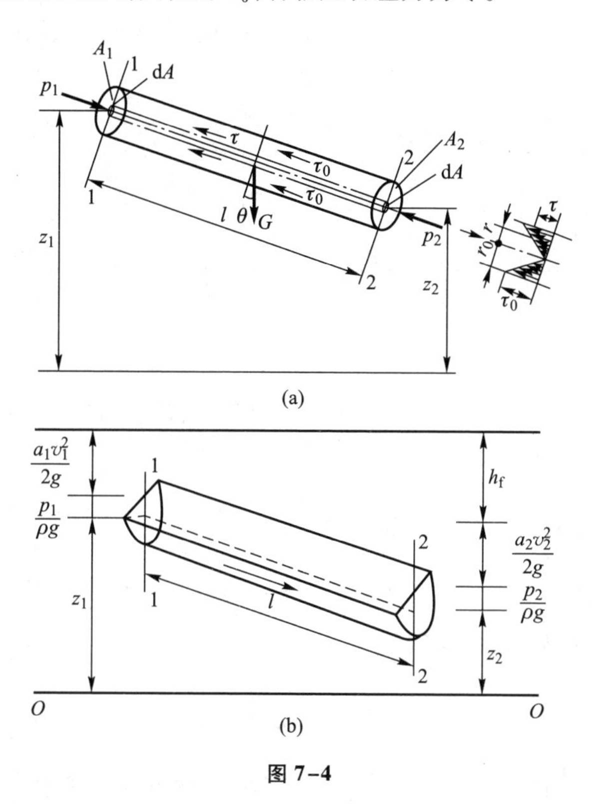

图 7-4

对于二维明渠均匀流来讲,如图 7-5 所示,因为假设它的两侧无固体边界(或不考虑两侧固体边界的影响),是取单宽水流来讨论的。这样,在忽略自由表面上的空气阻力外,单宽水流两侧的切应力亦不考虑;因为两侧没有固体边界,且因是恒定流,它与其相接触的水流没有相对运动,相互间没有切应力。另外,单宽水流的两侧长度尺寸,亦不考虑在湿周内,致使水力半径即为水深。在这样的情况下,可得 $\tau_0=\rho g h J$、$\tau=\rho g(h-y)J$,因此可得

$$\frac{\tau}{\tau_0}=\frac{h-y}{h} \tag{7-8}$$

上式表明,在二维明渠均匀流的过流断面上,切应力呈直线分布,如图 7-5 所示;渠底处切应力最大,自由表面处切应力为零。

为了能直接反映边界面上的切应力 τ_0,将均匀流基本方程稍加整理并开方,可得

$$v_* = \sqrt{\frac{\tau_0}{\rho}} = \sqrt{gJR} \tag{7-9}$$

式中，v_* 的量纲与速度相同，称为动力速度或阻力速度。上式亦称均匀流基本方程，在以后分析湍流沿程损失时要用到它。

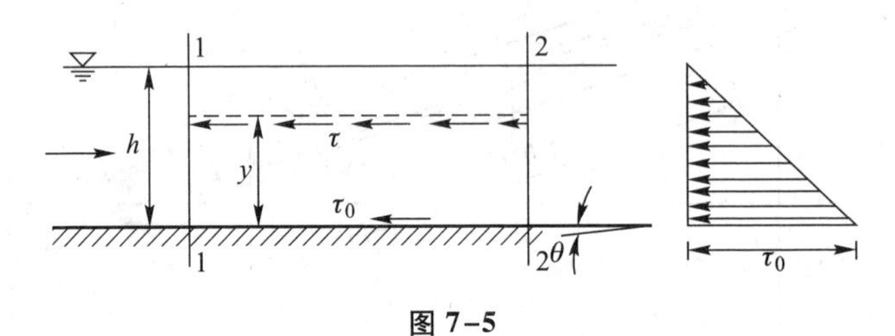

图 7-5

因为在推导上述均匀流基本方程式的过程中，没有对流态加以限制，所以它们既适用于层流，又适用于湍流。

7-2-2 沿程损失的普遍表示式

从均匀流基本方程式可以看出，当 τ_0 已知后，即可由公式计算沿程损失。在第六章，用量纲分析法（参阅例 6-3）得

$$h_f = \lambda \frac{l}{d} \frac{v^2}{2g} \tag{7-10}$$

式中：$\lambda = f\left(Re, \frac{\Delta}{d}\right)$，为沿程阻力系数，是表征沿程阻力大小的量纲一的数。上式称为达西-魏斯巴赫公式。由上式可知 $h_f \propto \frac{1}{d^5}$，说明管径 d 的大小改变，对沿程损失 h_f 的影响很大。

因管流的水力半径 $R = \frac{d}{4}$，所以得

$$h_f = \lambda \frac{l}{4R} \frac{v^2}{2g} \tag{7-11}$$

上式称为达西公式，为均匀流沿程损失的普遍表示式，对于有压管流或明渠流、层流或湍流都适用。由此式知，当 λ 已知后，即可由公式计算沿程损失。

由式（7-9）、式（7-11）可得

$$\lambda = 8 \frac{v_*^2}{v^2} \tag{7-12}$$

或
$$\lambda=\frac{8\tau_0}{\rho v^2} \tag{7-13}$$

或
$$\frac{v_*}{v}=\sqrt{\frac{\lambda}{8}} \tag{7-14}$$

§7-3 层流沿程损失的分析和计算

在自然界和工程中，流体运动大多是湍流，层流较少，但还是存在的。例如，高黏度流体、低流速的有压输油管流，处理废水的稳定塘中缓慢的水流运动，流体（如水、石油）在孔隙介质（土壤、岩石）中的地下渗流运动等。在这里，主要以恒定均匀有压圆管流（层流）为例，进行分析和讨论。它的分析途径和方法比较典型，在分析其他情况下的流体运动，可以作为借鉴。

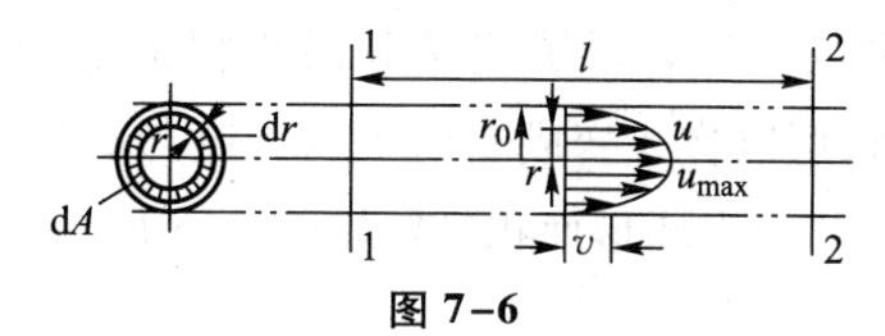

图 7-6

设取一段恒定均匀有压圆管流，如图 7-6 所示。圆管中的层流可视为许多无限薄的同心圆筒层，一层套一层地运动着。各圆筒层间表面的切应力即为在§1-2 中介绍的黏性切应力，即可得

$$\tau=-\mu\frac{\mathrm{d}u}{\mathrm{d}r}$$

式中：$\frac{\mathrm{d}u}{\mathrm{d}r}$为在径向的流速梯度。

将上式代入式(7-6)得

$$-\mu\frac{\mathrm{d}u}{\mathrm{d}r}=\rho g\frac{r}{2}J$$

或

$$\mathrm{d}u=-\frac{\rho g}{\mu}\frac{J}{2}r\mathrm{d}r$$

积分得

$$u=-\frac{\rho gJ}{4\mu}r^2+C$$

式中：积分常数 C，由边界条件确定。当 $r=r_0$，$u=0$，代入上式得 $C=\frac{\rho gJ}{4\mu}r_0^2$。

所以

$$u=\frac{\rho gJ}{4\mu}(r_0^2-r^2) \tag{7-15}$$

上式表明,圆管中层流运动的过流断面上的速度分布是一个以管轴为轴线的旋转抛物面,这是层流运动的重要特征之一,如图7-6所示。当$r=0$,得管轴处的最大流速为

$$u_{\max}=\frac{\rho gJ}{4\mu}r_0^2=\frac{\rho gJ}{16\mu}d^2 \tag{7-16}$$

由式(7-15)和式(7-16)可得速度u的另一表达式为

$$u=u_{\max}\left(1-\frac{r^2}{r_0^2}\right) \tag{7-17}$$

式(7-15)表示了流速和沿程损失之间的关系,因为容易知道的是断面平均流速;所以将式变成断面平均流速与沿程损失的关系。取一半径为r,径向宽度为$\mathrm{d}r$的微小环形面积$\mathrm{d}A$,如图7-6所示。断面平均流速v可写为

$$v=\frac{Q}{A}=\frac{\int_A u\mathrm{d}A}{A}=\frac{1}{\pi r_0^2}\int_0^{r_0}\frac{\rho gJ}{4\mu}(r_0^2-r^2)2\pi r\mathrm{d}r$$

$$=\frac{\rho gJ}{8\mu}r_0^2=\frac{\rho gJ}{32\mu}d^2 \tag{7-18}$$

由式(7-16)和式(7-18)可知

$$v=0.5u_{\max} \tag{7-19}$$

圆管中层流运动的动能修正系数α和动量修正系数β,可根据它们的定义分别求得

$$\alpha=\frac{\int_A u^3\mathrm{d}A}{v^3A}=\frac{\int_0^{r_0}\left[\frac{\rho gJ}{4\mu}(r_0^2-r^2)\right]^3 2\pi r\mathrm{d}r}{\left(\frac{\rho gJ}{8\mu}r_0^2\right)^2\pi r_0^3}=2 \tag{7-20}$$

$$\beta=\frac{\int_A u^2\mathrm{d}A}{v^2A}=\frac{\int_0^{r_0}\left[\frac{\rho gJ}{4\mu}(r_0^2-r^2)\right]^2 2\pi r\mathrm{d}r}{\left(\frac{\rho gJ}{8\mu}r_0^2\right)^2\pi r_0^2}=1.33 \tag{7-21}$$

因为层流过流断面上的速度分布很不均匀,所以α和β值都比1大得多。

因为$J=\frac{h_{\mathrm{f}}}{l}$,由式(7-18)即可得层流沿程损失的计算公式

$$h_f=\frac{32\mu vl}{\rho gd^2} \tag{7-22}$$

上式表明，圆管中层流运动的沿程损失和断面平均流速一次方成正比，这个结论和雷诺实验的结果是一致的。上式称为哈根-泊肃叶公式（定律），这种层流运动称为（哈根）泊肃叶流动。

若将上式改写成沿程损失的普遍表示式，即

$$h_f=\frac{32\mu vl}{\rho gd^2}=\frac{64}{Re}\cdot\frac{l}{d}\frac{v^2}{2g}=\lambda\frac{l}{d}\frac{v^2}{2g}$$

所以圆管层流的沿程阻力系数为

$$\lambda=\frac{64}{Re} \tag{7-23}$$

上式表明，λ 值仅与 Re 有关，而与管壁粗糙度无关，这个结论亦是和实验结果一致的。

例 7-3　设石油在圆管中作恒定有压均匀流动。已知管径 $d=10$ cm，流量 $Q=500$ cm^3/s，石油密度 $\rho=850$ kg/m^3，运动黏度 $\nu=1.8\times10^{-5}$ m^2/s。试求管轴处最大流速 u_{max}、半径 $r=2$ cm 处的流速 u_2、管壁处切应力 τ_0，以及每米管长的沿程损失 h_f。

解：首先判别流态。断面平均流速 v 为

$$v=\frac{Q}{A}=\frac{4\times500}{\pi\times10^2}\text{ cm/s}=6.37\text{ cm/s}=0.063\,7\text{ m/s}$$

$$Re=\frac{vd}{\nu}=\frac{0.063\,7\times0.1}{1.8\times10^{-5}}=354<2\,000\text{（为层流）}$$

$$u_{max}=2v=2\times0.063\,7\text{ m/s}=0.127\text{ m/s}$$

$$u_2=u_{max}\left(1-\frac{r^2}{r_0^2}\right)=0.127\times\left(1-\frac{2^2}{5^2}\right)\text{ m/s}=0.106\,7\text{ m/s}$$

$$\lambda=\frac{64}{Re}=\frac{64}{354}=0.18$$

$$\tau_0=\frac{\lambda}{8}\rho v^2=\frac{0.18}{8}\times850\times0.063\,7^2\text{ Pa}=0.078\text{ Pa}$$

$$h_f=\lambda\frac{l}{d}\frac{v^2}{2g}=0.18\times\frac{1}{0.1}\times\frac{0.063\,7^2}{2\times9.8}\text{ m}=0.000\,37\text{ m（油柱）}$$

对于二维明渠恒定均匀层流来讲，亦可用类似于上述对有压圆管层流的分析途径和方法，推导出明渠均匀层流过流断面上的速度分布和沿程损失计算的公式（可参阅习题 7-4）。要注意，二维明渠均匀流是假设两侧无固体边界，取单宽水流来讨论的。它的切应力沿水深呈直线分布，渠底处切应力最大，自由表面处切应力为零；过流断面上的速度分布呈抛物线分布，最大流速在自由表面处，

实际上因有空气阻力，在自由表面稍下处，渠底处流速为零，无滑移；沿程损失和断面平均流速的一次方成正比，这个结论和实验的结果是一致的；沿程损失的普遍表示式和有压圆管均匀层流的表示式相同，要注意水力半径、雷诺数和沿程阻力系数的定义仍是相同的，但具体的计算式有所不同，如水力半径 $R=h$（水深）、雷诺数 $Re_h=\dfrac{\rho vh}{\mu}$、沿程阻力系数 $\lambda=\dfrac{24}{Re_h}$。

在这里需要指出，前面所推导的计算公式，都是对均匀流而言的。在圆管或明渠进口处，因受局部障碍，水流不是均匀流，所以不适用。以恒定均匀有压圆管流为例，水流由水箱流入圆管，如图 7-7 所示。若圆管进口是修圆的，进口处过流断面上的水体质点流速基本上是相同的；由于管壁的阻滞作用，使管壁附近的水体质点流速降低；因沿流各过流断面的流量是相同的，所以管轴中心水体必须加速，直到过流断面上的流速分布为旋转抛物面。理论上，对此需要一个无限远的距离，但从理论分析和实验观测表明：在离进口一定距离 L'后，管轴中心水体质点的流速即达到流速按旋转抛物面分布中它的数值的 99%；由此流速分布就被固定，不再沿程变化。L'称为进口段或起始段，可由下式（Langhaar H L 公式）计算，即

$$L'=0.058\ Re\cdot d \tag{7-24}$$

式中：Re 为雷诺数，d 为圆管直径。当 $Re=2\ 000$时，$L'=116\ d$。

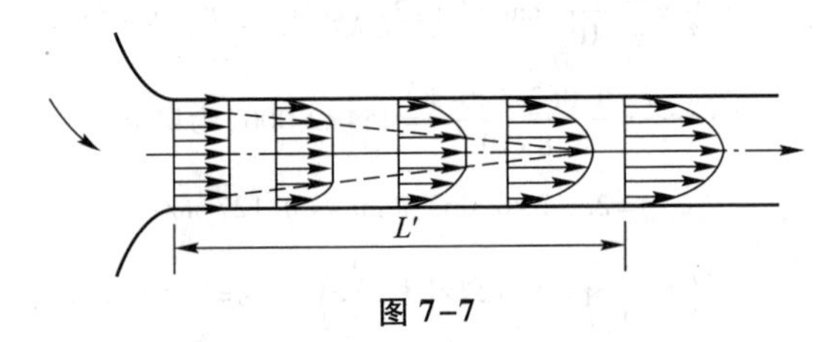

图 7-7

进口段的能量损失、过流断面上的流速分布都不同于均匀流段。所以在实验研究时（如前述的雷诺实验等）测试段需取在进口段后。在实际工程计算中，当 L'相对于管长很小时，一般就不考虑，管长即从进口处算起。

上面指出的有压圆管流或明渠流的进口段问题，在湍流运动中亦有，并采取类似的方法处理。

§7-4　湍流理论基础

湍流又称紊流，在自然界和实际工程中遇到的流体运动多属于此类运动。

由于湍流问题的重要性,一百多年来,许多学者对它进行了实验和理论的研究,取得了不少成果。但是到目前为止,还有许多湍流问题没有得到解决,尚处于半经验阶段,仍是流体力学中一个重要而艰巨的研究课题。湍流的内容很多,下面主要介绍一些与湍流流动阻力、能量损失有关的湍流理论,作为它的基础。

7-4-1 层流向湍流的转变

流体运动,从层流转变为湍流的过程,是一个复杂的质变过程,仍是湍流问题中的重要研究课题之一。下面就上述雷诺实验中,所观察到的现象,对由层流转变成湍流的条件和原因,做一些定性的说明。

从雷诺实验中可以知道,涡体的形成和形成后的涡体脱离原来的流层掺入邻近的流层,是从层流转变成湍流的两个不可少的条件。涡体的形成有两个基本前提,一个是流体的物理性质,即具有黏性。实际流体过流断面上的流速分布总是不均匀的,因此使各流层之间产生内摩擦切应力。对于某一选定的流层(如图 7-8 中粗线所示)来讲,流速较快的流层加于它的切应力是顺流向的;流速较慢的流层加于它的切应力是逆流向的。因此该选定的流层所承受的切应力,有构成力矩、促成涡体产生的倾向。涡体形成的另一个前提是流体的物理现象,即流体的波动。由于外界的微小干扰或来流中残存的扰动,流层将不可避免地会出现局部性的波动,如图 7-8a 所示。在波峰附近,由于流线间距的变化,使波峰上面(凸面一边)的微小流束过流断面减小,流速增大,在位能基本相等的情况下,根据伯努利方程,压强就要减小;而波峰下面(凹面一边)的微小流束过流断面增大,流速减小,压强增大。在波谷附近,流速和压强也有相应变化,但与波峰处的情况相反。这样,就使发生微小波动的流层各段承受不同方向的横向压力。显然,这种横向压力使得波峰愈凸、波谷愈凹,波状起伏更加显著,波幅更加增大,如图 7-8b 所示。当波幅增大到一定的程度后,由于横向压力和切应力的综合作用,使波峰与波谷重叠,形成涡体,如图 7-8c 所示。

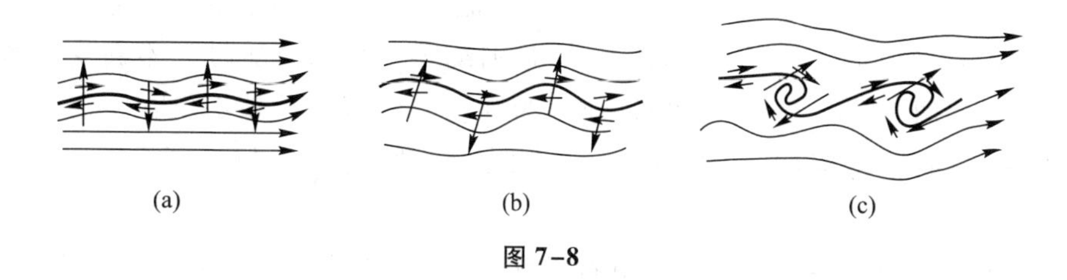

图 7-8

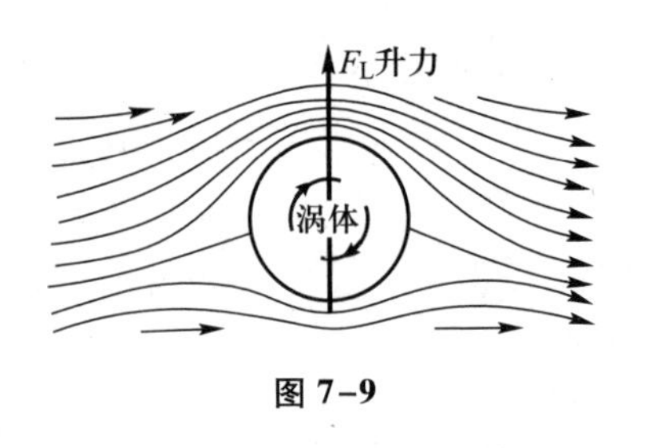

图 7-9

涡体形成后，在涡体附近的流速分布将有所改变，如图 7-9 所示。原来流速较快的流层的运动方向与涡体旋转的方向是一致的；原来流速较慢的流层的运动方向与涡体旋转的方向是相反的。这样就使原来流速较快的流层的速度将更加增大，压强减小；原来流速较慢的流层的速度将更加减小，压强增大。其结果，导致涡体两边有压差产生，形成横向升力（或下沉力）。这种升力就有可能推动涡体脱离原流层掺入流速较快的流层。但是还不一定就能混掺，变为湍流。因为，一方面涡体由于惯性作用，有保持其本身运动方向的倾向；另一方面流体有黏性，对于涡体运动有阻力，因而约束涡体运动。所以，只有当促使涡体横向运动的惯性力超过黏滞力时，涡体才能脱离原流层掺入新流层，从而变为湍流。雷诺数表征流动流体的惯性力和黏滞力的比值，所以可用来判别流态。

由上分析可知：从层流转变为湍流的先决条件是涡体的形成，其次是雷诺数要达到一定的数值。如果流体流动非常平稳，没有任何扰动，涡体不易形成，雷诺数虽然达到一定的数值，也不可能形成湍流。所以，自层流转变为湍流时，上临界雷诺数是很不稳定的，要视扰动程度而定。反之，自湍流转变为层流时，只要雷诺数降低到某一数值，即使涡体继续存在，如果惯性力不足以克服黏滞力，混掺作用即行消失。所以下临界雷诺数是比较稳定的。直到目前，除了雷诺数以外，还没有更好的可用来判别层流和湍流的标准。但是仅仅靠雷诺数，仍不易对层流与湍流间的转变过程作出充分的解释，还有待于进一步研究。

7-4-2 湍流的脉动与时均法

湍流的基本特征是在运动过程中，流体质点具有不断地互相混掺的现象；由于质点的互相混掺，使流区内各点的流速、压强等运动要素发生一种脉动（涨落）现象。例如，根据实测，在图 7-1 所示的雷诺实验装置中，水箱 D 内水位恒定时，玻璃管 T 内的湍流中，某一点的流速在主流（x 轴）方向上的投影值 u_x，不是随时间不变的一常数值，而是围绕某一平均值随时间不断变化跳动的值，如图 7-10 所示。这种跳动称为脉动。湍流的脉动不仅在主流方向上存在，垂直于主流（y、z 轴）方向也有横向脉动，可得类似于图 7-10 所示的曲线。

湍流中脉动产生的原因可以用涡旋叠加原理来解释。在层流转变为湍流的过程中，产生了许多大小不等、转向不同的涡体。这些涡体的运动和主流运动叠加后就形成了湍流的脉动。例如在主流流速为 u 的流体中，与某一点 A 相邻接处有两个涡体，其旋转角速度分别为 ω_1 和 ω_2，相应的线速度分别为 u_1 和 u_2，如图 7-11 所示。如果这两个涡体紧接着通过 A 点，那么 A 点的瞬时点流速就会由 $u+u_1$ 突变为 $u-u_2$。由于在湍流主流中，有更密集、更复杂的涡旋系统，因此，点 A 的速度就会产生如图 7-10 所示的脉动。脉动是涡体运动的结果，所以，湍流的基本特征在于其具有随机性质的涡旋结构，以及这些涡旋的流体内部的随机运动，从而引起流速、压强等的脉动。

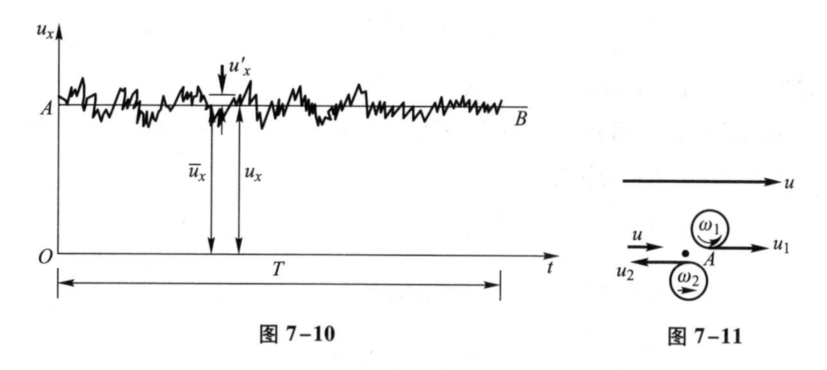

图 7-10　　图 7-11

由于湍流的流速、压强等均为具有随机性质的脉动量，在时间上和空间上都不断地变化着；只有采取适当的方法加以平均，取得平均值后才能进一步研究其运动规律。在研究湍流时，一般可采取时间或空间或统计平均法，取得平均值。由于时间平均法（简称时均法）的物理概念比较清晰，方法亦比较简便，所取得的时间平均值都相当稳定，所以得到广泛的采用。下面先以湍流运动中的点流速为例，介绍时均法。

图 7-10 表示了湍流中某一固定点 A 的瞬时流速 u_x，随时间 t 变化的规律。由图 7-10 可知，湍流中某点每一瞬时流速 u_x 的大小随时间急剧地改变，但是围绕着某一平均值在脉动。如对某一时段 T 内的 u_x 值平均，则得

$$\overline{u}_x=\frac{1}{T}\int_0^T u_x\mathrm{d}t \tag{7-25}$$

式中：$\overline{u}_x$ 为该点在 x 轴方向的分速在该时段内的时间平均值，简称时均流速；图 7-10 中所示的 AB 线，即为时均流速随时间变化的关系直线。从图 7-10 中可以看出，时均流速与所取时段 T 的长短有关。从大量的实测资料表明，只要用于平均的时段不是太短，则时均值与 T 无关。这个时段的长短，目前尚无定论，

一般可以取 100 个波形。实际上,脉动的频率很高,每秒达几百次,所以在工程实际中,可认为流速的时均值保持恒定不变。

有了时均值的概念,可以把瞬时流速看作是由时均流速和脉动流速两部分所组成,即

$$u_x=\bar{u}_x+u_x' \tag{7-26}$$

式中:u_x'为 x 轴方向的脉动流速,如图 7-10 中所示;它是以 AB 线为基准线,在线上方时为正,在线下方时为负,其值随时间而变化。由式(7-25)、式(7-26)可知,脉动流速 u_x'的时均值 $\bar{u}_x'=0$,即

$$\bar{u}_x'=\frac{1}{T}\int_0^T u_x'\mathrm{d}t=0 \tag{7-27}$$

同理,可得 $u_y=\bar{u}_y+u_y'$, $u_z=\bar{u}_z+u_z'$; $\bar{u}_y'=0$, $\bar{u}_z'=0$。

其他运动要素亦可用上述时均法处理。如对某一时段 T 内的每一瞬时压强 p 值平均,则得时均压强 $\bar{p}$ 为

$$\bar{p}=\frac{1}{T}\int_0^T p\mathrm{d}t \tag{7-28}$$

$$p=\bar{p}+p' \tag{7-29}$$

$$\bar{p}'=\frac{1}{T}\int_0^T p'\mathrm{d}t=0 \tag{7-30}$$

式中:p'为脉动压强。

时均法不仅对单个量进行时均,而且对两个量等进行时均,现介绍如下。

设f_1、f_2 和 $\overline{f_1}$、$\overline{f_2}$及f_1'、f_2'分别为两个瞬时值和时均值及脉动值。由式(7-25)、式(7-26)、式(7-27),可证明:

(1) 两个瞬时值之和的时均值等于各瞬时值的时均值之和,即

$$\begin{aligned}\overline{f_1+f_2}&=\overline{\bar{f}_1+f_1'+\bar{f}_2+f_2'}\\&=\overline{\bar{f}_1}+\overline{f_1'}+\overline{\bar{f}_2}+\overline{f_2'}=\overline{f_1}+\overline{f_2}\end{aligned} \tag{7-31}$$

(2) 常量和瞬时值乘积的时均值等于瞬时值的时均值与常量的乘积,即

$$\overline{cf}=c\bar{f} \tag{7-32}$$

(3) 两个时均值乘积的时均值,仍等于两个时均值的乘积,即

$$\overline{\bar{f}_1\cdot\bar{f}_2}=\overline{\bar{f}_1}\cdot\overline{\bar{f}_2}=\overline{f_1}\cdot\overline{f_2} \tag{7-33}$$

(4) 时均值与脉动值乘积的时均值为零,因为脉动值的时均值为零,即

$$\overline{\bar{f}_1\cdot f_2'}=\overline{\bar{f}_1}\cdot\overline{f_2'}=0 \tag{7-34}$$

（5）两个瞬时值乘积的时均值，等于它们的两个时均值的乘积加两个脉动值乘积的时均值，即

$$\overline{f_1 \cdot f_2}=\overline{(\bar{f}_1+f_1')(\bar{f}_2+f_2')}=\overline{\bar{f}_1 \cdot \bar{f}_2}+\overline{\bar{f}_1 \cdot f_2'}+\overline{f_1' \cdot \bar{f}_2}+\overline{f_1' \cdot f_2'}=\bar{f}_1 \cdot \bar{f}_2+\overline{f_1' \cdot f_2'} \tag{7-35}$$

（6）瞬时值的各阶导数的时均值等于时均值的各阶导数，现以一阶导数为例，即

$$\overline{\frac{\partial f}{\partial \xi}}=\frac{1}{T}\int_0^T \frac{\partial f}{\partial \xi}\mathrm{d}t=\frac{\partial}{\partial \xi}\left[\frac{1}{T}\int_0^T f\mathrm{d}t\right]=\frac{\partial \bar{f}}{\partial \xi} \tag{7-36}$$

式中：ξ 为 x 或 y 或 z。

$$\frac{\partial \bar{f}}{\partial t}=\frac{\partial}{\partial t}\left[\frac{1}{T}\int_0^T f\mathrm{d}t\right]=\frac{1}{T}\int_0^T \frac{\partial f}{\partial t}\mathrm{d}t=\overline{\frac{\partial f}{\partial t}} \tag{7-37}$$

上述这些时均运算法则，在湍流理论中也常称雷诺规则，在以后研究湍流时将要使用。

湍流运动要素时均值的这种规律性的存在，对研究湍流带来很大的方便。因为这样可把湍流运动看作是由一个时均流动和一个脉动流动叠加而成，可对它们分别加以研究。另外，目前对于湍流运动的一些概念，都是从时均值来定义的。例如，湍流从本质上来讲是非恒定流动，若各点运动要素的时均值仅随位置而变更，不随时间而变化的湍流运动称为时均恒定流动，简称恒定流动；各点运动要素的时均值不仅随位置而变更，也随时间而变化的湍流运动称为时均非恒定流动，简称非恒定流动。由于恒定流动的时均流速不随时间而变化，所以时均流线、时均流管亦不随时间而改变，等等。在前面几章中介绍的恒定流动的连续性方程和伯努利方程、动量方程、动量矩方程等基本方程，对湍流时均恒定流动也适用，所用的流速、压强等都是指时均值。显然，这和实际情况是不完全相符的，但限于目前的认识水平和这样的处理、分析流体运动的结论，能满足生产上的要求，因此亦是被允许的。

在这里需要指出，引入时均值的概念，虽然对研究湍流带来方便，但湍流运动要素的脉动是客观存在的。当分析湍流运动的物理本质时，还必须考虑脉动的影响。例如，研究湍流流动阻力、过流断面上流速分布规律时，就要考虑由于脉动所引起的附加切应力等，才能得出客观实际的结论。

*7-4-3 湍流的基本方程——雷诺方程

在第五章，我们得到了实际流体的运动微分方程——纳维-斯托克斯方程。雷诺认为，流体的运动从层流过渡到湍流后，流体的物理和力学性质没有变化。湍流内部结构尽管复杂，充满了大小涡旋，但涡旋的尺度远大于分子的尺度，湍流仍然是宏观物理现象，流体运动的连续性没有受到破坏，仍可视为连续介质；黏性流体反抗内部切力的能力，即黏度没有改变，在湍流运动中仍保持原来的数值，广义的牛顿内摩擦定律仍然可用；湍流运动亦符合物理学的普遍规律（牛顿力学定律等），如果在湍流中取一微小六面体，作用在该六面体上的力的种类与推导纳维-斯托克斯方程时所取六面体上所受的作用力的种类是一样的。因此，雷诺认为纳维-斯托克斯方程对于湍流仍然是适用的，仍能描述湍流的瞬时规律。上述一些假设虽然至今仍未得到严密论证和证实，但研究湍流的实践却表明，这些假设并没有与实际情况发生矛盾，说明应用纳维-斯托克斯方程研究湍流问题是适宜的。随着计算机数值计算方法的发展，有的学者试图直接从描述湍流瞬时运动的纳维-斯托克斯方程进行计算，但受限于理论和计算机速度及容量，目前只有几个国家的研究中心，对一些简单条件下的湍流运动进行一些基础性研究。由于湍流的瞬时运动要素有脉动现象，应用时甚为困难，所以需设法求出以时均运动要素表示的湍流时均连续性方程和时均运动方程，供实际使用。它们可以通过对连续性方程和纳维-斯托克斯方程进行时间平均，应用时均运算法则求得。

先对连续性方程$\frac{\partial u_x}{\partial x}+\frac{\partial u_y}{\partial y}+\frac{\partial u_z}{\partial z}=0$，进行时间平均。以 $u_x=\overline{u}_x+u_x'$，$u_y=\overline{u}_y+u_y'$，$u_z=\overline{u}_z+u_z'$代入连续性方程得

$$\frac{\partial(\overline{u}_x+u_x')}{\partial x}+\frac{\partial(\overline{u}_y+u_y')}{\partial y}+\frac{\partial(\overline{u}_z+u_z')}{\partial z}=0$$

对上述进行时间平均，根据时均运算法则，可得时均连续性方程为

$$\frac{\partial\overline{u}_x}{\partial x}+\frac{\partial\overline{u}_y}{\partial y}+\frac{\partial\overline{u}_z}{\partial z}=0 \tag{7-38}$$

对纳斯-斯托克斯方程，以 x 轴方向为例进行时间平均。

$$f_x-\frac{1}{\rho}\frac{\partial p}{\partial x}+\nu\nabla^2 u_x=\frac{\partial u_x}{\partial t}+u_x\frac{\partial u_x}{\partial x}+u_y\frac{\partial u_x}{\partial y}+u_z\frac{\partial u_x}{\partial z}$$

$$=\frac{\partial u_x}{\partial t}+\frac{\partial(u_xu_x)}{\partial x}+\frac{\partial(u_yu_x)}{\partial y}+\frac{\partial(u_zu_x)}{\partial z}-u_x\left(\frac{\partial u_x}{\partial x}+\frac{\partial u_y}{\partial y}+\frac{\partial u_z}{\partial z}\right)$$

以 $f_x=\overline{f}_x+f_x'$，$p=\overline{p}+p'$，$u_x=\overline{u}_x+u_x'$，$u_y=\overline{u}_y+u_y'$，$u_z=\overline{u}_z+u_z'$，$\frac{\partial u_x}{\partial x}+\frac{\partial u_y}{\partial y}+\frac{\partial u_z}{\partial z}=0$ 代入上式得

$$\overline{f}_x+f_x'-\frac{1}{\rho}\frac{\partial}{\partial x}(\overline{p}+p')+\nu\nabla^2(\overline{u}_x+\overline{u}_x')$$

$$=\frac{\partial}{\partial t}(\overline{u}_x+u_x')+\frac{\partial}{\partial x}[(\overline{u}_x+u_x')(\overline{u}_x+u_x')]+$$

$$\frac{\partial}{\partial y}[(\bar{u}_y+u'_y)(\bar{u}_x+u'_x)]+\frac{\partial}{\partial z}[(\bar{u}_z+u'_z)(\bar{u}_x+u'_x)]$$

对上式进行时间平均。根据时均运算法则，可得时均运动方程在 x 轴方向的方程为

$$\bar{f}_x-\frac{1}{\rho}\frac{\partial \bar{p}}{\partial x}+\nu\nabla^2\bar{u}_x=\frac{\partial \bar{u}_x}{\partial t}+\frac{\partial}{\partial x}(\bar{u}_x\cdot\bar{u}_x+\overline{u'^2_x})+$$
$$\frac{\partial}{\partial y}(\bar{u}_y\cdot\bar{u}_x+\overline{u'_yu'_x})+\frac{\partial}{\partial z}(\bar{u}_z\cdot\bar{u}_x+\overline{u'_zu'_x})$$

改写上式。同理可得 y 轴和 z 轴方向的方程。整理后即得湍流时均运动方程为

$$\left.\begin{aligned}
&\rho\bar{f}_x-\frac{\partial\bar{p}}{\partial x}+\frac{\partial}{\partial x}\left(\mu\frac{\partial\bar{u}_x}{\partial x}-\rho\overline{u'^2_x}\right)+\frac{\partial}{\partial y}\left(\mu\frac{\partial\bar{u}_x}{\partial y}-\rho\overline{u'_xu'_y}\right)+\\
&\frac{\partial}{\partial z}\left(\mu\frac{\partial\bar{u}_x}{\partial z}-\rho\overline{u'_xu'_z}\right)\\
&=\rho\frac{\partial\bar{u}_x}{\partial t}+\rho\frac{\partial}{\partial x}(\bar{u}_x\cdot\bar{u}_x)+\rho\frac{\partial}{\partial y}(\bar{u}_x\cdot\bar{u}_y)+\rho\frac{\partial}{\partial z}(\bar{u}_x\cdot\bar{u}_z)\\
&\rho\bar{f}_y-\frac{\partial\bar{p}}{\partial y}+\frac{\partial}{\partial x}\left(\mu\frac{\partial\bar{u}_y}{\partial x}-\rho\overline{u'_yu'_x}\right)+\frac{\partial}{\partial y}\left(\mu\frac{\partial\bar{u}_y}{\partial y}-\rho\overline{u'^2_y}\right)+\\
&\frac{\partial}{\partial z}\left(\mu\frac{\partial\bar{u}_y}{\partial z}-\rho\overline{u'_yu'_z}\right)\\
&=\rho\frac{\partial\bar{u}_y}{\partial t}+\rho\frac{\partial}{\partial x}(\bar{u}_y\cdot\bar{u}_x)+\rho\frac{\partial}{\partial y}(\bar{u}_y\cdot\bar{u}_y)+\rho\frac{\partial}{\partial z}(\bar{u}_y\cdot\bar{u}_z)\\
&\rho\bar{f}_z-\frac{\partial\bar{p}}{\partial z}+\frac{\partial}{\partial x}\left(\mu\frac{\partial\bar{u}_z}{\partial x}-\rho\overline{u'_zu'_x}\right)+\frac{\partial}{\partial y}\left(\mu\frac{\partial\bar{u}_z}{\partial y}-\rho\overline{u'_zu'_y}\right)+\frac{\partial}{\partial z}\left(\mu\frac{\partial\bar{u}_z}{\partial z}-\rho\overline{u'^2_z}\right)\\
&=\rho\frac{\partial\bar{u}_z}{\partial t}+\rho\frac{\partial}{\partial x}(\bar{u}_z\cdot\bar{u}_x)+\rho\frac{\partial}{\partial y}(\bar{u}_z\cdot\bar{u}_y)+\rho\frac{\partial}{\partial z}(\bar{u}_z\cdot\bar{u}_z)
\end{aligned}\right\}\quad(7-39)$$

上述方程组即为湍流的基本方程，是雷诺在 1894 年首先提出，又称雷诺方程。

将雷诺方程与纳维-斯托克斯方程相比较，可以看出，雷诺方程除了将纳维-斯托克斯方程中的瞬时值变为时均值外，由于切应力互等特性，所以多出了下列各项：

$$\rho\overline{u'^2_x},\ \rho\overline{u'^2_y},\ \rho\overline{u'^2_z},\ \rho\overline{u'_xu'_y},\ \rho\overline{u'_yu'_z},\ \rho\overline{u'_zu'_x}$$

上面的前、后三项分别表示由于湍流脉动而产生的附加法向应力和附加切应力，这些附加应力称为雷诺应力。如果完全没有脉动，雷诺应力就为零，时均值也就和瞬时值一样，雷诺方程亦就还原为纳维-斯托克斯方程。

雷诺方程能够正确地描述湍流运动，但是它和时均连续性方程联立，还不足以求解湍流时均运动；因为方程式只有四个，而未知数有十个，增加了六个雷诺应力项。所以雷诺方程是一个不封闭的方程组，即方程式的数目少于未知数的数目，这是湍流理论研究中的主要困难之一。虽然如此，雷诺方程却为进一步探讨湍流运动打下了理论基础。因为雷诺方程中增加的未知数是雷诺应力，为了使一些问题获解，所以许多研究都是针对雷诺应力，在它和湍流的时均运动要素之间建立补充关系式，使方程组封闭。这方面的理论工作，主要沿着两个方向

进行。一是湍流的统计理论,它是采用较严格的统计途径,着重研究湍流的内部结构,从而建立湍流运动的封闭方程组。在我国,周培源等多年来从事这方面的研究工作,取得了不少成果。另一是湍流的半经验理论,它是根据一些假设及实验结果建立雷诺应力与时均流速之间的关系式,从而建立湍流运动的封闭方程组。因为从纯理论观点来讲,它不是很严格的,所以通常称之为半经验理论。虽然,它由于对湍流内部结构缺少深入的分析,所作出的某些假设还有待于进一步探明,使应用范围和解决问题的深度受到了限制。但是,它所给出的最后结果,在一定程度上又与实测资料一致,因而在解决工程技术问题方面起了很大的作用,并得到广泛的应用。

7-4-4 湍流的半经验理论

从雷诺方程和理论分析中可以知道,湍流的切应力是由两部分所组成的,一部分是由于时均流速梯度$\left(\text{如}\mu\dfrac{\partial\overline{u}_x}{\partial y}\right)$的存在而产生的黏性切应力,可用牛顿内摩擦定律来表示;另一部分是由于湍流脉动(如$\rho\overline{u'_x u'_y}$)而产生的附加切应力。由于湍流运动复杂,所以研究由于脉动而产生的附加切应力,目前在实用上主要依靠湍流的半经验理论。湍流的半经验理论有各种学说,其中比较著名的有普朗特、卡门和泰勒(Taylay G I)等学说;以普朗特的动量输运理论(又称混合长度理论)应用最广,下面给予介绍。

1. 附加切应力与脉动流速的关系式

为了简单起见,限于讨论恒定、均匀二维平行湍流,如图7-12所示。在这种情况下,$\overline{u}_x=\overline{u}_x(y)$,$\overline{u}_y=\overline{u}_z=0$,$u_x=\overline{u}_x+u'_x$,$u_y=u'_y$,$u_z=u'_z$。这样雷诺方程中的雷诺应力只剩下附加切应力$\overline{u'_x u'_y}$需要确定。

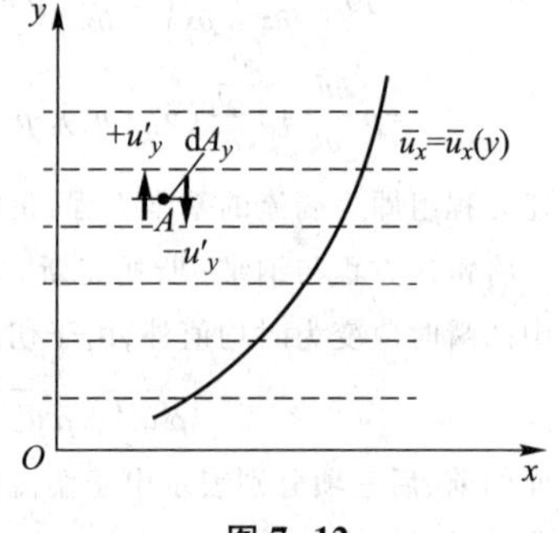

图7-12

我们先从湍流的物理现象说明$\overline{u'_x u'_y}$如何产生附加切应力,和它们之间的关系式;然后用湍流半经验理论来建立附加切应力与时均流速之间的关系式。设在该流动中任选一点A,取一包括A点在内并垂直于y轴的微小截面$\mathrm{d}A_y$,如图7-12所示。设点A的时均流速为$\overline{u}_x$,沿x、y轴的脉动流速分别为u'_x、u'_y。当在该处发生$+u'_y$时,单位时间内就有$\rho u'_y\mathrm{d}A_y$的质量流体从截面$\mathrm{d}A_y$的下层流入该截面的上层。因流体质量在通过该截面时,具有原x轴方向的流速,随着这种质量的流入就有x轴方向的动量从截面的下层带到上层。反之,当在该处发生$-u'_y$时,就有相应的x轴方向的动量从上层带到下层。如果流体质量在通过 dA_y 截面时，所具有的 x 轴的方向的流速为 $u_x=\overline{u}_x+u'_x$，则单位时间内通过 dA_y 截面的 x 轴方向的动量 ΔP_x 为

$$\Delta P_x=\rho u'_y\mathrm{d}A_y(\overline{u}_x+u'_x)$$

在较长的时段内，由于流体质点的横向脉动，通过同一截面既有动量带上，也有动量带下，而其时均值为

$$\Delta\overline{P}_x=\rho\,\overline{u'_y(u_x+u'_x)}\,\mathrm{d}A_y=\rho\,\overline{u'_y\overline{u}_x}\,\mathrm{d}A_y+\rho\,\overline{u'_yu'_x}\,\mathrm{d}A_y$$

因为 u'_y 有正有负，在足够长的时段内脉动值的时均值为零，即在时均意义上并没有质量传递，所以 $\overline{u'_y\overline{u}_x}=0$。因此，上式为

$$\Delta\overline{P}_x=\rho\,\overline{u'_xu'_y}\,\mathrm{d}A_y$$

上式中的 $\overline{u'_xu'_y}$ 不是表示等于零的脉动分量的时均值 $\overline{u'_x}$ 及 $\overline{u'_y}$ 的乘积，而是表示不等于零的各该分量乘积的时间平均值（例如 u'_x 的正值与 u'_y 的负值相关联；或者反之；则得不为零的负的乘积）。它是由于瞬时通过截面的动量互不相等的结果。由此可见，在湍流中，由于脉动流速的存在，在任一截面的两边流层，在时间平均意义上，有动量从截面的一边向另一边传递，所以称为动量输运或动量传递。

根据动量定理，部分控制面上单位时间内由于流速脉动而产生的 x 轴方向的动量交换的结果，相当于在 dA_y 截面上有一个 x 轴方向的作用力 $\rho\,\overline{u'_xu'_y}dA_y$。如以时均切应力 $\overline{\tau_{yx}}$ 表示，则其大小为

$$\overline{\tau_{yx}}=\rho\,\overline{u'_xu'_y}\tag{7-40}$$

下面分析这个切应力的方向。在湍流中的时均流速分布曲线，一般如图 7-12 所示，流速梯度 $\frac{\mathrm{d}\overline{u}_x}{\mathrm{d}y}$ 是正的。当 u'_y 为正值时，流体质点从下层往上层传递，因下层的时均流速小于上层，有减缓上层流体运动的作用，所以在大多数情况下可认为 u'_x 为负值，即 $+u'_y$ 与 $-u'_x$ 相对应；同理，$-u'_y$ 与 $+u'_x$ 相对应。所以，不论是流体质点从下层往上层，还是从上层往下层，$\overline{u'_xu'_y}$ 值总是一个负值。为了与黏性切应力的表示方式相一致，以正值出现，所以在上式中加一负号，即

$$\overline{\tau}_{yx}=-\rho\,\overline{u'_xu'_y}\tag{7-41}$$

上式即为湍流附加切应力与脉动流速的关系式，是雷诺在 1895 年首先提出的。

2. 附加切应力与时均流速的关系式

因为脉动流速随时间的变化规律不易测量和计算，所以将式(7-41)转化为以时均流速表示的附加切应力的形式，建立它们之间的关系式。因为附加切应力是由于宏观流体质点(微元)的脉动引起的，它和流体分子微观运动引起黏性切应力的情况相似。1925 年，普朗特借用气体动理学理论中建立黏性切应力和流速梯度之间关系的方法，来研究湍流中附加切应力和时均流速之间的关系，从而求得湍流脉动对时均运动的影响，为解决湍流问题开辟了途径。

普朗特借用气体分子运动的自由程概念，假设在上述恒定均匀二维平行湍流中，流体质点由于横向脉动流速，在 y 轴方向运移某一距离 l'，类似于气体分子运动的自由程，称 l'为混合长度；在运移过程中该流体质点不和其他流体质点相碰，所具有的属性(如流速、动量等)保持不变；但当运移到新的位置后，则与周围的流体质点相混掺，并立即失去原有的属性，而具有新位置处流体质点的属性，产生动量交换。如图 7-13a 所示，对于某一给定点 y，流体质点由$y-l'$和 $y+l'$各以随机的时间间隔到达 y 点。流体质点由 $y+l'$到达 y 点，它们的时均流速差 $\Delta\overline{u}_{x1}$，可以看作是引起 y 点处脉动流速 u'_{x1}的一种扰动，可表示为

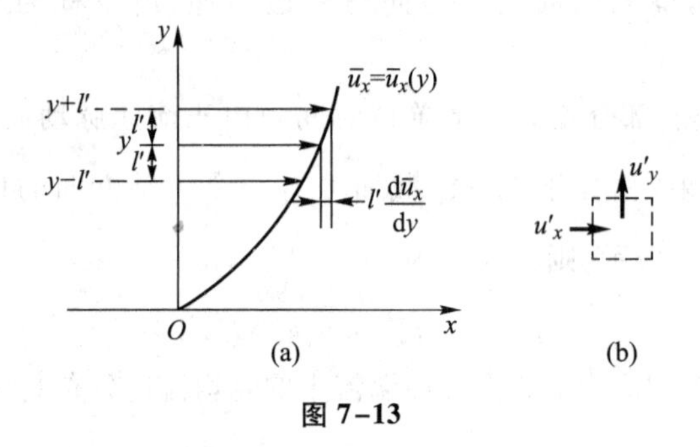

图 7-13

$$\Delta\overline{u}_{x1}=\overline{u}_{x(y+l')}-\overline{u}_{x(y)}=\left(\overline{u}_{x(y)}+\frac{d\overline{u}_x}{dy}l'\right)-\overline{u}_{x(y)}=\frac{d\overline{u}_x}{dy}l'\propto u'_{x1}$$

同理，流体质点由 $y-l'$到达 y 点，引起 y 点处脉动流速 u'_{x2}可表示为

$$\Delta\overline{u}_{x2}=\overline{u}_{x(y-l)}-\overline{u}_{x(y)}=\left(\overline{u}_{x(y)}-\frac{d\overline{u}_x}{dy}l'\right)-\overline{u}_{x(y)}=-\frac{d\overline{u}_x}{dy}l'\propto u'_{x2}$$

到达 y 点处的流体质点是由它的上、下层流体质点随机运移的，在一段时间内两者的机会是相等的。假设 y 点处的脉动流速 u'_x与以上两种扰动幅度的平均值成比例，且是同一量级，即

$$\overline{|u_x'|} \propto \frac{1}{2}[\,|\Delta \overline{u}_{x1}|+|\Delta \overline{u}_{x2}|\,] = l'\frac{d\overline{u}_x}{dy}$$

在湍流中，用一封闭边界取一小块，如图 7-13b 所示。根据连续性原理（质量守恒），横向脉动流速 u_y'和纵向脉动流速 u_x'是相关的，大小成比例，且为同一量级，即

$$\overline{|u_y'|} \propto \overline{|u_x'|} \propto l'\frac{d\overline{u}_x}{dy}$$

因$+u_y'$与$-u_x'$相对应，$-u_y'$与$+u_x'$相对应，$\overline{u_x'u_y'}$与$\overline{|u_x'|}\cdot\overline{|u_y'|}$不等，但可认为两者成比例，而符号相反，即

$$\overline{u_x'u_y'} \propto -\overline{|u_x'|}\cdot\overline{|u_y'|} = -cl'^2\left(\frac{d\overline{u}_x}{dy}\right)^2 = -l^2\left(\frac{d\overline{u}_x}{dy}\right)^2$$

式中：c 为比例常数，$cl'^2=l^2$。

将上式代入式（7-41），得

$$\overline{\tau}_{yx} = \rho l^2\left(\frac{d\overline{u}_x}{dy}\right)^2 \tag{7-42}$$

上式即为附加切应力与时均流速的关系式，式中 l 也称混合长度，它表示湍流混掺程度，是一个与实际的脉动距离成比例的物理量。从下面的介绍中可知，实际上它是一个长度量纲的可调整的参数。

由于当时均流速梯度改变符号时，附加切应力也应改变符号，上式可改写为

$$\overline{\tau}_{yx} = \rho l^2\left|\frac{d\overline{u}_x}{dy}\right|\frac{d\overline{u}_x}{dy} \tag{7-43}$$

上式中一个导数取绝对值，另一个取代数值，可使 $\overline{\tau}_{yx}$与黏性切应力在符号上具有一致的表示式。

为了使上两式能够应用，还需确定混合长度 l。因为在实验中不可能直接测量确定 l，所以先定出函数关系形式，以便使在实验中易于测定的流速分布的总的资料能较好地符合于各个实验资料。根据定义，混合长度 l 显然表示着和流体已知点上的横向脉动流速成正比例的平均值。在趋近于固体壁面时，这种脉动流速趋近于零，所以 l 亦趋近于零。如果进一步假设 l 不受黏性的影响，则所有的唯一的长度便是离壁面的距离。因而 l 的唯一量纲上正确的函数关系式为 $l=f(y)$。根据实测资料，对于固定边界附近的流动提出一个极为简单的关系式为

$$l = ky \tag{7-44}$$

式中：k 为一（普适）常数，称为卡门（通用）常数；实验结果表明，$k=0.36\sim0.435$，常取 $k=0.4$；y 为从壁面算起的横向距离。

为简便起见，以后提及时均值时不再标以水平线的时均符号。根据以上的讨论，在湍流中，由雷诺方程简化后的表示式可知，一方面存在黏性切应力，另一方面，还由于脉动流速而产生附加切应力。所以在时均恒定均匀二维平行湍流中，两流层间的切应力为

$$\tau=\mu\frac{\mathrm{d}u}{\mathrm{d}y}+\rho l^2\left(\frac{\mathrm{d}u}{\mathrm{d}y}\right)^2 \tag{7-45}$$

式中：u 为 u_x。由上式可以看出：在层流时，因为流体质点没有混掺现象，所以 $l=0$，因而 $\tau=\mu\frac{\mathrm{d}u}{\mathrm{d}y}$；因为在流速分布曲线恒定的情况下，流速梯度和流体的平均流速成正比，所以切应力将和流体的平均流速成正比。以后会介绍的，在湍流阻力平方区时，$\mu\frac{\mathrm{d}u}{\mathrm{d}y}$比 $\rho l^2\left(\frac{\mathrm{d}u}{\mathrm{d}y}\right)^2$ 小很多，而可以忽略不计（紧贴固体边界的一极薄层——黏性底层除外），在此情况下，$\tau=\rho l^2\left(\frac{\mathrm{d}u}{\mathrm{d}y}\right)^2$，所以切应力将和流体的平均流速的平方成正比；在湍流过渡区时，黏性切应力不可忽略不计，总切应力将和流体的平均流速的某一略小于 2 的指数乘方成正比。

3. 过流断面上的时均流速分布

湍流过流断面上的时均流速分布，迄今尚未得到成熟的理论公式。借助于式（7-42）、式（7-44），并作一些假设后，可由积分求得。

假设对于边界附近的湍流流动（紧贴壁边的黏性底层除外），近似地取 $\tau=\tau_0=$ 常数，τ_0 为边界上的切应力，则可得

$$\tau_0=\rho(ky)^2\left(\frac{\mathrm{d}u}{\mathrm{d}y}\right)^2$$

或

$$\frac{\mathrm{d}u}{\mathrm{d}y}=\frac{1}{ky}\sqrt{\frac{\tau_0}{\rho}}=\frac{v_*}{ky} \tag{7-46}$$

式中：v_* 由式（7-9）知为动力速度。对上式积分，得流速分布公式为

$$u=\frac{1}{k}v_*\ln y+C \tag{7-47}$$

上式是一对数函数，所以称为对数流速分布。上式虽然从边界附近的湍流条件推出，但和实验结果相比，对于全部湍流流动（黏性底层除外）也可适用。在这

种情况下，即假设在湍流整个区域内的切应力都为 τ_0，且为一常数。在实际流动中，τ 通常是随着离边界的距离的增大而不断地减小；虽然如此，由 $\tau=\tau_0=$常数，所得出的上式(7-47)，仍给出很有用的近似。这是因为，流速降低的绝大部分是在边界处或靠近边界处发生的；另一方面随着离边界的距离增大，混合长度 l 变得小于 ky，两个假设所造成的误差形成彼此抵消的趋势。大量的实验证明，管流、明渠流中的流速分布亦满足这个规律，只是常数 C 要根据具体的流动情况，用实验结果加以确定。

另外，式(7-46)、式(7-47)在理论上亦还是有缺点的，例如，管壁边($y=0$)，流速应为零，而式(7-47)给出的 $u=-\infty$；又如，在管轴处，流速梯度应为零，但将 $y=r_0$ 代入式(7-46)所得结果不为零。尽管如此，式(7-47)所揭示的湍流区域的对数流速分布却有普遍意义。

从上面的介绍，可以看出普朗特动量输运理论中有一些假设不尽符合实际。例如借用气体动理学理论中的气体分子自由程的概念，我们知道，流体是连续介质，流体质点不可能有相当长的自由程，亦不可能在运移过程中不和其他流体质点相碰，直到运移到混合长度 l' 后才与其他的流体质点相混掺。另外，如在推导过流断面上的时均流速分布中的假设。尽管如此，如前所述，大量的实验证明，平板附近或圆管中的湍流情况，通过实验确定常数后，都能得出合理的流速分布等。应该讲，普朗特动量输运理论有其重要的合理成分和意义，它把湍流中的脉动流速和雷诺应力及时均流速联系起来了，保留了待定参数 l 和常数 C，由实验来确定；从而使由假设建立的模型的结果，尽可能地符合实际。普朗特的动量输运理论(混合长度理论)之所以是属于湍流的半经验理论，也就是因为一些假设不是很严格；所以在湍流半经验理论方面还有其他的学说，并且仍在不断地发展。但是，重要的是它使雷诺方程组封闭了，且结合实验能解决一些实际问题，是有其重要意义的，这亦是理论和实验相结合的结果。

例 7-4 设有压圆管流(湍流)，已知过流断面上的流速分布为 $u=u_{\max}\left(\frac{y}{r_0}\right)^{1/7}$，式中 r_0 为圆管半径，y 为管壁到流速是 u 的点的径向距离，$u_{\max}$ 为管轴处的最大流速(参阅图 7-21)。试求圆管湍流混合长度 l 分布的近似表达式。

解：由式(7-7)和式(7-42)得

$$\tau=\tau_0\left(\frac{r}{r_0}\right)=\tau_0\left(1-\frac{y}{r_0}\right)=\rho l^2\left(\frac{\mathrm{d}u}{\mathrm{d}y}\right)^2$$

由上式和式(7-9)得

$$l=\frac{v_*\sqrt{1-y/r_0}}{\mathrm{d}u/\mathrm{d}y} \tag{1}$$

式中:v_*为动力速度或阻力速度。

因

$$u=u_{\max}\left(\frac{y}{r_0}\right)^{1/7}$$

所以

$$\frac{\mathrm{d}u}{\mathrm{d}y}=\frac{u_{\max}}{r_0}\frac{1}{7}\left(\frac{y}{r_0}\right)^{-6/7} \tag{2}$$

由式(1)、(2)得

$$l=\frac{7r_0v_*}{u_{\max}}\left(\frac{y}{r_0}\right)^{6/7}\sqrt{1-\frac{y}{r_0}}$$

由上式和例题给的过流断面上的流速分布,可知:管壁处,$y=0$,$l=0$,附加切应力等于零,只有黏性切应力,$u=0$,无滑移;管轴处,$y=r_0$,$l=0$,附加切应力等于零,黏性切应力也等于零,$u=u_{\max}$,流速梯度等于零。

7-4-5 黏性底层・光滑壁面・粗糙壁面

为了分析湍流中的流速分布、流动阻力和能量损失,对固体边界附近的湍流现象先做一些介绍。

根据理论分析和实验观测,在湍流中,紧贴固体边界(如管壁)附近,有一层极薄的流层。该流层由于受流体黏性的作用和固体边壁的限制,消除了流体质点的混掺。它的时均流速为线性分布,切应力可由$\tau=\mu\frac{\mathrm{d}u}{\mathrm{d}y}$表示。这一流层称为黏性底层,如图 7-14 所示。在黏性底层外有一很薄的过渡层。过渡层外才是湍流区,该湍流区常称为湍流核心,如图 7-14 所示。

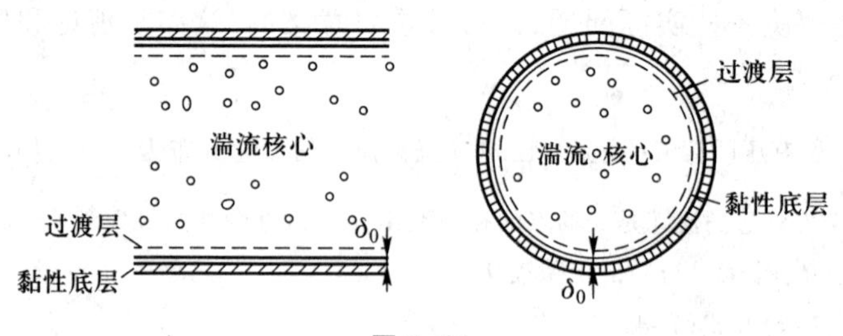

图 7-14

黏性底层的流速分布(例如圆管的)由式(7-15)可知,当 $r\to r_0$ 时,则为

$$u=\frac{\rho gJ}{4\mu}(r_0^2-r^2)=\frac{\rho gJ}{4\mu}(r_0+r)(r_0-r)\approx\frac{\rho gJ}{2\mu}r_0(r_0-r)$$

$$=\frac{\rho gJ}{2\mu}r_0y$$

式中：$y=r_0-r$。由式(7-5)知 $\tau_0=\rho g\frac{r_0}{2}J$，所以上式为

$$u=\frac{\tau_0}{\mu}y \tag{7-48}$$

上式表明，黏性底层的流速分布近似为直线分布。

将上式等号两边都除以 ρ，且由式(7-9)知 $v_*=\sqrt{\frac{\tau_0}{\rho}}$，则可得

$$\frac{u}{v_*}=\frac{yv_*}{\nu} \tag{7-49}$$

黏性底层的厚度 δ_0 通常是很小的。如果忽略过渡层，则如图7-15所示的黏性底层外边界上点 b 的流速，应同时满足黏性底层的流速分布规律和湍流核心的流速分布规律。联立解之，即可得 δ_0。根据尼古拉兹有压圆管流实验资料，图7-16中的曲线①、②、③分别为黏性底层、过渡层、湍流核心的实验曲线；曲线①与③的交点 T 可视为由黏性底层到湍流区的转变点，此处 $\lg\frac{yv_*}{\nu}=1.064$，$\frac{yv_*}{\nu}\approx 11.6$，所以

$$\delta_0=11.6\frac{\nu}{v_*} \tag{7-50}$$

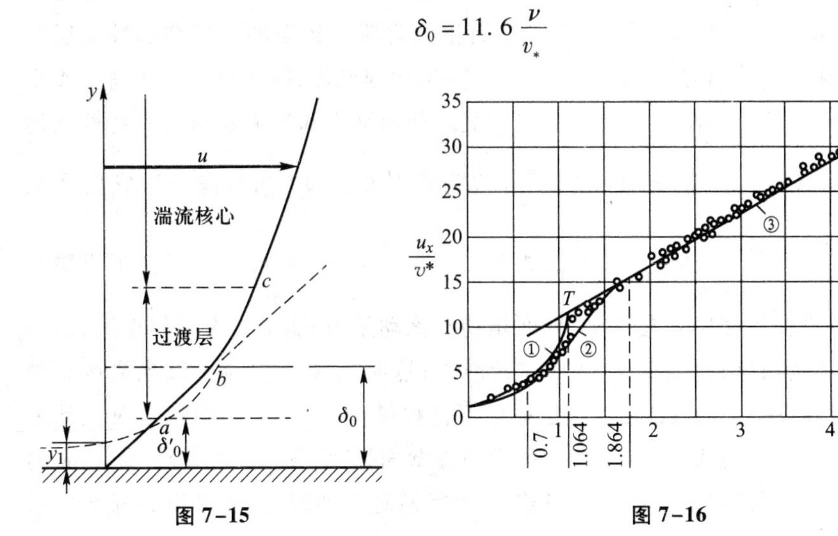

图 7-15　　图 7-16

由式(7-14)知 $v_*=v\sqrt{\frac{\lambda}{8}}$,代入上式得

$$\delta_0=\frac{32.8d}{Re\sqrt{\lambda}} \tag{7-51}$$

式中:d 为圆管直径,Re 为管流的雷诺数,λ 为沿程阻力系数,δ_0 称为黏性底层的理论厚度或名义厚度,它的实际厚度要比理论厚度小一些。上式表明,管径 d 一定后,当流速 v 增大,雷诺数 Re 增大,δ_0 将减小。

根据现在测量的资料表明,图 7-15 中曲线上的点 a 是黏性底层实际厚度 δ_0'的较好界限。图 7-16 中的曲线①与②的交点可视为由黏性底层到过渡层的转变点,该处

$$\lg\frac{y\nu_*}{\nu}=0.7,\quad \frac{y\nu_*}{\nu}\approx 5$$

所以

$$\delta_0'=5\frac{\nu}{v_*} \tag{7-52}$$

过渡层如图 7-15 所示,可视为由曲线上点 a 延伸到点 c。图 7-16 中曲线②与③的交点可视为由过渡层到湍流区的转变点,该处 $\lg\frac{yv_*}{\nu}=1.864$,$\frac{yv_*}{\nu}\approx 70$,所以 $y=70\frac{\nu}{v_*}$。过渡层外的湍流区才是完全湍流。

黏性底层虽然极薄,但对于流动阻力有直接的影响。因为固体壁面总是具有一定的粗糙度,影响着流动阻力。壁面粗糙对流体运动的作用和黏性底层有关。因为粗糙程度很难表示,所以把它概括化和理想化,以凸出的平均高度 Δ 来表示,如图 7-17a 所示,Δ 称为绝对粗糙度。凸出高度和过流断面某一特性几何尺寸(例如圆管半径 r_0)的比值$\left(如\frac{\Delta}{r_0}\right)$称为相对粗糙度(相对糙率);它的倒数$\left(如\frac{r_0}{\Delta}\right)$称为相对光滑度。当 $\Delta<\delta_0'$,如图 7-17b 所示,黏性底层掩盖住了粗糙凸出高度,好像使固体壁面光滑了,壁面粗糙对流动阻力、能量损失不起作用,这样的壁面称为光滑壁面,若为管道则称光滑管;这时的湍流称为湍流光滑区。当 $\Delta>14\delta_0'$,如图 7-17c 所示,黏性底层掩盖不住粗糙凸出高度,壁面粗糙对流动阻力、能量损失影响甚大,这样的壁面称为粗糙壁面,若为管道则称粗糙管;这时的湍流称为湍流粗糙区。当 $\delta_0'<\Delta<14\delta_0'$,壁面粗糙对流动阻力、能量损失开始显示

影响，为湍流过渡区。

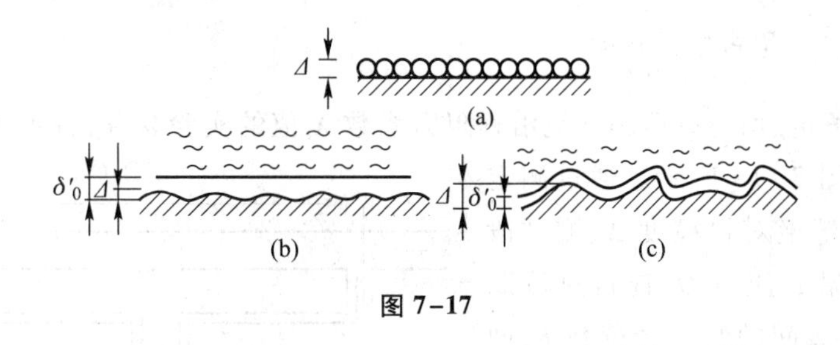

图 7-17

根据以上的讨论，结合式(7-50)、式(7-52)，可得上述三个区的判别标准如下：

$$\left.\begin{array}{l}\text{光滑区}:\Delta<\delta_0',\Delta<0.4\delta_0,Re_*<5\\ \text{过渡区}:\delta_0'<\Delta<14\delta_0',0.4\delta_0<\Delta<6\delta_0,5<Re_*<70\\ \text{粗糙区}:\Delta>14\delta_0',\Delta>6\delta_0,Re_*>70\end{array}\right\}\qquad(7-53)$$

式中：Re_* 称为粗糙雷诺数，$Re_*=\dfrac{\Delta v_*}{\nu}$。

所谓光滑壁面和粗糙壁面，完全是从壁面粗糙是否影响流动阻力、能量损失的观点来分的，并且是有条件的。因为由式(7-50)可以看出，当管径一定后，Re 增大，δ_0 将减小，原来可能是光滑壁面的可变为粗糙壁面。在例 7-5 和例 7-6 中，介绍了有压圆管流黏性底层理论厚度的计算，及其壁面（湍流区）的判别。

§7-5　湍流沿程损失的分析和计算

湍流沿程损失的计算，关键在于如何确定沿程阻力系数 λ 值。由于湍流运动的复杂性，λ 值的确定不可能像层流那样严格地从理论上推导出来。它的研究途径通常有两个：一是用理论和实验相结合的方法，以湍流半经验理论为基础，结合实验结果，整理成半经验公式；二是根据沿程损失的实测资料，综合成沿程阻力系数的经验公式；前者在工程中具有更普遍的意义。为了确定湍流中沿程阻力系数 $\lambda=f\left(Re,\dfrac{\Delta}{d}\right)$ 的变化规律，很多人进行了广泛的实验。1933 年，普朗特的学生尼古拉兹，为了探索沿程阻力系数的变化规律，验证和发展普朗特的湍流半经验理论，在人工均匀砂粒粗糙圆管中进行了系统的沿程阻力系数和断面流速分布的测定工作，称为尼古拉兹实验。

7-5-1 尼古拉兹实验

测定恒定、均匀有压圆管流沿程阻力系数 λ 值的实验装置，各不相同，比较典型的如图 7-18 所示。通过测定管径 d、管壁绝对粗糙度 Δ、测试段长度 l、水温 t、流量 Q、连接过流断面 1-1、2-2 间的测压计读数 h，即求得 v、Re、h_f，因为 $h_f=\lambda\ \dfrac{l}{d}\dfrac{v^2}{2g}$，所以可求得一定管径 d、绝对粗糙度 Δ、雷诺数 Re 情况下的沿程阻力系数 λ 值。在这类实验中，壁面粗糙是一个不易测量、不易表示的因素。为了避免这个困难，尼古拉兹采用了人工粗糙的方法，即用颗粒大小一样的砂粒黏附在管道内壁上。这样粗糙的特性可认为是一致的，砂粒直径可用来表示绝对粗糙度 Δ。尼古拉兹对不同管径、不同砂粒径所作的实验结果，绘制在对数坐标纸上，如图 7-19 所示。它的实验范围很广，壁面相对粗糙度 $\dfrac{\Delta}{r_0}$ 的范围为 $\dfrac{1}{507}\sim\dfrac{1}{15}$，雷诺数 Re 的范围为 $600\sim10^6$，包括层流在内。下面对实验结果进行分析，以此来说明沿程阻力系数 λ 的变化情况。

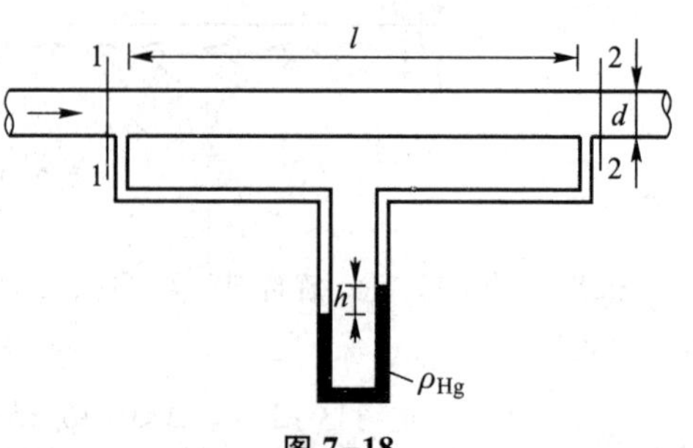

图 7-18

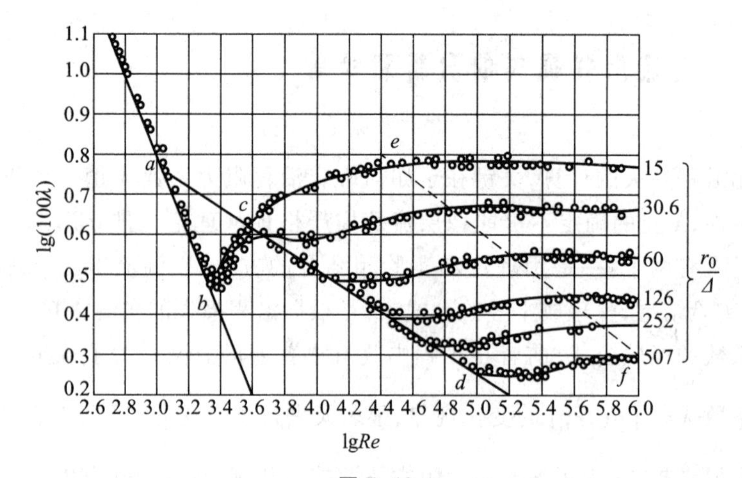

图 7-19

根据 λ 值变化的特征，图中曲线可分为五个区域。

（1）层流区（ab 线）。当 $Re<2\ 000$，不同管径、不同相对粗糙度所得的实验点，都在 ab 线上。它表明 λ 值仅与 Re 有关，而与 $\dfrac{\Delta}{r_0}$ 无关，$\lambda=f_1(Re)=\dfrac{64}{Re}$。因为 $\lambda\propto\dfrac{1}{Re}\propto\dfrac{1}{v}$，所以 $h_f\propto v$，即沿程损失和断面平均流速的一次方成正比，这与§7-3 中用严格的理论推导得出的结论是一致的。ab 线和 bc 线的相交处，在图的横坐标上是 $\lg Re\approx3.3$，即 $Re=2\ 000$；说明对于不同管径大小和 $\dfrac{\Delta}{r_0}$ 的平直有压圆管均匀流的下临界雷诺数 Re_{cr} 是相同的。

（2）流态过渡区，又称第一过渡区（bc 线）。当 $Re=2\ 000\sim4\ 000$，所有的实验点都在 bc 线附近。它表明 λ 值仅与 Re 有关，随 Re 的增大而增大，$\lambda=f_2(Re)$。该区为层流与湍流相互转变的过渡区，由于它的雷诺数 Re 的范围很窄，实用意义不大，人们对它的研究亦不多。

（3）湍流光滑区（cd 线）。当 $Re>4\ 000$，为湍流，不同相对粗糙度 $\dfrac{\Delta}{r_0}$ 的实验点，起初的都集中在 cd 线上。它表明 λ 值仅与 Re 有关，而与 $\dfrac{\Delta}{r_0}$ 无关，$\lambda=f_3(Re)$。该区湍流的黏性底层厚度 δ_0' 大于壁面的粗糙凸出高度（绝对粗糙度）Δ，即 $\delta_0'>\Delta$。

（4）湍流过渡区，又称第二过渡区，即为 cd 线和 ef 线所包围的区域。不同相对粗糙度 $\dfrac{\Delta}{r_0}$ 的实验点在该区已脱离湍流光滑区 cd 线，各自独立成一条波状曲线。它表明 λ 值既与 Re 有关，又与 $\dfrac{\Delta}{r_0}$ 有关，$\lambda=f_4\left(Re,\dfrac{\Delta}{r_0}\right)$。该区湍流的 $\delta_0'<\Delta<14\delta_0'$，壁面粗糙开始对 λ 值有影响。该区影响 λ 值的因素很多，且人工粗糙管道的 λ 变化规律和工程中实际使用的管道（实用管道）的 λ 变化规律不一样。

（5）湍流粗糙区，又称阻力平方区或自模区，即为 ef 线右边的区域。不同相对粗糙度 $\dfrac{\Delta}{r_0}$ 的实验点，在该区分别落在相应的平行于横坐标轴的直线上。它表明 λ 值与 Re 无关，仅与 $\dfrac{\Delta}{r_0}$ 有关，$\lambda=f_5\left(\dfrac{\Delta}{r_0}\right)$。由于该区的沿程损失和断面平均流速的平方成正比，所以又称阻力平方区。该区内的湍流运动，即使 Re 不同，只要几何相似、边界性质（条件）相同，即可达到阻力相似，自动保证模型流和原型流的相似，因而又称自模区。该区 $\Delta>14\delta_0'$，壁面粗糙对 λ 值的影响甚大。

尼古拉兹实验虽然是在人工粗糙管中完成的，不能完全用于实用管道。但是，尼古拉兹实验具有重要的意义，他全面揭示了 λ 值的变化规律，为补充普朗特理论，推导湍流的半经验公式提供了可靠的依据。

1938 年，蔡克士大（ЗегждаАП）在人工砂粒粗糙的矩形明渠中进行了 λ 值的实验，得出了与尼古拉兹实验相似的曲线，如图 7-20 所示。图中雷诺数为 $Re=\frac{vR}{\nu}$，R 为水力半径，$\frac{R}{\Delta}$为相对光滑度。

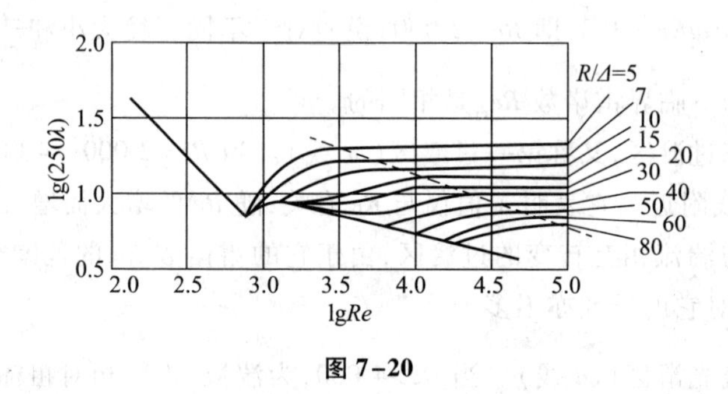

图 7-20

下面分别介绍湍流光滑区、湍流粗糙区的 λ 值的确定。

7-5-2 湍流光滑区沿程阻力系数的确定

为了确定 $\lambda=f(Re)$ 的函数关系，先得求出过流断面上的流速分布。光滑管中的全部流动可分为两部分：黏性底层和湍流核心，如图 7-21 所示。黏性底层的流速分布应是抛物线，因该层极薄，可近似地视为直线，即为式（7-48）、式（7-49），分别为 $u=\frac{\tau_0 y}{\mu}$及$\frac{u}{v_*}=\frac{yv_*}{\nu}$。

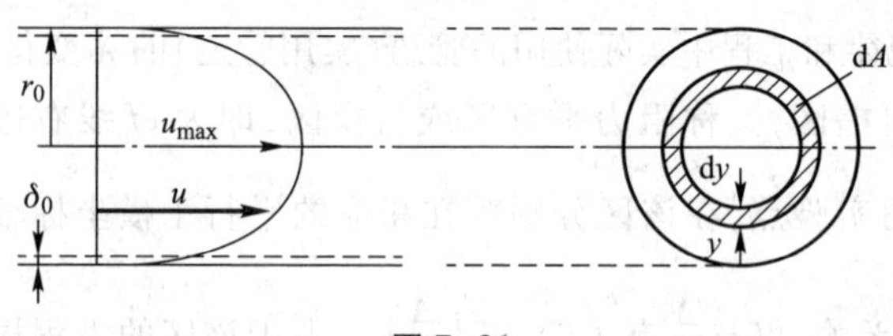

图 7-21

在湍流核心区，流速分布应是对数曲线，为式（7-47），即

$$u=\frac{1}{k}v_*\ln y+C$$

该式可改写为

$$u=v_*\left(\frac{1}{k}\ln y+C'\right) \tag{7-54}$$

由于 v_* 具有流速的量纲，所以上式等号右边括号内必须为量纲一的数。令 $C'=C_1-\frac{1}{k}\ln\frac{\nu}{v_*}$，代入上式得

$$u=v_*\left(\frac{1}{k}\ln\frac{yv_*}{\nu}+C_1\right) \tag{7-55}$$

上式即可满足括号内各项为量纲一的数的要求，式中常数 C_1，根据流动边界条件，由实验确定。如前所述，图 7-16 是根据尼古拉兹实验资料绘制的。由图可知黏性底层和湍流核心相交处（T 点）的边界条件是 $\lg\frac{yv_*}{\nu}=1.064$，$\frac{yv_*}{\nu}=11.6$。

由式(7-49)知$\frac{u}{v_*}=\frac{yv_*}{\nu}$，取 $k=0.4$，一并代入式(7-55)，得$\frac{u}{v_*}=11.6=2.5\ln 11.6+C_1$，所以，$C_1\approx5.5$。代入式(7-55)，得流速分布公式为

$$u=v_*\left(2.5\ln\frac{yv_*}{\nu}+5.5\right) \tag{7-56}$$

因为 $\ln x=2.3\lg x$，所以上式可写为

$$u=v_*\left(5.75\lg\frac{yv_*}{\nu}+5.5\right) \tag{7-57}$$

在得到上式前，有人已经提出了有压圆管流过流断面上流速分布的指数公式，即

$$u=u_{\max}\left(\frac{y}{r_0}\right)^n \tag{7-58}$$

式中：$u_{\max}$ 为管轴处的最大流速，n 为随 Re 变化的指数。当 $Re<10^5$ 时，$n=\frac{1}{7}$，则上式就称为流速分布的七分之一次方定律，它由卡门导出。当 $Re>10^5$ 时，n 采用$\frac{1}{8}$或$\frac{1}{9}$或$\frac{1}{10}$等，可获得更为准确的结果。

图 7-16，综合表示了光滑管流过流断面上的速度分布，图中的曲线①即为式(7-49)，直线③即为式(7-57)。

为了求得沿程阻力系数，需求出断面平均流速。因为黏性底层很薄，在计算流量时可略去不计；取一半径为 r_0-y，径向宽度为 $\mathrm{d}y$ 的微小环形面积，如图 7-21 所示；则得断面平均流速为

$$v=\frac{\int_A u\mathrm{d}A}{A}=\frac{1}{\pi r_0^2}\int_0^{r_0}v_*\left(2.5\ln\frac{yv_*}{\nu}+5.5\right)\times 2\pi(r_0-y)\,\mathrm{d}y$$

$$=v_*\left(2.5\ln\frac{r_0v_*}{\nu}+1.75\right) \tag{7-59}$$

或

$$v=v_*\left(5.75\lg\frac{r_0v_*}{\nu}+1.75\right) \tag{7-60}$$

由式(7-14)知，$\frac{v_*}{v}=\sqrt{\frac{\lambda}{8}}$，则

$$\frac{r_0v_*}{\nu}=\frac{1}{2}\frac{vdv_*}{\nu v}=\frac{1}{2}\frac{vd}{\nu}\sqrt{\frac{\lambda}{8}}=Re\frac{\sqrt{\lambda}}{4\sqrt{2}}$$

将此关系式代入上式，可得

$$\frac{1}{\sqrt{\lambda}}=2.03\lg(Re\sqrt{\lambda})-0.9 \tag{7-61}$$

如果将上式在以$\frac{1}{\sqrt{\lambda}}$为纵坐标、$\lg(Re\sqrt{\lambda})$为横坐标的坐标系中绘出，应为一直线。由图7-22可以看出，上式等号右边的常数分别改为2和0.8，则与实验结果符合得更好。因此，光滑区的λ公式为

$$\frac{1}{\sqrt{\lambda}}=2\lg(Re\sqrt{\lambda})-0.8 \tag{7-62}$$

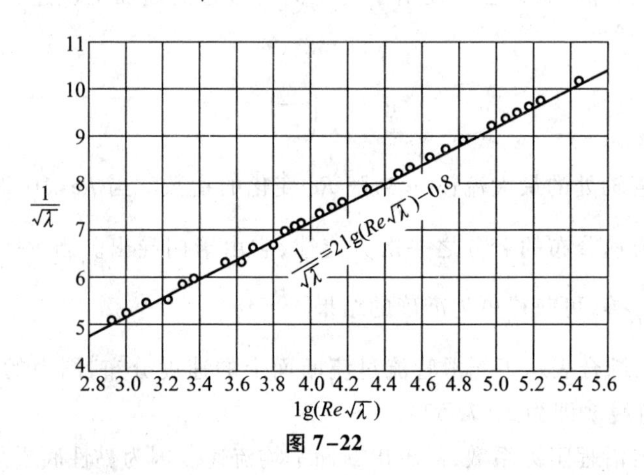

图7-22

计算光滑区沿程阻力系数λ的公式，还有一个比较常用的布拉休斯(Blasius H)公式(1913年)为

$$\lambda=\frac{0.3164}{Re^{1/4}} \tag{7-63}$$

根据实验资料表明，上式适用于湍流光滑区 $Re<10^5$ 的情况，沿程损失和断面平均流速的1.75次方成正比。由于上式简单，计算方便，因此得到广泛应用。上式实际上可根据管流过流断面上速度分布为式(7-58)的 $u=u_{max}\left(\frac{y}{r_0}\right)^{1/7}$ 求得。

前面所介绍的湍流光滑区的计算公式，不适用于圆管进口段，在实验和工程计算中要注意，并采取与层流相类似的方法处理。湍流时，进口段 $L'=(25\sim50)d$，式中 d 为管径。

例 7-5 设有一恒定有压均匀管流，已知管径 $d=200$ mm，绝对粗糙度 $\Delta=0.2$ mm，水的运动黏度 $\nu=0.15\times10^{-5}$ m²/s，流量 $Q=0.005$ m³/s。试求管流的沿程阻力系数 λ 值和每米管长的沿程损失 h_f。

解：首先判别流态。

$$v=\frac{Q}{A}=\frac{4Q}{\pi d^2}=\frac{4\times0.005}{\pi\times(0.2)^2}\ \text{m/s}=0.16\ \text{m/s}$$

$$Re=\frac{vd}{\nu}=\frac{0.16\times0.2}{0.15\times10^{-5}}=21\ 333>2\ 000\quad(\text{为湍流})$$

假设流动为湍流光滑区，按 $\frac{1}{\sqrt{\lambda}}=2\lg(Re\sqrt{\lambda})-0.8$ 计算 λ 值。用试算法得 $\lambda\approx0.025$。

黏性底层厚度

$$\delta_0=\frac{32.8d}{Re\sqrt{\lambda}}=\frac{32.8\times200}{21\ 333\times\sqrt{0.025}}\ \text{mm}=1.95\ \text{mm}$$

$$\frac{\Delta}{\delta_0}=\frac{0.2}{1.95}=0.1<0.4$$

为湍流光滑区，与上述假设的流动一致。

$$h_f=\lambda\frac{l}{d}\frac{v^2}{2g}=0.025\times\frac{1}{0.2}\times\frac{(0.16)^2}{2\times9.8}\ \text{m}=1.63\times10^{-4}\ \text{m}$$

因为 $Re<10^5$，亦可按布拉休斯公式(7-63)计算 λ 值。

$$\lambda=\frac{0.3164}{Re^{1/4}}=\frac{0.3164}{21\ 333^{1/4}}=0.026$$

$$\delta_0=\frac{32.8d}{Re\sqrt{\lambda}}=\frac{32.8\times200}{21\ 333\times\sqrt{0.026}}\ \text{mm}=1.91\ \text{mm}$$

$\frac{\Delta}{\delta_0}=\frac{0.2}{1.91}=0.11<0.4$，为湍流光滑区，符合布拉休斯公式适用的条件。

$$h_f=0.026\times\frac{1}{0.2}\times\frac{(0.16)^2}{2\times9.8}\ \text{m}=1.70\times10^{-4}\ \text{m}$$

由上计算可知，在湍流光滑区，用布拉休斯公式计算 λ 值较方便。

7-5-3 湍流粗糙区沿程阻力系数的确定

粗糙管中的流动，因黏性底层远小于粗糙凸出高度，所以，全部流动可视为是湍流核心，流速分布公式(7-54)仍适用。类似于对湍流光滑区的讨论。因壁面粗糙凸出高度Δ应是影响流速分布的主要因素，所以令$C'=C_2-\frac{1}{k}\ln\Delta$，代入式(7-54)后，等号右边括号内的两项可变为量纲一的数，得

$$u=v_*\left(\frac{1}{k}\ln\frac{y}{\Delta}+C_2\right) \tag{7-64}$$

根据尼古拉兹实验资料，由图7-23可得$C_2=8.5$，并将$k=0.4$一并代入上式，得流速分布公式为

$$u=v_*\left(2.5\ln\frac{y}{\Delta}+8.5\right) \tag{7-65}$$

或

$$u=v_*\left(5.75\lg\frac{y}{\Delta}+8.5\right) \tag{7-66}$$

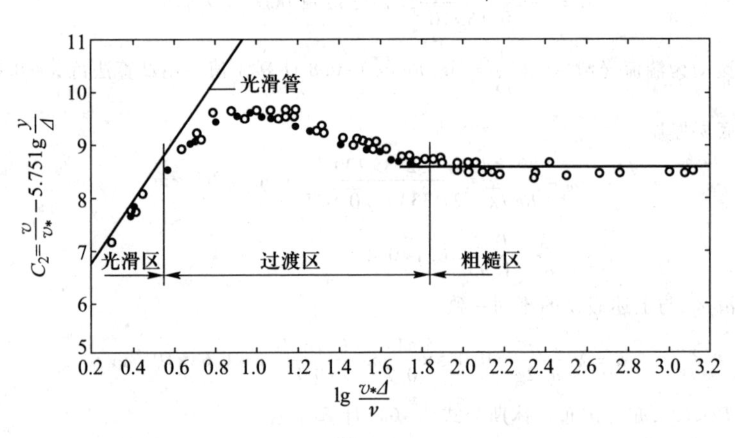

图 7-23

断面平均流速

$$v=\frac{\int_A u\mathrm{d}A}{A}=\frac{\int_0^{r_0}v_*\left(2.5\ln\frac{y}{\Delta}+8.5\right)2\pi(r_0-y)\mathrm{d}y}{\pi r_0^2}$$

所以

$$v=v_*\left(2.5\ln\frac{r_0}{\Delta}+4.75\right) \tag{7-67}$$

或

$$v=v_*\left(5.75\lg\frac{r_0}{\Delta}+4.75\right) \tag{7-68}$$

因$\frac{v_*}{v}=\sqrt{\frac{\lambda}{8}}$,代入上式可得

$$\frac{1}{\sqrt{\lambda}}=2.03\ \lg\frac{r_0}{\Delta}+1.68 \tag{7-69}$$

如果将上式在以$\frac{1}{\sqrt{\lambda}}$为纵坐标、$\lg\frac{r_0}{\Delta}$为横坐标的坐标系中绘出,应为一直线。由图 7-24 可以看出,上式等号右边的常数改为 2 和 1.74,则与实测结果符合得更好。因此,粗糙区的 λ 公式为

$$\frac{1}{\sqrt{\lambda}}=2\lg\frac{r_0}{\Delta}+1.74 \tag{7-70}$$

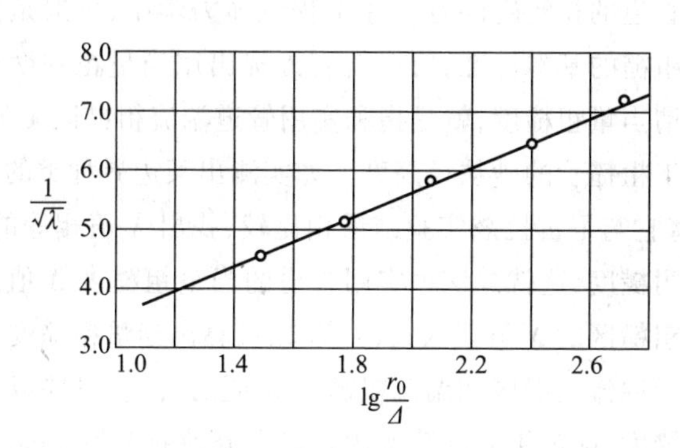

图 7-24

人工粗糙管道的湍流过渡区的沿程阻力系数 λ 的变化规律与实用管道不同,在此不做介绍了。

例 7-6 设在例 7-5 中,试求当流量 $Q=0.4\ \mathrm{m^3/s}$ 时,管流的沿程阻力系数 λ 值和每米管长的沿程损失 h_f。

解:

$$v=\frac{Q}{A}=\frac{4Q}{\pi d^2}=\frac{4\times0.4}{\pi\times(0.2)^2}\ \mathrm{m/s}=12.73\ \mathrm{m/s}$$

$Re=\frac{vd}{\nu}=\frac{12.73\times0.2}{0.15\times10^{-5}}=1\ 697\ 333>2\ 000$,为湍流。

假设流动为湍流粗糙区，按式(7-70)计算 λ 值。

$$\frac{1}{\sqrt{\lambda}}=2\lg\frac{r_0}{\Delta}+1.74=2\lg\frac{100}{0.2}+1.74=7.14,\quad \lambda\approx0.02$$

$$\delta_0=\frac{32.8d}{Re\sqrt{\lambda}}=\frac{32.8\times200}{1\ 697\ 333\sqrt{0.02}}\ \text{mm}=0.027\ \text{mm}$$

$$\frac{\Delta}{\delta_0}=\frac{0.2}{0.027}=7.4>6$$

为湍流粗糙区，与上述假设的流动一致。

$$h_f=\lambda\frac{l}{d}\frac{v^2}{2g}=0.02\times\frac{1}{0.2}\times\frac{(12.73)^2}{2\times9.8}\ \text{m}=0.83\ \text{m}$$

与例 7-5 相比较，当管径一定后，Re 增大，δ_0 减小，原来是光滑壁面变为粗糙壁面，沿程损失 h_f 增大了。

7-5-4 实用管道沿程阻力系数的确定

在工程中实际使用的管道，它的内壁粗糙特性是不同于人工粗糙的，且其绝对粗糙度亦很难测量。为了使上面介绍的计算 λ 值的公式能用于实用管道，需解决如何来量度实用管道的粗糙度问题。在工程流体力学中，一般是把尼古拉兹的人工粗糙作为量度粗糙的基本标准，所以就有人提出用当量粗糙度来表征实用管道的粗糙特性。所谓当量粗糙度，就是指和实用管道湍流粗糙区 λ 值相等的、管径相同的尼古拉兹人工粗糙管的砂粒径高度。如实测出某边界种类的实用管道在湍流粗糙区的 λ 值，将它与尼古拉兹实验结果相比较，找出 λ 值相等的、管径相同的人工粗糙管的绝对粗糙度，这就是该种实用管道的当量粗糙度 Δ 值。也可以把测得的实用管道湍流粗糙区的 λ 值代入式(7-70)，反算出当量粗糙度 Δ 值。上面介绍的计算人工粗糙管湍流光滑区和湍流粗糙区 λ 值的公式，只要以当量粗糙度代替公式中的绝对粗糙度，即可用来计算实用管道中流动的 λ 值。随着新材料、新工艺技术的不断发展，管道材料的品种、规格愈来愈多。一些实用管道的当量粗糙度 Δ 值，列于表 7-1，供计算时参考选用，详细的可查阅有关规范手册。

表 7-1 实用管道当量粗糙度 Δ 值

序号	边界种类	当量粗糙度 Δ 值/mm
1	钢板制风管	0.15（引自全国通用通风管道计算表）
2	塑料板制风管	0.10（引自全国通用通风管道计算表）
3	铁丝网抹灰风道	10～15（以下引自采暖通风设计手册）
4	胶合板风道	1.0

续表

序号	边界种类	当量粗糙度 Δ 值/mm
5	干净不锈钢管、铅管、铜管、玻璃管	0.001 5～0.01（以下引自莫迪当量粗糙度图等）
6	镀锌钢管、白铁皮管	0.15
7	铸铁管	0.25
8	混凝土管	0.3～3

对于湍流过渡区来讲，实用管道和人工粗糙管道 λ 值的变化规律有很大差异，如图 7-25 所示。由图可知实用管道的过渡区在 $Re_* = \dfrac{v_* \Delta}{\nu} = 0.3$ 时，就开始了，结束和尼古拉兹实验数据差不多；它的湍流阻力区的判别标准是：光滑区，$Re_* \leqslant 0.3$；过渡区，$0.3 < Re_* \leqslant 70$；粗糙区，$Re_* > 70$。在实用管道中，过渡区的 λ 值随 Re_* 的增大而减小；而在人工粗糙管中，则随 Re_* 的增大而有一回升。至于引起上述差异的原因，目前还没有很满意的解释。一般认为造成这种差异的原因在于两种管道粗糙均匀性的不同。在实用管道中，粗糙是不均匀的。当黏性底层比当量粗糙度还大很多时，壁面上的最大糙粒就将提前对湍流核心内的流动产生影响，使 λ 值开始与 $\dfrac{\Delta}{r_0}$ 有关，实验曲线也就较早地偏离开光滑管区，提前多少则取决于不均匀粗糙中最大糙粒高度的大小。随着 Re_* 的增大，黏性底层越来越薄，对湍流核心内的流动产生影响的糙粒越来越多，因而粗糙的作用是逐渐增加的。而在人工粗糙管中，粗糙则是均匀的，其作用几乎是同时发生的，因而实验曲线较迟地偏离光滑管区。当黏性底层的厚度开始小于糙粒高度之后，全部糙粒开始直接显露在湍流核心内，促使产生强烈的旋涡，其显露部分随 Re_* 的增大而不断加大，因而粗糙的作用较急剧地增加，沿程损失急剧上升，实验曲线出现回升。这就是尼古拉兹实验中湍流过渡区曲线产生上升的原因。1938 年，柯列勃洛克（Colebrook C F）根据实用管道的实验结果，提出了湍流过渡区的沿程阻力系数 λ 值的计算公式为

$$\frac{1}{\sqrt{\lambda}} = -2\lg\left(\frac{\Delta}{3.7d} + \frac{2.51}{Re\sqrt{\lambda}}\right) \tag{7-71}$$

式中：Δ 为实用管道的当量粗糙度，上式称为柯列勃洛克公式。上式可由光滑区公式（7-62）和粗糙区公式（7-70）组合成。

因为

$$\frac{1}{\sqrt{\lambda}}=2\lg(Re\sqrt{\lambda})-0.8=2\lg\left(\frac{Re\sqrt{\lambda}}{2.51}\right) \tag{1}$$

$$\frac{1}{\sqrt{\lambda}}=2\lg\frac{r_0}{\Delta}+1.74=2\lg\left(3.7\frac{d}{\Delta}\right) \tag{2}$$

将式(1)、(2)等号右边相加得式(7-71)等号右边。当 Re 较小时,若式(7-71)中括号内的第一项相对于第二项可略去不计,即为光滑区公式;当 Re 很大时,若式(7-71)中括号内的第二项相对于第一项可略去不计,即为粗糙区公式;若式(7-71)中括号内两项都要考虑,即为过渡区 λ 值的变化规律。式(7-71)适用于光滑区、过渡区、粗糙区,所以又称湍流沿程阻力系数的综合公式。

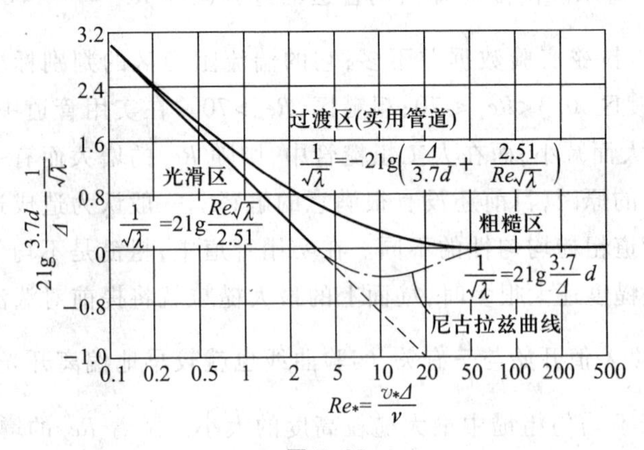

图 7-25

用式(7-71)计算 λ 值比较麻烦,需经几次迭代才能得出结果。为了节省计算工作量,1944 年,莫迪(Moody L F),在式(7-71)和实用管道当量粗糙度的基础上,绘制了 λ、Re 和 $\frac{\Delta}{d}$ 之间的关系图,称为莫迪图,如图 7-26 所示。根据 Re、$\frac{\Delta}{d}$,可直接由图中查得 λ 值。柯氏公式和莫迪图在国内外得到广泛的应用,它们在我国采暖通风等工程设计中被采用。

在我国,窦国仁等从事湍流研究,取得了重要成果,提出了适用于湍流各区的统一阻力系数公式。

1953 年,舍维列夫(ШевелевФА)根据钢管和铸铁管的实测资料,提出了计算湍流过渡区和粗糙区的沿程阻力系数的公式。对旧钢管和旧铸铁管来讲,湍

流过渡区（即 $v<1.2$ m/s，水温 283 K）为

$$\lambda=\frac{0.0179}{d^{0.3}}\left(1+\frac{0.867}{v}\right)^{0.3} \tag{7-72}$$

对于湍流粗糙区（即 $v\geqslant 1.2$ m/s）为

$$\lambda=\frac{0.021}{d^{0.3}} \tag{7-73}$$

式中：d 为管径，以 m 计；v 为断面平均流速，以 m/s 计。上两式等号两边的量纲不一致，应采用所规定的单位。

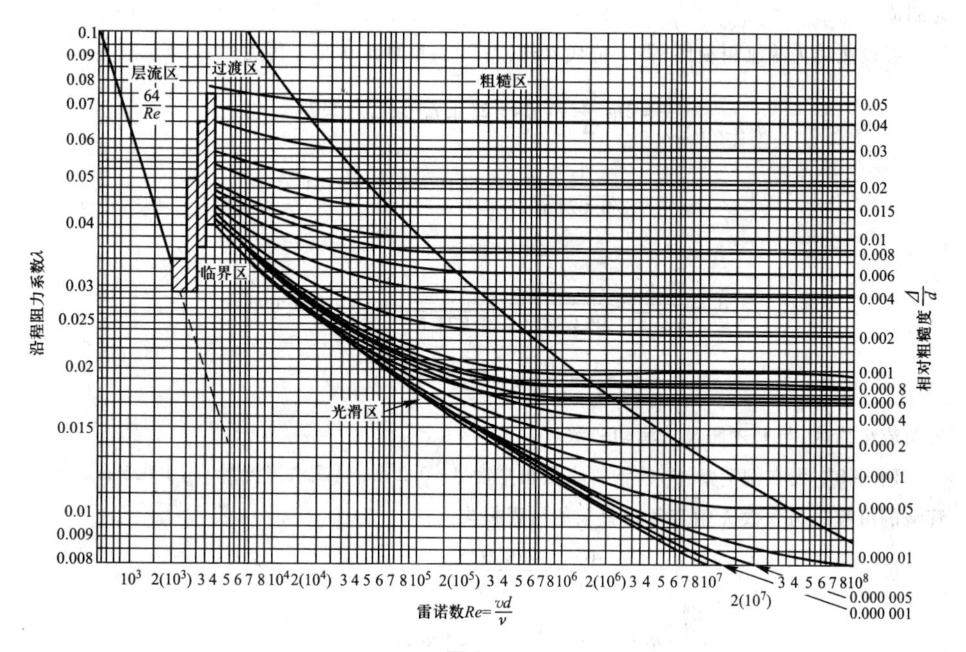

图 7-26

舍维列夫公式在我国给水排水工程设计中被采用。该式是对旧管的计算公式，对于新管亦按此式计算，这是因为新管使用后会发生锈蚀和沉垢。

例 7-7　设测定管流的沿程阻力系数和当量粗糙度的实验装置，水平放置，如图 7-18所示。已知管径 $d=200$ mm，测试段管长 $l=10$ m，水温 $t=20$ ℃，流量 $Q=0.15\ \text{m}^3/\text{s}$，水银压差计读数 $h=0.1$ m。试求沿程阻力系数 λ 值和管道当量粗糙度 Δ 值。

解：因为 $h_f=\lambda\dfrac{l}{d}\dfrac{v^2}{2g}$，所以 $\lambda=\dfrac{2gh_fd}{v^2l}$

$$v=\frac{Q}{A}=\frac{4Q}{\pi d^2}=\frac{4\times 0.15}{\pi\times(0.2)^2}\ \text{m/s}=4.78\ \text{m/s}$$

$$h_f=\frac{p_1-p_2}{\rho g}=\frac{(\rho_{Hg}-\rho)h}{\rho}=12.6\ h$$

所以

$$\lambda=\frac{2\times9.8\times12.6\times0.1\times0.2}{(4.78)^2\times10}=0.021\ 6$$

$Re=\frac{vd}{\nu}$,由表 1-1 查得 $\nu=1.003\times10^{-6}\ m^2/s$。所以

$$Re=\frac{4.78\times0.2}{1.003\times10^{-6}}=953\ 141>2\ 000$$

为湍流。

假设流动为湍流粗糙区,将 λ 值代入式(7-70),反算出 Δ 值。因为

$$\frac{1}{\sqrt{\lambda}}=2\lg\frac{r_0}{\Delta}+1.74=2(\lg r_0-\lg\Delta)+1.74$$

$$\frac{1}{\sqrt{0.021\ 6}}=2(\lg 100-\lg\Delta)+1.74$$

所以

$$\Delta=0.30\ mm$$

$$\delta_0=\frac{32.8d}{Re\sqrt{\lambda}}=\frac{32.8\times200}{953\ 141\times\sqrt{0.021\ 6}}\ mm=0.047\ mm$$

$$\frac{\Delta}{\delta_0}=\frac{0.3}{0.047}=6.38>6$$

为湍流粗糙区,与上述假设的流动一致。

例 7-8 设在例 7-5 中,铸铁管当量粗糙度 $\Delta=0.2$ mm。试求当流量 $Q=0.025\ m^3/s$ 时,管流的沿程阻力系数 λ 值和每米管长的沿程损失 h_f。

解:

$$v=\frac{Q}{A}=\frac{4Q}{\pi d^2}=\frac{4\times0.025}{\pi\times(0.2)^2}\ m/s=0.80\ m/s$$

$$Re=\frac{vd}{\nu}=\frac{0.80\times0.2}{0.15\times10^{-5}}=106\ 667>2\ 000$$

为湍流。

假设流动为湍流过渡区,按式(7-71)计算 λ 值。

$$\frac{1}{\sqrt{\lambda}}=-2\lg\left(\frac{\Delta}{3.7d}+\frac{2.51}{Re\sqrt{\lambda}}\right)=-2\lg\left(\frac{0.2}{3.7\times200}+\frac{2.51}{106\ 667\sqrt{\lambda}}\right)$$

用迭代试算法得 $\lambda=0.022$。

$$\delta_0=\frac{32.8d}{Re\sqrt{\lambda}}=\frac{32.8\times200}{106\ 667\times\sqrt{0.022}}\ mm=0.42\ mm$$

$$\frac{\Delta}{\delta_0}=\frac{0.2}{0.42}=0.48,\quad 0.4\delta_0<\Delta<6\delta_0$$

为湍流过渡区,与上述假设的流动一致。

$$h_f=\lambda\frac{l}{d}\frac{v^2}{2g}=0.022\times\frac{1}{0.2}\times\frac{(0.80)^2}{2\times9.8}\ \mathrm{m}=3.59\times10^{-3}\ \mathrm{m}$$

亦可由莫迪图 7-26 查得 λ 值。因为 $Re=106\ 667$，$\frac{\Delta}{d}=\frac{0.2}{200}=0.001$，由图查得 $\lambda\approx0.022$。

7-5-5　非圆形管道沿程损失的计算

在工程中亦常遇到非圆形有压管流沿程损失的计算问题。例如通风系统中的风道，有许多是矩形的。为了使能应用上述圆形有压管流的计算公式、图表等，引入了当量直径的概念。因为水力半径 $R=\frac{A}{\chi}$，是综合反映了过流断面大小和几何形状对流动影响（包括沿程损失等）的物理量；如果非圆形管道的水力半径等于某圆管的水力半径，在其他条件（如流速、管长等）相同时，可以认为这两个管道的沿程损失是相等的，这时水力半径相等的圆管直径，就为该非圆形管道的当量直径 d_e。令非圆形管道的水力半径为 R，圆管的水力半径 $R=\frac{d}{4}$，则得当量直径为

$$d_e=4R \tag{7-74}$$

矩形断面管道的边长分别为 a 和 b，水力半径 $R=\frac{A}{\chi}=\frac{ab}{2(a+b)}$，当量直径 $d_e=\frac{2ab}{a+b}$；方形断面管道的边长为 a，水力半径 $R=\frac{a}{4}$，当量直径 $d_e=a$。实验表明：当流体在非圆形（如矩形、方形、三角形、圆环等断面形式）管道中流动时，沿程损失（包括雷诺数、流态判别、相对粗糙度、沿程阻力系数等）仍可按上述圆形管道的诸公式和图表计算，式中的圆管直径须用非圆形管道的当量直径来代替。

应当指出，应用当量直径计算非圆形管道的沿程损失，并不适用于所有情况。实验表明，对于湍流来讲，非圆形断面形状越接近圆形，计算误差越小；反之，其误差越大。这是由于非圆形管道断面的切应力沿固体壁面的不均匀所造成。所以在应用当量直径进行计算时，矩形断面的长边最大不应超过短边的 8 倍。三角形断面、椭圆形断面应用当量直径计算结果，则较接近。对于层流来讲，因为层流的流速分布不同于湍流，沿程损失不像湍流那样集中在管壁附近；所以，单纯用湿周大小来作为影响能量损失的主要外部因素，对层流来讲就不充分了，因而用当量直径来计算非圆形管道层流的沿程损失，将会造成较大误差。

例 7-9 设空气在矩形钢板风管中作恒定均匀流动。已知风管断面尺寸 $a\times b=400\ \mathrm{mm}\times 200\ \mathrm{mm}$，长 $l=80\ \mathrm{m}$，风管内平均流速 $v=10\ \mathrm{m/s}$，空气温度 $t=20\ ℃$。试求沿程压强损失 p_f。

解：由式(7-74)得

$$d_e=\frac{2ab}{a+b}=\frac{2\times400\times200}{400+200}\ \mathrm{mm}=267\ \mathrm{mm}$$

由表 1-2 查得 $t=20\ ℃$时，$\nu=1.50\times10^{-5}\ \mathrm{m^2/s}$，$\rho\approx1.205\ \mathrm{kg/m^3}$，则

$$Re=\frac{vd_e}{\nu}=\frac{10\times0.267}{1.5\times10^{-5}}=178\ 000>2\ 000$$

为湍流。

由表 7-1 查得钢板制风管的当量粗糙度 $\Delta=0.15\ \mathrm{mm}$。$\frac{\Delta}{d_e}=\frac{0.15}{267}=5.62\times10^{-4}$。由莫迪图 7-26 查得 $\lambda=0.019\ 5$。所以

$$p_f=\lambda\frac{l}{d_e}\frac{\rho v^2}{2}=0.019\ 5\times\frac{80}{0.267}\times\frac{1.205\times10^2}{2}\ \mathrm{Pa}=352\ \mathrm{Pa}$$

7-5-6 计算沿程损失的经验公式

早在二百多年前，由于生产发展的需要，人们已在大量实测资料的基础上，总结了计算沿程损失的很多经验公式，有的目前仍广泛地被应用。1775 年，法国工程师谢才总结了明渠均匀流的情况，得出了计算恒定均匀流的公式为

$$v=C\sqrt{RJ}\tag{7-75}$$

式中：C 为谢才系数，是一有量纲的系数，单位为 $\mathrm{m^{\frac{1}{2}}/s}$；$J$ 为水力坡度。上式称为谢才公式，它可改写为

$$h_f=\frac{lv^2}{C^2R}\tag{7-76}$$

上式与式(7-11)实际上是一致的。由上式可知，有了 C 值后，即可由公式计算沿程损失。如果令

$$\lambda=\frac{8g}{C^2}\tag{7-77}$$

或

$$C=\sqrt{\frac{8g}{\lambda}}\tag{7-78}$$

将上式代入式(7-76)即可得式(7-11)。

谢才系数 C 也是反映沿程阻力变化规律的系数，人们根据实测资料提出不

少经验公式来确定。下面介绍常用的两个经验公式，它们只适用于湍流阻力平方区。

（1）曼宁公式

$$C=\frac{1}{n}R^{1/6} \tag{7-79}$$

式中：R 为水力半径，以 m 计；n 为壁面粗糙系数，根据壁面或河渠表面性质及情况确定，表 7-2 可供参考。上式形式简单，与实际符合也较好，因此目前在管流和明渠流的计算中仍被国内外工程界广泛采用。

表 7-2　粗糙系数 n 值

序号	壁面性质及状况	n
1	精致水泥浆抹面，安装及连接良好的新制的清洁铸铁管及钢管，精刨木板	0.011
2	正常情况下无显著水锈的给水管，非常清洁的排水管，最光滑的混凝土面	0.012
3	正常情况的排水管，略有积污的给水管，良好的砖砌体	0.013
4	积污的给水管和排水管，中等情况下渠道的混凝土砌面	0.014
5	良好的块石圬工，旧的砖砌体，比较粗制的混凝土砌面，特别光滑、仔细开挖的岩石面	0.017
6	坚实黏土的渠道，不密实淤泥层（有的地方是中断的）覆盖的黄土、砾石及泥土的渠道，良好养护情况下的大土渠	0.022 5
7	良好的干砌圬工，中等养护情况的土渠，情况极良好的河道（河床清洁、顺直、水流畅通、无塌岸深潭）	0.025
8	养护情况中等标准以下的土渠	0.027 5
9	情况较坏的土渠（如部分渠底有杂草、卵石或砾石、部分岸坡崩塌等），情况良好的天然河道	0.030
10	情况很坏的土渠（如断面不规则，有杂草、块石，水流不畅等），情况较良好的天然河道，但有不多的块石和野草	0.035

（2）巴甫洛夫斯基公式

$$C=\frac{1}{n}R^{y} \tag{7-80}$$

式中：R 为水力半径，以 m 计；n 为壁面粗糙系数，表 7-2 可供参考，指数 y 由下式确定，即

$$y=2.5\sqrt{n}-0.13-0.75\sqrt{R}(\sqrt{n}-0.10) \tag{7-81}$$

或者用近似公式求 y，即

当 $R<1.0$ m 时

$$y=1.5\sqrt{n} \tag{7-82}$$

当 $R>1.0$ m 时

$$y=1.3\sqrt{n} \tag{7-83}$$

巴甫洛夫斯基公式的适用范围为

$$0.1\ \text{m}\leqslant R\leqslant 3.0\ \text{m},\quad 0.011\leqslant n\leqslant 0.04$$

在应用上面两个经验公式计算 C 时，粗糙系数 n 的选择是否恰当对计算结果影响很大，因此要慎重考虑，做些调查研究，必要时要进行现场实测。天然河道的粗糙系数 n 值，常是根据实测水文资料确定；在缺乏这种资料时，才根据表列数据或其他资料加以选用。我国水利、交通等部门，有的已结合地区河流特点提出 n 值，计算时可参考。另外，在应用上面所介绍的谢才公式和计算谢才系数的公式时，需注意各项应采用所规定的单位。

例 7-10 设有一梯形断面的土渠，如图 7-27 所示。已知养护情况中等，渠道底宽 $b=5$ m，水深 $h=2.5$ m，边坡系数 $m=\cot\theta=1$。试用式(7-79)和式(7-80)求谢才系数 C 值。

解：$R=\dfrac{A}{\chi}=\dfrac{bh+mh^2}{b+2h\sqrt{1+m^2}}=\dfrac{5\times2.5+1\times(2.5)^2}{5+2\times2.5\sqrt{1+1^2}}$ m$=1.55$ m。由表 7-2 查得粗糙系数 $n=0.025$。

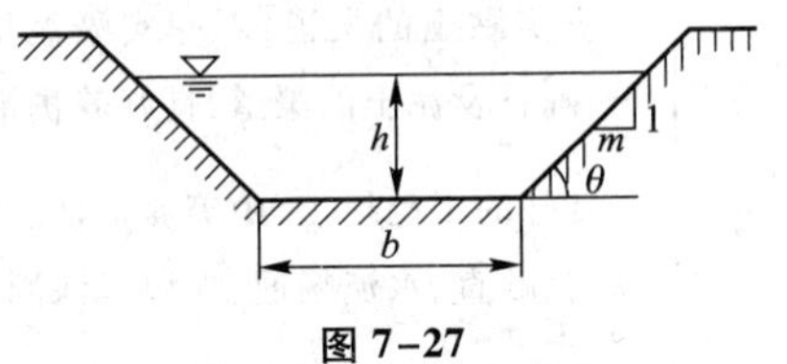

图 7-27

按式(7-79)计算

$$C=\frac{1}{n}R^{1/6}=\frac{1}{0.025}\times(1.55)^{1/6}\ \text{m}^{\frac{1}{2}}/\text{s}$$
$$=43.03\ \text{m}^{\frac{1}{2}}/\text{s}$$

按式(7-80)计算，因

$$\begin{aligned}y&=2.5\sqrt{n}-0.13-0.75\sqrt{R}(\sqrt{n}-0.10)\\&=2.5\sqrt{0.025}-0.13-0.75\sqrt{1.55}(\sqrt{0.025}-0.10)\\&=0.21\end{aligned}$$

$$C=\frac{1}{n}R^{y}=\frac{1}{0.025}\times(1.55)^{0.21}\text{m}^{\frac{1}{2}}/\text{s}=43.86\ \text{m}^{\frac{1}{2}}/\text{s}\approx43.03\ \text{m}^{\frac{1}{2}}/\text{s}$$

如果取 $n=0.030$，按(7-79)计算，得

$$C=\frac{1}{n}R^{1/6}=\frac{1}{0.030}\times(1.55)^{1/6}\text{m}^{\frac{1}{2}}/\text{s}=35.86\ \text{m}^{\frac{1}{2}}/\text{s}<43.03\ \text{m}^{\frac{1}{2}}/\text{s}$$

由此可见，n 值对 C 值的影响较大。

§7-6 局部损失的分析和计算

由于局部阻力和局部损失的成因、规律比较复杂,到目前为止,除了几种情况(如圆管突然扩大)能用理论分析得出计算局部损失的公式外,都是由实验确定。实验表明:局部损失和沿程损失一样,不同的流态遵循不同的规律。如果层流经过局部边界几何条件改变的障碍后仍保持层流,则局部损失也还是由于各流层间的黏性切应力引起的。只是由于边界几何条件的改变,促使流速分布重新调整,流体质点产生剧烈变形,加强了相邻流层间的相对运动,因而加大了这一局部地区的能量损失。层流局部损失系数,有称局部阻力系数仅与雷诺数成反比,即

$$\zeta=\frac{B}{Re} \tag{7-84}$$

式中:B 是随局部障碍的形状而异的常数。由上式可知,层流的局部损失也与断面平均流速的一次方成正比。显然,要使流动经过障碍后仍能保持层流,例如在圆管流时,只有当 Re 远小于 2 000 时才有可能。在实际工程中,大多数是湍流,经过障碍后,致使局部损失已不随 Re 而变化,即局部损失与断面平均流速的二次方成比例。下面主要讨论这种情况的局部损失。

7-6-1 局部损失的分析

流体经过局部障碍有许多情况,因此局部损失就难于做一般的分析。在实际工程中,常遇的有管(或渠)道的弯曲及在其内设置障碍(如闸阀),断面突然扩大或缩小等。下面就几种情况,做一些简单的分析。

管道弯曲段,不仅会出现旋涡区,引起局部损失;还会产生与主流方向正交的流动,称为二次流,这亦增加了局部损失。二次流的产生是因为沿着弯管运动的流体质点具有惯性力,它使弯管外侧(如图 7-28 中的 E 处)的压强增大,内侧(H 处)的压强减小。而弯管左、右两侧(F、G 处)由于靠管壁附近的流速很小,离心力亦小,压强的变化不大。因而沿图 7-28 中的 EFH 和 EGH 方向出现了自外向内的压强坡降。在它的作用下,弯管内产生一对如图所示的二次流(涡流)。这个二次流和主流叠加在一起,使流过弯管的流体质点作螺旋运动,增加了弯管的局部损失。在弯管内形成的二次流,消失较慢,最大影响的长度可超过

50 倍管径。

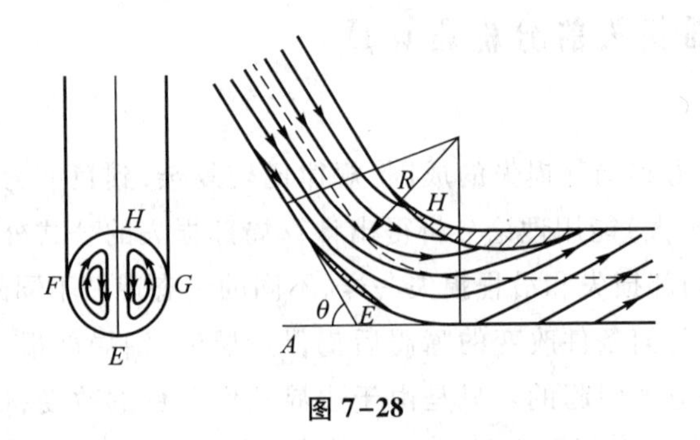

图 7-28

管道断面突然扩大,如图 7-29 所示。流体经过该处,由于惯性力处于支配的地位,流动不能像边壁那样突然转折,因此在边壁突变的地方出现主流与边壁脱离的现象,致使在它们之间形成旋涡区,且这两部分流体质点之间不断进行着交换。由于主流区内流速分布的调整和旋涡区内的流体旋转运动以及这两部分流体质点之间的不断交换,都消耗流体的能量。另外,旋涡区产生的涡体,不断被主流带向下游,将增加下游一定范围内的流体能量损失。所以,局部损失应视为由上述诸能量损失所组成,较沿程损失复杂。

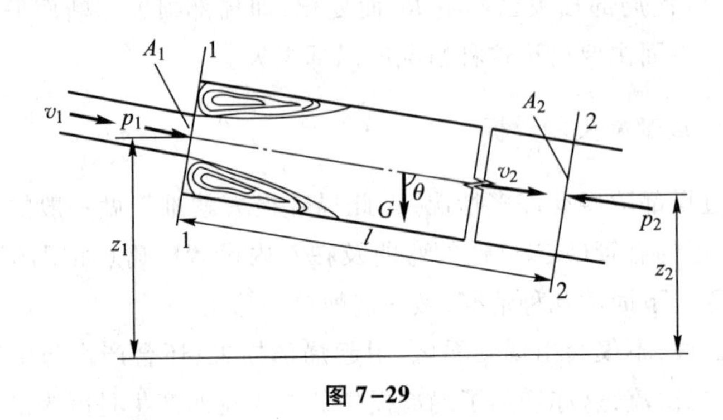

图 7-29

管道断面突然缩小,流体经过该处,在粗管末端有一主流区和旋涡区,以及在细管始端有一类似于断面突然扩大的主流区和旋涡区。粗管末端虽有旋涡区,但范围较小,主流区和旋涡区流体质点之间的交换较弱,所以这部分的能量损失一般较小:能量损失主要是在细管的始端。

7-6-2 局部损失的计算

现讨论圆管突然扩大的局部损失的计算。设取一段有压恒定管流，如图 7-29 所示。取过流断面 1-1 在两管的接合面上，过流断面 2-2 在流体全部扩大后的断面（$l=5\sim8d_2$）上，对上述两断面写伯努利方程。因靠近管壁处流速梯度较小，且管段较短，沿程损失可略去不计，得

$$h_j=\left(z_1+\frac{p_1}{\rho g}+\frac{\alpha_1 v_1^2}{2g}\right)-\left(z_2+\frac{p_2}{\rho g}+\frac{\alpha_2 v_2^2}{2g}\right) \tag{1}$$

对由断面 1-1、2-2 及管壁所组成的控制面内的流体写沿管轴的动量方程。设作用在断面 1-1、2-2 及管道环形端面（A_2-A_1）上的动压强均按静压强规律分布；作用在流体与管壁四周的阻力甚小，可略去不计，则可得

$$\rho Q(\beta_2 v_2-\beta_1 v_1)=p_1A_1-p_2A_2+p_1(A_2-A_1)+\rho g A_2\, l\cos\theta$$

上式各项都除以 $\rho g A_2$，且因 $\cos\theta=\frac{z_1-z_2}{l}$，$\frac{Q}{A_2}=v_2$，则上式可写为

$$\frac{v_2}{g}(\beta_2 v_2-\beta_1 v_1)=\left(z_1+\frac{p_1}{\rho g}\right)-\left(z_2+\frac{p_2}{\rho g}\right) \tag{2}$$

设 $\alpha_1=\alpha_2=1.0$，$\beta_1=\beta_2=1.0$，则由式（1）、（2）可得

$$h_j=\frac{(v_1-v_2)^2}{2g} \tag{7-85}$$

上式即为圆管突然扩大局部损失的计算公式，称为波达（Borda）公式。实验证实了它有足够的准确性，可在实际计算中采用。因为 $v_1=\frac{A_2v_2}{A_1}$ 或 $v_2=\frac{A_1v_1}{A_2}$，所以上式可写为

$$h_j=\left(\frac{A_2}{A_1}-1\right)^2\frac{v_2^2}{2g}=\zeta'\frac{v_2^2}{2g} \tag{7-86}$$

或

$$h_j=\left(1-\frac{A_1}{A_2}\right)^2\frac{v_1^2}{2g}=\zeta\frac{v_1^2}{2g} \tag{7-87}$$

上两式中 ζ'、ζ 为圆管突然扩大局部损失（阻力）系数。

其他的局部损失（阻力）系数列于表 7-3，供计算时参考选用，详细的可查阅有关手册。因为有的局部损失前后的流速不一样，如圆管突然扩大，选用 ζ 值时要注意这一问题。一般来讲，ζ 值是对局部损失后的流速而言的。表 7-3 中的 A_1、A_2 分别是过流断面面积。

表 7-3 管道和渠道局部损失(阻力)系数 ζ 值

<table>
<tr><th>序号</th><th>名称</th><th>示意图</th><th>ζ 值及其说明</th></tr>
<tr><td>1</td><td>断面突然扩大</td><td>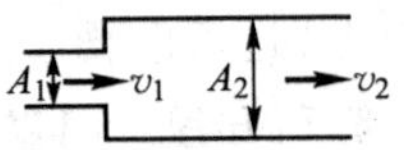</td><td>$\zeta'=\left(\frac{A_2}{A_1}-1\right)^2$ （应用 $h_j=\zeta'\frac{v_2^2}{2g}$）
$\zeta=\left(1-\frac{A_1}{A_2}\right)^2$ （应用 $h_j=\zeta\frac{v_1^2}{2g}$）</td></tr>
<tr><td>2</td><td>圆形渐扩管</td><td>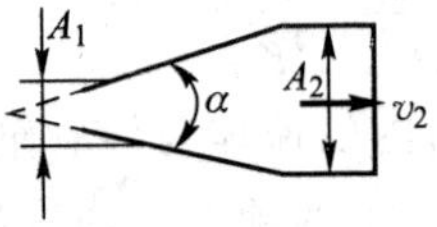</td><td>$\zeta=k\left(\frac{A_2}{A_1}-1\right)^2$ （应用 $h_j=\zeta\frac{v_2^2}{2g}$）
<table><tr><td>$\alpha°$</td><td>8</td><td>10</td><td>12</td><td>15</td><td>20</td><td>25</td></tr><tr><td>k</td><td>0.14</td><td>0.16</td><td>0.22</td><td>0.30</td><td>0.42</td><td>0.62</td></tr></table></td></tr>
<tr><td>3</td><td>断面突然缩小</td><td>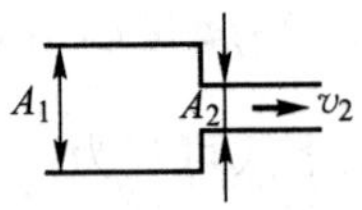</td><td>$\zeta=0.5\left(1-\frac{A_2}{A_1}\right)$ （应用 $h_j=\zeta\frac{v_2^2}{2g}$）</td></tr>
<tr><td>4</td><td>圆形渐缩管</td><td>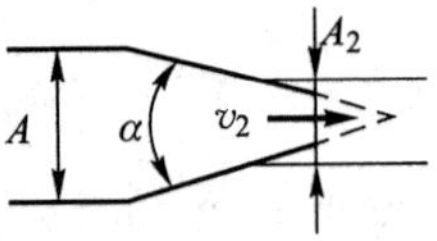</td><td>$\zeta=k_1\left(\frac{1}{k_2}-1\right)^2$ （应用 $h_j=\zeta\frac{v_2^2}{2g}$）
<table><tr><td>$\alpha°$</td><td>10</td><td>20</td><td>40</td><td>60</td><td>80</td><td>100</td><td>140</td></tr><tr><td>k_1</td><td>0.40</td><td>0.25</td><td>0.20</td><td>0.20</td><td>0.30</td><td>0.40</td><td>0.60</td></tr></table>
<table><tr><td>$\frac{A_2}{A_1}$</td><td>0.1</td><td>0.3</td><td>0.5</td><td>0.7</td><td>0.9</td></tr><tr><td>k_2</td><td>0.40</td><td>0.36</td><td>0.30</td><td>0.20</td><td>0.10</td></tr></table></td></tr>
<tr><td rowspan="3">5</td><td rowspan="3">管道进口</td><td rowspan="2">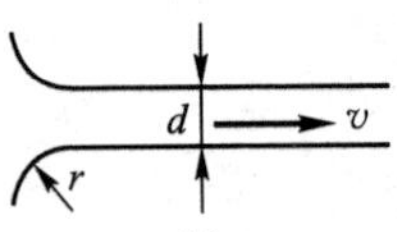
(a)</td><td>圆形喇叭口，$\zeta=0.05$
完全修圆 $\frac{r}{d}\geq 0.15$，$\zeta=0.10$
稍加修圆 $\zeta=0.20\sim0.25$</td></tr>
<tr><td>直角进口，$\zeta=0.50$</td></tr>
<tr><td>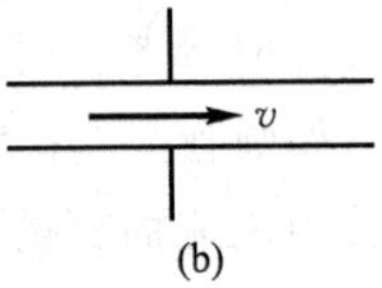
(b)</td><td>内插进口，$\zeta=1.0$</td></tr>
</table>

续表

<table>
<tr><th>序号</th><th>名称</th><th>示意图</th><th>ζ 值及其说明</th></tr>
<tr><td rowspan="2">6</td><td rowspan="2">管道出口</td><td> 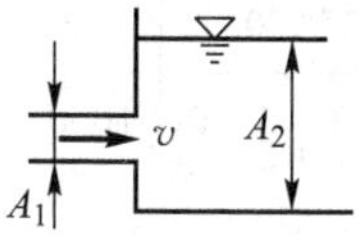(a)</td><td>流入渠道，$\zeta=\left(1-\frac{A_1}{A_2}\right)^2$</td></tr>
<tr><td> 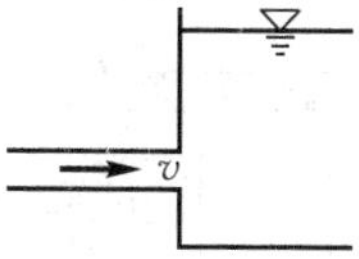(b)</td><td>流入水池，$\zeta=1.0$</td></tr>
<tr><td>7</td><td>折管</td><td> 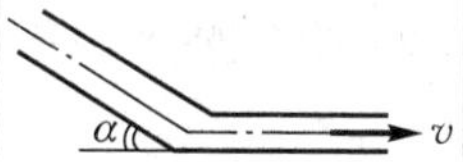</td><td>
<table>
<tr><td>圆</td><td>α°</td><td>10</td><td>20</td><td>30</td><td>40</td><td>50</td><td>60</td><td>70</td><td>80</td><td>90</td></tr>
<tr><td>形</td><td>ζ</td><td>0.04</td><td>0.1</td><td>0.2</td><td>0.3</td><td>0.4</td><td>0.55</td><td>0.70</td><td>0.90</td><td>1.10</td></tr>
</table>
<table>
<tr><td>矩</td><td>α°</td><td>15</td><td>30</td><td>45</td><td>60</td><td>90</td></tr>
<tr><td>形</td><td>ζ</td><td>0.025</td><td>0.11</td><td>0.26</td><td>0.49</td><td>1.20</td></tr>
</table>
</td></tr>
<tr><td rowspan="2">8</td><td>弯管</td><td> 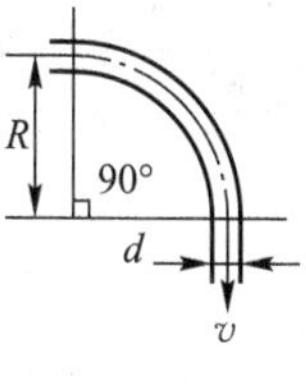</td><td>
$\alpha=90^\circ$
<table>
<tr><td>d/R</td><td>0.2</td><td>0.4</td><td>0.6</td><td>0.8</td><td>1.0</td></tr>
<tr><td>ζ_{90°</td><td>0.132</td><td>0.138</td><td>0.158</td><td>0.206</td><td>0.294</td></tr>
</table>
<table>
<tr><td>d/R</td><td>1.2</td><td>1.4</td><td>1.6</td><td>1.8</td><td>2.0</td></tr>
<tr><td>ζ_{90°</td><td>0.440</td><td>0.660</td><td>0.976</td><td>1.406</td><td>1.975</td></tr>
</table>
</td></tr>
<tr><td>缓弯管</td><td></td><td> 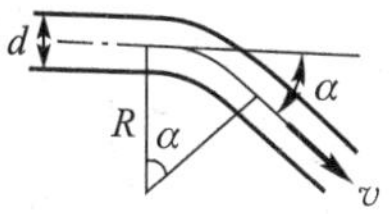
α 为任意角度，$\zeta=k\zeta_{90^\circ}$
<table>
<tr><td>α°</td><td>20</td><td>40</td><td>60</td><td>90</td><td>120</td><td>140</td><td>160</td><td>180</td></tr>
<tr><td>k</td><td>0.47</td><td>0.66</td><td>0.82</td><td>1.00</td><td>1.16</td><td>1.25</td><td>1.33</td><td>1.41</td></tr>
</table>
</td></tr>
</table>

续表

<table>
<tr><th>序号</th><th>名称</th><th>示意图</th><th>ζ值及其说明</th></tr>
<tr><td>9</td><td>板式阀门</td><td></td><td>
<table>
<tr><td>e/d</td><td>0</td><td>0.125</td><td>0.2</td><td>0.3</td><td>0.4</td><td>0.5</td></tr>
<tr><td>ζ</td><td>∞</td><td>97.3</td><td>35.0</td><td>10.0</td><td>4.60</td><td>2.06</td></tr>
</table>
<table>
<tr><td>e/d</td><td>0.6</td><td>0.7</td><td>0.8</td><td>0.9</td><td>1.0</td></tr>
<tr><td>ζ</td><td>0.98</td><td>0.44</td><td>0.17</td><td>0.06</td><td>0</td></tr>
</table>
</td></tr>
<tr><td>10</td><td>蝶阀</td><td></td><td>
<table>
<tr><td>α°</td><td>5</td><td>10</td><td>15</td><td>20</td><td>25</td><td>30</td><td>35</td></tr>
<tr><td>ζ</td><td>0.24</td><td>0.52</td><td>0.90</td><td>1.54</td><td>2.51</td><td>3.91</td><td>6.22</td></tr>
</table>
<table>
<tr><td>α°</td><td>40</td><td>45</td><td>50</td><td>55</td><td>60</td><td>65</td><td>70</td></tr>
<tr><td>ζ</td><td>10.8</td><td>18.7</td><td>32.6</td><td>58.8</td><td>118</td><td>256</td><td>751</td></tr>
</table>
<table>
<tr><td>α°</td><td>90</td><td>全开</td></tr>
<tr><td>ζ</td><td>∞</td><td>0.1～0.3</td></tr>
</table>
</td></tr>
<tr><td>11</td><td>截止阀</td><td></td><td>
<table>
<tr><td>d/cm</td><td>15</td><td>20</td><td>25</td><td>30</td><td>35</td><td>40</td><td>50</td><td>≥60</td></tr>
<tr><td>ζ</td><td>6.5</td><td>5.5</td><td>4.5</td><td>3.5</td><td>3.0</td><td>2.5</td><td>1.8</td><td>1.7</td></tr>
</table>
</td></tr>
<tr><td>12</td><td>滤水网</td><td>无底阀 有底阀</td><td>
无底阀，$\zeta=2\sim3$
有底阀：
<table>
<tr><td>d/cm</td><td>4.0</td><td>5.0</td><td>7.5</td><td>10</td><td>15</td><td>20</td></tr>
<tr><td>ζ</td><td>12</td><td>10</td><td>8.5</td><td>7.0</td><td>6.0</td><td>5.2</td></tr>
</table>
<table>
<tr><td>d/cm</td><td>25</td><td>30</td><td>35</td><td>40</td><td>50</td><td>75</td></tr>
<tr><td>ζ</td><td>4.4</td><td>3.7</td><td>3.4</td><td>3.1</td><td>2.5</td><td>1.6</td></tr>
</table>
</td></tr>
</table>

以上给出的局部损失(阻力)系数 ζ 值,是在局部障碍前后都有足够长的直管段的正常条件下,由实验得到的。如果局部障碍之间的距离,由于条件限制相隔很近,流出前一个局部障碍的流动,在流速分布和湍流脉动还没有达到正常均匀流之前又流入后局部障碍,即紧连在一起的两个局部障碍,其局部损失系数不等于正常条件下两个局部障碍的损失系数之和。近来的实验研究表明:如果局部障碍直接连接,其局部损失可能出现大幅度的增大或减小。但是,如果各局部障碍之间都有一段长度不小于 3 倍直径的连接管,相互干扰的结果是使总的局部损失小于按正常条件下算出的各局部损失的叠加。所以在上述情况下,如不考虑相互干扰的影响,计算结果一般是偏于安全的。

另外,在工程计算中,为了简化计算过程,可以把管路的局部损失按沿程损失计算,即把局部损失折合成具有同一沿程损失的管段,这个管段的长度称为等值长度 l'。因为 $h_f=\lambda\dfrac{l'}{d}\dfrac{v^2}{2g}$,$h_j=\zeta\dfrac{v^2}{2g}$,根据定义,$h_f=h_j$,即可得 $l'=\dfrac{\zeta d}{\lambda}$。

例 7-11　测定一蝶阀的局部损失系数装置如图 7-30 所示。在蝶阀的上、下游装设三个测压管,其间距 $l_1=1\ \text{m}$,$l_2=2\ \text{m}$。若圆管的直径 $d=50\ \text{mm}$,实测 $\nabla_1=150\ \text{cm}$,$\nabla_2=125\ \text{cm}$,$\nabla_3=40\ \text{cm}$,流速 $v=3\ \text{m/s}$,试求蝶阀的局部损失系数 ζ 值。

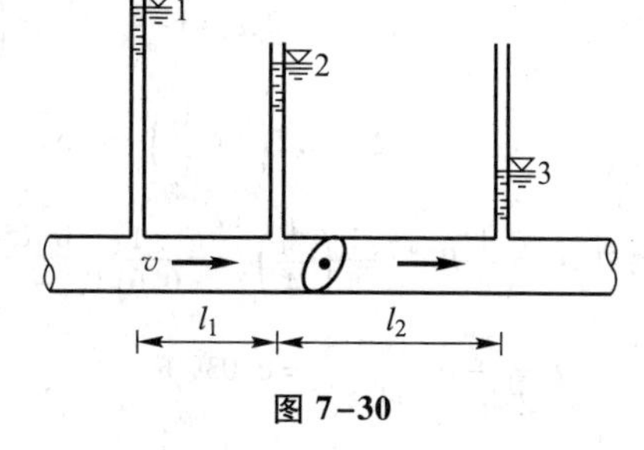

图 7-30

解:由测压管 1、2 可求得沿程水头损失 h_f 为

$$h_f=\frac{p_1}{\rho g}-\frac{p_2}{\rho g}=(150-125)\ \text{cmH}_2\text{O}=25\ \text{cmH}_2\text{O}$$

由测压管 2、3 可求得沿程水头损失和局部水头损失为

$$h_f+h_j=\frac{p_2}{\rho g}-\frac{p_3}{\rho g}=2\times 25\ \text{cmH}_2\text{O}+h_j$$

$$=(125-40)\ \text{cmH}_2\text{O}=85\ \text{cmH}_2\text{O}$$

$$h_j=(85-50)\ \text{cmH}_2\text{O}=35\ \text{cmH}_2\text{O}$$

$$\zeta=\frac{2gh_j}{v^2}=\frac{2\times 9.8\times 0.35}{3^2}=0.76$$

例 7-12　设水流从左水箱经过水平串联管流入右水箱,在第三管段有一板式阀门,如图 7-31 所示。已知 $d_1=0.15\ \text{m}$,$l_1=15\ \text{m}$,$d_2=0.25\ \text{m}$,$l_2=25\ \text{m}$,$d_3=0.15\ \text{m}$,$l_3=15\ \text{m}$,$H_0=5\ \text{m}$,$H_5=2\ \text{m}$,两水箱水面面积都很大,管道粗糙系数 $n=0.013$。试求阀门全开 $\left(\dfrac{e}{d}=1\right)$ 时管内流量 Q,并绘出总水头线和测压管水头线。

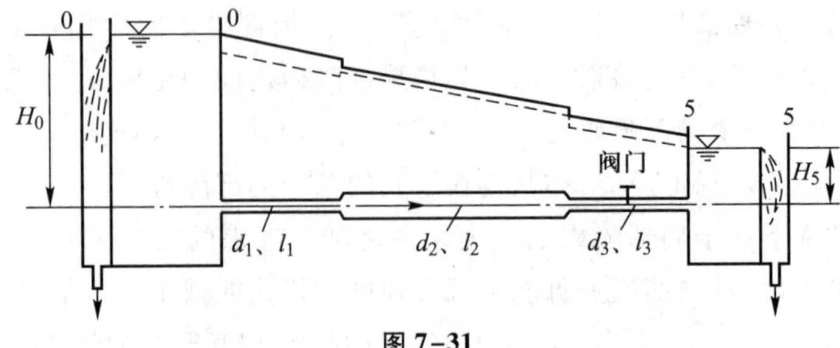

图 7-31

解:对过流断面 0-0、5-5 写伯努利方程,且取 $\alpha_0=\alpha_5=1.0$,$\frac{\alpha_0 v_0^2}{2g}\approx 0$,$\frac{\alpha_5 v_5^2}{2g}\approx 0$,可得

$$H_0-H_5=h_{w0-5}=\zeta_1\frac{v_1^2}{2g}+\lambda_1\frac{l_1}{d_1}\frac{v_1^2}{2g}+\zeta_2\frac{v_2^2}{2g}+\lambda_2\frac{l_2}{d_2}\frac{v_2^2}{2g}+$$

$$\zeta_3\frac{v_3^2}{2g}+\lambda_3\frac{l_3}{d_3}\frac{v_3^2}{2g}+\zeta_4\frac{v_3^2}{2g}+\zeta_5\frac{v_3^2}{2g} \tag{1}$$

由表 7-3 查得

$$\zeta_1=0.50,\zeta_2=\left(\frac{A_2}{A_1}-1\right)^2=\left(\frac{d_2^2}{d_1^2}-1\right)^2=\left[\frac{(0.25)^2}{(0.15)^2}-1\right]^2=3.16$$

$$\zeta_3=0.5\left(1-\frac{A_3}{A_2}\right)=0.5\left[1-\frac{(0.15)^2}{(0.25)^2}\right]=0.32,\zeta_4=0,\zeta_5=1.0$$

另外,$C_1=\frac{1}{n}R_1^{1/6}=\frac{1}{n}\left(\frac{d_1}{4}\right)^{1/6}=\frac{1}{0.013}\left(\frac{0.15}{4}\right)^{1/6}\ \mathrm{m^{\frac{1}{2}}/s}=44.5\ \mathrm{m^{\frac{1}{2}}/s}$

$$\lambda_1=\frac{8g}{C_1^2}=\frac{8\times 9.8}{(44.5)^2}=0.039\ 6$$

$$C_2=\frac{1}{n}R_2^{1/6}=\frac{1}{0.013}\left(\frac{0.25}{4}\right)^{1/6}\ \mathrm{m^{\frac{1}{2}}/s}=48.5\ \mathrm{m^{\frac{1}{2}}/s}$$

$$\lambda_2=\frac{8g}{C_2^2}=\frac{8\times 9.8}{(48.5)^2}=0.033\ 4;\lambda_3=\lambda_1=0.039\ 6$$

将上述已知值代入式(1)得

$$5-2=0.5\times\frac{v_1^2}{2g}+0.039\ 6\times\frac{15}{0.15}\times\frac{v_1^2}{2g}+3.16\times\frac{v_2^2}{2g}+$$

$$0.033\ 4\times\frac{25}{0.25}\times\frac{v_2^2}{2g}+0.32\times\frac{v_3^2}{2g}+0.039\ 6\times\frac{15}{0.15}\times\frac{v_3^2}{2g}+$$

$$1\times\frac{v_3^2}{2g}=4.46\times\frac{v_1^2}{2g}+6.5\times\frac{v_2^2}{2g}+5.28\times\frac{v_3^2}{2g} \tag{2}$$

因

$v_1=\frac{A_2}{A_1}v_2=\left(\frac{d_2}{d_1}\right)^2 v_2=\left(\frac{0.25}{0.15}\right)^2 v_2=2.78v_2$,$v_1=v_3$,所以式(2)为

$$3=4.46\times\frac{(2.78v_2)^2}{2\times9.8}+6.5\times\frac{v_2^2}{2\times9.8}+5.28\times\frac{(2.78v_2)^2}{2\times9.8}=4.17v_2^2$$

得

$$v_2=0.85\ \text{m/s}$$

$$Q=A_2v_2=\frac{\pi}{4}d_2^2v_2=\frac{\pi}{4}\times(0.25)^2\times0.85\ \text{m}^3/\text{s}=0.042\ \text{m}^3/\text{s}$$

因要绘制水头线,需计算管内速度水头和各部分的水头损失。

$$v_1=2.78v_2=2.78\times0.85\ \text{m/s}=2.36\ \text{m/s}=v_3$$

速度水头:

$$\frac{\alpha_1v_1^2}{2g}=\frac{1\times(2.36)^2}{2\times9.8}\ \text{m}=0.28\ \text{m}$$

$$\frac{\alpha_2v_2^2}{2g}=\frac{1\times(0.85)^2}{2\times9.8}\ \text{m}=0.04\ \text{m}$$

$$\frac{\alpha_3v_3^2}{2g}=\frac{1\times(2.36)^2}{2\times9.8}\ \text{m}=0.28\ \text{m}$$

水头损失:

$$h_{j1}=\zeta_1\frac{v_1^2}{2g}=0.5\times\frac{(2.36)^2}{2\times9.8}\ \text{m}=0.14\ \text{m}$$

$$h_{f1}=\lambda_1\frac{l_1}{d_1}\frac{v_1^2}{2g}=0.0396\times\frac{15}{0.15}\times\frac{(2.36)^2}{2\times9.8}\ \text{m}=1.13\ \text{m}$$

$$h_{j2}=\zeta_2\frac{v_2^2}{2g}=3.16\times\frac{(0.85)^2}{2\times9.8}\ \text{m}=0.12\ \text{m}$$

$$h_{f2}=\lambda_2\frac{l_2}{d_2}\frac{v_2^2}{2g}=0.0334\times\frac{25}{0.25}\times\frac{(0.85)^2}{2\times9.8}\ \text{m}=0.12\ \text{m}$$

$$h_{j3}=\zeta_3\frac{v_3^2}{2g}=0.32\times\frac{(2.36)^2}{2\times9.8}\ \text{m}=0.09\ \text{m}$$

$$h_{f3}=\lambda_3\frac{l_3}{d_3}\frac{v_3^2}{2g}=0.0396\times\frac{15}{0.15}\times\frac{(2.36)^2}{2\times9.8}\ \text{m}=1.13\ \text{m}$$

$$h_{j4}=\zeta_4\frac{v_3^2}{2g}=0$$

$$h_{j5}=\zeta_5\frac{v_3^2}{2g}=1\times\frac{(2.36)^2}{2\times9.8}\ \text{m}=0.28\ \text{m}$$

校核:

$$\begin{aligned}H_0-H_5&=h_{w_{0-5}}\\&=(0.14+1.13+0.12+0.12+0.09+1.13+0.28)\ \text{m}\\&=3.01\ \text{m}\approx3\ \text{m}\end{aligned}$$

总水头线和测压管水头线分别如图 7-31 中实线和虚线所示。

思考题

7-1 雷诺实验的重要意义在哪些方面？层流和湍流的概念是什么？为什么雷诺数可以判别流态？如何判别？

7-2 恒定均匀流基本方程和沿程损失的普遍表示式的形式是怎样的？它们是否适用于有压圆管流和明渠流中的层流和湍流？为什么？

7-3 恒定均匀有压圆管流中的层流运动，在过流断面上的切应力分布、流速分布有什么特征？沿程损失系数 λ 值与什么有关？

7-4 层流向湍流转变的条件和原因是什么？湍流中运动要素发生脉动的原因是什么？

7-5 湍流中的瞬时流速 u、时均流速 $\overline{u}$、脉动流速 u' 和断面平均流速 v 的概念是什么？它们之间有什么关系？

7-6 湍流运动要素时均值保持恒定不变的规律性的存在，给研究湍流带来什么方便？湍流运动中的恒定流动等概念是从什么方面来定义的？

7-7 湍流的基本方程(雷诺方程)与纳维-斯托克斯方程相比较，多了哪几项？湍流切应力由哪两部分组成？

7-8 湍流的半经验理论(普朗特混合长度理论)提出的附加切应力分别与脉动流速、时均流速的关系是怎样的？过流断面上的时均流速分布是怎样的？

7-9 黏性底层的概念是什么？对于圆管来讲，它的理论厚度和实际厚度如何计算？光滑壁面、粗糙壁面的概念是什么？对于圆管来讲，如何判别湍流光滑区和粗糙区？

7-10 尼古拉兹实验的重要意义在哪些方面？它得到不同流区的沿程阻力系数 λ 值的变化规律是怎样的？分别表明什么？

7-11 人工粗糙管道的湍流光滑区和粗糙区的沿程阻力系数 λ 的计算公式是怎样的？分别与什么因素有关？

7-12 实用圆形管道的当量粗糙度 Δ 的概念是什么？如何测定？如何计算实用圆形管道湍流光滑区和粗糙区的沿程阻力系数 λ 值？

7-13 非圆形实用管道的当量直径的概念是什么？如何计算这种管道湍流的沿程损失？

7-14 应用曼宁公式和巴甫洛夫斯基公式计算谢才系数 C，要注意哪些问题？

7-15　试说明流体经过管道断面突然扩大或缩小所产生的局部损失的成因。选用局部损失(阻力)系数 ζ 值要注意什么问题?

7-16　在工程中计算任何两过流断面间的能量损失(包括沿程损失和局部损失),要注意哪些问题?

习题

7-1　管道直径 $d=100$ mm,输送水的流量为 10 kg/s,如水温为 5 ℃,试确定管内水流的状态。如用这管道输送同样质量流量的石油,已知石油密度 $\rho=850$ kg/m³、运动黏度 $\nu=1.14$ cm²/s,试确定石油流动的流态。

7-2　有一管道,已知半径 $r_0=15$ cm,层流时水力坡度 $J=0.15$,湍流时水力坡度 $J=0.20$,试求两种流态时管壁处的切应力 τ_0 和离管轴 $r=10$ cm 处的切应力 τ。(水的密度 $\rho=1\ 000$ kg/m³。)

7-3　设有一恒定均匀有压圆管流,如图 7-6 所示。现欲一次测得半径为 r_0 的圆管层流中的断面平均流速 v,试求皮托管端头应放在圆管中离管轴的径距 r。

7-4　明渠二维均匀层流流动如图所示。若忽略空气阻力,$J=\sin\theta$,试证明切应力 $\tau=\rho g(h-y)J$,流速 $u=\rho g\dfrac{J}{2\mu}y(2h-y)$,最大流速 $u_{\max}=\rho g\dfrac{J}{2\mu}h^2$,平均流速 $v=\dfrac{2}{3}u_{\max}$;因水力半径 $R=h$,若令 $\lambda=\dfrac{24}{Re_h}$,$Re_h=\dfrac{\rho vh}{\mu}$,则 $h_f=\lambda\dfrac{l}{4R}\dfrac{v^2}{2g}$。

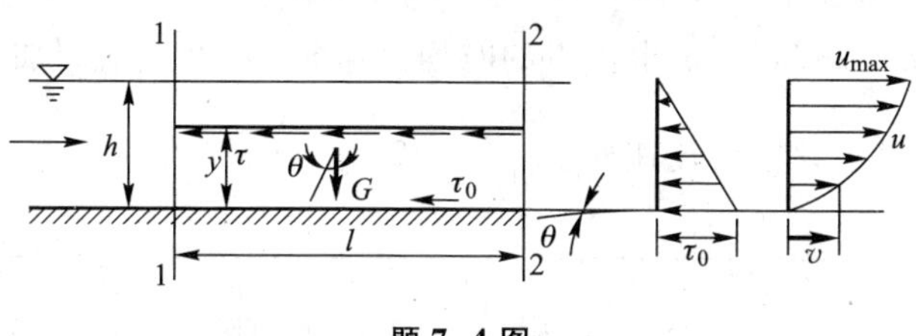

题 7-4 图

7-5　设有一水位保持不变的水箱,其中水流经铅垂等径圆管流入大气,AB 管段与上面的管段用法兰盘螺栓相连接,如图所示。已知管径 $d=0.02$ m,AB 管段长度 $l=5$ m,流量 $Q=0.001\ 5$ m³/s,沿程阻力系数 $\lambda=0.02$,管段重量不计。试求螺栓所受的拉力 F。

7-6　设圆管直径 $d=200$ mm,管长 $l=1\ 000$ m,输送石油的流量 $Q=0.04$ m³/s,运动黏度 $\nu=1.6$ cm²/s,试求沿程损失 h_f。

7-7 润滑油在圆管中作层流运动，已知管径 $d=1$ cm，管长 $l=5$ m，流量 $Q=80\ \mathrm{cm^3/s}$，沿程损失 $h_f=30$ m(油柱)，试求油的运动黏度 ν。

7-8 油在管中以 $v=1$ m/s 的速度流动，如图所示。油的密度 $\rho=920\ \mathrm{kg/m^3}$，$l=3$ m，$d=25$ mm，水银压差计测得 $h=9$ cm。试求：(1) 油在管中流动的流态；(2) 油的运动黏度 ν；(3) 若保持相同的平均流速反向流动，压差计的读数有何变化。

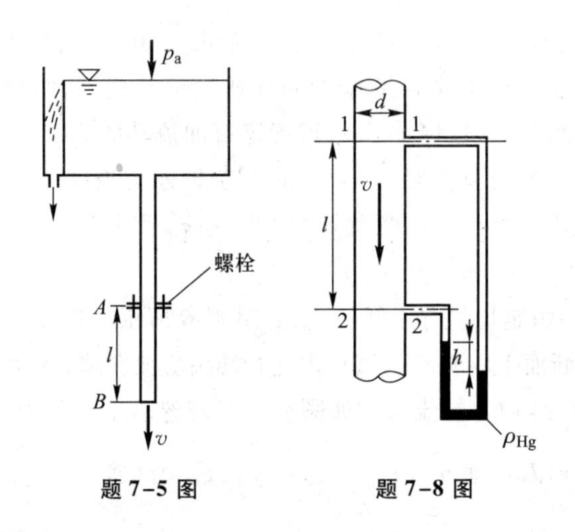

题 7-5 图　　题 7-8 图

7-9 设用高灵敏的流速仪测得水渠中某点 A 处的纵向及铅垂方向的瞬时流速 u_x 及 u_y 如下表。表中数值系每隔 0.5 s 测得的结果。水温 $t=15$ ℃时，水的密度 $\rho=999.1\ \mathrm{kg/m^3}$。试求该点的时均流速 $\overline{u}_x$、$\overline{u}_y$ 和湍流附加切应力 $\overline{\tau}_{yx}$，以及混合长度 l。$\left(\text{若该点的流速梯度}\dfrac{\mathrm{d}\overline{u}_x}{\mathrm{d}y}=0.26\ \mathrm{s^{-1}}\text{。}\right)$

测次 流速	1	2	3	4	5	6	7	8	9	10
u_x	1.88	2.05	2.34	2.30	2.17	1.74	1.62	1.91	1.98	2.19
u_y	0.10	-0.06	-0.21	-0.19	0.12	0.18	0.21	0.06	-0.04	-0.10

7-10 一水管直径 $d=100$ mm，输水时在 100 m 长的管路上沿程损失为 2 $\mathrm{mH_2O}$，水温为 20 ℃，试判别流动属于哪个区域。(水管当量粗糙度 $\Delta=0.35$ mm。)

7-11 某水管长 $l=500$ m，直径 $d=200$ mm，当量粗糙度 $\Delta=0.1$ mm，如输送流量 $Q=0.01\ \mathrm{m^3/s}$，水温 $t=10$ ℃。试计算沿程损失 h_f。

7-12　一光洁铜管，直径 $d=75$ mm，壁面当量粗糙度 $\Delta=0.05$ mm，求当通过流量 $Q=0.005$ m^3/s 时，每 100 m 管长中的沿程损失 h_f 和此时的壁面切应力 τ_0、动力流速 v_* 及黏性底层厚度 δ_0 值。已知水的运动黏度 $\nu=1.007\times10^{-6}$ m^2/s。

7-13　设测定有压圆管流沿程阻力系数的实验装置，倾斜放置，断面1-1、2-2 间高差为 $H=1$ m，如图所示。已知管径 $d=200$ mm，测试段长度 $l=10$ m，水温 $t=20$ ℃，流量 $Q=0.15$ m^3/s，水银压差计读数 $h=0.1$ m。试求沿程阻力系数 λ 值，并和例 7-7 相比较，λ 值是否有变化。

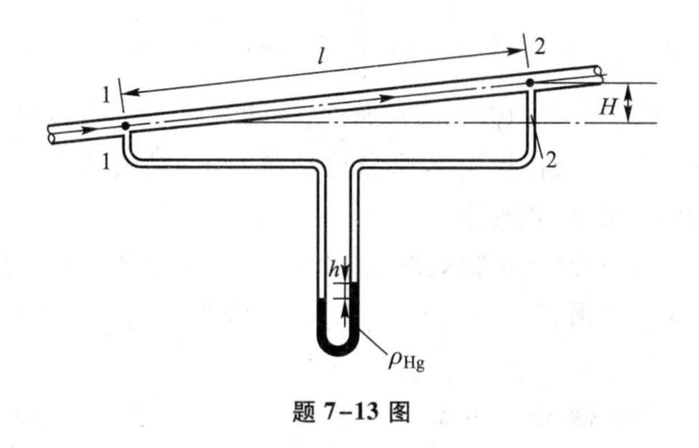

题 7-13 图

7-14　已知恒定均匀有压圆管湍流过流断面上的流速 u 分布为式(7-58)，即 $u=u_{max}\left(\frac{y}{r_0}\right)^n$，如图 7-21 所示。若为光滑管，且雷诺数 $Re<10^5$，其沿程阻力系数可按布拉休斯公式 $\lambda=\frac{0.3164}{Re^{1/4}}$计算。试证明此时流速分布公式中的指数 $n=\frac{1}{7}$。

7-15　设有一恒定均匀有压圆管湍流，如图 7-21 所示。已知过流断面上流速 u 的分布为 $u=\frac{1}{k}v_*\ln y+C$。式中 k 为卡门常数，v_* 为动力速度，y 为流速 u 的流体质点到管壁的径向距离，C 为积分常数；圆管半径为 r_0。试求该流动流速分布曲线上与断面平均流速相等的点的位置 r(径向半径)；并与该管流若为层流时的情况相比较(见习题 7-3)，点的位置 r 是否有改变。

7-16　明渠水流二维恒定均匀流动，如图所示。已知过流断面上流速 u 的分布对数公式为 $u=v_*\left(2.5\ln\frac{y}{\Delta}+8.5\right)$，式中 v_* 为动力速度，y 为流速为 u 的流体质

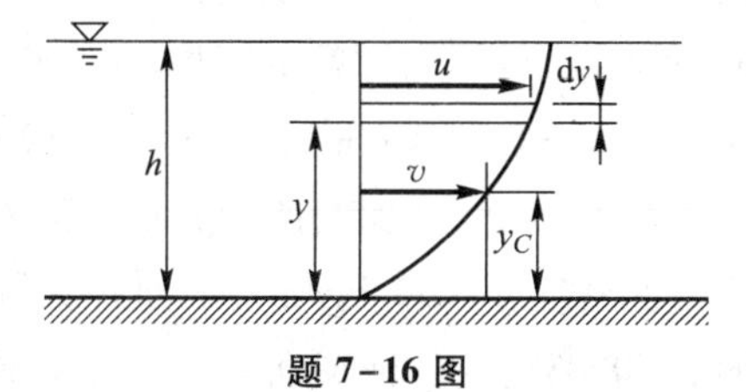

题 7-16 图

点到固体边壁的距离，Δ 为绝对粗糙度。试求该水流流速分布曲线上与断面平均流速相等的点的位置（$h-y_C$）。

7-17 用一直径 $d=200$ mm，管长 $l=1\ 000$ m 的旧水管（当量粗糙度 $\Delta=0.6$ mm）输水，测得管轴中心处最大流速 $u_{max}=3$ m/s，水温为 20℃，运动黏度 $\nu=1.003\times10^{-6}$ m^2/s，试求管中流量 Q 和沿程损失 h_f。

7-18 水管直径 $d=50$ mm，长度 $l=10$ m，在流量 $Q=0.01$ m^3/s 时为阻力平方区流动。若测得沿程损失 $h_f=7.5$ mH$_2$O，试求该管壁的当量粗糙度 Δ 值。

7-19 水在一实用管道内流动，已知管径 $d=300$ mm，相对粗糙度 $\dfrac{\Delta}{d}=0.002$，水的运动黏度 $\nu=1\times10^{-6}$ m^2/s，密度 $\rho=999.23$ kg/m^3，流速 $v=3$ m/s。试求：管长 $l=300$ m 时的沿程损失 h_f 和管壁切应力 τ_0、动力速度 v_*，以及离管壁 $y=50$ mm 处的切应力 τ_1 和流速 u_1。

7-20 一条新钢管（当量粗糙度 $\Delta=0.10$ mm）输水管道，管径 $d=150$ mm，管长 $l=1\ 200$ m，测得沿程损失 $h_f=37$ mH$_2$O，水温为 20 ℃（运动黏度 $\nu=1.003\times10^{-6}$ m^2/s），试求管中流量 Q。

7-21 已知铸铁输水管（当量粗糙度 $\Delta=1.2$ mm）直径 $d=300$ mm，管长 $l=1\ 000$ m，通过流量 $Q=0.1$ m^3/s，水温 $t=10$ ℃，试用莫迪图和舍维列夫公式计算沿程损失 h_f。

7-22 设有压恒定均匀管流（湍流）的过流断面形状分别为圆形和方形，当它们的过流断面面积、流量、管长、沿程阻力系数都相等的情况下，试问哪种过流断面形状的沿程损失大，为什么？

7-23 设有一用镀锌钢板（当量粗糙度 $\Delta=0.15$ mm）制成的矩形风管，已知管长 $l=30$ m，截面尺寸为 0.3 m×0.5 m，管内气流流速 $v=14$ m/s，气流温度 $t=20$ ℃。试用莫迪图求沿程损失 h_f，以 mmH$_2$O 表示。

7-24 矩形风道的断面尺寸为1 200 mm×600 mm，风道内气流的温度为 45 ℃，流量为 42 000 m^3/h，风道的当量粗糙度 $\Delta=0.1$ mm。今用酒精微压计测量风道水平段 A、B 两点的压差，如图所示。微压计读值 $l=7.5$ mm，已知 $\alpha=30°$，$l_{AB}=12$ m，酒精的密度 $\rho=860$ kg/m^3。试求风道的沿程阻力系数 λ。（气流密度 $\rho_a=1.11$ kg/m^3。）

7-25 烟囱（如图所示）的直径 $d=1$ m，通过的烟气流量 $Q=18\ 000$ kg/h，烟气的密度 $\rho=0.7$ kg/m^3，烟囱外大气的密度按 $\rho_a=1.29$ kg/m^3 考虑。如烟道的 $\lambda=0.035$，要保证烟囱底部 1-1 断面的负压不小于 100 Pa（注：断面 1-1 处的

速度很小,可略去不计),试求烟囱的高度 H 至少应为多少米。

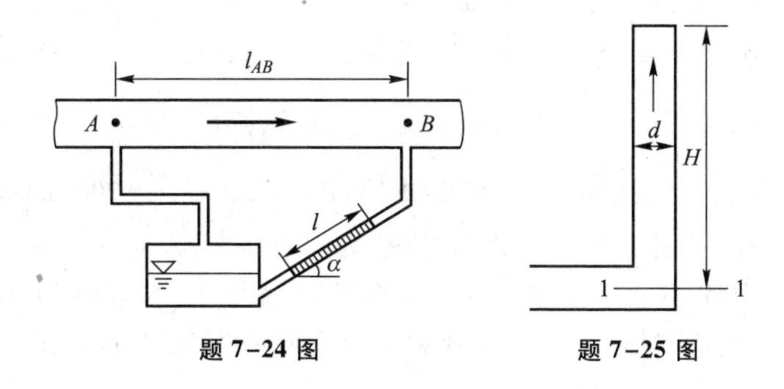

题 7-24 图　　题 7-25 图

7-26　有一梯形断面渠道,已知底宽 $b=10$ m,均匀流水深 $h=3$ m,边坡系数 $m=1$,土渠的粗糙系数 $n=0.020$,通过的流量 $Q=39$ m^3/s。试求 1 km 渠道长度上的沿程损失 h_f。

7-27　有一如图所示的水平突然扩大管路,已知直径 $d_1=5$ cm,直径 $d_2=10$ cm,管中水流量 $Q=0.02$ m^3/s。试求 U 形水银压差计中的压差读数 Δh。

7-28　一直立突然扩大水管,如图所示。已知 $d_1=150$ mm,$d_2=300$ mm,$h=1.5$ m,$v_2=3$ m/s。试确定水银压差计中的水银面哪一侧较高,差值 Δh 为多少。(沿程损失略去不计。)

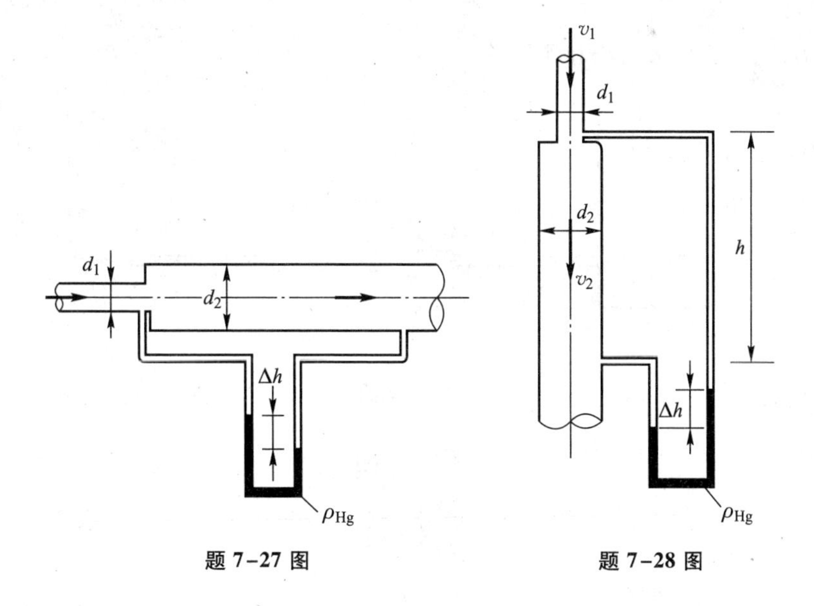

题 7-27 图　　题 7-28 图

7-29 流速由 v_1 变到 v_2 的突然扩大管，如分为两次扩大（如图所示），中间流速 v 取何值时，局部损失最小，此时局部损失 h_{j2} 为多少，并与一次扩大时 h_{j1} 比较。

7-30 现有一直径 $d=100$ mm 的板式阀门，试求这个阀门在二个开度 $\left(\frac{e}{d}=0.125, \frac{e}{d}=0.5\right)$ 情况下的等值长度 l'。该管的沿程阻力系数 $\lambda=0.03$。

7-31 某铸铁管路，当量粗糙度 $\Delta=0.3$ mm，管径 $d=200$ mm，通过流量 $Q=0.06\ \mathrm{m^3/s}$，管路中有一个 90°的折管弯头的局部损失，如图所示。今欲减小其局部损失，拟将 90°折管弯头换为两个 45°的折管弯头，水温 $t=20$ ℃。试求上述二种情况下的局部损失 h_{j1}、h_{j2} 之比和每种情况下的等值长度 l'_1、l'_2。

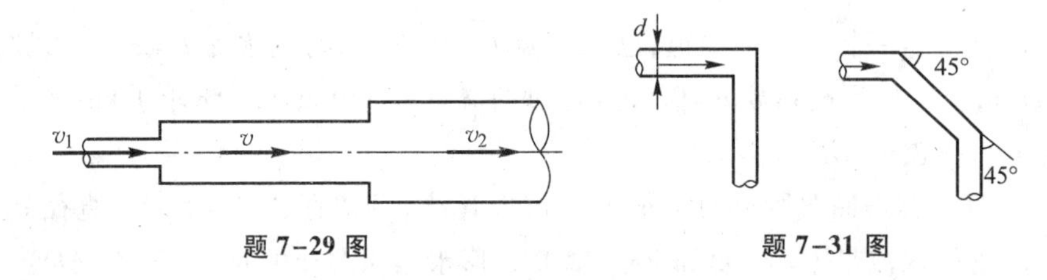

题 7-29 图　　　　题 7-31 图

7-32 设水流从水箱经过水平串联管流入大气，在第三管段有一板式阀门，如图所示。已知 $H=3$ m，$d_1=0.15$ m，$l_1=15$ m，$d_2=0.25$ m，$l_2=25$ m，$d_3=0.15$ m，$l_3=15$ m，管道粗糙系数 $n=0.013$。试求阀门全开 $\left(\frac{e}{d}=1\right)$ 时，管内流量 Q，并绘出总水头线和测压管水头线。

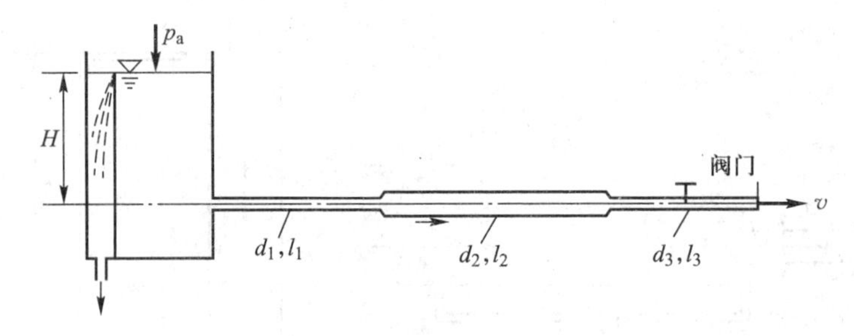

题 7-32 图

A7 习题答案

第八章 边界层理论基础和绕流运动

流体和固体之间的相互作用,是流体力学的主要研究内容之一。由于固体边界的存在,控制和影响着流体的速度场、应力场和其他的物理性质;由于流体围绕着固体运动,对固体产生一定的阻力和曳力。研究固体边界附近的流体运动规律,是边界层的主要内容。上一章,在分析流动阻力和能量损失时,介绍的固体边界附近的流动现象,也是边界层的一些内容,由此也可看出它的重要性。另外,在实际工程中遇到的船舶在水中和飞机在空气中的航行,以及砂粒或粉尘在水中或空气中的沉降所受的阻力等,亦都与边界层有关。由于边界层理论涉及的内容很广,本章主要介绍边界层的一些基本概念、基本原理和基本的分析方法,作为它的基础。

在§5-1中已经指出,实际流体的运动微分方程(N-S方程),目前只有在边界条件简单的情况下才能求得精确解;而有些问题只能采用近似方程求得近似解,例如,在小雷诺数($Re<1$)的情况,惯性力较黏滞力小很多,可以全部略去惯性力项,得到简化的线性方程。1851年,斯托克斯曾用这种方法,求得实际流体绕圆球的斯托克斯阻力公式。但是,在实际工程中,大多是大雷诺数的情况,黏滞力较惯性力小很多,似乎可以全部略去黏滞力项,这是不允许的。因为如果将黏滞力项全部略去,纳维-斯托克斯方程就简化为理想流体的欧拉运动方程。从数学观点看,当完全忽略黏滞力项后,就将降低微分方程的阶数,减少积分常数,从而无法满足所要求的主要边界条件,即固体边界处流速为零的边界条件。从实际情况看,亦是有问题的,最明显的例子是实际流体绕圆柱的绕流运动。如果略去黏滞力不计,则作用在圆柱上的压强合力等于零(见§4-3中的圆柱绕流),也就是讲,圆柱在静止流体中作等速前进运动时,没有阻力。显然,这与实际情况是不符的,这就是著名的达朗贝尔佯谬。这个佯谬直到提出边界层理论后,才得到了解释。由此可见,当雷诺数很大时,如果不是针对具体情况做具体分析,只是形式地处理纳维-斯托克斯方程,就会得到错误的,甚至是荒谬的结论。所以在雷诺数很大时,求解就很困难。1904年,普朗特对此进行了研究,结合实

验,开始提出了边界层理论,对解决大雷诺数实际流体的问题提供了分析可能,促使了流体力学的发展。它不仅使实际流体运动中不少表面上看来似是而非的问题得以澄清,而且为解决边界复杂的实际流体运动的问题开辟了途径,对流体力学的发展有着重要的意义和作用。

§8-1 边界层的基本概念

边界层理论的出发点是:在实际流体流经物体(固体)时,固体边界上的流体质点必然黏附在固体表面边界上,与边界没有相对运动;不管流动的雷诺数多大,固体边界上流体质点的速度必为零,称为无滑移(动)条件。这个条件在理想流体中是没有的。由于实际流体在固体边界上的流速等于零,所以在固体边界的外法线方向上的流速从零迅速增大,在边界附近的流区存在着相当大的流速梯度。在这个流区内黏性的作用就不能忽略。固体边界附近的这个流区,称为边界层或附面层。在边界层以外的流区,黏性的作用可以略去,可按理想流体来处理。这样,就将大雷诺数的实际流体运动情况,视为由两个性质不同的流动所组成:一是固体边界附近的边界层内的流动,由于流速梯度很大,黏性作用不能略去;另一是边界层以外的流动,可以忽略黏性的作用,而近似地按理想流体来处理。这种处理实际流体运动的方案,对黏性作用给出了清晰的边界层内与层外分明的图案,并为用数学方法解决大雷诺数的实际流体问题开辟了途径。因为边界层以外的流动可按理想流体来处理,当为有势流动时,它的解法在§4-3中已讨论过,可认为解已求出,特别是求出了边界层外边界的压强分布和流速分布,它们将作为边界层内流动的外边界条件。边界层内的流动则须按N-S方程为依据,根据问题的物理特点,给予简化处理来求解。简化后的方程称为边界层微分方程,又称普朗特边界层方程,是处理边界层流动的基本方程。

为了便于说明边界层内的流动特征,现考察一个典型的例子。设在二维恒定均速流场中(各点流速都是 U_0),放置一块与水平流动平行的(静止的)厚度极薄的(光滑)平板,可认为平板及其端部不引起流动的改变,如图8-1所示。现讨论平板一侧的情况。由于平板是不动的,根据无滑移条件和流体黏性的作用,与平板接触的第一个流体质点的流速都为零;第一个流体质点影响到与它相接触的第二个流体质点,使其流速减小。这样,平板的影响就逐渐传递到离平板较远的流体质点,致使在平板附近的流体质点的流速,都有不同程度的降低。沿平板,取其过流断面上的流速分布,如图 8-1 所示。自平板上流体流速为零开始,直到未受扰动的原有流速 U_0 的这个流速不均匀的流动区域,即为边界层。

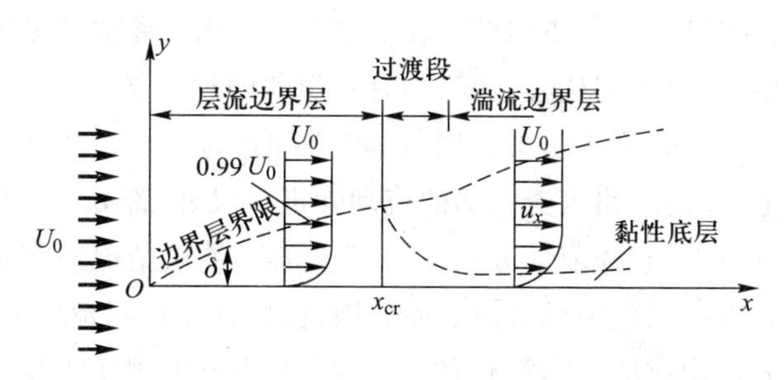

图 8-1

边界层的厚度 δ,从理论上讲,应该是由平板的表面流速为零的地方,沿平板表面的外法线方向一直到流速达到外界主流流速 U_0 的地方,也就是黏性正好不再起作用的地方。对于极薄平板的边界层来讲,外界主流流速就是来流的流速 U_0。严格地讲,这个界限在无穷远处,因为平板的影响是逐渐消失而不是突然终止的,流速也应在无穷远处才能真正达到 U_0。根据实验观察,在离平板表面一定距离后,流速就非常接近来流的速度 U_0。因此,一般规定 $u_x=0.99\ U_0$ 的地方作为边界层的界限,边界层的厚度就是根据这个界限来定义的。由图 8-1 可以看出,在平板的前端 O 处,流速为零,在这一点上边界层的厚度也为零。随着流体的运动,平板的阻滞作用向流体内部扩展,边界层的厚度顺流增加。因此边界层厚度 δ 是 x 的函数。

边界层内的流动也有两种流态——层流和湍流。如图 8-1 所示,在边界层的前部,由于厚度 δ 较小,流速梯度很大,黏性切应力也很大,这时边界层内的流动属层流,称为层流边界层。边界层内流动的雷诺数 Re_x 可表示为

$$Re_x=\frac{U_0x}{\nu} \tag{8-1}$$

式中:U_0 为外界主流流速,x 为平板上某一点离其起始端点的距离,ν 为流体的运动黏度。

当雷诺数达到一定数值时,边界层内的流动经过一过渡段后转变为湍流,成为湍流边界层。由层流边界层转变为湍流边界层的点(x_{cr})称为转捩点,其雷诺数为临界雷诺数 Re_{xcr}。对于光滑平板来讲,当边界层内压强梯度 $\frac{dp}{dx}=0$ 时,Re_{xcr}的范围为

$$3\times10^5<Re_{xcr}=\left(\frac{U_0x}{\nu}\right)_{cr}<3\times10^6 \tag{8-2}$$

影响临界雷诺数的因素很多，其中最主要的因素有边界层外流动的压强分布、固体边界的壁面粗糙性质、来流本身的湍流强度等。目前确定临界雷诺数的数值主要依靠实验，一般取 $Re_{xcr}=5\times10^5$。在湍流边界层中，紧贴平板边界亦有一层极薄的黏性底层；它与湍流核心之间，亦有一很薄的过渡层。

边界层概念对于管流或明渠流同样是有效的，这在 §7-3 和 §7-4 已经做了介绍。事实上，管流或明渠流内部的流动除进口段外，都处于受壁面影响的边界层内。在这一点上，它和前面介绍的平板上的边界层情况不完全相同。因为管流或明渠流有固体的包围或自由表面的限制，固体壁面对流体的影响，扩散到由壁面或自由表面构成的充满流体的空间，其影响范围固定不变了。在平板上的流动，固体壁面对流体的影响范围是沿流程不断增加，其影响范围又一直保持在相对较薄的边界层内，边界层外的流体不受壁面的影响。图 8-2a、b 分别是管流、明渠流进口段的情况，它表示了管流或明渠流中边界层的发展过程。假设流体以均匀速度流入，则在进口段的始端将保持均匀的速度分布。由于管壁或渠壁的作用，靠近管壁或渠壁的流体将受阻滞而形成边界层，其厚度 δ 将随离进口的距离的增加而增加。当边界层发展到管轴或渠道自由表面后，流体的运动都处于边界层内，自此以后流动将保持这个状态不变，才成为均匀流动，如图所示。从进口发展到均匀流的长度，称为进口段或起始段长度，以 L' 表示。在第七章中已经提及，对于进口处没有特别干扰的光滑圆管流来讲，层流时 $L'=0.058Re\cdot d$，式中 Re 为雷诺数，d 为管径；湍流时，$L'=(25\sim50)d$。

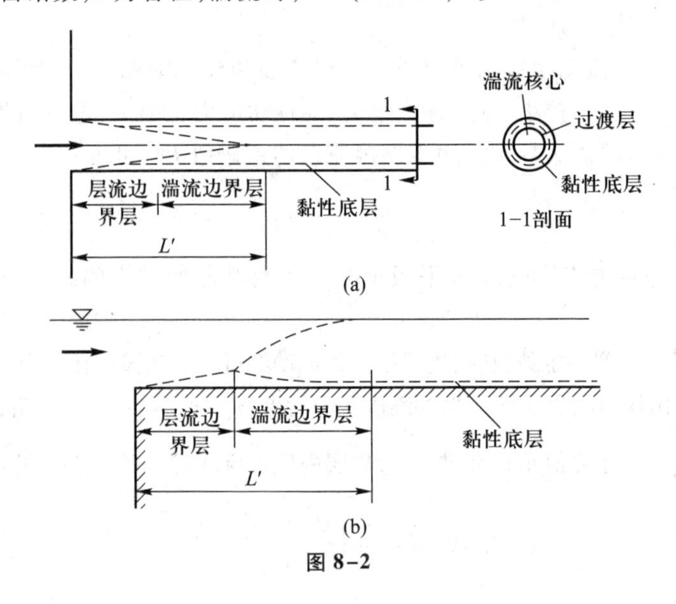

图 8-2

综上所述,在光滑平板上边界层的特性可归纳如下:

(1) 边界层的厚度 δ 与流动的特性尺寸比较,例如流动绕过物体的长度等是很小的;上面绘的流动图(图 8-1),都已将边界层厚度的尺寸放大了,否则就不能绘出边界层内部的流动图案;

(2) 在边界层内,沿固体边界外法线方向上的流速变化非常急剧,存在着相当大的流速梯度,即从边壁上的零变到外边界上的 U_0;

(3) 在边界层内黏滞力与惯性力是同一量级,均不能忽略;

(4) 边界层内的流动状态,可以在沿流整个边界层内是层流,也可以一部分为层流而其余部分是湍流。

边界层理论的主要任务,是计算边界层厚度沿界面的变化和流体速度、压强变化,以及流动阻力(包括绕流阻力)等问题;另外,附带地阐明用理想流体理论所不能解释的一些现象。

下面先介绍边界层内流体的运动方程式,称为边界层微分方程,又称普朗特边界层方程,是边界层流动的基本方程。

* §8-2 边界层微分方程——普朗特边界层方程

普朗特从边界层的物理概念出发,用量级对比法进行简化处理,建立了边界层微分方程。现讨论二维恒定均速流场中放置一水平静止平板上的边界层情况,如图 8-1 所示。假设质量力只有重力,因边界层很薄并可略去不计。这样,纳维-斯托克斯方程和连续性方程可写为

$$\left.\begin{aligned}&u_x\frac{\partial u_x}{\partial x}+u_y\frac{\partial u_x}{\partial y}=-\frac{1}{\rho}\frac{\partial p}{\partial x}+\nu\left(\frac{\partial^2 u_x}{\partial x^2}+\frac{\partial^2 u_x}{\partial y^2}\right)\\&u_x\frac{\partial u_y}{\partial x}+u_y\frac{\partial u_y}{\partial y}=-\frac{1}{\rho}\frac{\partial p}{\partial y}+\nu\left(\frac{\partial^2 u_y}{\partial x^2}+\frac{\partial^2 u_y}{\partial y^2}\right)\\&\frac{\partial u_x}{\partial x}+\frac{\partial u_y}{\partial y}=0\end{aligned}\right\}\tag{8-3}$$

现分析上述方程中各项的量级,应用量级对比法进行简化处理。首先将上式中各项量纲一化(无量纲化)。用边界层在 x 轴方向的特性长度 L 除上式中的各长度项,用来流速度 U_0 除上式中的各流速项,得量纲一的量(无量纲量)为

$$x^0=\frac{x}{L},\quad y^0=\frac{y}{L},\quad u_x^0=\frac{u_x}{U_0},\quad u_y^0=\frac{u_y}{U_0},\quad p^0=\frac{p}{\rho U_0^2}$$

另外,ρ,μ,g 均为常数。将上述的量纲一的量代入式(8-3)中的第一式(x 轴方向)的各项中,则得

$$u_x \frac{\partial u_x}{\partial x}=U_0\left(\frac{u_x}{U_0}\right)\frac{\partial\left(\frac{u_x}{U_0}\right)U_0}{\partial\left(\frac{x}{L}\right)L}=U_0 u_x^0 \frac{\partial u_x^0 U_0}{\partial x^0 L}=\frac{U_0^2}{L}u_x^0 \frac{\partial u_x^0}{\partial x^0}$$

$$u_y \frac{\partial u_x}{\partial y}=U_0\left(\frac{u_y}{U_0}\right)\frac{\partial\left(\frac{u_x}{U_0}\right)U_0}{\partial\left(\frac{y}{L}\right)L}=U_0 u_y^0 \frac{\partial u_x^0 U_0}{\partial y^0 L}=\frac{U_0^2}{L}u_y^0 \frac{\partial u_x^0}{\partial y^0}$$

$$\frac{1}{\rho}\frac{\partial p}{\partial x}=\frac{1}{\rho}\frac{\partial\left(\frac{p}{\rho U_0^2}\right)\rho U_0^2}{\partial\left(\frac{x}{L}\right)L}=\frac{U_0^2}{L}\frac{\partial p^0}{\partial x^0}$$

$$\nu\frac{\partial^2 u_x}{\partial x^2}=\frac{\mu}{\rho}\frac{\partial^2\left(\frac{u_x}{U_0}\right)U_0}{\partial\left(\frac{x}{L}\right)^2 L^2}=\frac{\mu}{\rho}\frac{U_0}{L^2}\frac{\partial^2 u_x^0}{\partial x^{0^2}}$$

$$\nu\frac{\partial^2 u_x}{\partial y^2}=\frac{\mu}{\rho}\frac{\partial^2\left(\frac{u_x}{U_0}\right)U_0}{\partial\left(\frac{y}{L}\right)^2 L^2}=\frac{\mu}{\rho}\frac{U_0}{L^2}\frac{\partial^2 u_x^0}{\partial y^{0^2}}$$

由此可得

$$\frac{U_0^2}{L}u_x^0\frac{\partial u_x^0}{\partial x^0}+\frac{U_0^2}{L}u_y^0\frac{\partial u_x^0}{\partial y^0}=-\frac{U_0^2}{L}\frac{\partial p^0}{\partial x^0}+\frac{\mu}{\rho}\frac{U_0}{L^2}\left(\frac{\partial^2 u_x^0}{\partial x^{0^2}}+\frac{\partial^2 u_x^0}{\partial y^{0^2}}\right)$$

将上式各项均除以$\frac{U_0^2}{L}$,则得量纲一式为

$$u_x^0\frac{\partial u_x^0}{\partial x^0}+u_y^0\frac{\partial u_x^0}{\partial y^0}=-\frac{\partial p^0}{\partial x^0}+\frac{\nu}{U_0 L}\left(\frac{\partial^2 u_x^0}{\partial x^{0^2}}+\frac{\partial^2 u_x^0}{\partial y^{0^2}}\right)$$

用同样的方法,可将式(8-3)全部量纲一化,且因雷诺数 $Re=\frac{U_0 L}{\nu}$,则可得

$$\left.\begin{aligned}
&u_x^0\frac{\partial u_x^0}{\partial x^0}+u_y^0\frac{\partial u_x^0}{\partial y^0}=-\frac{\partial p^0}{\partial x^0}+\frac{1}{Re}\left(\frac{\partial^2 u_x^0}{\partial x^{0^2}}+\frac{\partial^2 u_x^0}{\partial y^{0^2}}\right)\\
&u_x^0\frac{\partial u_y^0}{\partial x^0}+u_y^0\frac{\partial u_y^0}{\partial y^0}=-\frac{\partial p^0}{\partial y^0}+\frac{1}{Re}\left(\frac{\partial^2 u_y^0}{\partial x^{0^2}}+\frac{\partial^2 u_y^0}{\partial y^{0^2}}\right)\\
&\frac{\partial u_x^0}{\partial x^0}+\frac{\partial u_y^0}{\partial y^0}=0
\end{aligned}\right\}\tag{8-4}$$

根据边界层的特性(1),可知:$\delta \ll L$,则 $\delta^0=\frac{\delta}{L}\ll 1$。由此可建立下面的系列量级:

$$\frac{1}{\delta^{0^2}},\ \frac{1}{\delta^0},\ 1,\ \delta^0,\ \delta^{0^2}$$

下面分析式(8-4)中各项的量级,用符号 $\sim O(\quad)$ 表示相当于某一量级。

$$x^0=\frac{x}{L}\sim O(1),\quad y^0=\frac{y}{L}\sim O(\delta^0);\quad u_x^0=\frac{u_x}{U_0}\sim O(1),\quad \frac{\partial u_x^0}{\partial x^0}\sim O(1),\quad \frac{\partial u_x^0}{\partial y^0}\sim O\left(\frac{1}{\delta^0}\right)$$

由量纲一的连续性方程 $\frac{\partial u_x^0}{\partial x^0}+\frac{\partial u_y^0}{\partial y^0}=0$,可得 $\frac{\partial u_y^0}{\partial y^0}\sim O(1)$,即 u_y^0 与 y^0 为同一量级;$u_y^0\sim O(\delta^0)$,$\frac{\partial u_y^0}{\partial x^0}\sim O(\delta^0)$。

$$\frac{\partial^2 u_x^0}{\partial x^{0^2}}\sim O(1),\quad \frac{\partial^2 u_x^0}{\partial y^{0^2}}\sim O\left(\frac{1}{\delta^{0^2}}\right)$$

$$\frac{\partial^2 u_y^0}{\partial x^{0^2}}\sim O(\delta^0),\quad \frac{\partial^2 u_y^0}{\partial y^{0^2}}\sim O\left(\frac{1}{\delta^0}\right)$$

雷诺数 Re 的量级,可根据边界层的特性(3),即黏滞力和惯性力是同一量级导出。在黏性项中,如果是平板或曲率甚小的曲面,则 $\frac{\partial^2 u_x}{\partial x^2}\ll\frac{\partial^2 u_x}{\partial y^2}$,可以忽略 $\frac{\partial^2 u_x}{\partial x^2}$ 项。由量纲分析可得惯性项为 $\left(\frac{u^2}{L}\right)$,黏性项为 $\left(\nu\frac{u}{\delta^2}\right)$。由于它们的量级相同,即 $\left(\frac{u^2}{L}\right)\propto\left(\nu\frac{u}{\delta^2}\right)$,或 $\frac{u}{L\nu}\propto\frac{1}{\delta^2}$。两端均乘以 L^2,则 $\frac{uL}{\nu}\propto\frac{L^2}{\delta^2}$,即 $Re\sim O\left(\frac{1}{\delta^{0^2}}\right)$。

$\frac{\partial p^0}{\partial x^0}$ 与 $\frac{\partial p^0}{\partial y^0}$ 的量级,因为压强梯度是被动的力,起调节作用,它们的量级由方程中其他类型力中的最大量级决定。方程组中一共有两种主动力,即黏滞力和惯性力,而它们是同一量级。因此得 $\frac{\partial p^0}{\partial x^0}\sim O(1)$;$\frac{\partial p^0}{\partial y^0}\sim O(\delta^0)$。

将上面分析得出的各项量级标注在式(8-4)的下面,便于相互比较。于是得

$$\left.\begin{array}{l}
u_x^0\dfrac{\partial u_x^0}{\partial x^0}+u_y^0\dfrac{\partial u_x^0}{\partial y^0}=-\dfrac{\partial p^0}{\partial x^0}+\dfrac{1}{Re}\left(\dfrac{\partial^2 u_x^0}{\partial x^{0^2}}+\dfrac{\partial^2 u_x^0}{\partial y^{0^2}}\right)\\
1\quad 1\quad \delta^0\,1/\delta^0\quad 1\quad \delta^{0^2}\quad 1\quad 1/\delta^{0^2}\\
u_x^0\dfrac{\partial u_y^0}{\partial x^0}+u_y^0\dfrac{\partial u_y^0}{\partial y}=-\dfrac{\partial p^0}{\partial y^0}+\dfrac{1}{Re}\left(\dfrac{\partial^2 u_y^0}{\partial x^{0^2}}+\dfrac{\partial^2 u_y^0}{\partial y^{0^2}}\right)\\
1\quad \delta_0\quad \delta_0\quad 1\quad \delta_0\quad \delta^{0^2}\quad \delta^0\quad 1/\delta^0\\
\dfrac{\partial u_x^0}{\partial x^0}+\dfrac{\partial u_y^0}{\partial y^0}=0\\
1\quad\quad 1
\end{array}\right\}\tag{8-5}$$

在上式中,把所有量级小于 1 的各项略去,将不会引起太大的误差。因此得

$$\left.\begin{aligned}&u_x^0\frac{\partial u_x^0}{\partial x^0}+u_y^0\frac{\partial u_x^0}{\partial y^0}=-\frac{\partial p^0}{\partial x^0}+\frac{1}{Re}\frac{\partial^2 u_x^0}{\partial y^{02}}\\&\frac{\partial u_x^0}{\partial x^0}+\frac{\partial u_y^0}{\partial y^0}=0\end{aligned}\right\}\tag{8-6}$$

将上式恢复为有量纲的物理量，整理后，可得边界层微分方程（称为普朗特边界层方程）为

$$\left.\begin{aligned}&u_x\frac{\partial u_x}{\partial x}+u_y\frac{\partial u_x}{\partial y}=-\frac{1}{\rho}\frac{\partial p}{\partial x}+\frac{\mu}{\rho}\frac{\partial^2 u_x}{\partial y^2}\\&\frac{\partial u_x}{\partial x}+\frac{\partial u_y}{\partial y}=0\end{aligned}\right\}\tag{8-7}$$

边界条件为

$$\left.\begin{aligned}&(1)\ y=0: u_x=0, u_y=0\\&(2)\ y=\infty: u_x=U_0\end{aligned}\right\}\tag{8-8}$$

也可近似地写为 $y=\delta, u_x=u_0$，u_0 为边界层外边界上的势流流速。

由以上的分析可以得到下面的几点结论：

（1）由$\frac{\partial p^0}{\partial x^0}$和$\frac{\partial p^0}{\partial y^0}$的量级分别为$\frac{\partial p^0}{\partial x^0}\sim O(1)$和$\frac{\partial p^0}{\partial y^0}\sim O(\delta^0)$说明：压强沿物体界面外法线方向的梯度$\frac{\partial p^0}{\partial y^0}$，较沿物体界面切线方向的梯度$\frac{\partial p^0}{\partial x^0}$低一个量级。因此这两者相比较，在一级近似范围内可认为$\frac{\partial p^0}{\partial y^0}=0$，即

$$\frac{\partial p}{\partial y}=0\tag{8-9}$$

上式说明边界层内的压强沿物面外法线方向是不变的，并等于边界层外边界上的压强，实验结果也证实了这一点。这一结论有很大用处，因为边界层外边界上的压强可用势流理论求得，因此边界层内的压强分布就是已知的。这样，式（8-7）中只有 u_x、u_y 两个未知数，所以是可解的。

（2）由 $Re\sim O\left(\frac{1}{\delta^{02}}\right)$，即$\frac{uL}{\nu}\propto\frac{1}{\delta^2/L^2}$，所以可得

$$\delta\propto\frac{L}{\sqrt{Re}}\tag{8-10}$$

上式说明层流边界层厚度与 $\sqrt{Re}$ 成反比，Re 越大，δ 越薄。

式（8-7）只适用于层流边界层。类似于上面的讨论，用量级对比法来处理湍流时均运动方程（雷诺方程）和时均连续性方程，可得湍流边界层微分方程。它与方程组（8-7）不同的是以时均值来表示，该组第一式应改为

$$u_x\frac{\partial u_x}{\partial x}+u_y\frac{\partial u_x}{\partial y}=-\frac{1}{\rho}\frac{\partial p}{\partial x}+\frac{1}{\rho}\frac{\partial}{\partial y}\left[\mu\frac{\partial u_x}{\partial y}-\rho\overline{u_x'u_y'}\right]\tag{8-11}$$

上面这些方程式和结论，不仅适用于平板边界层，亦适用于具有曲率的固体边界，只要曲率较小，没有突然变化，所取 x 坐标沿曲面边界，y 坐标沿曲面外法线方向即可。

边界层微分方程比纳维-斯托克斯方程要简单得多。但是它仍然是非线性的，即使对于外形简单的物体，在简单的边界条件下，求解亦是十分困难的。1908 年，布拉休斯应用普朗特边界层理论，求得了最简单的绕平板的层流边界层的解，称为布拉休斯解。后来，不少学者利用不同的数值计算方法，获得更为精确的结果。这些成果可以作为检验和校核其他近似方法的参考依据。目前，对绕外形复杂物体的湍流边界层还不能求得精确解。20 世纪 20 年代以后，发展了许多解边界层微分方程的近似方法，由于它比较简单、方便，至今仍有很大的实用价值。比较广泛采用的是应用动量积分方程来求解边界层的问题，下面给予介绍。

§8-3 边界层的动量积分方程

现应用动量方程来推导边界层的动量积分方程。设二维恒定匀速流动绕经一（静止）固体，如图 8-3 所示。沿固体表面取 x 轴，沿固体表面的外法线取 y 轴。在大雷诺数情况下，固体边界附近就会产生一层很薄的边界层，现取其单宽微小段 $ABCD$ 为控制体，对它写沿 x 轴方向的动量方程。

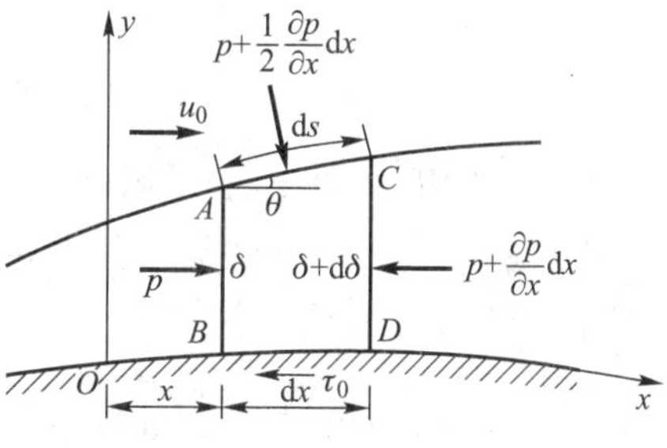

假设：(1) 因为 dx 为无限小，所以微小段的 BD、AC 可视为直线；(2) 因边界层很薄，质量力略去不计。根据动量方程得

图 8-3

$$\boldsymbol{p}_{CD}-\boldsymbol{p}_{AB}-\boldsymbol{p}_{AC}=\sum \boldsymbol{F}_x \qquad (1)$$

式中：$\boldsymbol{p}_{CD}$、$\boldsymbol{p}_{AB}$、$\boldsymbol{p}_{AC}$ 分别为单位时间内通过 CD、AB 和 AC 面的流体动量在 x 轴上的分量，$\sum \boldsymbol{F}_x$ 为作用在微小段 $ABCD$ 上所有外力的合力在 x 轴上的分量。

首先讨论通过各个面上的动量。由于是取单位宽度，所以单位时间通过 AB、CD 和 AC 面的质量分别为

$$\rho\, q_{AB}=\int_0^{\delta}\rho\, u_x \mathrm{d}y$$

$$\rho\, q_{CD}=\rho\, q_{AB}+\rho\,\frac{\partial q_{AB}}{\partial x}\mathrm{d}x=\int_0^{\delta}\rho\, u_x \mathrm{d}y+\frac{\partial}{\partial x}\left(\int_0^{\delta}\rho\, u_x \mathrm{d}y\right)\mathrm{d}x$$

$$\rho\, q_{AC}=\rho\, q_{CD}-\rho\, q_{AB}=\frac{\partial}{\partial x}\left(\int_0^{\delta}\rho\, u_x \mathrm{d}y\right)\mathrm{d}x$$

单位时间通过 AB、CD 和 AC 面的动量分别为

$$\boldsymbol{p}_{AB}=\int_0^\delta \rho\, u_x \boldsymbol{u}_x \mathrm{d}y \tag{2}$$

$$\boldsymbol{p}_{CD}=\boldsymbol{p}_{AB}+\frac{\partial \boldsymbol{p}_{AB}}{\partial x}\mathrm{d}x=\int_0^\delta \rho\, u_x \boldsymbol{u}_x \mathrm{d}y+\frac{\partial}{\partial x}\left(\int_0^\delta \rho\, u_x \boldsymbol{u}_x \mathrm{d}y\right)\mathrm{d}x \tag{3}$$

$$\boldsymbol{p}_{AC}=\rho\, q_{AC}\boldsymbol{u}_0=\boldsymbol{u}_0\frac{\partial}{\partial x}\left(\int_0^\delta \rho\, u_x \mathrm{d}y\right)\mathrm{d}x \tag{4}$$

式中：$\boldsymbol{u}_0$ 为边界层外边界上的流速在 x 轴上的分量，并认为在 AC 面上各点都相等。

现讨论作用在 $ABCD$ 上的外力。因忽略质量力，所以只有表面力。由于 $\dfrac{\partial p}{\partial y}=0$，因而 AB 面和 CD 面上压强是均匀分布的。设 AB 面上的压强为 p，则作用在 CD 面上的压强，由泰勒级数展开可取为 $p+\dfrac{\partial p}{\partial x}\mathrm{d}x$。作用在 AC 面上的压强是不均匀的，现已知 A 点压强为 p，C 点压强为 $p+\dfrac{\partial p}{\partial x}\mathrm{d}x$，取其平均值为

$$p_{AC}=p+\frac{1}{2}\frac{\partial p}{\partial x}\mathrm{d}x$$

关于摩擦阻力，设 τ_0 表示固体表面对流体作用的切应力。由于边界层外可以当作理想流体，所以在边界层外边界 AC 面上没有切应力。这样，各表面力在 x 轴方向的分量之和为

$$\sum F_x=p\delta-\left(p+\frac{\partial p}{\partial x}\mathrm{d}x\right)(\delta+\mathrm{d}\delta)+\left(p+\frac{1}{2}\frac{\partial p}{\partial x}\mathrm{d}x\right)\mathrm{d}s\cdot\sin\theta-\tau_0\mathrm{d}x$$

因为 $\mathrm{d}s\cdot\sin\theta=\mathrm{d}\delta$，所以

$$\sum F_x=-\frac{\partial p}{\partial x}\mathrm{d}x\cdot\delta-\frac{1}{2}\frac{\partial p}{\partial x}\mathrm{d}x\mathrm{d}\delta-\tau_0\mathrm{d}x$$

略去高阶微量，并考虑到 $\dfrac{\partial p}{\partial y}=0$，即 p 与 y 无关，可用全微分代替偏微分，则上式为

$$\sum F_x=-\frac{\mathrm{d}p}{\mathrm{d}x}\mathrm{d}x\cdot\delta-\tau_0\mathrm{d}x \tag{5}$$

将式(2)、(3)、(4)、(5)代入式(1)，则可得

$$u_0\frac{\mathrm{d}}{\mathrm{d}x}\int_0^\delta \rho u_x\mathrm{d}y-\frac{\mathrm{d}}{\mathrm{d}x}\int_0^\delta \rho u_x^2\mathrm{d}y=\delta\frac{\mathrm{d}p}{\mathrm{d}x}+\tau_0 \tag{8-12}$$

上式即为边界层动量积分方程，1921 年由卡门导出，所以又称卡门动量积分方

程。它适用于层流边界层和湍流边界层，只是不同的流态采用不同的 τ_0 计算式。

上式当 ρ 为常数时，还有 δ、p、u_0、u_x、τ_0 五个未知量，其中 u_0 可由势流理论求得，p 可按伯努利方程求得，剩下 δ、u_x、τ_0 三个未知量。因此，要解边界层动量积分方程，还需要两个补充方程，通常是边界层内流速分布关系式 $u_x=u_x(y)$ 和切应力 τ_0 与边界层厚度 δ 的关系式 $\tau_0=\tau_0(\delta)$。事实上，$\tau_0=\tau_0(\delta)$ 可根据边界层内流速分布的关系式求得。通常在解边界层动量积分方程时，先假定流速分布 $u_x=u_x(y)$，这个假定越接近实际，所得结果越正确。

下面将应用边界层动量积分方程来解决一些典型的壁面边界层的计算问题。

§8-4　平板上边界层的分析和计算

8-4-1　平板上边界层基本方程

有许多流体流经物体的绕流问题，可视为流体绕平板的流动，因此研究平板上的边界层具有一定的意义。设有一极薄的静止光滑平板顺流置放于二维恒定匀速流动中，如图 8-4 所示。平板上游首端为坐标原点，取平板表面为 x 轴，来流速度为 U_0 且平行于 x 轴。因平板极薄，边界层外部的流动不受平板及其端部的影响，因此边界层外边界上的流速 u_0 处

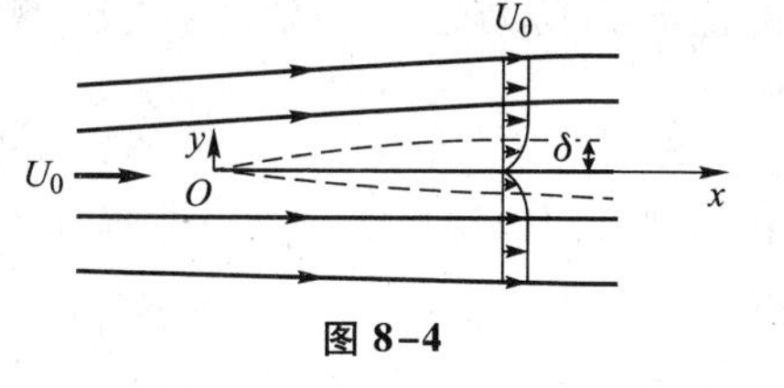

图 8-4

处相等，且等于来流速度 U_0，即 $u_0=U_0$，$\dfrac{\mathrm{d}u_0}{\mathrm{d}x}=0$。根据伯努利方程，由于流速不变，所以边界层外边界上的压强也处处相等，即$\dfrac{\mathrm{d}p}{\mathrm{d}x}=0$；对于不可压缩均质流体来讲，$\rho$ 为常数，可提到积分符号外，所以式(8-12)可写为

$$U_0\frac{\mathrm{d}}{\mathrm{d}x}\int_0^{\delta}u_x\mathrm{d}y-\frac{\mathrm{d}}{\mathrm{d}x}\int_0^{\delta}u_x^2\mathrm{d}y=\frac{\tau_0}{\rho}\tag{8-13}$$

上式为计算平板上边界层的基本方程，对层流和湍流边界层均适用。

*8-4-2　平板上的层流边界层

在一上节已经提到，要解式(8-12)或式(8-13)必须补充两个方程。第一个补充方程为边界层内的流速分布关系式 $u_x=u_x(y)$。它可以有多种形式，如线性关系、指数关系、对数关系等。在这里假定层流边界层内的流速分布和管流中的层流速度分布相同，即为式(7-17)：

$$u=u_{\max}\left(1-\frac{r^2}{r_0^2}\right)$$

将上式应用于平板上的边界层时，管流中的 r_0 对应于边界层中的 δ，r 对应为 $(\delta-y)$，$u_{\max}$ 对应为 U_0，u 对应为 u_x。这样，上式可写为

$$u_x=U_0\left[1-\frac{(\delta-y)^2}{\delta^2}\right] \tag{8-14}$$

或

$$u_x=\frac{2U_0}{\delta}\left(y-\frac{y^2}{2\delta}\right) \tag{8-15}$$

第二个补充方程为平板上切应力与边界层厚度的关系式 $\tau_0=\tau_0(\delta)$。因为是层流，符合牛顿内摩擦定律。求平板上的切应力，只要令 $y=0$，并将式(8-15)代入牛顿内摩擦定律可得

$$\tau_0=-\mu\left.\frac{\mathrm{d}u_x}{\mathrm{d}y}\right|_{y=0}=-\mu\left.\frac{\mathrm{d}}{\mathrm{d}y}\left[\frac{2U_0}{\delta}\left(y-\frac{y^2}{2\delta}\right)\right]\right|_{y=0}$$

式中：负号表示切应力和 x 轴方向相反。现去掉负号，取绝对值，并经整理简化后得

$$\tau_0=\mu\frac{2U_0}{\delta} \tag{8-16}$$

上式说明 τ_0 与 δ 成反比。将以上所得的两个补充方程式(8-15)、式(8-16)代入式(8-13)，得

$$U_0\frac{\mathrm{d}}{\mathrm{d}x}\int_0^{\delta}\frac{2U_0}{\delta}\left(y-\frac{y^2}{2\delta}\right)\mathrm{d}y-\frac{\mathrm{d}}{\mathrm{d}x}\int_0^{\delta}\left[\frac{2U_0}{\delta}\left(y-\frac{y^2}{2\delta}\right)\right]^2\mathrm{d}y=\frac{2\mu U_0}{\rho\delta}$$

因上式左端是在某一固定断面上对 y 进行积分，由于边界层厚度 δ 对固定断面是定值，可提到积分符号外；但 δ 沿 x 轴方向是变化的，所以不能移到对 x 的全导数符号外；U_0 沿 x 轴方向是不变的，可移到对 x 的全导数符号外。这样，简化上式可得

$$\frac{1}{15}U_0\frac{\mathrm{d}\delta}{\mathrm{d}x}=\frac{\mu}{\rho\delta}$$

积分得

$$\frac{1}{15}\frac{U_0}{\mu}\frac{\rho\delta^2}{2}=x+C$$

积分常数 C 由边界条件确定。当 $x=0$，$\delta=0$，得 $C=0$。代入上式得

$$\frac{1}{15}\frac{U_0\rho}{\mu}\frac{\delta^2}{2}=x$$

因 $\nu=\dfrac{\mu}{\rho}$，上式化简后得

$$\delta=5.477\sqrt{\frac{\nu x}{U_0}} \tag{8-17}$$

上式即为平板上层流边界层厚度沿 x 轴方向的变化规律。它说明平板上层流边界层厚度 δ 与 $x^{1/2}$ 成正比。

将上式代入式(8-16)，化简后可得

$$\tau_0=0.365\sqrt{\frac{\mu\rho U_0^3}{x}} \tag{8-18}$$

上式即为平板上层流边界层的切应力沿 x 轴方向的变化规律。它说明 τ_0 和 $x^{1/2}$ 成反比。

作用在平板上一面的摩擦阻力 F_f 为

$$F_f=\int_0^L \tau_0 b\mathrm{d}x$$

式中：b 为平板宽度，L 为平板（层流边界层）的长度。将式(8-18)代入上式，积分后可得

$$F_f=\int_0^L 0.365\sqrt{\frac{\mu\rho U_0^3}{x}}\,b\mathrm{d}x=0.73b\sqrt{\mu\rho U_0^3 L} \tag{8-19}$$

如需求流体对平板两面的总摩擦阻力时，只需将上式乘 2 即可。

通常将绕流摩擦阻力的计算式写成单位体积来流的动能 $\rho U_0^2/2$ 与某一面积的乘积，再乘以摩阻系数的形式，即

$$F_f=C_f\frac{\rho U_0^2}{2}A_f \tag{8-20}$$

式中：C_f 为量纲一的摩阻系数；ρ 为流体密度；U_0 为流体来流速度；A_f 通常指切应力作用的面积或某一有代表性的投影面面积，在这里指平板面积 $A_f=bL$。

由式(8-19)和式(8-20)可得

$$C_f=1.46\sqrt{\frac{\mu}{\rho U_0 L}}=1.46\sqrt{\frac{\nu}{U_0 L}}=\frac{1.46}{\sqrt{Re_L}} \tag{8-21}$$

式中：$Re_L=\dfrac{U_0 L}{\nu}$（表示是以板长 L 为特性长度的雷诺数）。

上述诸公式即为平板上层流边界层的计算公式。布拉休斯从普朗特边界层方程求得的，并与实验结果符合得比较好的数值解为

$$\delta=5\sqrt{\frac{\nu x}{U_0}} \tag{8-22}$$

$$F_f=0.664b\sqrt{\mu\rho U_0^3 L} \tag{8-23}$$

$$C_f=\frac{1.328}{\sqrt{Re_L}} \tag{8-24}$$

式(8-22)~式(8-24)适用于 $Re_L<3\times10^5\sim10^6$。如前所述,布拉休斯解可以作为检验和校核其他近似方法的参考依据;将由动量积分方程求得的结果与其进行比较,可知这两者十分接近,说明用动量积分方程求得的解是可以满足要求的。本书的例题或习题,一般用式(8-17)和式(8-21)求解;当然亦可用布拉休斯所得的公式计算。

如前所述,边界层内的流速分布关系式,有多种形式。如果假定为其他形式,则可另得层流边界层厚度 δ、切应力 τ_0、摩擦阻力 F_f、摩擦阻力系数 C_f 的计算公式。

例 8-1 设有一(静止)光滑平板长 5 m,宽 2 m,顺流放置于二维恒定均速流场中,如图 8-4 所示。已知水流以 0.1 m/s 的速度绕流过平板,平板长边与水流方向一致,水温为 15 ℃,相应的运动黏度 $\nu=1.139\times10^{-6}\,\mathrm{m^2/s}$,密度 $\rho=999.1\ \mathrm{kg/m^3}$。试求:(1) 距平板前端1 m 和 4 m 处的边界层厚度 δ_1 和 δ_2;(2) 当 $y=5$ mm 时,上述两点处的速度 u_{x1} 和 u_{x2};(3) 平板一面所受的摩擦阻力 F_f。

解:首先判别流态

$$Re_L=\frac{U_0L}{\nu}=\frac{0.1\times5}{1.139\times10^{-6}}=4.39\times10^5<5\times10^5$$

所以该平板在给定的长度范围内为层流边界层。

$$\delta_1=5.477\sqrt{\frac{\nu x}{U_0}}=5.477\sqrt{\frac{1.139\times10^{-6}\times1}{0.1}}\ \mathrm{m}=1.85\ \mathrm{cm}$$

$$\delta_2=5.477\sqrt{\frac{\nu x}{U_0}}=5.477\sqrt{\frac{1.139\times10^{-6}\times4}{0.1}}\ \mathrm{m}=3.70\ \mathrm{cm}$$

由式(8-15)得

$$u_{x1}=\frac{2U_0}{\delta_1}\left(y-\frac{y^2}{2\delta_1}\right)=\frac{2\times10}{1.85}\left[0.5-\frac{(0.5)^2}{2\times1.85}\right]\ \mathrm{cm/s}=4.65\ \mathrm{cm/s}$$
$$=0.0465\ \mathrm{m/s}$$

$$u_{x2}=\frac{2U_0}{\delta_2}\left(y-\frac{y^2}{2\delta_2}\right)=\frac{2\times10}{3.70}\left[0.5-\frac{(0.5)^2}{2\times3.70}\right]\ \mathrm{cm/s}=2.54\ \mathrm{cm/s}$$
$$=0.0254\ \mathrm{m/s}$$

$$C_f=\frac{1.46}{\sqrt{Re_L}}=\frac{1.46}{\sqrt{4.39\times10^5}}=2.2\times10^{-3}$$

$$F_f=C_f\frac{\rho U_0^2}{2}A_f=2.2\times10^{-3}\times\frac{1}{2}(999.1\times0.1^2)\times5\times2\ \mathrm{N}=0.11\ \mathrm{N}$$

例 8-2 设有一静止正方形光滑薄平板,边长为 a,顺流放置在恒定均匀流速 u 的水流中。试按层流边界层,求平板一边同水流方向平行(如图 8-5a 所示)时的摩擦阻力 F_{f1} 与平板一边同水流方向成 45°(如图 8-5b 所示)时的摩擦阻力 F_{f2} 之比。

解:平板一边同水流方向平行时,

$$C_{f1}=\frac{1.46}{\sqrt{Re_L}}=1.46\sqrt{\frac{\nu}{ua}}$$

$$F_{f1(一面)}=C_{f1}\frac{\rho u^2}{2}A_f=1.46\sqrt{\frac{\nu}{ua}}\times\frac{\rho u^2}{2}\times a^2$$

$$=\frac{1.46}{2}\nu^{1/2}\cdot\rho\cdot u^{3/2}\cdot a^{3/2} \qquad (1)$$

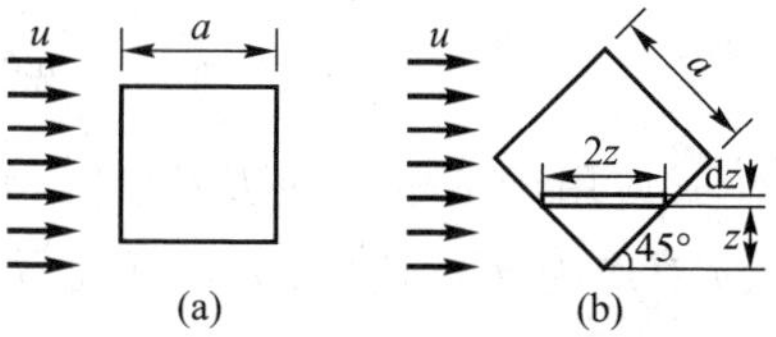

图 8-5

平板一边同水流方向成 45°时，选 z 轴为纵轴。取微小面积所受的摩擦阻力

$$dF_{f2}=C_{f2}\frac{\rho u^2}{2}\cdot 2z dz$$

因 $C_{f2}=1.46\sqrt{\frac{\nu}{u2z}}$，代入上式并积分得

$$F_{f2(一面)}=2\int_0^{\frac{a}{\sqrt{2}}}1.46\sqrt{\frac{\nu}{u2z}}\cdot\frac{\rho u^2}{2}\cdot 2z dz$$

$$=1.46\sqrt{2}\nu^{1/2}\cdot\rho u^{3/2}\cdot\int_0^{\frac{a}{\sqrt{2}}}z^{\frac{1}{2}}dz$$

$$=1.46\times\frac{1}{3}\times 2^{3/4}\times\nu^{1/2}\times\rho u^{3/2}a^{3/2} \qquad (2)$$

由式(1)、(2)得

$$\frac{F_{f2}}{F_{f1}}=\frac{1.46\times\frac{1}{3}\times 2^{3/4}}{\frac{1}{2}\times 1.46}=1.12$$

两种情况相比，说明平板一边同水流方向成 45°时所受的摩擦阻力大。

8-4-3 光滑平板上的湍流边界层

在实际工程中，遇到的大多数是湍流边界层。在一般情况下，只有在边界层开始形成的一个极短距离内才是层流边界层。对于湍流边界层，要解式(8-13)需另外补充两个方程。这个问题，目前还不能从理论上解决。因为由于脉动而产生的附加切应力，在湍流边界层内如何考虑和计算尚不清楚。由于人们对流体在圆管内作湍流运动的规律研究比较充分，普朗特曾作过这样的假设：沿平板边界层内的湍流运动与管内湍流运动没有显著的差别，于是就借用管内湍流运动的理论与实验结果去找补充方程；另外，假定从平板上游首端开始就是湍流边界层。在上述假设、假定的情况下，可以推导出平板上湍流边界层的计算公式。下面先介绍不考虑平板壁面粗糙影响的光滑平板上的湍流边界层。

这里，我们借用圆管湍流光滑区的流速分布公式(7-58)，即

$$u=u_{\max}\left(\frac{y}{r_0}\right)^{1/7} \tag{8-25}$$

将上式应用于平板上的边界层时，管流中的 r_0 对应于边界层中为 δ，$u_{\max}$ 对应为 U_0，u 对应为 u_x。这样，上式可改写为

$$u_x=U_0\left(\frac{y}{\delta}\right)^{1/7} \tag{8-26}$$

现在再找第二个补充方程，即关系式 $\tau_0=\tau_0(\delta)$。为此，先根据管流中切应力公式 $\tau_0=\frac{\lambda}{8}\rho v^2$ 和湍流光滑区 λ 值的布拉休斯公式(7-63)，求得光滑区的切应力公式为

$$\tau_0=\frac{\lambda}{8}\rho v^2=\frac{\rho v^2}{8}\frac{0.3164}{Re^{1/4}}=0.0332\rho v^{7/4}\left(\frac{\nu}{r_0}\right)^{1/4} \tag{8-27}$$

上式中的 v 为圆管内的平均流速。为了用于平板边界层，需将上式用来流速度 U_0 和边界层厚度 δ 来表示。为此，先推求管流中的平均流速与最大流速的关系式，即

$$v=\frac{Q}{A}=\frac{\int_0^{r_0}u\mathrm{d}A}{\pi r_0^2}=\frac{\int_0^{r_0}u_{\max}\left(\frac{y}{r_0}\right)^{1/7}2\pi r\mathrm{d}r}{\pi r_0^2}$$

因 $r=r_0-y$，$\mathrm{d}r=-\mathrm{d}y$，代入上式，积分后得

$$v=0.817u_{\max} \tag{8-28}$$

将上式代入式(8-27)，且管流中的 $u_{\max}$ 对应为 U_0，r_0 对应为 δ，则得平板上切应力与边界层厚度的关系式为

$$\tau_0=0.0233\rho U_0^2\left(\frac{\nu}{\delta U_0}\right)^{1/4} \tag{8-29}$$

将式(8-26)代入式(8-13)得

$$U_0\frac{\mathrm{d}}{\mathrm{d}x}\int_0^\delta U_0\left(\frac{y}{\delta}\right)^{1/7}\mathrm{d}y-\frac{\mathrm{d}}{\mathrm{d}x}\int_0^\delta U_0^2\left(\frac{y}{\delta}\right)^{2/7}\mathrm{d}y=\frac{\tau_0}{\rho}$$

将上式等号左边积分，并分离变量后得

$$\frac{7}{72}\rho U_0^2\mathrm{d}\delta=\tau_0\mathrm{d}x$$

将式(8-29)代入上式，可得

$$\frac{7}{72}\rho U_0^2\mathrm{d}\delta=0.0233\rho U_0^2\left(\frac{\nu}{\delta U_0}\right)^{1/4}\mathrm{d}x$$

积分上式，并移项后得

$$\left(\frac{7}{72}\right)\left(\frac{4}{5}\right)\delta^{5/4}=0.023\ 3\left(\frac{\nu}{U_0}\right)^{1/4}x+C$$

式中:C 为积分常数,由边界条件决定。当 $x=0$,即在平板首端,$\delta=0$,代入上式可得 $C=0$。所以得

$$\left(\frac{7}{72}\right)\left(\frac{4}{5}\right)\delta^{5/4}=0.023\ 3\left(\frac{\nu}{U_0}\right)^{1/4}x$$

化简后得

$$\delta=0.381\left(\frac{\nu}{U_0x}\right)^{1/5}x=0.381\frac{x}{Re_x^{1/5}} \tag{8-30}$$

上式即为光滑平板上的湍流边界层厚度沿 x 轴方向的变化规律。它说明光滑平板上的湍流边界层厚度 δ 和 x 成正比,而与雷诺数 Re_x 的五分之一次方成反比;在沿长度方向,厚度的增加要比层流边界层快。这是由于,湍流边界层内流体质点(微元)发生横向运动,容易使厚度迅速增加。

将式(8-30)代入式(8-29),可得

$$\tau_0=0.029\ 6\rho U_0^2\left(\frac{\nu}{U_0x}\right)^{1/5} \tag{8-31}$$

上式即为光滑平板上的湍流边界层切应力沿 x 轴方向的变化规律。它说明切应力 τ_0 和 $\left(\frac{1}{x}\right)^{1/5}$ 成正比;在沿长度方向,切应力的减小要比层流边界层慢一些。

作用在平板上一面的摩擦阻力 F_f 为

$$F_f=\int_0^L \tau_0 b\mathrm{d}x$$

将式(8-31)代入上式后,可得

$$F_f=0.037\rho U_0^2 bL\left(\frac{\nu}{U_0L}\right)^{1/5} \tag{8-32}$$

平板两面的总摩擦阻力,则只需将上式乘 2 即可。

将上式代入式(8-20),可得摩阻系数 C_f 为

$$C_f=0.074\left(\frac{\nu}{U_0L}\right)^{1/5}=0.074/Re_L^{1/5} \tag{8-33}$$

上式由普朗特(1927 年)提出,如图 8-6 中曲线②所示。

将上式和层流边界层的式(8-21)比较,当 Re_L 增加时,湍流的 C_f 要比层流的 C_f 减小得慢;在同一 Re_L 的情况下,湍流的 C_f 要比层流的 C_f 大得多。这是因为,在层流边界层内摩擦阻力只是由于不同流层之间发生相对运动而引起的;而在湍流边界层中还由于流体质点(微元)有剧烈的横向混掺,产生更大的摩擦阻力。

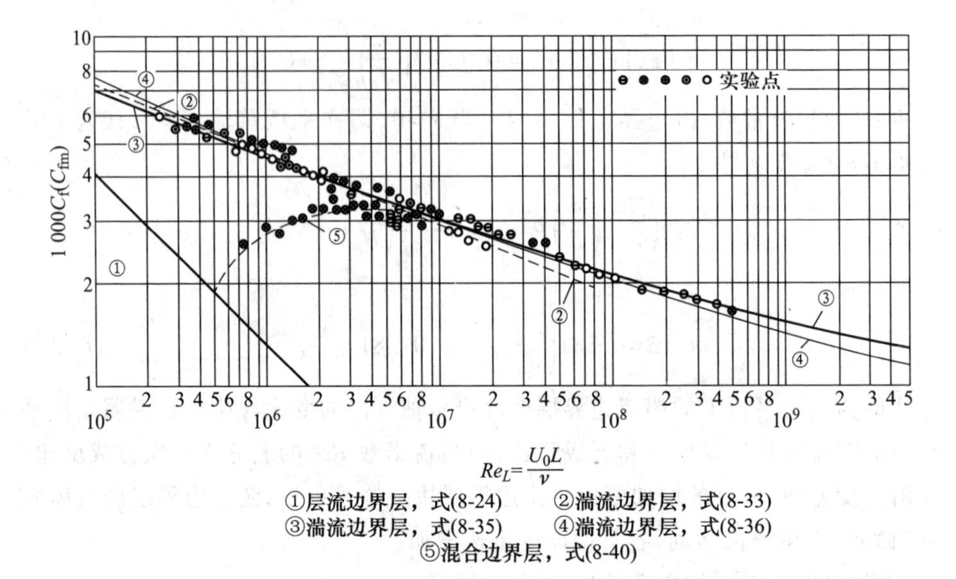

图 8-6

以上各式即为光滑平板上湍流边界层的计算公式，它们适用于 $Re_L=3\times10^5\sim10^7$ 之间。当 $Re_L>10^7$ 时，流速分布的七分之一次方定律已不适用，这时应按对数分布规律进行计算。

从大量的实测资料表明，光滑平板上湍流边界层内的流速分布稍不同于管流的对数流速分布公式(7-57)，而为

$$u=v_*\left(5.85\lg\frac{yv_*}{\nu}+5.56\right) \tag{8-34}$$

由上式计算所得的摩阻系数 C_f 与 $Re_L=\frac{U_0L}{\nu}$ 的关系曲线，如图 8-6 中曲线③所示。希里其丁(Schlichting H)将这条曲线写成如下的经验公式：

$$C_f=\frac{0.455}{(\lg Re_L)^{2.58}} \tag{8-35}$$

上式适用范围可达 $Re_L=10^9$。

舒尔兹-格鲁诺(Schultz-Gnunow)，对光滑平板上的湍流边界层进行了细致的测量，发现在边界层内靠外侧部分的流速分布，有规则地偏离于圆管内对数规律的流速分布。根据大量实测资料，提出摩阻系数 C_f 的内插公式为

$$C_f=\frac{0.427}{(\lg Re_L-0.407)^{2.64}} \tag{8-36}$$

上式如图 8-6 中曲线④所示。

由于对数流速分布关系式的积分复杂性，尚不能推导出边界层厚度的计算公式，仍限于用按指数流速分布关系式求得的式(8-30)。

例 8-3 设有一光滑平板长 8 m，宽 2 m，顺流放置于二维恒定均速流场中，平板长边与水流方向一致。水流以 1.0 m/s 的速度绕流过平板。已知水温为 15 ℃，相应的运动黏度 $\nu=1.139\times10^{-6}\ \mathrm{m^2/s}$，密度 $\rho=999.1\ \mathrm{kg/m^3}$。试求平板末端边界层的厚度 δ 和一面的摩擦阻力 F_f。

解：$Re_L=\dfrac{U_0L}{\nu}=\dfrac{1.0\times8}{1.139\times10^{-6}}=7.02\times10^6>5\times10^5$

所以为湍流边界层。

由式(8-2)求得

$$x_{cr}=\frac{5\times10^5\times\nu}{U_0}=5\times10^5\times1.139\times10^{-6}\ \mathrm{m}=0.57\ \mathrm{m}$$

现假定从平板上游首端开始就是湍流边界层

$$\delta=0.381\frac{L}{Re_L^{1/5}}=0.381\times\frac{8}{(7.02\times10^6)^{1/5}}\ \mathrm{m}=0.13\ \mathrm{m}$$

$$\begin{aligned}F_f&=0.037\rho U_0^2bL\left(\frac{\nu}{U_0L}\right)^{1/5}=0.037\rho U_0^2bL\left(\frac{1}{Re_L}\right)^{1/5}\\&=0.037\times999.1\times1^2\times2\times8\times\left(\frac{1}{7.02\times10^6}\right)^{1/5}\ \mathrm{N}\\&=25.27\ \mathrm{N}\end{aligned}$$

*8-4-4 光滑平板上的混合边界层

上面讨论的是假定整个平板上的边界层都处于湍流状态。但实际上，当雷诺数增大到某一数值后，而且平板长度 $L>x_{cr}$ 时，平板的前部为层流边界层，后部是湍流边界层，在层流和湍流边界层之间还有过渡段。这种边界层称为混合边界层。在平板很长或来流速度很大的情况下，由于层流边界层在整个平板上所占的长度很小，才可将整个平板上的边界层当作湍流边界层进行近似计算。在一般情况下应按混合边界层进行计算。

由于混合边界层内流动情况十分复杂，在计算混合边界层时，作了两个假定：一是在大雷诺数情况下，层流边界层转变为湍流边界层是在 x_{cr} 处突然发生的，没有过渡段；二是混合边界层的湍流边界层可以看作是从平板的首端开始的湍流边界层的一部分。有了后一假设，就能采用上面介绍的公式来计算湍流边界层的厚度和摩擦阻力。

根据以上两个假定，普朗特建议，整个光滑平板上混合边界层的摩擦阻力，由转捩点前层流边界层的摩擦阻力和转捩点后湍流边界层的摩擦阻力两部分所组成；后者，则由从平板首端开始即作为湍流边界层计算的，减去转捩点前湍流边界层的部分，即

$$C_{fm}\frac{\rho U_0^2}{2}bL=C_{ft}\frac{\rho U_0^2}{2}bL-C_{ft}\frac{\rho U_0^2}{2}bx_{cr}+C_{fl}\frac{\rho U_0^2}{2}bx_{cr}\tag{8-37}$$

式中：C_{fm}、C_{ft}、C_{fl}分别为混合边界层、湍流边界层、层流边界层的摩阻系数；x_{cr}为转捩点到平板首端的距离。

由上式可得

$$C_{fm}=C_{ft}-(C_{ft}-C_{fl})\frac{x_{cr}}{L}=C_{ft}-(C_{ft}-C_{fl})\frac{Re_{xcr}}{Re_L}=C_{ft}-\frac{A}{Re_L} \tag{8-38}$$

式中：$A=Re_{xcr}(C_{ft}-C_{fl})$，它取决于层流边界层转变为湍流边界层的临界雷诺数，A 值见表 8-1。当 $5\times10^5\leqslant Re_L\leqslant10^7$ 时，将式(8-33)和式(8-21)代入上式，得平板混合边界层的摩阻系数为

$$C_{fm}=\frac{0.074}{Re_L^{1/5}}-\left(\frac{0.074}{Re_{xcr}^{1/5}}-\frac{1.46}{Re_{xcr}^{1/2}}\right)\frac{Re_{xcr}}{Re_L}$$

或

$$C_{fm}=\frac{0.074}{Re_L^{1/5}}-\frac{A}{Re_L} \tag{8-39}$$

式中：$A=0.074Re_{xcr}^{4/5}-1.46Re_{xcr}^{1/2}$，$A$ 值列于表 8-1 中；当 $Re_{xcr}=5\times10^5$，$A\approx1\ 700$。当 $5\times10^5\leqslant Re_L\leqslant10^9$ 时，将式(8-35)和式(8-21)代入式(8-38)，得

$$C_{fm}=\frac{0.455}{(\lg Re_L)^{2.58}}-\frac{A}{Re_L} \tag{8-40}$$

A 值亦可由表 8-1 查得；取 $A=1\ 700$，则式(8-40)如图 8-6 中曲线⑤所示。

表 8-1

Re_{xcr}	10^5	3×10^5	5×10^5	10^6	3×10^6
A	320	1 050	1 700	3 300	8 700

例 8-4 一光滑平板宽 $b=1.2$ m，长 $L=5$ m，潜没在静水中并以速度 $U_0=0.6$ m/s 沿水平方向被拖曳，平板长边与运动方向一致，水温 $t=10$ ℃，运动黏度 $\nu=1.306\times10^{-6}\ m^2/s$，密度 $\rho=999.7\ kg/m^3$。试求边界层的最大厚度 δ_L 和所需水平总拖曳力 F。

解：$Re_L=\frac{U_0L}{\nu}=\frac{0.6\times5}{1.306\times10^{-6}}=2.3\times10^6>Re_{xcr}=5\times10^5$

$$x_{cr}=\frac{Re_{xcr}\nu}{U_0}=\frac{5\times10^5\times1.306\times10^{-6}}{0.6}\ m=1.09\ m<5\ m$$

按混合边界层计算。

$$\delta_L=0.381\frac{x}{Re_x^{1/5}}=0.381\frac{L}{\left(\frac{U_0L}{\nu}\right)^{1/5}}=0.381\frac{5}{\left(\frac{0.6\times5}{1.306\times10^{-6}}\right)^{1/5}}\ m$$

$$=0.102\ m=10.2\ cm$$

$$C_{fm}=\frac{0.074}{Re_L^{1/5}}-\frac{A}{Re_L}=\frac{0.074}{(2.3\times10^6)^{1/5}}-\frac{1\ 700}{2.3\times10^6}$$

$$=0.003\ 95-0.000\ 74=0.003\ 21$$

$$F=2C_{\mathrm{fm}}\frac{\rho U_0^2}{2}bL=2\times0.003\ 21\ \frac{999.7\times(0.6)^2}{2}\times1.2\times5\ \mathrm{N}=6.93\ \mathrm{N}$$

*8-4-5 粗糙平板上的湍流边界层

前面,我们讨论了光滑平板上的湍流边界层。但是,在实际工程中,例如船体(舵)、机翼、水轮机叶片等壁面上的边界层,有时不一定属于光滑平板上的湍流边界层,需考虑壁面粗糙的影响,即要研究粗糙平板上的湍流边界层。

在第七章讨论管流和明渠流时,我们知道它们的壁面粗糙(凸出)高度 Δ,对流动阻力的影响甚大,相对粗糙度$\left(\text{如}\frac{\Delta}{r_0}\right)$具有重要的作用。显然,在讨论粗糙平板上的湍流边界层时,相对粗糙度也将具有重要的意义。湍流边界层的相对粗糙度和管流的情况,有所同和有所不同。管流中的相对粗糙度是常值,而边界层中的相对粗糙度是变值,是距平板首端距离 x 的函数。因为边界层的厚度 δ,随着距平板首端距离 x 的增加,而不断增大,相对粗糙度$\frac{\Delta}{\delta}$则不断减小。所以,湍流边界层,在平板前部和后部可能处于不同的阻力区。为了便于说明问题,假定平板全长 L 具有同一粗糙高度 Δ,从平板首端开始就是湍流边界层。平板前部因边界层厚度 δ 很小,相对粗糙度$\frac{\Delta}{\delta}$就很大,因而在平板前部的一定范围内,湍流处于粗糙区。随着距平板首端距离的增加,因 δ 增大,$\frac{\Delta}{\delta}$就变小,因而在平板某一范围内,湍流处于过渡区。当距平板首端更远时,由于 δ 变得很大,而$\frac{\Delta}{\delta}$变得很小,因而湍流处于光滑区。上述粗糙区、过渡区和光滑区的判别标准,假定和第七章中介绍的管流的相同,即为式(7-53),但式中的动力速度 v_* 不是常数,随距平板首端的距离 x 而变化。当平板壁面的粗糙高度 Δ,小于黏性底层实际厚度 δ_0',壁面粗糙对流动阻力不起作用,这样的平板称为光滑平板;当粗糙高度大于黏性底层实际厚度,壁面粗糙对流动阻力显示影响,这样的平板称为粗糙平板。所以,这里的所谓光滑平板和粗糙平板,和圆管一样亦完全是从壁面粗糙是否影响流动摩擦阻力来分的,而且是有条件的。前面所指的光滑平板,就是从这个意义上讲的。现在要讨论的是粗糙平板上的边界层,所以先介绍如何判别平板是属于粗糙平板还是光滑平板。

根据上述判别标准,为了使平板全长都处于光滑区,视为光滑平板,假设其允许粗糙高度为 Δ'。由式(7-53)知,它的极限是$\frac{\Delta'}{\delta_0'}\approx1$。因为由式(7-52)知 $\delta_0'=5\frac{\nu}{v_*}$,$v_*=\sqrt{\frac{\tau_0}{\rho}}$,$\tau_0=C_{\mathrm{f}}\frac{\rho U_0^2}{2}$,所以可得

$$\frac{\Delta'}{\delta_0'}\approx1\approx\frac{v_*\Delta'}{5\nu}=\left(\frac{U_0\Delta'}{\nu}\right)\frac{\sqrt{C_{\mathrm{f}}}}{5\sqrt{2}} \tag{8-41}$$

或

$$\Delta' \leqslant \frac{\text{常数}}{\sqrt{C_f}\,U_0/\nu} \tag{8-42}$$

式中：C_f 为摩阻系数。由上式可知，如 U_0/ν 是常量，则 Δ' 随着距平板首端距离的增加而稍有增加。所以，有人认为，沿一给定粗糙的表面，最关键的情况出现于边界层首先变为湍流处。运用 $Re_x=5\times10^5$ 处的 C_f 值，经修正后，对任一长度 L 的平板，可得

$$\frac{\Delta'}{L} \leqslant \frac{100}{Re_L} \tag{8-43}$$

为实用起见，可近似为

$$\Delta' \leqslant \frac{100}{U_0/\nu} \tag{8-44}$$

上述公式中的 Δ'，并不取决于所考虑的平板长度，显然是近似的，却很方便。将按上式计算的 Δ' 和平板上实际的粗糙高度 Δ 相比较，当 $\Delta>\Delta'$ 时，即为粗糙平板。平板上粗糙高度 Δ 值，应根据实测或实验确定，可查阅相关部门制订的有关资料或设计手册。在没有相关部门的有关资料情况下，可参考表 7-1 所给的 Δ 值，作为估算值。

类似于对光滑平板上湍流边界层的讨论，在讨论粗糙平板上的湍流边界层时，借用圆管湍流粗糙区的流速分布公式(7-66)，即

$$\frac{u}{v_*} = 5.75\ \lg\frac{y}{\Delta} + 8.5$$

将上式应用于粗糙平板上的湍流边界层时，管流中的 y 对应于边界层中的 δ，u 对应为来流速度 U_0。这样，上式可写为

$$\frac{U_0}{v_*} = 5.75\ \lg\frac{\delta}{\Delta} + 8.5 \tag{8-45}$$

希里其丁根据分析计算和尼古拉兹的均匀砂粒粗糙度的实验，提出了粗糙平板上粗糙区的摩阻系数 C_f 的计算公式为

$$C_f = \left(1.62\ \lg\frac{L}{\Delta} + 1.89\right)^{-2.5} \tag{8-46}$$

式中：L 为粗糙平板的长度，Δ 为平板的当量粗糙度。上式适用范围为 $10^2<\frac{L}{\Delta}<10^6$。为了计算方便，绘制了 C_f、$\frac{L}{\Delta}$、$\frac{U_0\Delta}{\nu}$ 和 $\frac{U_0 L}{\nu}$ 之间的关系曲线，根据给定数据可以查得 C_f 值。

粗糙平板上过渡区的摩阻系数 C_f 的计算公式，应该和边界层内流动的雷诺数和平板壁面粗糙度有关。这方面的计算公式，介绍不一，可由有关图表中查得。粗糙平板上光滑区的摩阻系数 C_f 的计算公式，可以使用前面介绍的光滑平板上湍流边界层的摩阻系数 C_f 的计算公式，包括光滑平板上混合边界层的摩阻系数 C_{fm} 的计算公式。

粗糙平板上粗糙区的边界层厚度 δ，可按雅林(Yalin)公式计算，即

$$\frac{x}{\delta}=0.0152\frac{\Delta}{\delta}\exp 2.3\left(\ln 30.1\frac{\delta}{\Delta}\right)^{4/5} \tag{8-47}$$

式中：x 为距平板首端的任一距离。

在计算粗糙平板上的湍流边界层时，先要判别湍流属于光滑区还是粗糙区，然后选择相应公式计算。当来流速度很大、平板壁面粗糙时，距平板首端很近就为湍流边界层，将整个平板上的边界层作为湍流粗糙区来计算。

例 8-5 设有一宽 $b=2.5$ m，长 $L=30$ m 的粗糙平板潜没在静水中，以 5 m/s 的速度等速拖曳，平板长边 L 与运动方向一致，水温为 20 ℃，平板当量粗糙度 $\Delta=0.3$ mm。试求粗糙平板的总摩擦阻力 F_f。

解：水温 $t=20$ ℃时，由表 1-1 查得水的密度 $\rho=998.2\ \text{kg/m}^3$，运动黏度 $\nu=1.003\times10^{-6}\ \text{m}^2/\text{s}$。

$Re_L=\dfrac{U_0L}{\nu}=\dfrac{5\times30}{1.003\times10^{-6}}=1.4955\times10^8>5\times10^5$，为湍流边界层。

允许粗糙度 $\Delta'\leqslant\dfrac{100}{U_0/\nu}=\dfrac{100\times1.003\times10^{-6}}{5}\ \text{m}=2.006\times10^{-5}\ \text{m}\approx0.02\ \text{mm}<\Delta=0.3\ \text{mm}>14\times0.02=0.28\ \text{mm}$，为粗糙平板，且可认为属于湍流边界层粗糙区。层流边界层长度 $x_{cr}=\dfrac{Re_{xcr}\nu}{U_0}=\dfrac{5\times10^5\times1.003\times10^{-6}}{5}\ \text{m}\approx0.1\ \text{m}$，与平板长 $L=30$ m 相比，略去不计。

按湍流边界层粗糙区计算摩阻系数 C_f，即

$$\begin{aligned}C_f&=\left(1.62\lg\frac{L}{\Delta}+1.89\right)^{-2.5}=\left(1.62\lg\frac{30}{0.0003}+1.89\right)^{-2.5}\\&=3.17\times10^{-3}\\F_f&=2C_f\frac{\rho U_0^2}{2}A=\frac{2\times3.17\times10^{-3}\times998.2\times5^2}{2}\times2.5\times30\ \text{N}\\&=5\ 933.05\ \text{N}\end{aligned}$$

如果该平板为光滑平板，求得的总摩擦阻力 $F_f=3\ 743.25$ N（见习题 8-7 答案），小于按粗糙平板计算的值。

例 8-6 今欲设计一实验用玻璃水槽，已知槽宽 b 为 0.5 m，槽底用铜丝网加糙，当量粗糙度 Δ 为 0.002 m，槽中最大水深 h 控制在 0.3 m，尾门干扰段最长为 1.5 m。若玻璃水槽中保持为均匀流的有效实验段的长度最小应为 2.5 m，试求玻璃水槽的最短长度 l。

解：玻璃水槽进口段边界层发展到水面后，沿程各断面的流速分布才是相同的，水流才为均匀流，所以玻璃水槽最短长度应等于进口段长度（即边界层发展到水面的长度）L'，加有效实验段长度，再加尾门干扰段长度。

当 $\delta=h$ 时，$x=L'$。由式(8-47)得

$$\frac{L'}{h}=0.0152\frac{\Delta}{h}\exp 2.3\left(\ln 30.1\frac{h}{\Delta}\right)^{4/5}$$

$$\frac{L'}{0.3}\ \mathrm{m}=0.015\ 2\times\frac{0.002}{0.3}\times\exp 2.3\left(\ln 30.1\frac{0.3}{0.002}\right)^{4/5}=31.31$$

$$L'=0.3\times31.31\ \mathrm{m}=9.39\ \mathrm{m}$$

所以,玻璃水槽最短长度 l 为

$$l=(9.39+2.5+1.5)\ \mathrm{m}=13.39\ \mathrm{m}$$

§8-5 边界层的分离现象和卡门涡街

8-5-1 边界层的分离现象

在边界层内,流体质点并不总是在边界层内流动。在某些情况下,常迫使边界层内的流体向边界层外流动,这种现象称为边界层从固体边界上的分离。下面以液体绕圆柱的流动为例,来说明边界层的分离现象。

设二维恒定均速液流绕光滑表面静止圆柱的流动,如图 8-7 所示,现观察正对圆心的一条流线。根据伯努利方程,愈近圆柱,流速愈小,压强愈大,在贴近圆柱面点 A 处,流速减低为零,压强增加到最大。流速为零,压强为最大的点 A,称为停滞点或驻点。液体质点到达停滞点后,便停滞不前。由于液体不可压缩,继续流来的液体质点,在较圆柱两侧压强为大的停滞点的压强作用下,只好将压能部分转化为动能,改变原来的运动方向,沿着圆柱面两侧继续向前流动,流线在停滞点呈分歧现象。

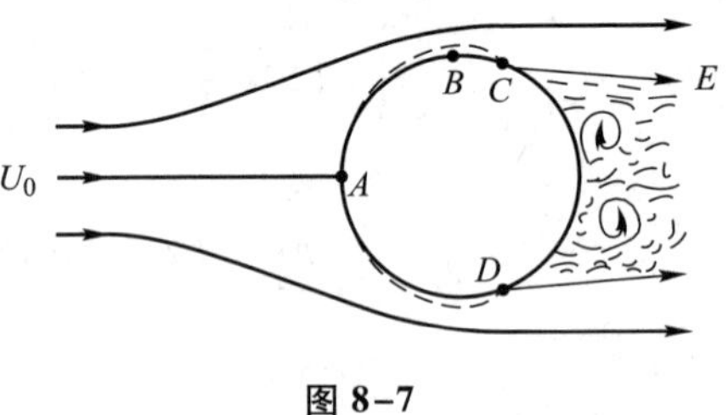

图 8-7

现继续观察液体流经圆柱侧面的情况。为了便于分析,仅取圆柱一侧的部分流动情况,并将比例尺放大,如图 8-8 所示。当液体自停滞点 A 向侧面流去时,由于圆柱面的阻滞作用,在圆柱面上产生边界层。自点 A 经四分之一圆周到贴近圆柱面的点 B 以前,由于圆柱面向外凸出,流线趋于密集,边界层内流体处在加速减压$\left(\frac{\partial p}{\partial x}<0\right)$的情况,这时压能的减小部分尚能支付动能的增加和由于克服流动阻力而消耗的能量损失,边界层内液体质点的流速不会是零。但是,过了 B 点以后,由于流线的疏散,边界层内液体处在减速增压$\left(\frac{\partial p}{\partial x}>0\right)$的情况。这时动能部分恢复为压能;另外,由于克服流动阻力而消耗的能量损失也取之于动能。由于上述两方面的原因,边界层内流体质点的流速迅速降低,到一定地点,如图中所示的贴近圆柱面的 C 点,流速降低为零。液体质点将在点 C 停滞下来,形成新的停滞点。由于液体不可压缩,继续流来的液体质点被迫脱离原来的流线,沿着另一条流线,如图所示的 CE 方向流去,从而使边界层脱离了圆柱面,这种现象即为边界层的分离现象,点 C 又称分离点。边界层分离后,在边界层和圆柱面之间,由于分离点下游的压强大,而使液体发生反向回流,形成旋涡区。分离点附近的流速分布如图 8-8 所示。分离点的位置是不固定的,它和流体所绕物体或流经管、渠的形状,以及粗糙程度、流动的雷诺数等有关。例如流体遇到固体表面的锐缘时,分离点就在锐缘所在处;上述绕圆柱流动,分离点的位置亦随雷诺数的大小而改变。

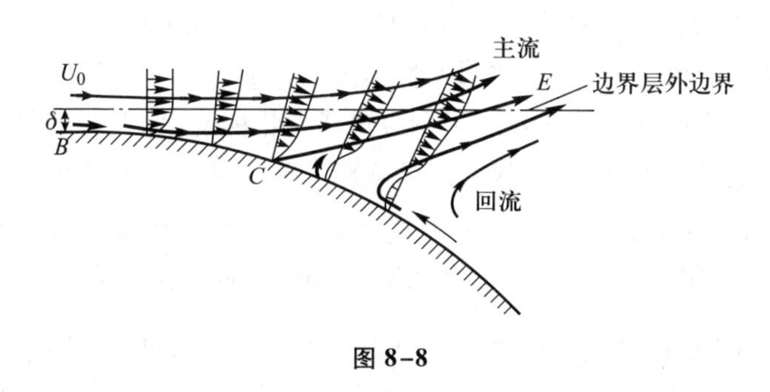

图 8-8

边界层的分离不仅与所绕物体的形状有关,而且还与来流和物体的相对方向有关。例如,前述的流体绕经极薄平板的流动,当平板与来流方向平行放置时,边界层内虽然各点流速均不相同,但各点压强均相等,均等于外边界上的势流压强,沿固体边界的压强梯度 $\frac{\partial p}{\partial x}=0$,这样的边界层不会发生分离。但当平板与来流方向垂直放置时,则必在平板的两端产生分离,如图 8-9 所示。

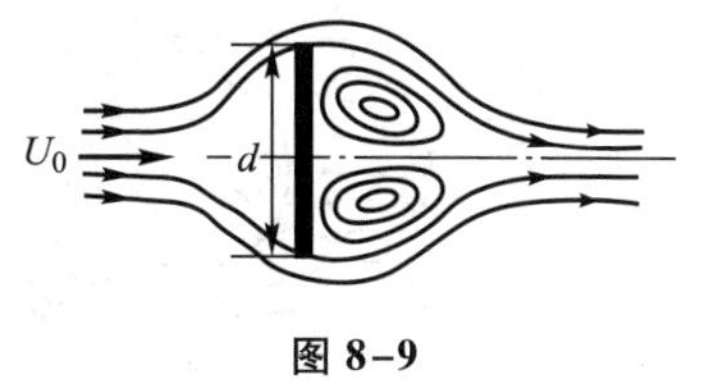

图 8-9

综上所述,边界层分离是减速增压$\left(\frac{\partial p}{\partial x}>0\right)$和物面黏性阻滞作用的综合结果。

边界层分离所形成的旋涡区,是引起第七章所述的流体局部损失和下面将要介绍的绕流物体所受压差阻力的主要原因。另外,旋涡区的旋涡脱离圆柱及其后形成的卡门涡街,亦具有重要的意义,下面仍以流体绕静止圆柱的流动为例来说明。

8-5-2 卡门涡街

流体绕圆柱后的流动现象，和雷诺数 $Re=\frac{U_0 d}{\nu}$ 有关，式中 d 为圆柱直径。根据实验观测，当 $Re<0.5$ 时，流体平顺地绕过圆柱两侧，并在圆柱后很快就重新汇合。当 $5<Re<50$ 时，圆柱上（层流）边界层发生分离，在边界层和圆柱面之间形成旋涡区，内有贴附在圆柱背面左右两侧的一对旋涡，它们的位置稳定，而旋涡方向相反；在旋涡区的后面则是波状流动。由于圆柱的存在，其下游流场形态改变的流动，称为尾流。在上述雷诺数范围内，尾流区不长，全是层流。

当 $60<Re<5\ 000$，尾流内波状流动的振幅增大，形成离散的旋涡。旋涡区内的旋涡，则不再是稳定地贴附在圆柱两侧，而是从一侧到另一侧交替形成、分别脱离圆柱，移向下游，并以旋涡的周期性形成、脱离（发放）为其特征。旋涡的不断产生和脱离，在圆柱后形成左右两侧分离成两排的旋涡，它们之间的距离 h 不变，而旋涡的旋转方向相反，旋涡之间的间距 l 亦不变的涡街现象，如图 8-10 所示。因为卡门首先对这一现象给予了合理的解释，所以称为卡门涡街。卡门涡街实际上是不稳定的，卡门从理论上证明，如果左、右两排旋涡的距离 h 和旋涡之间的间距 l 的比值，即 $\frac{h}{l}=0.281$ 时，卡门涡街才是稳定的。实验量测结果，证实了尾流前段的这种现象，而在圆柱后面较远处，距离 h 趋于增加。当 $Re>120$ 时，涡街的图形就不清楚，虽然，旋涡仍不断地形成、脱离圆柱。当 $Re\geqslant 5\ 000$ 时，相应于尾流中层流周期性状况的结束，尾流可视为全部湍流，涡街亦不明显了。

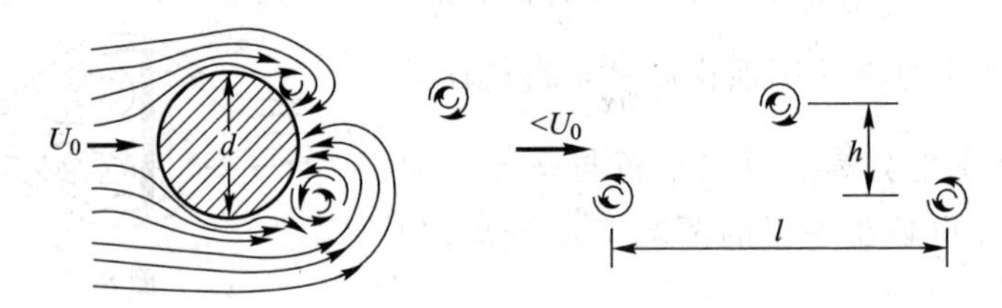

图 8-10

圆柱后旋涡区内的旋涡，不断交替形成并脱离，使圆柱受到交替变换方向的横向力，其频率与来流速度和圆柱尺度（直径）有关。如果圆柱没有固定的支撑，将出现与来流速度方向正交的振荡运动；特别是旋涡形成脱离的频率接近于圆柱振动的固有频率（自振频率），更是如此。如果上述这两种频率相耦合（一致),产生共振,就会使圆柱振动加大,甚至对圆柱造成破坏。

圆柱旋涡区的旋涡交替形成脱离(发放)的频率f,由泰勒提出,后经瑞利证实为

$$f=0.20\frac{U_0}{d}\left(1-\frac{20}{Re}\right) \tag{8-48}$$

式中:U_0为来流速度,d为圆柱直径,Re为雷诺数。有人提出,上式适用范围为$250<Re<2\times10^5$。

卡门涡街不仅在圆柱后出现,也可在其他形状物体后形成,例如,在高层建筑物、烟囱、铁塔、吊桥等后形成。这些建筑物受强风作用而引起的振动,往往和这种涡街有关,所以是很危险的。例如,1940年,美国华盛顿州著名的塔科马海峡大桥,在大风中产生强烈的涡街,桥身发生剧烈的振动,导致崩塌,这是常用来说明涡街造成巨大损失的实例。其他的,如在天气晴朗,微风吹拂时,高塔或大烟囱发生强烈的振动,伴以轰鸣声;一些热力设备的管束,被工质横向绕流,发生振动,或导致设备破坏;电话线或电线在一定风速下会发出嗡嗡之声等,都是和涡街引起的振动有关。所以,在设计高层建筑、吊桥等时要关注这一问题。流体绕其他形状物体的旋涡脱离(发放)频率,有其他的计算公式或图表,可查有关书籍和资料。

§8-6 绕流运动

流体绕物体的流动,可以有多种方式。它可以是流体绕静止物体运动,亦可以是物体在静止的流体中运动,或者物体和流体都运动。不管是哪一种方式,我们在研究时,如没有说明,都是把坐标固结于物体,将物体看作是静止的,而探讨流体相对于物体的运动。河水流经桥墩、飞机在空中飞行、船在水中航行、风绕建筑物的流动、水中悬浮物的升降和粉尘在空中沉降等,都是绕流运动。在工程中,受到普遍关心的是流体作用于物体上的力,即绕流阻力的问题。

8-6-1 绕流阻力的概念

实际流体绕经物体,作用在物体上的力,除了法向压力外,还有由于流体黏性引起的切向力,即摩擦阻力。设流体绕经一物体,如图8-11所示。沿物体表面,将单位面积上的摩擦阻力(切应力)和法向压力(压应力)积分,可得一合力

矢量,如图 8-11 所示。这个合力可分为两个分量:一个平行于来流方向的作用力,称为阻力(即绕流阻力):另一是垂直于来流方向的作用力,称为升力。阻力和升力都包括了表面切应力和压应力的影响。

绕流阻力在一般情况下,可认为由摩擦阻力和压差阻力两部分所组成。摩擦阻力是由于流体的黏性所引起的,它是作用在物体表面上的切向力。这部分力,在物体形状不复杂的情况下,可由前述边界层理论求解。压差阻力,对于非流线型物体来讲,如图 8-7 所示,由于边界层分离,在物体尾部形成旋涡区的压强较物体前部的压强低,因而在流动方向上产生压强差,形成作用于物体上的阻力;因为是由于压差所引起,所以称为压差阻力。压差阻力主要决定于物体的形状,所以又称形状阻力。对于流线型物体来讲,如图 8-12 所示,虽然没有边界层的分离,但是由于物体前部 A 点流速为零,因此压强达最大值;而在物体的尾部 B 点,由于该点流速不为零,压强不能达最大值。因此流线型物体虽然没有边界层的分离,但尾部的压强仍然降低,物体前后仍有压强差,同样产生压差阻力。因为绕流阻力 F_D 由摩擦阻力 F_f 和压差阻力 F_p 所组成,所以

$$F_D = F_f + F_p \tag{8-49}$$

其中

$$F_f = \int_{A_s} \tau_0 \sin\theta \mathrm{d}A_s \tag{8-50}$$

$$F_p = -\int_{A_s} p \cos\theta \mathrm{d}A_s \tag{8-51}$$

式中:A_s 为物体的总表面积;θ 为物体表面上微元面积 $\mathrm{d}A_s$ 的法线与流速方向的夹角。

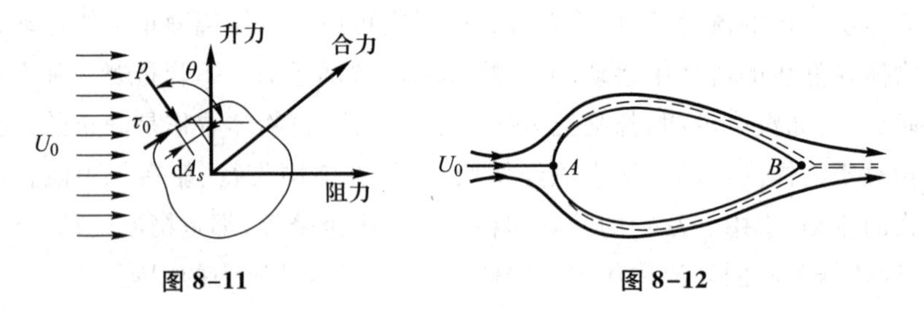

图 8-11　　图 8-12

摩擦阻力和压差阻力均可表示为单位体积来流的动能 $\dfrac{\rho U_0^2}{2}$ 与某一面积的乘积,再乘一个阻力系数的形式,即

$$F_f = C_f \frac{\rho U_0^2}{2} A_f \tag{8-52}$$

$$F_{\mathrm{p}}=C_{\mathrm{p}}\frac{\rho U_0^2}{2}A_{\mathrm{p}} \tag{8-53}$$

式中：C_{f} 和 C_{p} 分别代表摩擦阻力系数和压差阻力系数；A_{f} 为切应力作用的面积，A_{p} 则为物体与流速方向垂直的迎流投影面积。

绕流阻力 F_{D}，可写为

$$F_{\mathrm{D}}=(C_{\mathrm{f}}A_{\mathrm{f}}+C_{\mathrm{p}}A_{\mathrm{p}})\frac{\rho U_0^2}{2} \tag{8-54}$$

或

$$F_{\mathrm{D}}=C_{\mathrm{D}}\frac{\rho U_0^2}{2}A \tag{8-55}$$

式中：A 与 A_{p} 一致，即 $A=A_{\mathrm{p}}$，C_{D} 为绕流阻力系数。

一般来讲，层流边界层产生的摩擦阻力比湍流边界层的小，为了减小摩擦阻力，应使物面上的层流边界层尽可能长，并使壁面比较光滑。要减小压差阻力，必须使物体后面的旋涡区尽可能小，因此物体的外形要平顺，使分离点尽可能向后移。但是要注意，绕流阻力是由摩擦阻力和压差阻力两部分所组成，在客观实际，有时会出现一些与直觉相矛盾的佯谬或疑题，对具体问题要具体分析。下面讨论两个例子。一个光滑圆球和一个具有与圆球直径相同的最大直径的流线型物体，其粗端对着流体运动方向。按一般的直觉，后者所受的绕流阻力要小于前者；但是，在某些条件下，却后者大于前者，例如绕流速度很小，流体（液体）黏度很大，即雷诺数非常小的情况。因为雷诺数非常小，由于边界层分离产生的压差阻力不是主要的，而由于液体黏性产生的摩擦阻力占了主要的组分。流线型物体的表面积大于圆球与液体接触的表面积很多，所以在一定条件下，就有可能是流线型物体所受的绕流阻力大于圆球所受的绕流阻力，实验亦可证实这一点。又如，一个表面光滑的圆球和一个相同直径的表面轻微粗糙的圆球，在它们的一定速度范围内，后者所受的绕流阻力却小于前者。这又如何解释呢？在低速时，两球的边界层都是层流边界层，两者的分离点位置大体相同，并具有大体相同的压差阻力。但是表面粗糙增加了摩擦，所以粗糙表面的圆球所受的绕流阻力一般要比光滑的稍大些。但是，当速度增大了，粗糙球的边界层较早地转变成湍流边界层，保持着紧贴圆球，致使压差阻力明显减小，小于两球摩擦阻力的差值。在某些速度值，粗糙球所受的绕流阻力仅是光滑球的五分之一。实验亦可证实这一点。早期的高尔夫球是光滑的，偶然发现光滑球在被轻微磨损表面后，反而能打得更远。后来的高尔夫球表面就有了窝纹，在从职业球手到一般人所能打

出的速度范围内,有窝纹的球受较小的绕流阻力,能将球打得更远。工程流体力学中遇到的一些佯谬、疑题,可以根据工程流体力学的有关基本概念和原理,通过有秩的逻辑思维、推理来给予解释。这种思维和解释问题的方法,对于科技工作者还是很需要的。

绕流阻力的产生,从物理意义上来讲,它是由于实际流体的黏性作用而引起的。但从理论上来确定一个任何形状物体的绕流阻力系数,至今还没有完善的方法,只能依靠实验来确定。

关于升力,因为主要是由压应力产生的,所以不再将升力分为由切应力和压应力产生的两种升力所组成,而是使用总的升力系数 C_L,升力 F_L 由下式表示,即

$$F_L = C_L \frac{\rho U_0^2}{2} A \tag{8-56}$$

式中:A 可以是绕流物体的最大投影面积,也可以是迎流面面积,可根据具体情况规定。当然,采用的面积不同,升力系数的数值也不同。C_L 一般由实验确定。

本章前几节已经讨论了作用在平板上的摩擦阻力,下面将着重介绍流体作用在钝形物体上的绕流阻力问题。

8-6-2 二维物体的绕流阻力

二维物体的绕流,主要有:流体绕经圆柱、流线型物体的流动和来流垂直于平板的绕流等。绕经物体的摩擦阻力和压差阻力都主要与流动的雷诺数有关,因此绕流阻力系数 C_D 亦是主要决定于雷诺数。另外,物体表面的粗糙情况、来流的湍流强度,特别是物体的形状,都是确定 C_D 的因素。

流体绕经无限长的圆柱(来流垂直于轴线,表面为光滑面),它的绕流阻力系数 C_D 与 Re 的关系曲线,如图 8-13 中实线所示。为了便于比较,还绘出了摩擦阻力系数 C_f 曲线,如图中虚线所示。从图中可知,当 Re 很小时(如 $Re<0.5$),惯性力与黏性力相比可以忽略,阻力与 U_0 成正比,绕流阻力系数 C_D 则与 Re 成反比,如图中的直线部分。这时流动称为蠕动。Re 越小,摩擦阻力在总的绕流阻力中所占的比例越大;当 $Re \to 0$ 时,摩擦阻力约占总的阻力的$\frac{2}{3}$。当 Re 增大,在圆柱表面产生了层流边界层,大约在 $Re \approx 5$ 时,发生边界层分离,压差阻力大大增加,开始在总的阻力中占主要地位。在摩擦阻力所占比例很小的情况下,C_D 随雷诺数虽略有变化,但基本上为一常数,此时阻力与 U_0 的二次方成正比。当 $Re \approx 2\times10^5$ 时,分离点上游的边界层转变为湍流状态。这时分离点将向

下游移动,使旋涡区尾流变窄,从而减小了压差阻力。虽然湍流边界层的摩擦阻力较层流边界层为大,但由于压差阻力的减小大大超过了摩擦阻力的增大,因而总的绕流阻力仍急剧下降。当 $Re=5\times10^5$ 时,C_D 值降至 0.3,出现了所谓“阻力危机”的情况。在 $5\times10^5<Re<10^7$ 之间,C_D 值又略有提高。实验表明,C_D 值突然降时的 Re 值,因来流的湍流强度和物面的粗糙度的不同而有所不同。表面越粗糙,来流湍流强度越大,则此 Re 值就越小。

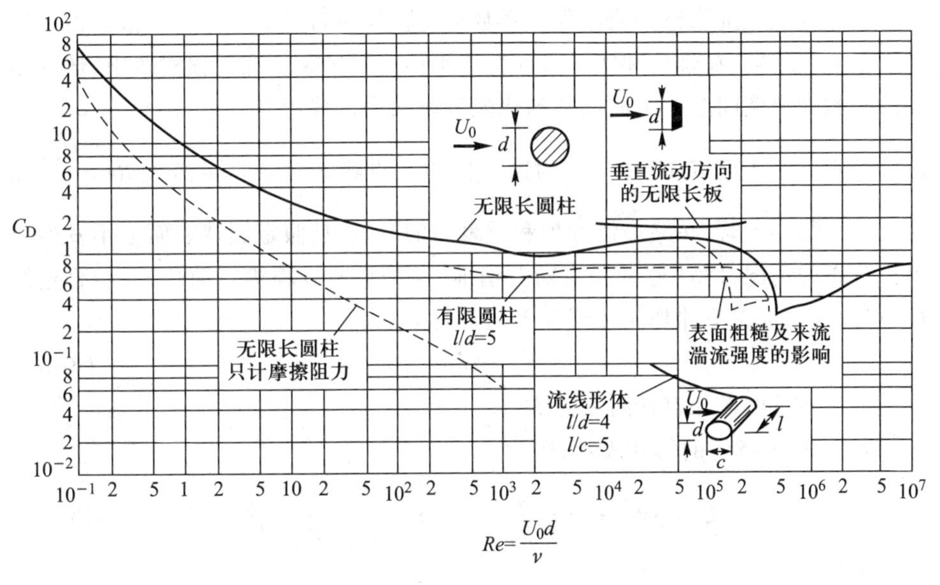

图 8-13

根据本章一系列对流体绕经圆柱的介绍和讨论,就不难解释在本章一开始曾提及的达朗贝尔佯谬。因为若是理想流体,则如 §4-3 中所提及的绕经圆柱表面的压强分布对称于 x 轴和 y 轴,沿圆柱圆周积分,不管流速多大,合力为零,即圆柱在静止流体中作等速运动不受力。但是,实际流体绕经圆柱表面的压强分布线,在圆柱前、后部是不对称的,在分离点后形成负压区。这样在实际流体绕经圆柱时,流体对圆柱有一沿流向的推力,即圆柱在静止流体中作等速运动受有阻力,这就和实际情况相一致了。

在图 8-13 中,还绘出了流体绕其他几种二维物体的绕流阻力系数 C_D 与雷诺数 Re 的关系曲线。由图可以看出,流线型物体由于分离点紧靠尾部,C_D 值大大降低。对于垂直于来流方向的无限长薄板,其分离点即在薄板上、下两个边缘上,是固定的;它的绕流阻力系数在相当宽的 Re 范围内,均为一常数,$C_D\approx1.95$,

阻力与 U_0 的二次方成正比。长度为有限值的圆柱$\left(\frac{l}{d}=5\right)$,由于两端的影响,其情况与二维物体不同;绕过端部的流体会使圆柱上游压强降低,而使尾部压强提高,因此降低了压差阻力;$\frac{l}{d}$越小,C_D 亦越小。

8-6-3 三维物体的绕流阻力

流体绕经三维物体的绕流阻力系数的变化规律与二维物体的相似。由于它是一个空间问题,在理论和实验方面都比平面问题复杂。在工程实践中,遇到很多的是圆球绕流问题。下面以圆球绕流为例来进行分析。

设圆球在无界流体中以 U_0 的速度作均速直线运动。当雷诺数 $Re=\frac{U_0 d}{\nu}$(d 为圆球直径)<1 时,在略去惯性项和质量力的影响,且假定圆球表面上不发生边界层分离的情况,1851 年斯托克斯对纳维-斯托克斯方程进行简化,并结合连续性方程,首先导出流体作用在圆球上的阻力 F_D 为

$$F_D=3\pi\mu d U_0 \tag{8-57}$$

上式即为圆球的斯托克斯阻力公式。

若用式(8-55)的形式表示,则为

$$F_D=3\pi\mu d U_0=\frac{24\mu}{U_0 d\rho}\times\frac{\pi d^2}{4}\times\frac{\rho U_0^2}{2}=\frac{24}{Re}\frac{\rho U_0^2}{2}A \tag{8-58}$$

由此可得

$$C_D=\frac{24}{Re} \tag{8-59}$$

图 8-14 是根据实验数据绘制的圆球绕流阻力系数曲线。由图可见,当 $Re<1$ 时,根据式(8-59)计算的绕流阻力系数与实验结果很相符合,阻力与流速的一次方成比例。当 $Re>1$ 以后,两条线就分离了,这说明斯托克斯公式就不适用了。这是由于,雷诺数的增大,流体不再沿着球体表面流动,而发生了边界层的分离现象;另一方面,则由于雷诺数的增大,惯性项不能忽略。随着 Re 的继续增大,分离点向上游移动。当 $Re\approx1\ 000$ 时,分离点稳定在自上游面驻点算起的约 80°的地方,压差阻力大大超过了摩擦阻力,C_D 逐渐与 Re 无关。当 $Re\approx3\times10^5$ 时,在分离点上游的边界层转变成湍流边界层,如前所述,分离点要向下游移动,从而大大减小了压差阻力,C_D 值突然下降。图中还绘出了其他几种物体的绕流阻力系数曲线。圆盘的绕流阻力系数 C_D,在 $Re>10^3$ 以后为一常数,$C_D=1.12$,

因为它的分离点位置是固定在边缘上。

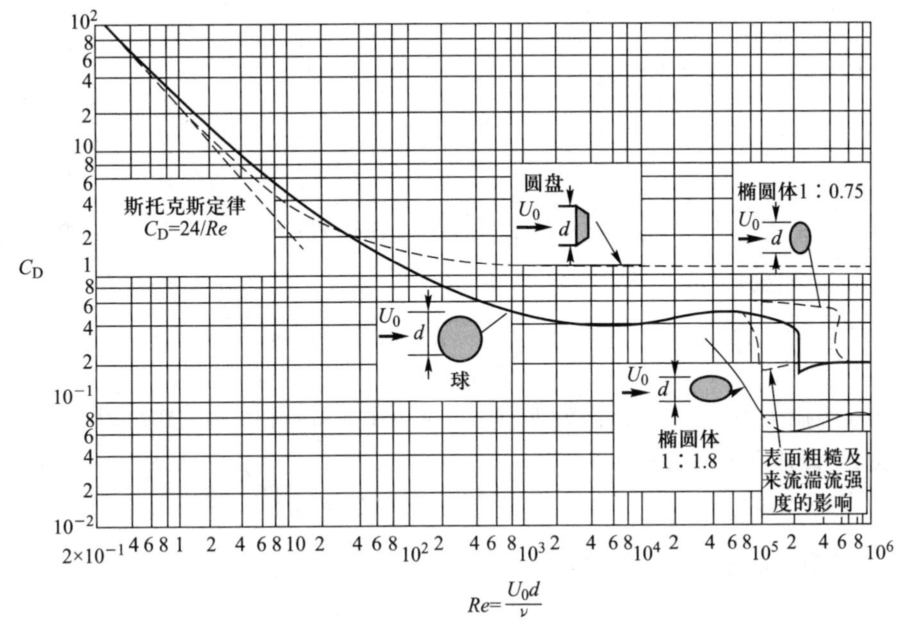

图 8-14

8-6-4 自由沉降速度·悬浮速度

在实际工程中，例如污水处理技术中的平流式或竖流式沉淀池、烟尘治理技术中的除尘室等，需研究颗粒在流体中运动的规律，知道颗粒在流体中的自由沉降速度、悬浮速度的概念和计算。现在研究一个圆球在静止流体中的运动情况。设直径为 d 的圆球，从静止开始在静止流体中自由下落。由于重力的作用而加速，但加速以后由于速度的增大受到的阻力亦将增大。因此，经过一段时间后，圆球的重量与所受的浮力和阻力达到平衡，圆球作等速沉降，其速度称为自由沉降速度，以 u_f 表示。圆球在介质中沉降时所受到的阻力与流体流过潜体的绕流阻力相同。现在来计算圆球在静止流体中沉降时所受的力。方向向上的力有绕流阻力 F_D 和浮力 F_B 分别为

$$F_D=C_D\frac{\rho u_f^2}{2}A=\frac{1}{8}C_D\rho u_f^2\pi d^2,\quad F_B=\frac{1}{6}\pi d^3\rho g$$

方向向下的力有圆球的重量

$$G=\frac{1}{6}\pi d^3\rho_s g$$

式中:ρ_s 为球体的密度,ρ 为流体的密度。

圆球所受力的平衡关系为

$$G=F_B+F_D$$

即

$$\frac{1}{6}\pi d^3\rho_s g=\frac{1}{6}\pi d^3\rho g+\frac{1}{8}C_D\rho u_f^2\pi d^2 \tag{8-60}$$

由上式可得圆球的自由沉降速度 u_f 为

$$u_f=\sqrt{\frac{4}{3C_D}\left(\frac{\rho_s-\rho}{\rho}\right)gd} \tag{8-61}$$

式中绕流阻力系数 C_D 与雷诺数 Re 有关,可由图 8-14 中查得。亦可根据 Re 的范围,近似地用下列公式计算,即

当 $Re<1$ 时,圆球基本上沿铅垂线下沉,附近的流体几乎不发生扰动和脉动,绕流属于层流状态。它的 $C_D=\frac{24}{Re}$,代入式(8-61)得

$$u_f=\frac{1}{18\mu}d^2(\rho_s-\rho)g \tag{8-62}$$

当 $Re=10\sim10^3$ 时,圆球呈摆动状态下沉,绕流属于过渡状态。它的 C_D 可近似地采用

$$C_D\approx\frac{13}{\sqrt{Re}} \tag{8-63}$$

当 $Re=10^3\sim2\times10^5$ 时,圆球脱离铅垂线,盘旋下沉,附近的流体产生强烈的扰动和涡动,绕流属于湍流状态。它的 C_D 可采用平均值

$$C_D=0.45 \tag{8-64}$$

计算自由沉降速度,因为当 C_D 值与 Re 有关时,由于 Re 中又包含待求值 u_f,所以一般需经多次试算才能求得。在实际计算时,可以先假定某 Re 的范围,然后再验算 Re 是否与假定的一致;如果不一致,则需重新假定后计算,直到与假定的相一致。

如果圆球被以速度为 u 的垂直上升的流体带走,则圆球的绝对速度 u_s 为

$$u_s=u-u_f \tag{8-65}$$

当 $u=u_f$ 时,$u_s=0$,则圆球悬浮在流体中,呈悬浮状态。这时流体上升的速度 u 称为圆球的悬浮速度,它的数值与 u_f 相等,但意义不同。自由沉降速度是圆球

自由下落时所能达到的最大速度,而悬浮速度是流体上升速度能使圆球悬浮所需的最小速度。如果流体的上升速度大于圆球的自由沉降速度,圆球将被带走;反之,则必定下降。

一般流体中所含的固体颗粒或液体微粒,如水中的泥砂、气体中的尘粒或水滴等,可按小圆球进行计算。

例 8-7 球形砂粒密度 $\rho_s=2.5\times10^3\ \mathrm{kg/m^3}$,在 20℃ 的水中等速自由沉降。若水流阻力可按斯托克斯阻力公式计算,试求砂粒最大直径 d 和自由沉降速度 u_f。

解:(1) 由表 1-1 查得,20℃时水的密度 $\rho=998.2\ \mathrm{kg/m^3}$,运动黏度 $\nu=1.003\times10^{-6}\ \mathrm{m^2/s}$。由式(8-59)、式(8-61)、式(8-62)可得

$$d=\sqrt[3]{\frac{18\nu^2\rho Re}{(\rho_s-\rho)g}}=\sqrt[3]{\frac{18\times(1.003\times10^{-6})^2\times998.2\times1}{(2.5\times10^3-998.2)\times9.8}}\ \mathrm{m}$$

$$=1.07\times10^{-4}\ \mathrm{m}$$

$$d_{max}=1.07\times10^{-4}\ \mathrm{m}\approx0.1\ \mathrm{mm}$$

(2) $$u_f=\frac{1}{18\nu\rho}d^2(\rho_s-\rho)g=\frac{1}{18\times1.003\times10^{-6}\times998.2}\times0.000\ 1^2\times$$

$$(2.5\times10^3-998.2)\times9.8\ \mathrm{m/s}$$

$$=8.17\times10^{-3}\ \mathrm{m/s}=0.008\ 17\ \mathrm{m/s}$$

由上计算可知,斯托克斯阻力公式,只适用于很小直径的颗粒在水中的沉降情况。

例 8-8 已知炉膛中烟气流的上升速度 $u=0.5\ \mathrm{m/s}$、烟气的密度 $\rho=0.2\ \mathrm{kg/m^3}$,运动黏度 $\nu=230\times10^{-6}\ \mathrm{m^2/s}$。试求烟气中直径 $d=0.1\ \mathrm{mm}$ 的煤粉颗粒是否会沉降,煤的密度 $\rho_s=1.3\times10^3\ \mathrm{kg/m^3}$。

解:烟气流的雷诺数

$$Re=\frac{ud}{\nu}=\frac{0.5\times0.1\times10^{-3}}{230\times10^{-6}}=0.217<1$$

由式(8-62)计算自由沉降速度 u_f 为

$$u_f=\frac{1}{18\mu}d^2(\rho_s-\rho)g=\frac{1}{18\rho\nu}d^2(\rho_s-\rho)g$$

$$=\frac{1}{18\times0.2\times230\times10^{-6}}\times(0.1\times10^{-3})^2\times(1.3\times10^3-0.2)\times9.8\ \mathrm{m/s}$$

$$=0.154\ \mathrm{m/s}$$

因为 $u=0.5\ \mathrm{m/s}>u_f=0.154\ \mathrm{m/s}$,所以煤粉颗粒将被烟气流带走,不会沉降。

例 8-9 平流式沉淀池是处理污水中悬浮物的一种常用构筑物,如图 8-15a 所示。池型呈长方形,污水从池的一端流入,水平方向流过池子,从池的另一端流出,试说明它的工作原理。

解:为了便于说明,假定沉淀区的流动均为层流,过水断面上各点流速 v 均相同;悬浮颗

粒均为直径 d 的圆球,它的自由沉降速度为 u_f,进口端水流中的悬浮颗粒均匀分布在整个过水断面上;另外,颗粒经沉到池底,即认为已去除。

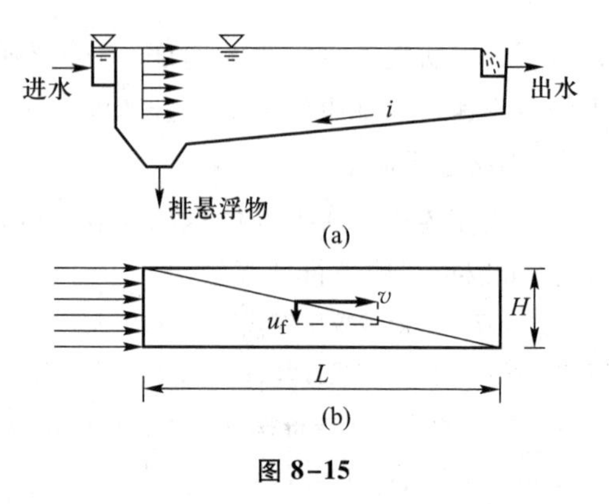

图 8-15

当某一颗粒进入沉淀池后,随着水流方向流动,其水平流速为 $v=\frac{Q}{A}=\frac{Q}{Hb}$,$Q$ 为流入沉淀池的流量,A、H、b 分别为沉淀池过水断面面积、水深和宽度。另一方面,颗粒在重力作用下,即以自由沉降速度 u_f 沿铅垂方向下沉。颗粒运动的轨迹为水平流速 v 和沉速 u_f 的矢量和,如图 8-15b 所示。为了使颗粒在沉淀池内完全沉淀,须使颗粒通过沉淀池的时间 t' 等于颗粒在流动水层内的沉降时间 t,即 $\frac{L}{v}=\frac{H}{u_f}$,$L$ 为沉淀池的长度。因 $v=\frac{Q}{Hb}$,得 $u_f=\frac{Q}{bL}$。沉速 u_f 亦可由式(8-62)求得。池长 L 与池宽 b 之比,一般不小于 4,以 4 ~5 为宜。根据已知条件,即可求得沉淀池的尺寸等。实际工程中的情况与上述假定有很大的差异,较为复杂,上述工作原理有助于理解沉淀的规律,实际工作时须结合有关的专业知识等进行有创意的设计。

例 8-10 试用绕流运动原理来说明污水处理中的离心分离器的分离原理。

解:设一圆球颗粒在绕铅垂轴等角速度旋转的圆桶盛水容器(离心分离器)中运动,该颗粒所受的水平力 $F_r=(m_1-m)\omega^2 r=\frac{1}{6}\pi d^3(\rho_s-\rho)\omega^2 r$,式中:$\rho_s$、$\rho$ 分别为颗粒、水的密度,kg/m^3;d 为颗粒直径,m;ω 为等角速度,r/s;r 为颗粒离旋转轴的距离(旋转半径),m。假设分离污水中的颗粒很小,按层流绕流阻力计算,即绕流阻力 $F_D=3\pi\mu dU_0$,式中:μ 为(污)水的黏度,Pa·s;d 为颗粒直径,m;U_0 为颗粒从污水中分离出的分离速度。

略去颗粒所受重力和浮力的铅垂力,仅考虑颗粒所受水平力的情况。当圆球颗粒作等速运动,即 $F_r=F_D$,得 $U_0=\frac{1}{18\mu}d^2(\rho_s-\rho)\omega^2 r=\frac{1}{18\mu}d^2(\rho_s-\rho)g\frac{\omega^2 r}{g}=u_f\frac{\omega^2 r}{g}$,式中 u_f 为圆球颗粒的自由沉降速度,m/s。

上式即为计算圆球悬浮颗粒离心分离速度的公式,式中 $\frac{\omega^2 r}{g}$ 称为分离因素,是一个量纲一的量,反映分离的性能;分离因素越大,分离性能越高。

思考题

8-1 边界层的概念是什么?边界层理论对流体力学的发展有什么重要意义?

8-2 光滑平板上边界层内的流动,由层流转变为湍流的判别准则是什么?

它的临界雷诺数和哪些因素有关？

8-3 平板上的边界层情况和有压圆管流、明渠流中的有什么不同？

8-4 光滑平板上的边界层，有哪些特性？包括在建立边界层微分方程（普朗特边界层方程）的过程中分析得到的两点结论。

8-5 在建立边界层动量积分方程的过程中，考虑了边界层的哪些特性？求解时需补充哪两个方程？

8-6 光滑平板上层流边界层和湍流边界层的概念是什么？它们的厚度、切应力的变化规律是怎样的？有什么不同？如何计算作用在平板上的摩擦阻力？它和哪些因素有关？

8-7 光滑平板上混合边界层的概念是什么？计算它时作了哪两个假定？

8-8 光滑平板、粗糙平板的概念是什么？如何判别？设在相同的平板平面尺寸和流动条件的情况下，试问哪一种平板所受摩擦阻力大？

8-9 边界层分离是什么现象？它发生的条件是什么？和哪些因素有关？

8-10 卡门涡街是什么现象？在设计高层建筑等时为什么要关注这一问题？

8-11 绕流运动作用在物体上的力有哪两种？绕流阻力由哪两部分阻力所组成？它们分别由哪些原因所形成？如何减小绕流阻力？

8-12 计算绕流阻力和绕流升力的公式形式是怎样的？分别和哪些因素有关？

8-13 圆柱在静止流体中作等速前进运动时没有阻力的达朗贝尔佯谬，如何解释？

8-14 圆球的斯托克斯阻力公式的形式是怎样的？它的适用条件是什么？

8-15 圆球的自由沉降速度和悬浮速度的概念是什么？如何计算？它们有什么异同？

习题

8-1 设有一静止光滑平板宽 $b=1$ m，长 $L=1$ m，顺流放置在均匀流速 $u=1$ m/s 的水流中，如图 8-4 所示。平板长边与水流方向一致，水温 $t=20$ ℃。试按层流边界层求边界层厚度的最大值 δ_{max} 和平板两侧所受的总摩擦阻力 F_f。

8-2 设有一极薄的静止正方形光滑平板，边长为 a，顺流按水平和铅垂方向分别置放于二维恒定均速 u 的水流中。试问：按层流边界层计算，平板两种置放分别所受的总摩擦阻力是否相等，为什么？

8-3 设有一静止光滑平板，如图所示，边长 1 m，上宽 0.88 m，下宽 0.38 m，顺流铅垂放置在均匀流速 $u=0.6$ m/s 的水流中，水温 $t=15$℃。试求作用在平板两侧的总摩擦阻力 F_f。注：若为层流边界层，C_f 按式(8-24)计算。

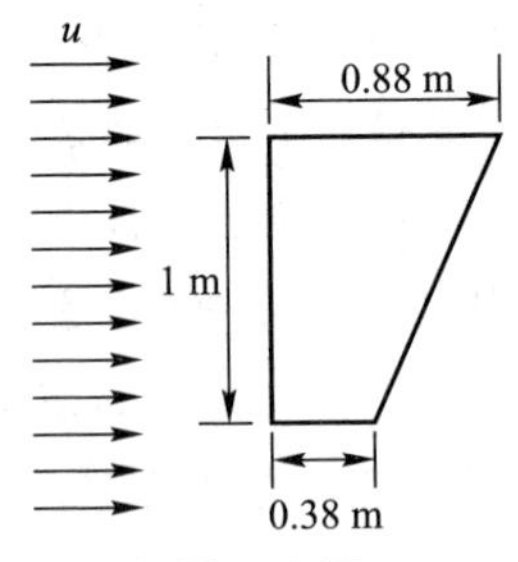

题 8-3 图

8-4 油的动力黏度 $\mu=50\times10^{-3}$ Pa·s，密度 $\rho=990$ kg/m^3、流速 $u=0.3$ m/s，流过一水平放置的静止光滑平板。试求距离平板始端 150 mm 处的边界层厚度 δ 以及边界层厚度为50 mm 处距离平板始端的距离 L。

8-5 试按光滑平板上的湍流边界层计算习题 8-1 中平板上边界层厚度的最大值 δ_{max} 和平板两侧所受的总摩擦阻力 F_f。

8-6 空气的温度 $t=0$℃，流速 $u=30$ m/s，在一个标准大气压下，流过一水平放置的(静止)光滑平板。已知距平板始端 4 m 处的某点流速 $u_x=27$ m/s，试求该点距平板的垂直距离 y。

8-7 有一宽 $b=2.5$ m、长 $L=30$ m 的光滑平板潜没在静水中，以 5 m/s 的速度等速拖曳，平板长边与运动方向一致，水温为 20 ℃，试求光滑平板的总摩擦阻力 F_f。

8-8 空气的温度 $t=40$ ℃，流速 $U_0=60$ m/s，流过一长 $L=6$ m，宽 $b=2$ m 的光滑平板，平板长边与流速方向一致。设平板边界层由层流转变为湍流的条件为 $Re_{xcr}=\dfrac{U_0x_{cr}}{\nu}=10^6$。试求平板两侧所受的总摩擦阻力 F_f。(注：按混合边界层计算。)

8-9 空气的温度为 293 K，流速 $u=30$ m/s，在一个标准大气压下，流过一水平放置的光滑平板。层流边界层转变为湍流边界层的临界雷诺数 $Re_{xcr}=5\times10^5$，试求：(1) 边界层流态转变处离平板始端距离 x_{cr} 和该处离平板垂直距离 $y=1$ mm 处的流速 u_x；(2) 离平板始端 1 m 处的边界层厚度和每米宽平板所需的总拖曳力 F_f。(按混合边界层计算。)

8-10 设有一宽 $b=2.5$ m，长 $L=30$ m 的粗糙平板潜没在静水中，以 5 m/s 的速度等速拖曳，平板宽边 b 与运动方向一致，水温为 20 ℃，平板当量粗糙度 $\Delta=0.3$ mm。试求粗糙平板的总摩擦阻力 F_f。

8-11 球形尘粒密度 $\rho_s=2.5\times10^3$ kg/m^3，在 20 ℃的大气中等速自由沉降。

若空气阻力可按斯托克斯阻力公式计算，试求尘粒最大直径 d_{max} 和自由沉降速度 u_f。

8-12 球形水滴在 20℃ 的大气中等速自由沉降，若空气阻力可按斯托克斯阻力公式计算，试求水滴最大直径 d_{max} 和自由沉降速度 u_f。

8-13 球形固体微粒直径 $d=0.000\ 01$ m（$=10\ \mu$m），密度 $\rho_s=2.5\times10^3$ kg/m^3，在高空 11 000 m 处以等速自由沉降。空气的动力黏度 μ 随离地面的高程 z 而变化，$\mu=1.78\times10^{-5}-3.06\times10^{-10}z$（Pa·s）。因固体微粒甚小，空气阻力可按斯托克斯阻力公式计算。试求微粒在静止大气中下降到地面所需的时间 t。（空气密度 $\rho=1.248$ kg/m^3。）

8-14 使小钢球在油中自由沉降，以测定油的动力黏度。已知油的密度 $\rho=900$ kg/m^3，直径 $d=3$ mm 的小钢球密度 $\rho_s=7\ 800$ kg/m^3。若测得球的自由沉降速度 $u_f=11$ cm/s，试求油的动力黏度 μ。

8-15 一竖井磨煤机，空气的上升流速 $u=2$ m/s，运动黏度 $\nu=20\times10^{-6}$ m^2/s，密度 $\rho=1$ kg/m^3，煤的密度 $\rho_s=1\ 500$ kg/m^3，试用近似公式求可被上升气流带走的煤粉颗粒最大直径 d_{max}。

8-16 一直径 $d=12$ mm 的固体小球，在油中以速度 $u=35$ mm/s 上浮，油的密度 $\rho=918$ kg/m^3、动力黏度 $\mu=0.034$ Pa·s。试求小球的密度 ρ_s。

A8 习题答案

中英文术语对照

（按中文术语汉语拼音字母顺序）

A

U形管　U-tube

π定理　pi theorem, Buckingham theorem

B

泵　pump

比能（断面单位能量）　specific energy

壁面粗糙度　wall roughness

边界层　boundary layer

边界层方程　boundary layer equation

边界层分离　boundary layer separation

边界层厚度　boundary layer thickness

边界层理论　boundary layer theory

边界层转捩　boundary layer transition

边界条件　boundary condition

变分法　variation method

表面力　surface force

表面张力　surface tension

并联管道　pipe in parallel

波高　wave height

波速　wave speed, wave velocity

伯努利方程　Bernoulli equation

薄壁小孔口　sharp edged orifice

薄壁堰　Sharp crestel weir

不冲流速　nonscouring velocity

不互溶流体　immiscible fluid

不可压缩流体　incompressible fluid

不稳定性　instability

不淤流速　nonsilting velocity

C

测压管水头　piezometric head

测压管水头线　piezometric head line

层流　laminar flow

层流边界层　laminar boundary layer

插值函数　interpolating function

差分格式　difference scheme

长度比尺　length scale

长管　long pipe

超声速流（动）（超音速流［动］）　supersonic flow

沉降速度　settling velocity

承压含水层　confined aquifer

冲量　impulse

初始条件　initial condition

串联管道　pipe in series

粗糙度　roughness

粗糙平板　rough plate

粗糙区　rough region

粗糙系数　coefficient of roughness

D

达朗贝尔佯谬 d'Alembert paradox
达西定律 Darcy law
大气压强 atmospheric pressure
单宽流量 discharge per unit width
单位 unit
弹性模量 modulus of elasticity
当地大气压强 local atmospheric pressure
当地加速度 local acceleration
当量粗糙度 equivalent roughness
当量直径 equivalent diameter
等熵流 isentropic flow
等势面 equipotential line
等温流动 isothermal flow
等压面 equipressure surface
底坡 bottom slope
地下水 ground water
点源 point source
跌水 drop
迭代法 iterative method
动力黏性(度) dynamic viscosity
动力速度(阻力速度) dynamic velocity (friction velocity)
动力相似(性) dynamic similarity
动量 momentum
动量方程 momentum equation
动量交换(传递) momentum transfer
动量矩 moment of momentum
动量矩方程 equation of moment of momentum
动量修正系数 momentum correction factor
动能 kinetic energy
动能修正系数 kinetic-energy correction factor
动平衡 dynamic balancing
动压强 dynamic pressure
陡坡(急坡) steep slope
短管 short pipe
对流(迁移或移流)扩散 convective diffusion
对流(迁移或移流)扩散方程 convection diffusion equation
对流层 troposphere
多孔介质 porous medium

E

二次流 secondary flow
二维流 two-dimensional flow

F

反射 reflection
非(不)均匀流 non-uniform flow
非恒定流(非定常流) unsteady flow, non-steady flow
非均质流体 non-homogeneous fluid
非棱柱体渠道 non-prismatic channel
非牛顿流体 non-Newtonian fluid
非完全井 partially penetrating well
斐克定律 Fick law
分界面 interface
分离点 separation point
分散 dispersal

分析方法　analytical method
分子扩散　molecular diffusion
分子扩散系数　molecular diffusion coefficient
风洞　wind tunnel
弗劳德数　Froude number
浮力　buoyancy
浮体　floating body
负压　negative pressure
附着力　adhesion
复式断面渠道　channel of compound cross-section
复势　complex potential
高斯消去法　Gauss elimination method
各向同性　isotropy
各向异性　anisotropy

G

工程大气压强　engineering atmospheric pressure
工程流体力学　engineering fluid mechanics
功　work
功率　power
管流　pipe flow, tube flow
管网　pipe networks
管嘴出流　nozzle flow
惯性矩　moment of inertia
惯性力　inertial force
光滑壁面　smooth wall
光滑平板　smooth plate
过渡层　transition layer
过渡点　point of transition
过流断面　flow cross-section

H

含水层　aquifer
焓　enthalpy
恒定流　steady flow
恒定平面势流　steady plane potential flow
虹吸管　siphon
环境流体力学　environmental fluid mechanics
环流　circulation
环状管网　looping pipes
缓流　subcritical flow
缓坡　mild slope
回流　back flow
汇　sink
混合　mixing

J

机械能　mechanical energy
机械能守恒　conservation of mechanical energy
迹线　path, path line
急变流　rapidly varied flow
急流　supercritical flow
几何相似　geometric similarity
计算流体力学　computational fluid mechanics
加速度　acceleration
间接水击　indirect water hammer
剪切流　shear flow
渐变流　gradually varied flow
降水曲线　dropdown curve
角变率　rate of angular deformation
角变形　angular deformation

角速度(角转速) angular velocity
截断误差 truncation error
界面 interface
浸润曲线 line of seepage (deppresion line)
井 well
井群 multiple-well
静压(水)头 static head
静压管 static[pressure]tube
静压强 static pressure
绝对粗糙度 absolute roughness
绝对速度 absolute velocity
绝对温度 absolute temperature
绝对压强 absolute pressure
绝热流 adiabatic flow
均匀流 uniform flow
均质流体 homogeneous fluid
均质土壤 homogeneous soil

K

卡门涡街 Karman vortex street
柯西数 Cauchy number
可压缩流体 compressible fluid
可压缩气体 compressible gas
空化 cavitation
空蚀(气蚀) cavitation damage
孔板流量计 orifice meter
孔口 orifice
孔流(孔口出流) orifice flow
孔隙率(孔隙度) porosity
控制断面 control section
控制面 control surface
控制水深 control depth
控制体(积) control volume
跨声速流(动)(跨音速流[动]) transonic flow
宽顶堰 broad-crested weir
扩散 diffusion
扩散方程 diffusion equation
扩散系数 diffusion coefficient

L

拉普拉斯方程 Laplace equation
来流 incoming flow
雷诺方程 Reynolds equations
雷诺数 Reynolds number
雷诺应力 Reynolds stress
棱柱体渠道 prismatic channel
离散(分散,弥散) dispersion
离散化 discretization
理想流体 ideal fluid
力的比尺 force scale
力矩 moment of force
粒径 grain diameter
连续(性)方程 continuity equation
连续介质 continuum
连续介质假设 continuous medium hypothesis
量纲分析 dimensional analysis
量纲和谐原理 theory of dimensional homogeneity
量纲一的量 quantities of dimension one
临界雷诺数 critical Reynolds number
临界流 critical flow
临界流速 critical velocity
临界坡 critical slope
临界水深 critical depth

流场　flow field
流管　stream tube
流函数　stream function
流量　flow rate, flow discharge
流量比尺　discharge scale
流量系数　flow coefficient
流束　stream filament
流速分布　distribution of velocity
流态　flow regime
流体动压强　dymamic pressure of flow
流体力学　fluid mechanics
流体运动学　fluid kinematics
流体质点　fluid particle
流网　flow net
流线　stream line
螺旋流　spiral flow

M

马赫数　Mach number
脉动　fluctuation
脉动流速　fluctuating velocity
脉动压强　fluctuating pressure
脉动质量分数　mass fraction fluctuation
脉线(染色线)　streak line
曼宁公式　Manning formula
毛细管现象　capillary phenomena
弥散(离散)　dispersion
密度　density
明渠流(明槽流)　open channel flow
模拟　simulation
模型　model
模型比尺　model scale
模型方程　model equation
模型试验　model experiment
摩擦损失　friction loss
摩擦系数　friction coefficient
摩擦阻力　friction drag

N

纳维-斯托克斯方程　Navier-Stokes equation
内聚力　cohesion
能(量)　energy
能量传递　energy transfer
能量方程　energy equation
能量输运　energy transport
逆坡　rising slope
黏度　viscosity
黏度计　visco[si]meter
黏性底层　viscous sublayer
黏性流体　viscous fluid
凝结　condensation
牛顿迭代法　Newton iterative method
牛顿流体　Newtonian fluid
牛顿数　Newton number

O

欧拉平衡方程　Euler's equation of equilibrium fluid
欧拉数　Euler number
欧拉运动方程　Euler's equation of motion
偶极子　doublet, dipole

P

排放量 discharge
排水 drainage
皮托管 Pitot tube
平底坡 horizontal slope
平衡 equilibrium
平均速度 mean velocity
平流层 stratosphere
平面流 plane flow
平面射流 plane jet
平行流 parallel flow
平移 translation

Q

奇点 singularity
气化 gasification
气体常数 gas constant
气体动理(学理)论 kinetic theory of gas
迁移加速度 convective acceleration
潜体 submerged body
切应力(剪应力) shear stress

R

绕流物体 flow around a body
绕流阻力 drag due to flow around a body
热传导 conductive heat transfer
热对流 heat convection
热辐射 heat radiation
热力学温度 thermodynamic temperature
热量传递(传热) heat transfer
热通量 heat flux
人工粗糙(度) artificial roughness
人工渠道 artificial channel
茹科夫斯基佯谬 Joukowski paradox

S

三维流 three-dimensional flow
熵 entropy
射流 jet
渗流 flow in porous media, seepage flow
渗透速度 seepage velocity
渗透系数 coefficient of permeability
渗透压强 seepage pressure
升力 lift
升力系数 lift coefficient
声速 speed of sound
湿周 wetted perimeter
时间比尺 time scale
时均法 time-average method
时均值 time average value
时均质量分数 time-averaged massfractiom
实验方法 experimental method
示踪物 tracer
势流 potential flow
势能,位能 potential energy
收缩断面 vena contracta
收缩断面水深 contractional depth
输运性质 transport property

数学模型 mathematical model
数值计算 numerical calculation
数值模拟 numerical simulation
数值实验 numerical experiment
水跌(跌水) hydraulic drop
水动力学(液体动力学) hydrodynamics
水击(水锤) water hammer
水静力学(液体静力学) hydrostatics
水力半径 hydraulic radius
水力坡度 hydraulic slope
水力学 hydraulics
水力最优断面 best hydraulic cross section
水面曲线分析 analysis of flow profile
水面曲线计算 computation of flow profiles
水头损失 head loss
水位 water level
水跃 hydraulic jump
水跃长度 length of jump
水跃的跃后水深 the sequent depth of hydraulic jump
水跃的跃前水深 the initial depth of hydraulic jump
水跃高度 height of jump
顺坡 falling slope
瞬时(扩散)源 source of instantaneous diffusion
瞬时流速 instantaneous velocity
斯特劳哈尔数 Strouhal number
速度(水)头 velocity head
速度比尺 velocity scale
速度场 velocity field
速度环量 velocity circulation
速度势 velocity potential
速度梯度 velocity gradient
随体导数(物质导数) material derivative
随体导数 material derivative

T

泰勒展开 Taylor expantion
特征数 characteristic numbers
体积力 body force
湍动(湍流或脉动)扩散 turbulent diffusion
湍流边界层 turbulent boundary layer
湍流粗糙区 rough region of turbulent flow
湍流光滑区 smooth region of turbulent flow
湍流过渡区 transition region of turbulent flow
湍流核心(区) turbulent core
湍流扩散系数 turbulent diffusion coefficient
湍流流动(紊流流动) turbulent flow
湍流脉动 turbulent fluctuation
湍流强度 intensity of turbulence
湍流切应力 turbulent shear stress
湍流射流 turbulent jet

W

完全井 completely penetrating well
完全气体 perfect gas
完整水跃 complete hydraulic jump
微压计 micromanometer
韦伯数 Weber number
位置水头 elevation head
尾流 wake [flow]
温度梯度 temperature gradient
文丘里管 Venturi tube
稳定性 stability

涡 eddy
涡管 vortex tube
涡街 vortex street
涡量 vorticity
涡面 vortex surface
涡体 eddies
涡通量 vortex flux
涡线 vortex line
涡旋 vortex
污染物扩散 pollutant diffusion
污染源 pollutant source
无滑移条件 non-slip condition
无黏性流体 nonviscous fluid, inviscid fluid
无旋流(无涡流) irrotational flow
无压含水层 unconfined aquifer
无压流 free surface flow

X

稀释度 dilution
系统 system
显式格式 explicit scheme
线变率 rate of linear deformation
线变形 linear deformation
线源 line source
相对粗糙度 relative roughness
相对速度 relative velocity
相对压强 relative pressure
相对运动 relative motion
相似判据(相似准数) similarity criterion number
相似条件 similarity conditions
相似性解 similar solution
相似原理 theorem of similarity (similar principle)
相似准则 similarity criterion
消能 energy dissipation
谢才公式 Chézy formula
行近流速 velocity of approach
形状阻力 form resistance
悬浮 suspension
旋涡区 region of vortices

Y

压(强)能 pressure energy
压(强水)头 pressure head
压差 differential pressure
压差阻力 pressure drag
压力,压强 pressure
压力体 pressure volume
压强表(压力表) pressure gage
压强场 pressure field
压强分布图 diagram of pressure distribution
压强计(压力计) manometer
压强梯度 pressure gradient
亚声速流(动)(亚音速流[动]) subsonic flow
淹没出流 submerged outflow
沿程均匀泄流管道 pipe with uniform discharge along the line
堰 weir
堰流 weir flow
液体静压 hydrostatic pressure
一维流(动) one-dimensional flow
移流(迁移或对流)扩散 convective diffusion
隐式格式 implicit scheme

影响半径　radius of influence
壅水曲线　back water curve
有量纲量　dimensional quantities
有势力　potential force
有限差分法　finite difference method
有限体积法　finite volume method
有限体积法　finite volume method
有限元法　finite element method
有旋流(有涡流)　rotational flow
有压流　pressure flow
羽流(缕流)　plume
元流　element flow
元涡　element vortex
原型　prototype
圆形射流　circular jet
允许流速　permissible velocity
运动黏性(度)　kinematic viscosity
运动相似　kinematic similarity

Z

闸下出流　outflow under gates
真空压强(真空度)　vacuum pressure
正常水深　normal depth
正应力　normal stress
枝状管网　branching pipes
直接水击　direct water hammer
质点系　systems of particles
质量　mass
质量传递(传质)　mass transfer
质量分数　mass fraction
质量分数场　mass fraction field
质量分数梯度　mass fraction gradient
质量力　mass force
质量热容比　ratio of the mass heat capacities
质量守恒　conservation of mass
重力水　gravitational water
重量　weight
重心　center of gravity
驻点　stagnation point
转动惯量(惯性矩)　moment of inertia
状态方程　equation of state
自流井　artesian well
自模(化)区　self-similar zone
自由表面　free surface
自由沉降速度　free settling velocity
自由出流　free outflow
自由射流　free jet
纵向扩散系数　coefficient of longitudinal diffusion
总流　total flow
总水头　total head
总水头线　total head line
总压(力)　total pressure
阻力　drag, resistance
阻力平方区　region of square resistance law
阻力系数　drag coefficient
最小二乘法　least square method
作用力　acting force

参考文献

[1] 清华大学水力学教研组. 水力学：上册[M]. 北京：高等教育出版社,1995.

[2] 清华大学水力学教研组. 水力学：下册[M]. 北京：高等教育出版社,1996.

[3] 李玉柱,贺五洲. 工程流体力学：上册[M]. 北京：清华大学出版社,2006.

[4] 李玉柱,江春波. 工程流体力学：下册[M]. 北京：清华大学出版社,2007.

[5] 天津大学水力学教研室. 水力学：上册,下册[M]. 北京：高等教育出版社,1983.

[6] 吴持恭. 水力学：上册,下册[M]. 3 版. 北京：高等教育出版社, 2003.

[7] 毛根海. 应用流体力学[M]. 北京：高等教育出版社,2006.

[8] 武汉水利电力学院水力学教研室. 水力学：上册,下册[M]. 北京：高等教育出版社,1986,1987.

[9] 李家星,赵振兴. 水力学：上册,下册[M]. 2 版. 南京：河海大学出版社,2001.

[10] 蔡增基,龙天渝. 流体力学　泵与风机[M]. 4 版. 北京：中国建筑工业出版社,1999.

[11] 屠大燕. 流体力学与流体机械[M]. 北京：中国建筑工业出版社,1994.

[12] 禹华谦. 工程流体力学[M]. 北京：高等教育出版社,2004.

[13] 李玉柱,苑明顺. 流体力学[M]. 北京：高等教育出版社,1998.

[14] 刘鹤年. 水力学[M]. 武汉：武汉大学出版社,2001.

[15] 叶镇国. 水力学与桥涵水文[M]. 北京：人民交通出版社,1998.

[16] 景思睿,张鸣远. 流体力学[M]. 西安：西安交通大学出版社,2001.

[17] 孔珑. 工程流体力学[M]. 2 版. 北京：水利电力出版社,1992.

[18] 罗惕乾. 流体力学[M]. 2 版. 北京：机械工业出版社,2003.

[19] 莫乃榕. 工程流体力学[M]. 武汉：华中科技大学出版社,2000.

[20] 张国强,吴家鸣. 流体力学[M]. 北京：机械工业出版社,2006.

[21] 吴望一. 流体力学：上册,下册[M]. 北京：北京大学出版社,1982,1983.

[22] 周光垌,严宗毅,许世雄,等. 流体力学：上册,下册[M]. 2 版. 北京：高等教育出版社,2000.

[23] 周光炯. 史前与当今的流体力学问题[M]. 北京：北京大学出版社,2002.

[24] 夏震寰. 现代水力学：(一),(二)[M]. 北京：高等教育出版社,1990.

[25] 窦国仁. 紊流力学：上册,下册[M]. 北京：高等教育出版社,1981,1987.

[26] 赵学端,廖其奠. 粘性流体力学[M]. 北京：机械工业出版社,1983.

[27] 南京水利科学研究院,水利水电科学研究院. 水工模型实验[M]. 2 版. 北京：水利电力出版社,1985.

[28] 张廷芳. 计算流体力学[M]. 大连: 大连理工大学出版社,1992.

[29] 江春波,张永良,丁则平. 计算流体力学[M]. 北京: 中国电力出版社,2007.

[30] 彭永臻,崔福义. 给排水工程计算机程序设计[M]. 北京: 中国建筑工业出版社,2000.

[31] 魏毅强,张建国,张洪斌,等. 数值计算方法[M]. 北京: 科学出版社,2004.

[32] 汪兴华. 工程流体力学习题集[M]. 北京: 机械工业出版社,1983.

[33] 余常昭. 环境流体力学导论[M]. 北京: 清华大学出版社,1992.

[34] 张书农. 环境水力学[M]. 南京: 河海大学出版社,1988.

[35] 赵文谦. 环境水力学[M]. 成都: 成都科技大学出版社,1986.

[36] 孙讷正. 地下水污染——数学模型和数值方法[M]. 北京: 地质出版社,1989.

[37] 张勇,闻德荪,舒光翼,等. 粘度不同的液态铝低压渗流过程的模拟试验研究[J]. 工程力学,1994,11(4): 115-121.

[38] 朱光灿,闻德荪. 城市道路汽车尾气扩散箱型模式研究[J]. 东南大学学报:自然科学版,2001,31(4): 88-91.

[39] Streeter V L, Wylie E B. 流体力学[M]. 周均长,等,译. 北京: 高等教育出版社,1987.

[40] 戴莱 J W,哈里曼 D R F. 流体动力学[M]. 郭子中,陈玉璞,等,译. 北京: 高等教育出版社,1983.

[41] 贝尔 J. 多孔介质流体动力学[M]. 李竞生,陈崇希,译. 北京: 中国建筑工业出版社,1983.

[42] Herbert F W. 渗流数值模拟导论[M]. 赵君,译. 大连: 大连理工大学出版社,1989.

[43] 阿格罗斯金 И И. 水力学: 上册,下册[M]. 天津大学水利系水力学及水文学教研室,译. 北京: 高等教育出版社,1958.

[44] 巴特勒雪夫 A H. 流体力学: 上册,下册[M]. 戴昌辉,等,译. 北京: 高等教育出版社,1958,1959.

[45] 普朗特 L. 流体力学概论[M]. 郭永怀,陆士嘉,译. 北京: 科学出版社,1981.

[46] Finnemore E J, Franzini J B. Fluid mechanics with engineering applications[M]. 10th ed. New York: McGraw-Hill,2002.

[47] Reberson J A, Crowe C T. Engineering fluid mechanics[M]. 3rd ed. Boston: Houghton Mifflin, 1983.

[48] Streeter V L, Wylie E B, Bedford K W. Fluid mechanics [M]. 9th ed. New York: McGraw-Hill, 1998.

[49] 刘竹青,程银才. 流体力学[M]. 北京:中国水利水电出版社,2012.